極めるシリーズ

大学・高専生のための

解法演習 基礎数学

三ッ廣　孝 著

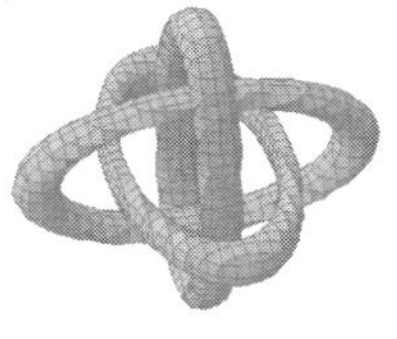

森北出版株式会社

はじめに

もともと黒板とチョークさえあれば数学教育は可能です．しかし，黒板とチョークの教授法は概して教師側からの一方的な授業になりがちで，学生たちの勉学の意欲をそいでいるのも事実でしょう．本書は，教室で学んできたが内容をよく理解できなかった人たちのために書かれた「基礎数学」の参考書および自学自習用の演習書であり，

『 数学が苦手な人でも基礎からよくわかる 』

ことを目的として書かれています．

本書を利用すれば，数学の基礎知識が十分に理解できると同時に，問題演習を通じて，より揺るぎない応用力をつけることができます．

「極めるシリーズ」は「基礎数学」「微分積分 I」「微分積分 II」「線形代数」「応用数学」の 5 冊からなります．そのうちの本書「基礎数学」は高校以降の数学のベースになるもので，例題・練習問題は教科書レベルのものを中心としており，各章末には【総合演習】として基本事項を補足する問題，総合的な問題も記載しています．

また，本書の構成はほぼ「極めるシリーズ」共通ですが，次のようになっています．

①重要事項，公式などを抜粋して章のはじめに記載

②「例題」とそれに対応した「練習問題」で能率よく学習

③「総合演習問題」でさらなる問題に挑戦

現代の科学技術を支える「数学」，その数学の基礎を大学・高専学生等が学習するに当たって，実力の伸展や理解・応用を容易にするのに本書が役立つのであれば，それは著者の喜びとするところです．本書を著すにあたり，多くの同僚諸兄から協力と助言を頂きました．また，森北出版の吉松啓視氏，小林巧次郎氏，森崎満氏に大変お世話になりました．ここに感謝申し上げます．

2007 年 2 月

著　　者

目　次

大学・高専生のための

解法演習 基礎数学

第1章　数と式

第 1 章の要点

・展開公式・因数分解公式

(1)　$(A+B)^2 = A^2+2AB+B^2$,　$(A-B)^2 = A^2-2AB+B^2$

(2)　$(A+B)(A-B) = A^2-B^2$　(3)　$(x+A)(x+B) = x^2+(A+B)x+AB$

(4)　$(Ax+B)(Cx+D) = ACx^2+(AD+BC)x+BD$

(5)　$(A+B)^3 = A^3+3A^2B+3AB^2+B^3$,　$(A-B)^3 = A^3-3A^2B+3AB^2-B^3$

(6)　$(A+B)(A^2-AB+B^2) = A^3+B^3$,　$(A-B)(A^2+AB+B^2) = A^3-B^3$

(7)　$(A+B+C)^2 = A^2+B^2+C^2+2AB+2BC+2CA$

(8)　$(x+A)(x+B)(x+C) = x^3+(A+B+C)x^2+(AB+BC+CA)x+ABC$

・展開公式の応用 (重要な関係式)

(1)　$A^2+B^2 = (A+B)^2-2AB$

(2)　$A^3-B^3 = (A+B)^3-3AB(A+B)$,　$A^3-B^3 = (A-B)^3+3AB(A-B)$

(3)　$(A+B)^2+(A-B)^2 = 2(A^2+B^2)$,　$(A+B)^2-(A-B)^2 = 4AB$

・共通因数のくくり出し　$mA+mB = m(A+B)$,　$mA-mB = m(A-B)$

・因数分解のいくつかのテクニック

ア　一部を他の文字で置き換え，因数分解公式を適用して因数分解

イ　A^2-B^2 の形に変形し，$(A+B)(A-B)$ の形に因数分解

ウ　複数の文字を含む場合，特定の文字に着目し，降べきの順に整理して因数分解

・除法の関係式　$A \div B$ の商を Q，余りを R とするとき，次の関係式が成り立つ．

$$A = QB+R \quad (R\text{ の次数} < B\text{ の次数})$$

・剰余の定理　x の整式 $P(x)$ を 1 次式 $x-\alpha$ で割ったときの余りは，$P(\alpha)$ に等しい．

・因数定理　x の整式 $P(x)$ が 1 次式 $x-\alpha$ で割り切れるのは，$P(\alpha)=0$ のときに限る．

・約分　分数式の分母，分子の共通因数を省いて，分母，分子を簡単にすること．　$\dfrac{BC}{AC} = \dfrac{B\cancel{C}}{A\cancel{C}} = \dfrac{B}{A}$

・通分　2 つ以上の分数式の分母，分子にそれぞれ適当な同じ整式をかけて分母をそろえること．　$\dfrac{B}{A}+\dfrac{D}{C} = \dfrac{BS}{AS}+\dfrac{DR}{CR} = \dfrac{BS}{K}+\dfrac{DR}{K} = \dfrac{BS+DR}{K}$　$(AS=CR=K)$

・分数式の加法・減法　必要であれば通分して分母をそろえ，分子の加法，減法を行う．

$$\frac{B}{A}+\frac{C}{A} = \frac{B+C}{A}, \qquad \frac{B}{A}-\frac{C}{A} = \frac{B-C}{A}$$

・分数式の乗法・除法　乗法は分母どうし，分子どうしをかける．除法は逆数をかける．

$$\frac{B}{A}\times\frac{D}{C} = \frac{BD}{AC}, \qquad \frac{B}{A}\div\frac{D}{C} = \frac{B}{A}\times\frac{C}{D}\,(\text{逆数}) = \frac{BC}{AD}$$

・**分数式の変形(重要)**　分数式 $\dfrac{A}{B}$ に対して，分子の次数が分母の次数以上のとき，$A \div B$ の商を $Q(x)$，余りを $R(x)$ とすれば，$\dfrac{A}{B} = Q(x) + \dfrac{R(x)}{B}$ と変形できる．

・**部分分数分解の手順**

① 分母を 1 次式または 2 次式の積に因数分解する．

② 部分分数式の形を決定する．(A，B などは**未定係数**)

ア 分母の因数が 1 次式 $ax+b$ (1 つだけ) を含む場合，$\dfrac{A}{ax+b}$.

イ 分母の因数に 2 次式 ax^2+bx+c (1 つだけ) を含む場合，$\dfrac{Ax+B}{ax^2+bx+c}$.

ウ 分母の因数に 1 次式 $(ax+b)^n$ または 2 次式 $(ax^2+bx+c)^n$ を含む場合，

・1 次式の場合 $\cdots$ $\dfrac{A_1}{ax+b} + \dfrac{A_2}{(ax+b)^2} + \cdots + \dfrac{A_n}{(ax+b)^n}$.

・2 次式の場合 $\cdots$ $\dfrac{A_1x+B_1}{ax^2+bx+c} + \dfrac{A_2x+B_2}{(ax^2+bx+c)^2} + \cdots + \dfrac{A_nx+B_n}{(ax^2+bx+c)^n}$.

③ 部分分数式の和を通分して，分子の係数を比較して未定係数の値を決定する．

・**分母の有理化**　分母に根号を含む無理式を，分母に根号を含まない式になおすこと．

(1) $\dfrac{A}{\sqrt{a}} = \dfrac{A\sqrt{a}}{(\sqrt{a})^2} = \dfrac{A\sqrt{a}}{a}$

(2) $\dfrac{A}{\sqrt{a}+\sqrt{b}} = \dfrac{A(\sqrt{a}-\sqrt{b})}{(\sqrt{a}+\sqrt{b})(\sqrt{a}-\sqrt{b})} = \dfrac{A(\sqrt{a}-\sqrt{b})}{(\sqrt{a})^2-(\sqrt{b})^2} = \dfrac{A(\sqrt{a}-\sqrt{b})}{a-b}$

$\dfrac{A}{\sqrt{a}-\sqrt{b}} = \dfrac{A(\sqrt{a}+\sqrt{b})}{(\sqrt{a}-\sqrt{b})(\sqrt{a}+\sqrt{b})} = \dfrac{A(\sqrt{a}+\sqrt{a})}{(\sqrt{a})^2-(\sqrt{b})^2} = \dfrac{A(\sqrt{a}+\sqrt{b})}{a-b}$

・**2 重根号のはずし方**　根号が 2 重に入れ子になった無理式を **2 重根号**という：

$\sqrt{a+b+2\sqrt{ab}} = \sqrt{a}+\sqrt{b}$　($a>0$，$b>0$)

$\sqrt{a+b-2\sqrt{ab}} = \sqrt{a}-\sqrt{b}$　($a>b>0$，a と b の大小関係に注意)

・**複素数の計算**　虚数単位 i を文字と考え文字式の計算を行えばよいが，i^2 が出てきたら -1 で置き換える．特に分数形で分母に i が含まれれば，次のようにして分母から i を除くことができる：　$\dfrac{A}{a \pm bi} = \dfrac{A(a \mp bi)}{(a \pm bi)(a \mp bi)} = \dfrac{A(a \mp bi)}{a^2+b^2}$ (複号同順)

・**恒等式の証明**　恒等式 $A=B$ を証明するためには，次の方法がよく使われる．

ア A を変形して B に等しいことを示す．　イ $A-B=0$ を示す．

・**不等式の証明**　不等式 $A>B$ を証明するためには，次の方法がよく使われる．

ア A または B を変形して，大小関係を示す．　イ $A-B>0$ を示す．

・**相加平均，相乗平均の関係 (重要)**　実数 $a \geqq 0$，$b \geqq 0$ に対して，

$\dfrac{a+b}{2}$ **(相加平均)** $\geqq \sqrt{ab}$ **(相乗平均)**，等号が成り立つのは $a=b$ のときに限る．

1.1 整式の加法・減法

✏ **次数**　**単項式**⋯ かけ合わせた文字の個数
　多項式⋯ 各項 (単項式) の次数の最大値，特に**定数項**の次数は 0 とする
✏ **同類項**　文字の部分が同じ項で，**整理する**とは項を 1 つにまとめること
✏ 特定の文字に**着目する**　指定された文字以外の文字は数と同等に扱い，**係数**と考える
✏ **降 (昇) べきの順**に整理する　各項を次数の大きい (小さい) 順に左から並べる
✏ 整式の加法と減法　同類項を整理する

例題 1.1　次数，特定の文字に着目

次の整式の次数を答えよ．また (　) 内の文字に着目したときの次数を答えよ．

(1)　$-3ab^2c^3$　(b)　　(2)　$xy-3x^3y^2+y^2-2x^2y+5x^4$　(x)

解答　(1) かけ合わされた文字は $abbccc$ なので個数は 6 個で，次数は 6 次である．
また b に着目すると b 以外の文字は係数と考えて個数は 2 個で，次数は 2 次である．

(2) 項は xy，$-3x^3y^2$，y^2，$-2x^2y$，$5x^4$ で，各項の次数は左から 2，5，2，3，4 なので最大値は 5 で，次数は 5 次である．また x に着目すると各項で x 以外の文字は係数と考えて，各項の次数は左から 1，3，0，2，4 なので最大値は 4 で，次数は 4 次である．

例題 1.2　同類項の整理，降 (昇) べきの順に整理

次の整式の同類項を整理し，x に着目して降 (昇) べきの順に整理せよ．

(1)　$3x^2+5-2x^5-4x^2+x^3-6+7x^5-4x^3$

(2)　$2xy-x^2y+3y^2+2x^2y-5x^3y^2+4xy+x^3y-2y^2$

解答　(1) 同類項は $3x^2$ と $-4x^2$，5 と -6，$-2x^5$ と $7x^5$，x^3 と $-4x^3$ なので，それぞれまとめて $3x^2-4x^2=-x^2$，$5-6=-1$，$-2x^5+7x^5=5x^5$，$x^3-4x^3=-x^3$ である．ゆえに与式は $-x^2-1+5x^5-x^3$ である．各項の次数は左から 2，0，5，3 なので，降べきの順に整理すると $5x^5-x^3-x^2-1$，昇べきの順に整理すると $-1-x^2-x^3+5x^5$ である．

(2) 同類項は $2xy$ と $4xy$，$-x^2y$ と $2x^2y$，$3y^2$ と $-2y^2$，$-5x^3y^2$ と x^3y なので，それぞれまとめて $2xy+4xy=6xy$，$-x^2y+2x^2y=x^2y$，$3y^2-2y^2=y^2$，$-5x^3y^2+x^3y=-4x^3y^2$ である．ゆえに与式は $6xy+x^2y+y^2-4x^3y^2$ である．x に着目したときの各項の次数は左から 1，2，0，3 なので，降べきの順に整理すると $-4x^3y^2+x^2y+6xy+y^2$，昇べきの順に整理すると $y^2+6xy+x^2y-4x^3y^2$ である．

例題 1.3　整式の加法・減法

2 つの整式 $A = x^2 + 3xy - xy^2 - 4y^3$，$B = 2x^2 - 5xy + 3xy^2 + 4y^3$ について，次の整式を答えよ．

(1)　$A + B$　　(2)　$A - B$　　(3)　$2A - 3B$

方針　かっこ (　) の外し方に注意すること．$+(A + B) = A + B$：かっこをそのままはずす，$-(A + B) = -A - B$：かっこの中の符号を逆にする．

解答　(1) $A + B = (x^2 + 3xy - xy^2 - 4y^3) + (2x^2 - 5xy + 3xy^2 + 4y^3) = (x^2 + 2x^2) + (3xy - 5xy) + (-xy^2 + 3xy^2) + (-4y^3 + 4y^3) = 3x^2 - 2xy + 2xy^2$.

(2) $A - B = (x^2 + 3xy - xy^2 - 4y^3) - (2x^2 - 5xy + 3xy^2 + 4y^3) = (x^2 - 2x^2) + (3xy + 5xy) + (-xy^2 - 3xy^2) + (-4y^3 - 4y^3) = -x^2 + 8xy - 4xy^2 - 8y^3$.

(3) $2A - 3B = 2(x^2 + 3xy - xy^2 - 4y^3) - 3(2x^2 - 5xy + 3xy^2 + 4y^3) = (2x^2 - 6x^2) + (6xy + 15xy) + (-2xy^2 - 9xy^2) + (-8y^3 - 12y^3) = -4x^2 + 21xy - 11xy^2 - 20y^3$.

例題 1.4　たて型の整式の加法・減法

2 つの整式 $A = x^4 - 2x^3 + 3x^2 - x + 5$，$B = 2x^4 + x^3 - 4x^2 - 3$ について，たて型で計算して次の整式を答えよ．

(1)　$A + B$　　(2)　$A - B$

方針　同類項をたてにそろえること．(※整数のたし算のけたをそろえるのと同じ)

解答　(1)

$$\begin{array}{rrrrrr} & x^4 & -2x^3 & +3x^2 & -x & +5 \\ +) & 2x^4 & +x^3 & -4x^2 & & -3 \\ \hline & 6x^4 & -x^3 & -x^2 & -x & +2 \end{array}$$

(2)

$$\begin{array}{rrrrrr} & x^4 & -2x^3 & +3x^2 & -x & +5 \\ -) & 2x^4 & +x^3 & -4x^2 & & -3 \\ \hline & -x^4 & -3x^3 & +7x^2 & -x & +8 \end{array}$$

練習問題 1.1

1　次の整式の次数を答えよ．また x に着目して降べきの順に整理せよ．

(1)　$3x + 2x^4 - 5 + x^3 - 7x^2$　　(2)　$4x^2y - 3y^2 - 6xy^2 + 2x^3y$

2　2 つの整式 $A = 2x^2 - xy + 6xy^2 - 4y^3$，$B = 2x^2 - 7xy + 6xy^2 - 5y^3$ について，次の整式を答えよ．

(1)　$A + B$　　(2)　$A - B$　　(3)　$2A - 3B$　　(4)　$2B + 3A$

3　2 つの整式 $A = 2x^4 - 3x^3 + x^2 - 5x + 1$，$B = x^4 + x^3 - 2x - 4$ について，たて型で計算して次の整式を答えよ．

(1)　$A + B$　　(2)　$A - B$　　(3)　$B - A$

1.2 整式の乗法

✏ **整式の乗法**　積に含まれる各整式の項を 1 つずつ選び，過不足なくかけ，同類項を整理する

✏ **指数法則**　$a^n a^m = a^{n+m}$，$(a^n)^m = a^{nm}$，$(ab)^n = a^n b^n$

✏ **分配法則**　$A(B+C) = AB + AC$，$(A+B)C = AC + BC$

※かけ算の記号「×」は普通省略されるが，他の意味と誤りやすいときは記号「·」を使うことが多い．

例題 1.5　　整式の乗法 1

次の式を簡単にせよ．

(1)　$2ab^2c \times 3a^2bc^3$　　(2)　$xy^2(-3x^2yz)(2x^3y^2z)^2$

(3)　$xy^2(3xy - x^2y^2z)$　　(4)　$(a^2b - 3ab^2c + 2bc^2)abc$

方針　指数法則，分配法則を利用する．

解答　(1) $2ab^2c \times 3a^2bc^3 = (2 \cdot 3)(aa^2)(b^2b)(cc^3) = 6a^3b^3c^4$.

(2) $xy^2(-3x^2yz)(2x^3y^2z)^2 = xy^2(-3x^2yz)\left(2^2(x^3)^2(y^2)^2z^2\right)$
$= xy^2(-3x^2yz)(4x^6y^4z^2) = (-3 \cdot 4)(xx^2x^6)(y^2yy^4)(zz^2) = -12x^9y^7z^3$.

(3) $xy^2(3xy - x^2y^2z) = (xy^2)(3xy) - (xy^2)(x^2y^2z) = 3(xx)(y^2y) - (xx^2)(y^2y^2)z$
$= 3x^2y^3 - x^3y^4z$.

(4) $(a^2b - 3ab^2c + 2bc^2)abc = (a^2b)(abc) - (3ab^2c)(abc) + (2bc^2)(abc)$
$= (a^2a)(bb)c - 3(aa)(b^2b)(cc) + 2a(bb)(c^2c) = a^3b^2c - 3a^2b^3c^2 + 2ab^2c^3$.

例題 1.6　　整式の乗法 2

次の式を簡単にせよ．

(1)　$(x+y-z)(2x-y^2+3z)$　　(2)　$(a+b)(b+c)(c+a)$

方針　指数法則，分配法則を利用する．最後に同類項を整理する．

解答　(1) $(x+y-z)(2x-y^2+3z)$
$= x(2x) - xy^2 + x(3z) + y(2x) - yy^2 + y(3z) - z(2x) + zy^2 - z(3z)$
$= 2x^2 - xy^2 + 3xz + 2xy - y^3 + 3yz - 2xz + zy^2 - 3z^2$
$= 2x^2 - xy^2 + xz + 2xy - y^3 + 3yz + zy^2 - 3z^2$.

(2) $(a+b)(b+c)(c+a) = (ab+ac+bb+bc)(c+a) = (ab+ac+b^2+bc)(c+a)$

$$
\begin{aligned}
&= (ab)c + (ac)c + b^2c + (bc)c + (ab)a + (ac)a + b^2a + (bc)a \\
&= abc + ac^2 + b^2c + bc^2 + a^2b + a^2c + ab^2 + abc \\
&= ac^2 + b^2c + bc^2 + a^2b + a^2c + ab^2 + 2abc.
\end{aligned}
$$

例題 1.7 たて型の整式の乗法

次の式をたて型で計算して簡単にせよ．

(1) $(x^3 + 2x^2 - x + 7)(x^2 - 5x + 1)$

(2) $(x^4 + x^3 - 2x + 3)(x^2 + 2)$

方針 各整式を降べきの順に整理して，最高次 (数) の項を左側たてにそろえること．

解答 (1)

$$
\begin{array}{rllllll|l}
 & x^3 & +2x^2 & -x & +7 & & & \\
\times) & x^2 & -5x & +1 & & & & \\
\hline
 & x^5 & +2x^4 & -x^3 & +7x^2 & & & \longleftarrow\ x^2 \times (x^3 + 2x^2 - x + 7) \\
 & & -5x^4 & -10x^3 & +5x^2 & -35x & & \longleftarrow\ -5x \times (x^3 + 2x^2 - x + 7) \\
 & & & x^3 & +2x^2 & -x & +7 & \longleftarrow\ 1 \times (x^3 + 2x^2 - x + 7) \\
\hline
 & x^5 & -3x^4 & -10x^3 & +14x^2 & -36x & +7 &
\end{array}
$$

(2)

$$
\begin{array}{rlllllll|l}
 & x^4 & +x^3 & & -2x & +3 & & & \\
\times) & x^2 & & +2 & & & & & \\
\hline
 & x^6 & +x^5 & & -2x^3 & +3x^2 & & & \longleftarrow\ x^2 \times (x^4 + x^3 - 2x + 3) \\
 & & & 2x^4 & +2x^3 & & -4x & +6 & \longleftarrow\ 2 \times (x^4 + x^3 - 2x + 3) \\
\hline
 & x^6 & +x^5 & +2x^4 & & +3x^2 & -4x & +6 &
\end{array}
$$

注 途中計算は上の解答のようにたてに同類項をそろえること．
(2) のように整式を降べきの順に整理したとき，各項の次数の順番が抜けている部分がある場合は，空白を空けておくとよい．

練習問題 1.2

1 次の式を簡単にせよ．

(1) $4ab \times (-2a^2bc)$　(2) $(-2x^2y)^3$　(3) $3xy(x^2yz)^4$

(4) $-2xy(xy^2 + 3x^2y)$　(5) $(2a - 3)(4a + 2)$

(6) $(x^2 - 3x + 1)(x + 5)$　(7) $(x^2 + 3x - 1)(3x^2 - x - 5)$

(8) $(a^2 + b^2)(a + b)(a - b)$　(9) $(x - y)(y - z)(z - x)$

2 次の式をたて型で計算して簡単にせよ．

(1) $(x^4 + x^3 + x^2 + x + 1)(x - 1)$　(2) $(x^4 + x^3 - 1)(x^2 - 5)$

1.3　式の展開 1

✏ **式の展開**	整式の積をばらして簡単にすること
✏ **展開公式 1**	$(A+B)^2 = A^2+2AB+B^2$，$(A-B)^2 = A^2-2AB+B^2$
	$(A+B)(A-B) = A^2-B^2$
✏ **展開公式 2**	$(x+A)(x+B) = x^2+(A+B)x+AB$
	$(Ax+B)(Cx+D) = ACx^2+(AD+BC)x+BD$
✏ **展開公式 3**	$(A+B)^3 = A^3+3A^2B+3AB^2+B^3$
	$(A-B)^3 = A^3-3A^2B+3AB^2-B^3$
✏ **展開公式 4**	$(A+B)(A^2-AB+B^2) = A^3+B^3$
	$(A-B)(A^2+AB+B^2) = A^3-B^3$

例題 1.8　　**展開公式 1**

展開公式 1 を利用して，次の式を展開せよ．

(1)　$(x+y)^2$　　(2)　$(2x-3y)^2$　　(3)　$(2x+3)(2x-3)$

方針　展開公式 1 の A，B にうまく当てはめる．

解答　(1) $x=A$，$y=B$ とおくと，

$(x+y)^2 = (A+B)^2 = A^2+2AB+B^2 = x^2+2xy+y^2$.

(2) $2x=A$，$3y=B$ とおくと，$(2x-3y)^2 = (A-B)^2 = A^2-2AB+B^2$

$= (2x)^2-2(2x)(3y)+(3y)^2 = 4x^2-12xy+9y^2$.

(3) $2x=A$，$3=B$ とおくと，

$(2x+3)(2x-3) = (A+B)(A-B) = A^2-B^2 = (2x)^2-3^2 = 4x^2-9$.

参考　展開公式 1 $(A \pm B)^2 = A^2 \pm 2AB+B^2$ は，違いは $\pm$ の符号だけ．

例題 1.9　　**展開公式 2**

展開公式 2 を利用して，次の式を展開せよ．

(1)　$(x+2)(x-3)$　　(2)　$(2x-1)(3x+2)$　　(3)　$(2x-3y)(3x-2y)$

方針　展開公式 2 の A，B，C，D にうまく当てはめる．

解答　(1) $2=A$，$-3=B$ とおくと，$(x+2)(x-3) = (x+A)(x+B)$

$= x^2+(A+B)x+AB = x^2+(2-3)x+2\cdot(-3) = x^2-x-6$.

(2) $2=A$，$-1=B$，$3=C$，$2=D$ とおくと，$(2x-1)(3x+2) = (Ax+B)(Cx+D)$

$= ACx^2+(AD+BC)x+BD = 2\cdot 3x^2+(2\cdot 2+(-1)\cdot 3)x+(-1)\cdot 2 = 6x^2+x-2$.

(3) $2 = A$, $-3y = B$, $3 = C$, $-2y = D$ とおくと，

$(2x-3y)(3x-2y) = (Ax+B)(Cx+D) = ACx^2 + (AD+BC)x + BD$

$= 2 \cdot 3x^2 + (2 \cdot (-2y) + (-3y) \cdot 3)x + (-3y) \cdot (-2y) = 6x^2 - 13xy + 6y^2.$

参考　展開公式 2 の最初の式は，A，B に注目すると係数は

$$(x+A)(x+B) = x^2 + (A \text{ と } B \text{ の和})x + (A \text{ と } B \text{ の積})$$

の関係になっている．

また 2 番目の式は，A，B，C，D に注目すると係数は右の関係になっている．

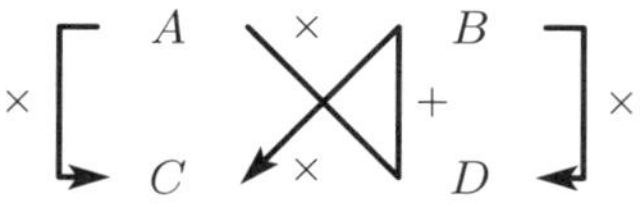

例題 1.10　　展開公式 3，4

展開公式 3，4 を利用して，次の式を展開せよ．

(1)　$(a+2b)^3$　　(2)　$(2x-3y)^3$　　(3)　$(x-2)(x^2+2x+4)$

方針　展開公式 3，4 の A，B にうまく当てはめる．

解答　(1) $a = A$，$2b = B$ とおくと，$(a+2b)^3 = (A+B)^3 = A^3 + 3A^2B + 3AB^2 + B^3$

$= a^3 + 3a^2(2b) + 3a(2b)^2 + (2b)^3 = a^3 + 6a^2b + 12ab^2 + 8b^3.$

(2) $2x = A$，$3y = B$ とおくと，$(2x-3y)^3 = (A-B)^3 = A^3 - 3A^2B + 3AB^2 - B^3$

$= (2x)^3 - 3(2x)^2(3y) + 3(2x)(3y)^2 - (3y)^3 = 8x^3 - 36x^2y + 54xy^2 - 27y^3.$

(3) $x = A$，$2 = B$ とおくと，$(x-2)(x^2+2x+4) = (x-2)(x^2 + x \cdot 2 + 2^2)$

$= (A-B)(A^2+AB+B^2) = A^3 - B^3 = x^3 - 2^3 = x^3 - 8.$

参考　展開公式　$(A \pm B)^3 = A^3 \pm 3A^2B + 3AB^2 \pm B^3$ は，違いは $\pm$ の符号だけ．

また展開公式　$(A \pm B)(A^2 \mp AB + B^2)$ も，違いは $\pm$ の符号 (逆) だけ．

練習問題 1.3

1　展開公式を利用して，次の式を展開せよ．

(1)　$(2x+3)^2$　　(2)　$(x-5y)^2$　　(3)　$(2a+3b)(2a-3b)$

(4)　$(x-3)(x+4)$　　(5)　$(x+2y)(x+3y)$　　(6)　$(2x+1)(3x-5)$

(7)　$(3a-2b)(5a+3b)$　　(8)　$(4x-1)(3x-5)$　　(9)　$(2a+3b)^3$

(10)　$(5a-1)^3$　　(11)　$(2x+3)(4x^2-6x+9)$

(12)　$(a-2b)(a^2+2ab+4b^2)$　　(13)　$(x+1)(x+2)(x+3)(x+4)$

1.4 式の展開 2

✏ **展開公式 5**　$(A+B+C)^2 = A^2+B^2+C^2+2AB+2BC+2CA$

✏ **展開公式 6**　$(x+A)(x+B)(x+C) = x^3+(A+B+C)x^2+(AB+BC+CA)x+ABC$

✏ **展開公式の応用 (重要な関係式)**

$$A^2+B^2 = (A+B)^2-2AB$$

$$A^3+B^3 = (A+B)^3-3AB(A+B),\quad A^3-B^3 = (A-B)^3+3AB(A-B)$$

$$(A+B)^2+(A-B)^2 = 2(A^2+B^2),\quad (A+B)^2-(A-B)^2 = 4AB$$

例題 1.11　　展開公式 5

展開公式 5　$(A+B+C)^2 = A^2+B^2+C^2+2AB+2BC+2CA$ を導き，これを利用して次の式を展開せよ．

$$(2x-3y+z)^2$$

方針　式の一部を他の文字で置き換えて展開公式を適用する．

解答　展開公式 5 の左辺の $A+B$ を S で置き換えると，

$$\begin{aligned}\text{左辺} &= (A+B+C)^2 = (S+C)^2 = S^2+2SC+C^2 = (A+B)^2+2(A+B)C+C^2 \\ &= A^2+2AB+B^2+2AC+2BC+C^2 = \text{右辺}\end{aligned}$$

となり，展開公式 5 が成り立つ．

$2x = A$，$-3y = B$，$z = C$ とおいて展開公式 5 を適用すると，

$$\begin{aligned}(2x-3y+z)^2 &= (A+B+C)^2 = A^2+B^2+C^2+2AB+2BC+2CA \\ &= (2x)^2+(-3y)^2+z^2+2(2x)(-3y)+2(-3y)z+2z(2x) \\ &= 4x^2+9y^2+z^2-12xy-6yz+4xz.\end{aligned}$$

例題 1.12　　展開公式の応用 1

展開公式を利用して，次の式を展開せよ．

(1)　$(x+2)(x+3)(x+4)$　　(2)　$(x+2)^4$　　(3)　$(a^2+b^2)(a^2-b^2)$

(4)　$(a+b+c)(b+c-a)(c+a-b)(a+b-c)$

解答　(1) $(x+2)(x+3)(x+4) = x^3+(2+3+4)x^2+(2\cdot3+3\cdot4+4\cdot2)x+2\cdot3\cdot4$

$$= x^3+9x^2+26x+24.$$

(2) $(x+2)^4 = (x+2)(x+2)^3 = (x+2)(x^3+3\cdot x^2\cdot 2+3\cdot x\cdot 2^2+2^3)$

$$\begin{aligned}&= (x+2)(x^3+6x^2+12x+8) = xx^3+x(6x^2)+x(12x)+x\cdot8+2x^3+2(6x^2)+2(12x)+2\cdot8 \\ &= x^4+6x^3+12x^2+8x+2x^3+12x^2+24x+16 \\ &= x^4+8x^3+24x^2+32x+16.\end{aligned}$$

(3) $a^2 = A$, $b^2 = B$ とおくと，$(a^2+b^2)(a^2-b^2) = (A+B)(A-B) = A^2 - B^2$
$= (a^2)^2 - (b^2)^2 = a^4 - b^4$.

(4) $(a+b+c)(b+c-a)(c+a-b)(a+b-c)$
$= \{(b+c)+a\}\{(b+c)-a\}\{a-(b-c)\}\{a+(b-c)\}$
$= \{(b+c)^2 - a^2\}\{a^2 - (b-c)^2\} = (b^2+2bc+c^2-a^2)(a^2-b^2+2bc-c^2)$
$= \{2bc - (a^2-b^2-c^2)\}\{2bc + (a^2-b^2-c^2)\} = (2bc)^2 - (a^2-b^2-c^2)^2$
$= 4b^2c^2 - \{(a^2)^2 + (-b^2)^2 + (-c^2)^2 + 2\cdot a^2\cdot(-b^2) + 2\cdot(-b^2)\cdot(-c^2) + 2\cdot(-c^2)\cdot a^2\}$
$= 4b^2c^2 - (a^4+b^4+c^4-2a^2b^2+2b^2c^2-2c^2a^2) = 2a^2b^2+2b^2c^2+2c^2a^2-a^4-b^4-c^4$.

例題 1.13 **展開公式の応用 2**

展開公式を利用して，次の重要な関係式を導け

(1) $A^2 + B^2 = (A+B)^2 - 2AB$

(2) $A^3 + B^3 = (A+B)^3 - 3AB(A+B)$

(3) $A^3 - B^3 = (A-B)^3 + 3AB(A-B)$

(4) $(A+B)^2 + (A-B)^2 = 2(A^2+B^2)$

(5) $(A+B)^2 - (A-B)^2 = 4AB$

解答 (1) 展開公式 1 $(A+B)^2 = A^2 + 2AB + B^2$ の項の順序を入れ換えて，
$A^2 + B^2 = (A+B)^2 - 2AB$.

(2) 展開公式 3 $(A+B)^3 = A^3 + 3A^2B + 3AB^2 + B^3$ の項の順序を入れ換えて，
$A^3 + B^3 = (A+B)^3 - 3A^2B - 3AB^2 = (A+B)^3 - 3AB(A+B)$.

(3) 展開公式 3 $(A-B)^3 = A^3 - 3A^2B + 3AB^2 - B^3$ の項の順序を入れ換えて，
$A^3 - B^3 = (A-B)^3 + 3A^2B - 3AB^2 = (A-B)^3 + 3AB(A-B)$.

(4) 左辺 $= (A+B)^2 + (A-B)^2 = (A^2+2AB+B^2) + (A^2-2AB+B^2)$
$= A^2+2AB+B^2+A^2-2AB+B^2 = 2A^2+2B^2 = 2(A^2+B^2) =$ 右辺.

(5) 左辺 $= (A+B)^2 - (A-B)^2 = (A^2+2AB+B^2) - (A^2-2AB+B^2)$
$= A^2+2AB+B^2-A^2+2AB-B^2 = 4AB =$ 右辺.

練習問題 1.4

1 展開公式を利用して，次の式を展開せよ．

(1) $(2x+y-3z)^2$　(2) $(a-1)(a+3)(a-5)$　(3) $(x-3)^4$

(4) $(a^2+ab+b^2)(a^2-ab+b^2)$　(5) $\dfrac{1}{2}\{(a-b)^2+(b-c)^2+(c-a)^2\}$

1.5 因数分解 1

✏ **因数分解**　式を整式の積で表すこと (**式の展開の逆変形**である)

※整式を因数分解したとき，含まれる複数の整式をその整式の**因数**という.

✏ **共通因数のくくり出し**

$mA+mB=m(A+B)$，$mA-mB=m(A-B)$　(m が**共通因数**)

✏ **因数分解公式 1** (公式は展開公式 1 の逆)

$A^2+2AB+B^2=(A+B)^2$，$A^2-2AB+B^2=(A-B)^2$

$A^2-B^2=(A+B)(A-B)$

✏ **因数分解公式 2** (公式は展開公式 2 の逆)

$x^2+(A+B)x+AB=(x+A)(x+B)$

$ACx^2+(AD+BC)x+BD=(Ax+B)(Cx+D)$ (たすき掛け)

✏ **因数分解の一般的解法**

(1) 公式が使えるかどうか調べる　(2) 共通因数のくくり出し

(3) 公式が使えないとき最低次の文字について降べきの順に整理してみる

例題 1.14　共通因数のくくり出し

共通因数をくくり出して，次の式を因数分解せよ.

(1)　$3xy-6xy^2+12x^2$　(2)　$x^3+x^2y-x^2-xy+x+y$

解答　(1) $3xy-6xy^2+12x^2=(3x)\cdot y-(3x)\cdot(2y^2)+(3x)\cdot(4x)$

$=3x(y-2y^2+4x)$. (共通因数は $3x$)

(2) 次数の低い文字 y に着目して，降べきの順に並べると

$x^3+x^2y-x^2-xy+x+y=y(x^2-x+1)+x(x^2-x+1)$　(共通因数は x^2-x+1)

$=(x^2-x+1)(y+x)=(x+y)(x^2-x+1)$.

研究　(2) 最低次の文字で整理すれば簡単に解ける.

例題 1.15　因数分解公式 1

因数分解公式　を利用して，次の式を因数分解せよ.

(1)　$4x^2-12xy+9y^2$　(2)　$4a^2-9b^2$

解答　(1)　$A=2x$，$B=3y$ と考えると，$4x^2-12xy+9y^2$

$=(2x)^2-2\cdot(2x)\cdot(3y)+(3y)^2=A^2-2AB+B^2=(A-B)^2=(2x-3y)^2$.

(2) $A=2a$，$B=3b$ と考えると，$4a^2-9b^2=(2a)^2-(3b)^2=A^2-B^2$

$=(A+B)(A-B)=(2a+3b)(2a-3b)$.

例題 1.16 **因数分解公式 2 (1)**

因数分解公式 2 を利用して，次の式を因数分解せよ．

(1) $x^2 + x - 12$ (2) $x^2 - 7xy + 10y^2$

方針 $A + B$ が x の係数，AB が定数項となるような A，B を探す．

解答 (1) $A + B = 1$，$AB = -12$ となるような A，B として，$A = 4$，$B = -3$ がとれる．
ゆえに $x^2 + x - 12 = x^2 + (A + B)x + AB = (x + A)(x + B) = (x + 4)(x - 3)$.

(2) $A + B = -7y$，$AB = 10y^2$ となるような A，B として，$A = -2y$，$B = -5y$ がとれる．
ゆえに $x^2 - 7xy + 10y^2 = x^2 + (A + B)x + AB = (x + A)(x + B) = (x - 2y)(x - 5y)$

例題 1.17 **因数分解公式 2 (2)**

因数分解公式 2 (たすき掛け) を利用して，次の式を因数分解せよ．

(1) $4x^2 + 8x + 3$ (2) $2x^2 + xy - 3y^2$

方針 公式に当てはまる A，B，C，D を探す．探し方は，まずかけて x^2 の係数となるような A，C を探し，次にかけて定数項となるような B，D を探す．それらを右図のようにたすき掛けし，その値の和 $BC + AD$ が x の係数に等しくなればよい．

(たすき掛け)

$$\begin{array}{ccccc} A & \times & B & \longrightarrow & BC \\ C & & D & \longrightarrow & AD \\ \hline & & & & BC + AD \end{array}$$

解答 (1)

$$\begin{array}{ccccc} 2 & \times & 1 & \longrightarrow & 2 \\ 2 & & 3 & \longrightarrow & 6 \\ \hline & & & & 8 \end{array}$$

$4x^2 + 8x + 3 = (2x + 1)(2x + 3)$.

(2)

$$\begin{array}{ccccc} 1 & \times & -y & \longrightarrow & -2y \\ 2 & & 3y & \longrightarrow & 3y \\ \hline & & & & y \end{array}$$

$2x^2 + xy - 3y^2 = (x - y)(2x + 3y)$.

練習問題 1.5

1 次の式を因数分解せよ．

(1) $5x^3y - 5xy^2 + 15xy$ (2) $x^3 - x^2y + xy - y^2$

(3) $x^2 + 6xy + 9y^2$ (4) $4a^2 - 20ab + 25b^2$ (5) $4x^2 - 25$

(6) $a^2 - 2a - 8$ (7) $x^2 - x - 20$ (8) $x^2 + 3xy - 10y^2$

(9) $2x^2 - x - 15$ (10) $3x^2 - xy - 4y^2$

1.6 因数分解 2

✏ **因数分解公式 3** (公式は展開公式 3 の逆)

$$A^3+3A^2B+3AB^2+B^3=(A+B)^3,\quad A^3-3A^2B+3AB^2-B^3=(A-B)^3$$

✏ **因数分解公式 4** (公式は展開公式 4 の逆)

$$A^3+B^3=(A+B)(A^2-AB+B^2),\quad A^3-B^3=(A-B)(A^2+AB+B^2)$$

✏ **因数分解公式 5** (公式は展開公式 5 の逆)

$$A^2+B^2+C^2+2AB+2BC+2CA=(A+B+C)^2$$

✏ **因数分解のいくつかのテクニック**

(1) 一部を他の文字で置き換え，因数分解公式を適用して因数分解

(2) A^2-B^2 の形に変形し，$(A+B)(A-B)$ の形に因数分解

(3) 複数の文字を含む場合，特定の文字に着目し降べきの順に整理して因数分解

例題 1.18 **因数分解公式 3，4，5**

次の式を因数分解せよ．

(1) $8a^3+12a^2+6a+1$ (2) $8a^3-27b^3$ (3) $4x^2+4xy+y^2-4x-2y+1$

解答 (1) $A=2a$，$B=1$ と考えると，

$$8a^3+12a^2+6a+1=(2a)^3+3\cdot(2a)^2\cdot 1+3\cdot(2a)\cdot 1^2+1^3$$
$$=A^3+3A^2B+3AB^2+B^3=(A+B)^3=(2a+1)^3.$$

(2) $A=2a$，$B=3b$ と考えると，

$$8a^3-27b^3=(2a)^3-(3b)^3=A^3-B^3=(A-B)(A^2+AB+B^2)$$
$$=(2a-3b)\{(2a)^2+(2a)\cdot(3b)+(3b)^2\}=(2a-3b)(4a^2+6ab+9b^2).$$

(3) $A=2x$，$B=y$，$C=-1$ と考えると，$4x^2+4xy+y^2-4x-2y+1$

$$=(2x)^2+2\cdot(2x)\cdot y+y^2+2\cdot(-1)\cdot(2x)+2\cdot y\cdot(-1)+(-1)^2$$
$$=A^2+2AB+B^2+2CA+2BC+C^2=(A+B+C)^2=(2x+y-1)^2.$$

研究 (3) x で整理して，$4x^2+4x(y-1)+y^2-2y+1=4x^2+4x(y-1)+(y-1)^2$ $=(2x+y-1)^2$ でもよい．

例題 1.19 **複 2 次式の因数分解 1**

次の式を因数分解せよ．

(1) x^4-x^2-6 (2) $4a^2-4ab^2+b^4$

解答 (1) $x^4 - x^2 - 6 = (x^2)^2 - x^2 - 6$ なので $x^2 = X$ と置き換え，

$x^4 - x^2 - 6 = X^2 - X - 6 = (X+2)(X-3) = (x^2+2)(x^2-3)$.

(2) $4x^2 - 4xy^2 + y^4 = (2x)^2 - 2\cdot(2x)\cdot(y^2) + (y^2)^2$ なので $2x = X$，$y^2 = Y$ と置き換え，

$4x^2 - 4xy^2 + y^4 = X^2 - 2XY + Y^2 = (X-Y)^2 = (2x-y^2)^2$.

例題 1.20 複 2 次式の因数分解 2

次の式を因数分解せよ．

(1) $x^4 + x^2 + 1$ (2) $a^4 + 4b^4$

方針 $A^2 - B^2$ となるように適当な B を探し，$+B^2 - B^2$ をたす．

解答 (1) $x^4 + x^2 + 1 = (x^2)^2 + x^2 + 1 = (x^2)^2 + x^2 + 1 + x^2 - x^2$

$= \{(x^2)^2 + 2x^2 + 1^2\} - x^2 = (x^2+1)^2 - x^2 = \{(x^2+1)+x\}\{(x^2+1)-x\}$

$= (x^2+x+1)(x^2-x+1)$. ※ $A = x^2+1$，$B = x$ と考えた．

(2) $a^4 + 4b^4 = (a^2)^2 + (2b^2)^2 = (a^2)^2 + (2b^2)^2 + (2ab)^2 - (2ab)^2$

$= \{(a^2)^2 + 2\cdot(a^2)\cdot(2b^2) + (2b^2)^2\} - (2ab)^2 = (a^2+2b^2)^2 - (2ab)^2$

$= \{(a^2+2b^2)+2ab\}\{(a^2+2b^2)-2ab\} = (a^2+2ab+2b^2)(a^2-2ab+2b^2)$.

※ $A = a^2+2b^2$，$B = 2ab$ と考えた．

例題 1.21 最低次の文字で整理

次の式を因数分解せよ．

$2x^2 + 3xy + y^2 - 2x - y$

方針 一般に次数の最も低い文字に着目し，降べきの順に整理する．

解答 $2x^2 + 3xy + y^2 - 2x - y$

$= 2x^2 + (3y-2)x + y^2 - y$

$= 2x^2 + (3y-2)x + y(y-1)$

$= (x+y-1)(2x+y)$.

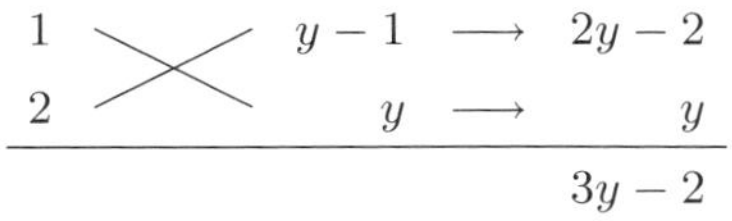

練習問題 1.6

1 次の式を因数分解せよ．

(1) $x^3 + 9x^2 + 27x + 27$ (2) $x^3 - 9x^2y + 27xy^2 - 27y^3$

(3) $a^3 + 27b^3$ (4) $27x^3 - 8y^3$ (5) $x^6 - 4x^3 - 5$

(6) $x^2 + 9y^2 + 4z^2 - 6xy + 12yz - 4zx$

(7) $a^4 - 13a^2b^2 + 4b^4$ (8) $3x^2 - y^2 - 2xy - x + 5y - 4$

1.7 因数分解 3

✏ **対称式の因数分解への応用**

式中のどれかの 2 文字を交換しても前と同じ式が得られる式を**対称式**という．

基本的な対称式は 2 文字では $a+b$，ab，3 文字では $a+b+c$，$ab+bc+ca$，abc である．a，b，c の対称式で $a+b$ が因数ならば $b+c$，$c+a$ もまた因数である．

✏ **交代式の因数分解への応用**

式中の 2 文字を交換するとき，式の符号 $(\pm)$ だけが変わる式を**交代式**という．

基本的な交代式は 2 文字では $a-b$，3 文字では $(a-b)(b-c)(c-a)$ である．

例題 1.22　置き換えによる因数分解

次の式を因数分解せよ．

(1)　$(x^2+3x-2)(x^2+3x+4)-16$　　(2)　$(x+1)(x+2)(x+3)(x+4)-24$

方針　置き換えにより次数をさげる．

解答　(1) $x^2+3x=t$ とおくと，与式 $=(t-2)(t+4)-16=t^2+2t-24$

$=(t-4)(t+6)=(x^2+3x-4)(x^2+3x+6)=(x-1)(x+4)(x^2+3x+6)$.

(2) $x^2+5x+4=t$ とおくと，与式 $=\{(x+1)(x+4)\}\{(x+2)(x+3)\}-24$

$=(x^2+5x+4)(x^2+5x+6)-24=t(t+2)-24=t^2+2t-24=(t+6)(t-4)$

$=(x^2+5x+10)(x^2+5x)=x(x+5)(x^2+5x+10)$.

解説　(2) 4 つの 1 次式の 2 つずつを組み合わせて，展開後に共通の項をつくる．

例題 1.23　対称式・交代式の因数分解への応用

次の式を因数分解せよ．

(1)　$a^2(b-c)+b^2(c-a)+c^2(a-b)$　　(2)　$(a+b+c)^3-(a^3+b^3+c^3)$

方針　(1) は最低次の文字で整理し，(2) は公式が使えるように工夫する．

解答　(1) a について整理すれば，与式 $=(b-c)a^2-(b^2-c^2)a+bc(b-c)$

$=(b-c)\{a^2-(b+c)a+bc\}=(b-c)(a-b)(a-c)=-(a-b)(b-c)(c-a)$.

(2) 与式 $=\{(a+b+c)^3-a^3\}-(b^3+c^3)$

$=(a+b+c-a)\{(a+b+c)^2+a(a+b+c)+a^2\}-(b+c)(b^2-bc+c^2)$

$=(b+c)(a^2+b^2+c^2+2bc+2ca+2ab+a^2+ab+ac+a^2-b^2+bc-c^2)$

$=3(b+c)(a^2+bc+ca+ab)=3(b+c)\{a^2+a(b+c)+bc\}$

$= 3(a+b)(b+c)(c+a).$

研究　(1) p.20 の**因数定理**を利用すると，式で $b=c$ を代入すると $c^2(c-a)+c^2(a-c)=0$ となるのでこの式は $b-c$ を因数にもつ．同様に $c=a$ や $a=b$ を代入しても 0 となるので，この式は $c-a$ と $a-b$ も因数にもつことがわかる．そこで未定係数を A として $a^2(b-c)+b^2(c-a)+c^2(a-b)=A(b-c)(c-a)(a-b)$ とおくとき，$a=-1$，$b=0$，$c=1$ を両辺に代入すれば，$-1+(-1)=A\cdot(-1)\cdot 2\cdot(-1)$ となり，$A=-1$ が決まる．ゆえに $-(b-c)(c-a)(a-b)$ と因数分解される．

(2) 式は a，b，c の 3 次の対称式で，式で $a=-b$ を代入すると 0 となるので**因数定理**よりこの式は $a+b$ を因数にもつ．同様に $b=-c$ や $c=-a$ を代入しても 0 となるので，この式は $b+c$ と $c+a$ も因数にもつことがわかる．そこで未定係数を A として $(a+b+c)^3-(a^3+b^3+c^3)=A(b+c)(a+b)(c+a)$ とおくとき，$a=0$，$b=c=1$ を両辺に代入すれば，$2^3-1^3-1^3=A\cdot 2\cdot 1\cdot 1$ となり，$A=3$ が決まる．ゆえに $3(b+c)(a+b)(c+a)$ と因数分解される．

例題 1.24　因数分解の変形公式の応用

$a^3+b^3+c^3-3abc$ を因数分解し，またその結果を利用して次の式を因数分解せよ．

$$x^3+y^3+3xy-1$$

方針　変形公式 $a^3+b^3=(a+b)^3-3ab(a+b)$ を利用する．

解答　$(a+b)^3=a^3+3a^2b+3ab^2+b^3$ より $a^3+b^3=(a+b)^3-3a^2b-3ab^2$ $=(a+b)^3-3ab(a+b)$ なので，この式の右辺を a^3+b^3 に代入して，

$$\begin{aligned} a^3+b^3+c^3-3abc &= (a+b)^3-3ab(a+b)+c^3-3abc \\ &= \{(a+b)^3+c^3\}-3ab(a+b+c) = (a+b+c)\{(a+b)^2-(a+b)c+c^2\}-3ab(a+b+c) \\ &= (a+b+c)(a^2+b^2+c^2-ab-bc-ca). \end{aligned}$$

ゆえに $a^3+b^3+c^3-3abc=(a+b+c)(a^2+b^2+c^2-ab-bc-ca)$ と因数分解される．

そこで上式で $x=a$，$y=b$，$-1=c$ と考えて，

$x^3+y^3+3xy-1=x^3+y^3+(-1)^3-3xy\cdot(-1)=(x+y-1)(x^2+y^2+1-xy+x+y).$

練習問題 1.7

1　次の式を因数分解せよ．

(1)　$(x-1)(x+2)(x-3)(x+4)+24$

(2)　a^6-b^6

(3)　$(a-b)^3+(b-c)^3+(c-a)^3$

(4)　$a^3(b-c)+b^3(c-a)+c^3(a-b)$

1.8 整式の除法

✏ **整式の除法**　それぞれの整式を降べきの順に整理し，整数の位取りの代わりに各項の次数に注目して，整数の割り算に似たたて型で計算，**商**と**余り**を求める．
特に $A \div B$ の商が 0 の場合は，A は B で**割り切れる**という．

✏ **指数法則**　$a^n \div a^m = a^{n-m}\ (n > m)$，　特に $a^n \div a^n = 1$.

✏ **除法の関係式**　$A \div B$ の**商**を Q，**余り**を R とするとき，次の関係式が成り立つ．
$$A = QB + R \quad (R \text{ の次数} < B \text{ の次数})$$

✏ **組立除法**　整式を 1 次式 $x - \alpha$ で割るとき，整式の各項の係数を利用して簡単に商と余りを求める方法．

例題 1.25　整式の除法

次の割り算を計算し，商と余りを求めよ．
(1)　$(6x^3 - x^2 + 7x - 2) \div (2x^2 + x - 3)$　　(2)　$(x^3 - 8) \div (x - 2)$

解答　(1) ① $(6x^3) \div (2x^2)$
② ① $\times (2x^2 + x - 3)$
③ $(6x^3 - x^2 + 7x - 2) -$ ②
④ $(-4x^2) \div (2x^2)$
⑤ ④ $\times (2x^2 + x - 3)$
⑥ ③ $-$ ⑤，終了．
ゆえに商 $3x - 2$，余り $18x - 8$ である．

$$\begin{array}{rrrrrl}
 & ① & ④ & & & \\
 & 3x & -2 & & & \leftarrow \text{商} \\
\hline
2x^2+x-3\,) & 6x^3 & -x^2 & +7x & -2 & \\
 & 6x^3 & +3x^2 & -9x & & ② \\
\hline
 & & -4x^2 & +16x & -2 & ③ \\
 & & -4x^2 & -2x & +6 & ⑤ \\
\hline
 & & & 18x & -8 & ⑥\ \text{余り}
\end{array}$$

(2) ① $(x^3) \div (x)$
② ① $\times (x - 2)$
③ $(x^3 - 8) -$ ②
④ $(2x^2) \div (x)$
⑤ ④ $\times (x - 2)$
⑥ ③ $-$ ⑤
⑦ $(4x) \div (x)$
⑧ ⑦ $\times (x - 2)$
⑨ ⑥ $-$ ⑧，終了．
ゆえに商 $x^2 + 2x + 4$，余り 0 で割り切れる．

$$\begin{array}{rrrrrl}
 & ① & ④ & ⑦ & & \\
 & x^2 & +2x & +4 & & \leftarrow \text{商} \\
\hline
x-2\,) & x^3 & & & -8 & \\
 & x^3 & -2x^2 & & & ② \\
\hline
 & & 2x^2 & & -8 & ③ \\
 & & 2x^2 & -4x & & ⑤ \\
\hline
 & & & 4x & -8 & ⑥ \\
 & & & 4x & -8 & ⑧ \\
\hline
 & & & & 0 & ⑨\ \text{余り}
\end{array}$$

※ (2) 各項の次数の順番が抜けている部分がある場合は，空白を空けておくとよい．

例題 1.26 ―――― 除法の関係式

整式 $3x^3+x^2-2x+1$ を整式 B で割ると，商が $3x+7$，余りが $3x-20$ であった．整式 B を求めよ．

方針 除法の関係式を作り，それを解いて整式 B を求める．

$$
\begin{array}{r|rrrr}
 & x^2 & -2x & +3 & \\
\hline
3x+7 & 3x^3 & +x^2 & -5x & +21 \\
 & 3x^3 & +7x^2 & & \\
\hline
 & & -6x^2 & -5x & +21 \\
 & & -6x^2 & -14x & \\
\hline
 & & & 9x & +21 \\
 & & & 9x & +21 \\
\hline
 & & & & 0
\end{array}
$$

解答 条件より除法の関係式を作ると，

$3x^3+x^2-2x+1=B(3x+7)+(3x-20)$.

$B(3x+7)=(3x^3+x^2-2x+1)-(3x-20)$

$=3x^3+x^2-5x+21$.

ゆえに $B=(3x^3+x^2-5x+21)\div(3x+7)$

$=x^2-2x+3$.

例題 1.27 ―――― 組立除法

組立除法で $(2x^3-3x^2+x-5)\div(x-2)$ を計算し，商と余りを求めよ．

解答 ① $2x^3-3x^2+x-5$ の各項の係数を降べきの順に左から並べる

② $x-\alpha=x-2$ より $\alpha=2$ と考える

③ 2 をそのまま下におろす

④ $-3+\alpha\times 2=-3+2\times 2=1$

⑤ $1+\alpha\times④=1+2\times 1=3$

⑥ $-5+\alpha\times⑤=-5+2\times 3=1$，終了

① →		2	−3	1	−5
② →	2		4	2	6
		2	1	3	1
		③	④	⑤	⑥

右上図の③2，④1，⑤3 より商は $2x^2+x+3$，⑥1 より余りは 1 である．

※割る 1 次式が $x+\beta$ の場合は $x-\alpha=x-(-\beta)$ として，$\alpha=-\beta$ と考える．

練習問題 1.8

1 次の割り算を計算し，商と余りを求めよ．

(1) $(3x^2-5x+2)\div(x+1)$　(2) $(9a^3-a+3)\div(3a-2)$

(3) $(2x^3-7x^2+12x-9)\div(2x-3)$　(4) $(6x^4+x^3+3x^2-x+3)\div(3x^2-x-1)$

2 整式 $2x^3-x^2+4x+5$ を整式 B で割ると，商が $2x+3$，余りが $8x+2$ であった．整式 B を求めよ．

3 組立除法で次の割り算を計算し，商と余りを求めよ．

(1) $(x^3-2x^2+x+7)\div(x-6)$　(2) $(x^3-3x+1)\div(x+2)$

1.9 剰余の定理，因数定理

一般に x の整式を $P(x)$，$Q(x)$ などと明示的に表し，$x=\alpha$ のときの $P(x)$，$Q(x)$ の値を $P(\alpha)$，$Q(\alpha)$ などと表すことにする．

✏ **剰余の定理**　x の整式 $P(x)$ を 1 次式 $x-\alpha$ で割ったときの余りは，$P(\alpha)$ に等しい．

※剰余の定理では除法の余りはわかっても商はわからないことに注意．

✏ **因数定理**　x の整式 $P(x)$ が 1 次式 $x-\alpha$ で割り切れるのは $P(\alpha)=0$ のときに限る．

※因数定理は整式の因数分解に利用されるが，1 次式を因数にもつかどうかしか判定できないことに注意．

例題 1.28　剰余の定理

剰余の定理を利用して，次の割り算の余りを求めよ．

(1)　$(x^3-x^2+3x-2)\div(x-2)$　　(2)　$(2x^3+5x^2-x+6)\div(x+3)$

方針　$x-\alpha$ の $x=\alpha$ を $P(x)$ に代入する．$x+\beta$ の場合は $x-\alpha=x+\beta=x-(-\beta)$ と考えて，$x=-\beta$ を $P(x)$ に代入する．

解答　(1) $P(x)=x^3-x^2+3x-2$ とおく．剰余の定理より余りは $P(2)$ である．ゆえに $P(2)=2^3-2^2+3\cdot 2-2=8-4+6-2=8$.

(2) $P(x)=2x^3+5x^2-x+6$ とおく．剰余の定理より余りは $P(-3)$ である．ゆえに $P(-3)=2\cdot(-3)^3+5\cdot(-3)^2-(-3)+6=-54+45+3+6=0$ で割り切れる．

例題 1.29　剰余の定理の応用

x の整式 $P(x)$ を 1 次式 $x+2$ で割った余りが -12，1 次式 $x-3$ で割った余りが 13 のとき，$P(x)$ を 2 次式 x^2-x-6 で割った余りを求めよ．

方針　$x^2-x-6=(x+2)(x-3)$ に注意し，次数の関係より余りを $ax+b$ とおく．

解答　2 次式で割った余りなので，求める余りを 1 次式 $ax+b$ とおく．また $P(x)$ を 2 次式 x^2-x-6 で割ったときの商を $Q(x)$ とおくと，$x^2-x-6=(x+2)(x-3)$ に注意して次の除法の関係式が成り立つ．

$$P(x)=(x^2-x-6)Q(x)+(ax+b)=(x+2)(x-3)Q(x)+(ax+b)\cdots ①.$$

$x+2$ で割ったとき余りが -12 なので，剰余の定理より $P(-2)=-12$，同様に $x-3$ で割ったときの余りが 13 なので，剰余の定理より $P(3)=13$ である．

ゆえに①に $x=-2,\ 3$ を代入して② $-2a+b=-12$，③ $3a+b=13$ が成り立つ．これらを同時に満たす a，b として $a=5$，$b=-2$ がとれる．求める余りは $5x-2$ である．

例題 1.30 因数定理

因数定理を利用して，次の式を因数分解せよ．

(1) $x^3-6x^2+11x-6$ (2) $x^4+2x^3-13x^2-14x+24$

方針 因数定理を利用するために，定数項の約数から符号も考えて α を選ぶ．

解答 (1) $P(x)=x^3-6x^2+11x-6$ とおく．定数項 -6 の符号付き約数は ±1，±2，±3，±6 である．この中で $P(\alpha)=0$ となるものを探すと，$\alpha=1$ のとき $P(1)=0$ となるので，因数定理より $P(x)$ は 1 次式 $x-1$ で割り切れる．

組立除法で商を求めると x^2-5x+6．ゆえに

$$P(x)=(x-1)(x^2-5x+6)$$
$$=(x-1)(x-2)(x-3).$$

	1	−6	11	−6
1		1	−5	6
	1	−5	6	0

(2) $P(x)=x^4+2x^3-13x^2-14x+24$ とおく．定数項 24 の符号付き約数の中で $P(\alpha)=0$ となるものを探すと，$\alpha=1$ のとき $P(1)=0$ となるので，因数定理より $P(x)$ は 1 次式 $x-1$ で割り切れる．組立除法で商を求めると $x^3+3x^2-10x-24$ である．ゆえに $P(x)=(x-1)(x^3+3x^2-10x-24)$．さらに $Q(x)=x^3+3x^2-10x-24$ とおいて，同様に $Q(-2)=0$ となるので因数定理より $Q(x)$ は 1 次式 $x+2$ で割り切れる．組立除法で商を求めると x^2+x-12 である．ゆえに $P(x)=(x-1)Q(x)=(x-1)(x+2)(x^2+x-12)=(x-1)(x+2)(x-3)(x+4)$.

	1	2	−13	−14	24
1		1	3	−10	−24
	1	3	−10	−24	0

	1	3	−10	−24
−2		−2	−2	24
	1	1	−12	0

練習問題 1.9

1 剰余の定理を利用して，次の割り算の余りを求めよ．

(1) $(2x^3+x^2-5)\div(x+2)$ (2) $(3x^4-2x^3+x^2-5x+3)\div(x+1)$

2 x の整式 $P(x)$ を 1 次式 $x+1$ で割ったときの余りが -3，1 次式 $x-2$ で割ったときの余りが 3 のとき，$P(x)$ を 2 次式 x^2-x-2 で割ったときの余りを求めよ．

3 因数定理を利用して，次の式を因数分解せよ．

(1) $6x^3-19x^2+2x+3$ (2) $x^4+3x^3+4x^2+3x+1$

4 x の整式 $P(x)$ が 2 次式 x^2+x-2 で割り切れるように a，b の値を定めよ．

$P(x)=2x^3+ax^2+bx-6$

1.10 最大公約数と最小公倍数

✏ **整式の約数，倍数，公約数，公倍数**　基本的に数の約数，倍数，公約数，公倍数と同じである．違いは整式の因数で考えること．

※整式の約数，倍数を考えるときは，一般に**数**は1を除いて整式の約数，倍数と考えない．

✏ **最大公約数と最小公倍数**

2つ以上の整式の公約数の中で次数が最大の整式をそれらの**最大公約数(G.C.M)**，公倍数の中で次数が最小な整式をそれらの**最小公倍数(L.C.M)**という．

(最大公約数と最小公倍数は，定数倍を除いて1つに決まる．)

特に最大公約数が1の場合は，それらの整式は**互いに素**であるという．

✏ **重要な性質**　2つの整式 A，B の最大公約数を G，最小公倍数を L とするとき，

(1)　$A = aG$，$B = bG$　(a，b は互いに素)

(2)　$L = abG$，$AB = GL$

例題 1.31　　公約数と公倍数

次の整式の組について，すべての公約数と1つの公倍数を答えよ．

(1)　xy^2z^2，x^2yz^2　　(2)　$(x+1)^2(x-2)$，$(x+1)(x-2)^2$

方針　1は必ず公約数である．公約数は共通な因数を個数まで含めて考える．
2つの整式の積は1つの公倍数である．

解答　(1) 公約数は1，x，y，z，z^2，xy，xz，xz^2，yz，yz^2，xyz，xyz^2 である．
公倍数は例えば2つをかけて $xy^2z^2 \times x^2yz^2 = x^3y^3z^4$ である．

(2) 公約数は1，$x+1$，$x-2$，$(x+1)(x-2)$ である．公倍数は例えば2つをかけて
$(x+1)^2(x-2) \times (x+1)(x-2)^2 = (x+1)^3(x-2)^3$ である．

例題 1.32　　最大公約数と最小公倍数 1

次の整式の組について，最大公約数と最小公倍数を答えよ．

(1)　xy^2z，x^3y　　(2)　$a(a+1)(a-2)$，$2a^2(a-2)$

(3)　x^2-3x+2，x^2+2x-3，x^2+x-6

方針　最大公約数は各整式の共通因数の個数の少ないものをすべてかける．最小公倍数は共通因数の個数の多いものと，どちらかに含まれる因数をすべてかける．

解答　(1) 最大公約数は共通因数 x については x をとり，共通因数 y については y をとり，かけて xy である．最小公倍数は共通因数 x については x^3 を，共通因数 y については y^2 を，さらに z をとり，かけて x^3y^2z である．

(2) 最大公約数は共通因数 a については a をとり，共通因数 $a-2$ については $a-2$ をとり，かけて $a(a-2)$ である．最小公倍数は共通因数 a については a^2 を，共通因数 $a-2$ については $a-2$ をとり，さらに 2 と $a+1$ をかけて $2a^2(a+1)(a-2)$ である．

(3) それぞれ因数分解して $(x-1)(x-2)$，$(x-1)(x+3)$，$(x-2)(x+3)$ である．
最大公約数は 3 つの整式に共通する因数がないので 1，つまり互いに素である．
最小公倍数は $x-1$，$x-2$，$x+3$ それぞれの最大個数は 1 個なので，すべてかけて
$(x-1)(x-2)(x+3) = x^3 - 7x + 6$ である．

例題 1.33 　**最大公約数と最小公倍数 2**

次数の等しい 2 つの整式がある．その最大公約数は $x-1$，最小公倍数は $x^3 - 6x^2 + 11x - 6$ である．この 2 つの整式を求めよ．

方針 $A = aG$，$B = bG$ (a，b は互いに素) とすると $L = abG$ である．

解答 求める 2 つの整式を A，B とし，それらの最大公約数を G，最小公倍数を L，また A，B を G で割ったときの商をそれぞれ a，b (a，b は互いに素) とおくと，関係 $L = abG$ が成り立つので

$$ab = L \div G = (x^3 - 6x^2 + 11x - 6) \div (x-1) = x^2 - 5x + 6 = (x-2)(x-3).$$

a，b は互いに素で次数が等しいので (順不問)，$a = x-2$，$b = x-3$ と考えてよい．ゆえに

$$A = aG = (x-2)(x-1) = x^2 - 3x + 2,\quad B = bG = (x-3)(x-1) = x^2 - 4x + 3.$$

練習問題 1.10

1 次の整式のすべての約数と 1 つの倍数を答えよ．

(1) a^2b^3 　(2) $(x-1)^2(x+2)$

2 次の整式の組について，すべての公約数と 1 つの公倍数を答えよ．

(1) a^2bc，abc^2 　(2) $(x-1)(x-2)(x+3)^2$，$(x-2)^2(x+3)$

3 次の整式の組について，最大公約数と最小公倍数を答えよ．

(1) $xy^2(z+1)$，$x^2y(z+1)^2$ 　(2) $3(x+1)^2(x-2)$，$6(x+1)(x+3)$

(3) $x^3 + 4x^2 - 3x - 18$，$x^2 + 2x - 3$，$x^2 + x - 6$

4 $x^2 - 5x + 2a$，$x^2 + bx - 12$ の最大公約数が $x-3$ のとき，a，b の値を求めよ．
また最小公倍数を求めよ．

1.11 有理式1(分数式1)

✏ **有理式 (分数式)** 分数の形で分母，分子に整式を含むもの．約分，通分も分母分子の因数単位で行う．これ以上に簡単にできない分数式を**既約分数式**という．

✏ **分数式の四則演算**

(1) 加法・減法：通分して $\dfrac{B}{A}+\dfrac{C}{A}=\dfrac{B+C}{A}$ $\dfrac{B}{A}-\dfrac{C}{A}=\dfrac{B-C}{A}$

(2) 乗法・除法： $\dfrac{B}{A}\times\dfrac{D}{C}=\dfrac{B\times D}{A\times C}$ $\dfrac{B}{A}\div\dfrac{D}{C}=\dfrac{B}{A}\times\dfrac{C}{D}=\dfrac{B\times C}{A\times D}$

※演算の結果は必ず既約分数式に直しておくこと．

✏ **分数式の計算上のくふう**

(1) 帯分数化： $A=BQ+R$ ならば $\dfrac{A}{B}=Q+\dfrac{R}{B}$

(2) 部分分数化

(3) いくつかの分数式の加減は，いくつかに組み合わせたり，部分分数に分けて計算すると楽になる

例題 1.34 分数式の約分

次の分数式を簡単にせよ．

(1) $\dfrac{x^3-7x-6}{x^2+5x+6}$ (2) $\dfrac{x^3-7x^2+5x-3}{x^2-x-6}$

方針 分子は因数定理を利用して因数分解する．

解答 (1) $\dfrac{x^3-7x-6}{x^2+5x+6}=\dfrac{(x+1)(x+2)(x-3)}{(x+2)(x+3)}=\dfrac{(x+1)(x-3)}{x+3}=\dfrac{x^2-2x-3}{x+3}$.

(2) $\dfrac{x^3-7x^2+5x-3}{x^2-x-6}=\dfrac{(x-3)(x^2-4x+1)}{(x+2)(x-3)}=\dfrac{x^2-4x+1}{x+2}$.

例題 1.35 分数式の加法・減法

次の式を簡単にせよ．

(1) $\dfrac{3}{x-1}+\dfrac{2x-1}{x+2}-\dfrac{x-5}{x-3}$ (2) $\dfrac{x+1}{x+2}-\dfrac{x+2}{x+3}-\dfrac{x+3}{x+4}+\dfrac{x+4}{x+5}$

(3) $\dfrac{1}{x-1}-\dfrac{1}{x+1}-\dfrac{2}{x^2+1}-\dfrac{4}{x^4+1}$

方針 (1) は通分して分子を整理する．
(2) はそのまま通分してもよいが帯分数化するとよい．(3) は分母の形に注目する．

解答 (1) $与式 = \dfrac{3(x+2)(x-3)+(2x-1)(x-1)(x-3)-(x-5)(x-1)(x+2)}{(x-1)(x+2)(x-3)}$

$$= \frac{(3x^2-3x-18)+(2x^3-9x^2+10x-3)-(x^3-4x^2-7x+10)}{(x-1)(x+2)(x-3)}$$

$$= \frac{x^3-2x^2+14x-31}{(x-1)(x+2)(x-3)}.$$

(2) $与式 = 1+\dfrac{-1}{x+2}-\left(1+\dfrac{-1}{x+3}\right)-\left(1+\dfrac{-1}{x+4}\right)+\left(1+\dfrac{-1}{x+5}\right)$

$$= \frac{-1}{x+2}+\frac{1}{x+3}+\frac{1}{x+4}+\frac{-1}{x+5} = \frac{-4x-14}{(x+2)(x+3)(x+4)(x+5)}.$$

(3) $与式 = \dfrac{(x+1)-(x-1)}{(x-1)(x+1)}-\dfrac{2}{x^2+1}-\dfrac{4}{x^4+1}$

$$= \frac{2}{x^2-1}-\frac{2}{x^2+1}-\frac{4}{x^4+1} = \frac{2(x^2+1)-2(x^2-1)}{(x^2-1)(x^2+1)}-\frac{4}{x^4+1}$$

$$= \frac{4}{x^4-1}-\frac{4}{x^4+1} = \frac{4(x^4+1)-4(x^4-1)}{(x^4-1)(x^4+1)} = \frac{8}{x^8-1}.$$

例題 1.36 分数式の値

$abc=1$ のとき，次の式の値を求めよ．

$$\frac{a}{ab+a+1}+\frac{b}{bc+b+1}+\frac{c}{ca+c+1}$$

方針 1 文字消去で $c=\dfrac{1}{ab}$ を代入する．

解答 $abc=1$ より，式に $c=\dfrac{1}{ab}$ を代入して

$$与式 = \frac{a}{ab+a+1}+\frac{b}{\frac{1}{a}+b+1}+\frac{\frac{1}{ab}}{\frac{1}{b}+\frac{1}{ab}+1} = \frac{a}{ab+a+1}+\frac{ab}{1+ab+a}+\frac{1}{a+1+ab}$$

$$= \frac{ab+a+1}{ab+a+1} = 1.$$

練習問題 1.11

1 分数式 $\dfrac{x^3-13x-12}{x^2-x-12}$ を約分せよ．

2 次の式を簡単にせよ．

(1) $\dfrac{2x}{x^2-1}-\dfrac{1}{x+1}$　(2) $\dfrac{x}{x^2+x-6}+\dfrac{x+3}{x^2-3x+2}$

(3) $\dfrac{2a}{a+b}+\dfrac{2b}{a-b}-\dfrac{a^2+b^2}{a^2-b^2}$

1.12 有理式2(分数式2)

✏ **分数式の帯分数式化(重要)**　分数式 $\dfrac{A}{B}$ に対して，分子の次数が分母の次数以上のとき，

$A \div B$ の商を $Q(x)$，余りを $R(x)$ とすれば，$\dfrac{A}{B}=Q(x)+\dfrac{R(x)}{B}$ と変形できる．

✏ **繁(はん)分数式**　分数式の分母，分子にまた分数式を入れ子に含む分数式のこと．

必ず普通の分数式に変形できる．

例題 1.37　分数式の乗法・除法

次の式を簡単にせよ．

(1) $\dfrac{x+3}{x(x+2)} \div \dfrac{(x-1)(x+3)}{x^2(x+2)}$　　(2) $\dfrac{x^2+3x+2}{x^2+2x-3} \times \dfrac{x}{x+2} \div \dfrac{x^2+x}{x^2+6x+9}$

方針　必要なら分母，分子を因数分解し約分する．割り算は逆数をかける．

解答 (1) $\dfrac{x+3}{x(x+2)} \div \dfrac{(x-1)(x+3)}{x^2(x+2)} = \dfrac{x+3}{x(x+2)} \times \dfrac{x^2(x+2)}{(x-1)(x+3)} = \dfrac{x}{x-1}$.

(2) $\dfrac{x^2+3x+2}{x^2+2x-3} \times \dfrac{x}{x+2} \div \dfrac{x^2+x}{x^2+6x+9} = \dfrac{(x+1)(x+2)}{(x-1)(x+3)} \times \dfrac{x}{x+2} \div \dfrac{x(x+1)}{(x+3)^2}$

$= \dfrac{(x+1)(x+2)}{(x-1)(x+3)} \times \dfrac{x}{x+2} \times \dfrac{(x+3)(x+3)}{x(x+1)} = \dfrac{x+3}{x-1}$.

例題 1.38　分数式の帯分数式化

次の分数式を $Q+\dfrac{R}{B}$ の形で表せ．

(1) $\dfrac{x^2+x+1}{x-1}$　　(2) $\dfrac{x^3-x^2-x+3}{x^2+x-1}$

方針　分子を分母で割って，商 $Q(x)$，余り $R(x)$ を求め，形に代入する．

解答 (1) 分子 x^2+x+1 を分母 $x-1$ で割り，商 $Q(x)=x+2$，余り $R(x)=3$ なので，

$$\frac{x^2+x+1}{x-1} = Q(x)+\frac{R(x)}{x-1} = x+2+\frac{3}{x-1}.$$

(2) 分子 x^3-x^2-x+3 を分母 x^2+x-1 で割り，商 $Q(x)=x-2$，余り $2x+1$ なので，

$$\frac{x^3-x^2-x+3}{x^2+x-1} = Q(x)+\frac{R(x)}{x^2+x-1} = x-2+\frac{2x+1}{x^2+x-1}.$$

例題 1.39 　分数式の変形

次の式を簡単にせよ．

$$\frac{a^2}{(a-b)(a-c)}+\frac{b^2}{(b-a)(b-c)}+\frac{c^2}{(c-a)(c-b)}$$

方針 分母を輪環の順に直して通分する．

解答
$$与式=\frac{-a^2}{(a-b)(c-a)}+\frac{-b^2}{(a-b)(b-c)}+\frac{-c^2}{(c-a)(b-c)}$$
$$=\frac{-a^2(b-c)-b^2(c-a)-c^2(a-b)}{(a-b)(b-c)(c-a)}.$$

ここで 分子 $=-a^2(b-c)+a(b^2-c^2)-bc(b-c)=-(b-c)\{a^2-a(b+c)+bc\}$
$=-(b-c)(a-b)(a-c)=(a-b)(b-c)(c-a)$ なので，与式 $=1$．

例題 1.40 　繁分数式

繁分数式 $\dfrac{1}{1+\dfrac{1}{1+\dfrac{1}{a}}}$ を簡単にせよ．

解答
$$\frac{1}{1+\dfrac{1}{1+\dfrac{1}{a}}}=\frac{1}{1+\dfrac{1\times a}{\left(1+\dfrac{1}{a}\right)\times a}}=\frac{1}{1+\dfrac{a}{a+1}}=\frac{1}{\dfrac{2a+1}{a+1}}=\frac{a+1}{2a+1}.$$

練習問題 1.12

1 次の式を簡単にせよ．

(1) $\dfrac{x^2+2x-3}{x^2-2x}\times\dfrac{x^3-2x^2}{x-1}$ 　(2) $\dfrac{x+1}{x-3}\div\dfrac{x^2-x-2}{x^2-4x+3}\times\dfrac{x-2}{x^2+3x-4}$

2 次の分数式を $Q(x)+\dfrac{R(x)}{B}$ の形に変形せよ．

(1) $\dfrac{2x^2+x-3}{x-2}$ 　(2) $\dfrac{x^3+x^2-2x+1}{x^2-2x+1}$

3 次の繁分数式を簡単にせよ．

(1) $\dfrac{x-\dfrac{1}{x}}{x+\dfrac{1}{x}}$ 　(2) $\dfrac{1}{x+\dfrac{1}{x-\dfrac{1}{x}}}$

1.13 部分分数分解

✏ **部分分数分解**　分数式を複数の分数式 (**部分分数式**) の和で表すこと.

✏ **部分分数分解の手順**

① 分母を 1 次式または 2 次式の積に因数分解する.

② 部分分数式の形を決定する. (A, B などは**未定係数**)

ア 分母の因数が 1 次式 $ax+b$ (1 つだけ) を含む場合, $\dfrac{A}{ax+b}$.

イ 分母の因数に 2 次式 ax^2+bx+c (1 つだけ) を含む場合, $\dfrac{Ax+B}{ax^2+bx+c}$.

ウ 分母の因数に 1 次式 $(ax+b)^n$ または 2 次式 $(ax^2+bx+c)^n$ を含む場合,

・1 次式の場合 $\cdots$ $\dfrac{A_1}{ax+b}+\dfrac{A_2}{(ax+b)^2}+\cdots+\dfrac{A_n}{(ax+b)^n}$.

・2 次式の場合 $\cdots$ $\dfrac{A_1x+B_1}{ax^2+bx+c}+\dfrac{A_2x+B_2}{(ax^2+bx+c)^2}+\cdots+\dfrac{A_nx+B_n}{(ax^2+bx+c)^n}$.

③ 部分分数式の和を通分して, 分子の係数を比較して未定係数の値を決定する.

例題 1.41　　　未定係数法

未定係数法で定数 A, B, C の値を定めよ.

(1) $\dfrac{3x-7}{(x+3)(x-1)}=\dfrac{A}{x+3}+\dfrac{B}{x-1}$　　(2) $\dfrac{1}{x(x^2+1)}=\dfrac{A}{x}+\dfrac{Bx+C}{x^2+1}$

方針　右辺を通分して, 両辺の分子の対応する係数を比較する.

解答 (1) $\dfrac{A}{x+3}+\dfrac{B}{x-1}=\dfrac{A(x-1)+B(x+3)}{(x+3)(x-1)}=\dfrac{(A+B)x+(-A+3B)}{(x+3)(x-1)}$.

左辺と分子の係数を比較して $A+B=3$, $-A+3B=-7$. これらを満たす A, B として, $A=4$, $B=-1$ がとれる.

(2) $\dfrac{A}{x}+\dfrac{Bx+C}{x^2+1}=\dfrac{A(x^2+1)+(Bx+C)x}{x(x^2+1)}=\dfrac{(A+B)x^2+Cx+A}{x(x^2+1)}$.

左辺と分子の係数を比較して $A+B=0$, $C=0$, $A=1$. これらを満たす A, B, C として, $A=1$, $B=-1$, $C=0$ がとれる.

例題 1.42　　　部分分数分解 1

次の分数式を部分分数分解せよ.

(1) $\dfrac{5x+1}{x^2+x-2}$　　(2) $\dfrac{3x^2+x+1}{x^3+x^2+2x+2}$

方針 分母を因数分解し，部分分数式の形を決定し，未定係数法で分解する．

解答 (1) 分母 $x^2+x-2=(x-1)(x+2)$ なので，

$$\frac{5x+1}{x^2+x-2}=\frac{A}{x-1}+\frac{B}{x+2}=\frac{(A+B)x+(2A-B)}{(x-1)(x+2)}$$

とおく．左辺と分子の係数を比較して $A+B=5$，$2A-B=1$．これらを満たす A，B として $A=2$，$B=3$ がとれる．ゆえに $\dfrac{5x+1}{x^2+x-2}=\dfrac{2}{x-1}+\dfrac{3}{x+2}$.

(2) 分母 $x^3+x^2+2x+2=(x+1)(x^2+2)$ なので，

$$\frac{3x^2+x+1}{x^3+x^2+2x+2}=\frac{A}{x+1}+\frac{Bx+C}{x^2+2}=\frac{(A+B)x^2+(B+C)x+(2A+C)}{(x+1)(x^2+2)}$$

とおく．左辺と分子の係数を比較して $A+B=3$，$B+C=1$，$2A+C=1$．
これらを満たす A，B，C として $A=1$，$B=2$，$C=-1$ がとれる．

ゆえに $\dfrac{3x^2+x+1}{x^3+x^2+2x+2}=\dfrac{1}{x+1}+\dfrac{2x-1}{x^2+2}$.

例題 1.43 部分分数分解 2

分数式 $\dfrac{6x^2+7x-2}{x^3-3x-2}$ を部分分数分解せよ．

解答 分母 $x^3-3x-2=(x+1)^2(x-2)$ なので，

$$\frac{6x^2+7x-2}{x^3-3x-2}=\frac{A}{x+1}+\frac{B}{(x+1)^2}+\frac{C}{x-2}$$
$$=\frac{(A+C)x^2+(-A+B+2C)x+(-2A-2B+C)}{(x+1)^2(x-2)}$$

とおく．左辺と分子の係数を比較して $A+C=6$，$-A+B+2C=7$，$-2A-2B+C=-2$ なので，これらを満たす A，B，C として，$A=2$，$B=1$，$C=4$ がとれる．

ゆえに $\dfrac{6x^2+7x-2}{x^3-3x-2}=\dfrac{2}{x+1}+\dfrac{1}{(x+1)^2}+\dfrac{4}{x-2}$.

練習問題 1.13

1 次の分数式を部分分数分解せよ．

(1) $\dfrac{8-x}{x^2-x-2}$　(2) $\dfrac{3x^2+3x+2}{x^3+x}$　(3) $\dfrac{3x^2+5x-2}{x^3+x^2-x-1}$

1.14 実数と絶対値

✏ **実数の分類**　整数 (正負) と 0，**有理数**と**無理数**．

有理数　分数で表される数 (整数を含む)．有限小数または**循環小数**で表される．

循環小数の表現　循環する部分 (**循環節**) の最初と最後に「·」をつけて表す；

(例)　$0.\dot{3} = 0.\underline{3}333\ldots$，$1.25\dot{3}8\dot{4} = 1.25\underline{384}384384\ldots$

無理数　分数で表されない数．循環しない無限小数で表される．

(例)　$\pi = 3.1415\ldots$：円周率，$\sqrt{2} = 1.4142\ldots$ など

✏ **実数の大小関係**　実数には大小関係があり，それを不等号「$<$, $>$, $\leqq$, $\geqq$」で表す．

ア 実数 a，b について，$a < b$，$a = b$，$a > b$ のうち 1 つだけの関係が成り立つ．

イ $a < b$ のとき，$a + c < b + c$，$a - c < b - c$　(c：実数)，

$ac < bc$，$\dfrac{a}{c} < \dfrac{b}{c}$　($c > 0$：正)，　$ac > bc$，$\dfrac{a}{c} > \dfrac{b}{c}$　($c < 0$：**負**)　**※大小関係が逆**

ウ すべての実数 a について $a^2 \geqq 0$，特に $a^2 = 0$ となるのは $a = 0$ のときに限る．

✏ **数直線**　実数を直線上の点と 1 対 1 に対応させ，それを直線上に大小順に並べたもの．点 P に対応する実数が a のとき $P(a)$ と表し，実数 a を点 P の**座標**という．

✏ **絶対値**　数直線上で実数 a に対応する点 P と原点 O(0) との距離 PO を a の**絶対値**といい，$|a|$ と表す．

$$a > 0 \text{ のとき } |a| = a,\ a < 0 \text{ のとき } |a| = -a,\ |0| = 0$$

✏ **距離**　数直線上の 2 点 $P(a)$，$Q(b)$ の間の**距離**PQ は，$|a - b|$ で与えられる．

例題 1.44　　循環小数

有理数 $\dfrac{40}{37}$ を循環小数で表せ．

方針　分子を分母で割り，小数点以下途中で同じ余りが出てきたらその余りの間が循環節を表す．

解答　40 を 37 で割ると，右のように途中で同じ余り 3 が出てくるので，循環節は 081 である．

ゆえに $\dfrac{40}{37} = 1.\underline{081}081081\cdots = 1.\dot{0}8\dot{1}$．

```
       1.081   余り
    ────────
37 ) 40
     37
    ────
      30      ← 3
       0
    ────
      300
      296
    ────
        40
        37
    ────
         3    ← 3
```

例題 1.45 実数の大小関係

実数 a, b が正のとき, $a > b \iff a^2 > b^2$ を証明せよ.

解答 $a > b$ とすると $a - b > 0$. また $a > 0$, $b > 0$ より $a + b > 0$ なので, $a^2 - b^2 = (a+b)(a-b) > 0$. ゆえに $a^2 > b^2$ である.
逆に $a^2 > b^2$ とすると $a^2 - b^2 = (a+b)(a-b) > 0$. $a > 0$, $b > 0$ より $a + b > 0$ なので, $a + b > 0$ で割って $a - b > 0$. ゆえに $a > b$ である.

例題 1.46 絶対値

次の絶対値の値を答えよ.
(1) $|-5|$　　(2) $|2a-1|$

方針 絶対値記号の中が正か, 負かで場合分けする.

解答 (1) $-5 < 0$ なので, $|-5| = -(-5) = 5$.
(2) $2a - 1 \geqq 0$ のとき, つまり $a \geqq \dfrac{1}{2}$ のとき $|2a-1| = 2a - 1$ である.
$2a - 1 < 0$ のとき, つまり $a < \dfrac{1}{2}$ のとき $|2a-1| = -(2a-1) = -2a + 1$ である.

例題 1.47 数直線上の距離

次の数直線上の 2 点 P, Q 間の距離 PQ を答えよ
(1) P(5), Q(1)　　(2) P(−3), Q(−6)

解答 (1) $\mathrm{PQ} = |5-1| = |4| = 4$.　　(2) $\mathrm{PQ} = |-3-(-6)| = |3| = 3$.

練習問題 1.14

1 有理数 $\dfrac{23}{99}$ を循環小数で表せ.

2 実数 a, b が正のとき, $a > b \iff \dfrac{1}{a} < \dfrac{1}{b}$ を証明せよ.

3 x が次の値のとき, $|x-1| - |x+3|$ の値を答えよ.
(1) $x = 2$　　(2) $x = -5$

4 $|-a| = 5$, $|ab| = 10$, $a > 0$, $b > 0$ のとき, a, b の値を求めよ.

5 数直線上の 2 点 P(5), Q(−4) 間の距離 PQ を答えよ.

1.15 平方根を含む式の計算

✏ **平方根** 実数 $a>0$ について，2乗して a となる実数は2つあり a の**平方根**という．

根号 $\sqrt{\ }$ を使って，2つのうち正の方を $\sqrt{a}$，負の方を $-\sqrt{a}$ で表す．

※負の実数 $a<0$ には，平方根は実数の範囲では存在しない．

✏ **根号の性質**

(1) $a \geqq 0$ のとき，$\sqrt{a} \geqq 0$，$\sqrt{a^2}=a$，$(\sqrt{a})^2=a$.

(2) $a>0$，$b>0$ のとき，$\sqrt{a^2b}=a\sqrt{b}$.

(3) $a>0$，$b>0$ のとき，$\sqrt{ab}=\sqrt{a}\sqrt{b}$，$\sqrt{\dfrac{a}{b}}=\dfrac{\sqrt{a}}{\sqrt{b}}$.

✏ **無理式** 根号 $\sqrt{\ }$ を含む文字式.

✏ **分母の有理化** 分母に根号を含む無理式を，分母に根号を含まない式になおすこと.

$$\frac{A}{\sqrt{a}}=\frac{A\sqrt{a}}{(\sqrt{a})^2}=\frac{A\sqrt{a}}{a}$$

$$\frac{A}{\sqrt{a}\pm\sqrt{b}}=\frac{A(\sqrt{a}\mp\sqrt{b})}{(\sqrt{a}\pm\sqrt{b})(\sqrt{a}\mp\sqrt{b})}=\frac{A(\sqrt{a}\mp\sqrt{b})}{(\sqrt{a})^2-(\sqrt{b})^2}=\frac{A(\sqrt{a}\mp\sqrt{b})}{a-b}$$

(複号同順)

例題 1.48 根号の計算

次の式を簡単にせよ.

(1) $\sqrt{\dfrac{192}{16}}$ (2) $\sqrt{12}+\sqrt{27}-\sqrt{3}$ (3) $(\sqrt{5}-\sqrt{2})^2$

方針 (2) は各項を簡単にしてから計算する. (3) は展開公式を利用する.

解答 (1) $\sqrt{\dfrac{192}{16}}=\dfrac{\sqrt{192}}{\sqrt{16}}=\dfrac{\sqrt{64\cdot 3}}{\sqrt{4^2}}=\dfrac{\sqrt{8^2\cdot 3}}{4}=\dfrac{8\sqrt{3}}{4}=2\sqrt{3}$.

(2) $\sqrt{12}+\sqrt{27}-\sqrt{3}=\sqrt{4\cdot 3}+\sqrt{9\cdot 3}-\sqrt{3}=\sqrt{2^2\cdot 3}+\sqrt{3^2\cdot 3}-\sqrt{3}=2\sqrt{3}+3\sqrt{3}-\sqrt{3}$
$=(2+3-1)\sqrt{3}=4\sqrt{3}$.

(3) $(\sqrt{5}-\sqrt{2})^2=(\sqrt{5})^2-2\cdot\sqrt{5}\cdot\sqrt{2}+(\sqrt{2})^2=5-2\sqrt{10}+2=7+2\sqrt{10}$.

例題 1.49 分母の有理化 1

次の式を簡単にせよ

(1) $\dfrac{\sqrt{2}-\sqrt{3}}{\sqrt{5}+\sqrt{3}}$ (2) $\dfrac{1}{1+\sqrt{2}+\sqrt{3}}$

解答 (1) $\dfrac{\sqrt{2}-\sqrt{3}}{\sqrt{5}+\sqrt{3}} = \dfrac{(\sqrt{2}-\sqrt{3})(\sqrt{5}-\sqrt{3})}{(\sqrt{5}+\sqrt{3})(\sqrt{5}-\sqrt{3})} = \dfrac{\sqrt{2}\sqrt{5}-\sqrt{2}\sqrt{3}-\sqrt{3}\sqrt{5}+(\sqrt{3})^2}{(\sqrt{5})^2-(\sqrt{3})^2}$

$= \dfrac{\sqrt{10}-\sqrt{6}-\sqrt{15}+3}{5-3} = \dfrac{3-\sqrt{6}+\sqrt{10}-\sqrt{15}}{2}.$

(2) $\dfrac{1}{1+\sqrt{2}+\sqrt{3}} = \dfrac{1+\sqrt{2}-\sqrt{3}}{(1+\sqrt{2})^2-(\sqrt{3})^2} = \dfrac{1+\sqrt{2}-\sqrt{3}}{2\sqrt{2}} = \dfrac{\sqrt{2}+2-\sqrt{6}}{4}.$

例題 1.50　　**分母の有理化 2**

$x = \dfrac{2+\sqrt{3}}{2-\sqrt{3}}$，$y = \dfrac{2-\sqrt{3}}{2+\sqrt{3}}$ のとき，次の式の値を求めよ．

(1)　$2x^2-3xy+2y^2$　　(2)　x^3+y^3

方針　$x+y$，xy を先に計算し，式をそれらを含むように変形せよ．

解答 まず $x+y$ と xy を計算する．

$$x+y = \frac{2+\sqrt{3}}{2-\sqrt{3}} + \frac{2-\sqrt{3}}{2+\sqrt{3}} = \frac{(2+\sqrt{3})^2+(2-\sqrt{3})^2}{(2-\sqrt{3})(2+\sqrt{3})}$$

$$= \frac{4+4\sqrt{3}+3+4-4\sqrt{3}+3}{4-3} = 14.$$

$$xy = \left(\frac{2+\sqrt{3}}{2-\sqrt{3}}\right)\left(\frac{2-\sqrt{3}}{2+\sqrt{3}}\right) = 1.$$

(1) $2x^2-3xy+2y^2 = 2(x^2+y^2)-3xy = 2\{(x+y)^2-2xy\}-3xy$

$= 2(x+y)^2-7xy = 2\times 14-7\times 1 = 385.$

(2) $x^3+y^3 = (x+y)^3-3xy(x+y) = 14^3-3\times 1\times 14 = 2702.$

練習問題 1.15

1　次の式を簡単にせよ．

(1)　$\dfrac{\sqrt{7}+\sqrt{2}}{\sqrt{7}-\sqrt{2}}$　　(2)　$\dfrac{\sqrt{5}-\sqrt{3}}{\sqrt{5}+\sqrt{3}} + \dfrac{\sqrt{5}+\sqrt{3}}{\sqrt{5}-\sqrt{3}}$　　(3)　$\dfrac{\sqrt{5}+\sqrt{3}+\sqrt{2}}{\sqrt{5}+\sqrt{3}-\sqrt{2}}$

2　$x = \dfrac{\sqrt{2}-\sqrt{3}}{\sqrt{2}+\sqrt{3}}$，$y = \dfrac{\sqrt{2}+\sqrt{3}}{\sqrt{2}-\sqrt{3}}$ のとき，次の式の値を求めよ．

(1)　x^2+y^2　　(2)　$3x^2-2xy+3y^2$　　(3)　x^4+y^4

1.16 無理数・絶対値を含む式の計算

✏ **無理数の計算**　(1) $a \geqq 0$ のとき　$\sqrt{a} \geqq 0$

$$(2)\ \sqrt{a^2} = |a| = \begin{cases} a & (a \geqq 0) \\ -a & (a < 0) \end{cases}$$

✏ **分母の有理化**(複号同順)　$\dfrac{c}{\sqrt{a} \pm \sqrt{b}} = \dfrac{c(\sqrt{a} \mp \sqrt{b})}{(\sqrt{a} \pm \sqrt{b})(\sqrt{a} \mp \sqrt{b})} = \dfrac{c(\sqrt{a} \mp \sqrt{b})}{a-b}$

✏ **2 重根号のはずし方**　根号が 2 重に入れ子になった無理式を **2 重根号**という：

$$\sqrt{a+b+2\sqrt{ab}} = \sqrt{a} + \sqrt{b} \quad (a > 0,\ b > 0)$$

$$\sqrt{a+b-2\sqrt{ab}} = \sqrt{a} - \sqrt{b} \quad (a > b > 0,\ a \text{ と } b \text{ の大小関係に注意})$$

✏ **絶対値を含む式の計算**　絶対値をはずすときは，絶対値の中の正負によって場合分けして考える．

例題 1.51　　**無理数の計算**

$x = \dfrac{\sqrt{3}}{4}$ のとき，$\dfrac{1+2x}{1+\sqrt{1+2x}} + \dfrac{1-2x}{1-\sqrt{1-2x}}$ の値を求めよ．

方針　無理数 $\sqrt{a^2}$ の値に注意して，$1 \pm 2x$，$\sqrt{1 \pm 2x}$ と順に計算する．

解答　$1 \pm 2x = 1 \pm 2 \cdot \dfrac{\sqrt{3}}{4} = \dfrac{4 \pm 2\sqrt{3}}{4} = \dfrac{3 \pm 2\sqrt{3} + 1}{4} = \dfrac{(\sqrt{3}+1)^2}{4}$ (複号同順)

なので，$\sqrt{1 \pm 2x} = \sqrt{\dfrac{(\sqrt{3} \pm 1)^2}{4}} = \dfrac{|\sqrt{3} \pm 1|}{2} = \dfrac{\sqrt{3} \pm 1}{2}$．(複号同順)

ゆえに 与式 $= \dfrac{1 + 2 \cdot \dfrac{\sqrt{3}}{4}}{1 + \dfrac{\sqrt{3}+1}{2}} + \dfrac{1 - 2 \cdot \dfrac{\sqrt{3}}{4}}{1 - \dfrac{\sqrt{3}-1}{2}} = \dfrac{2+\sqrt{3}}{3+\sqrt{3}} + \dfrac{2-\sqrt{3}}{3-\sqrt{3}}$

$$= \frac{(2+\sqrt{3})(3-\sqrt{3}) + (2-\sqrt{3})(3+\sqrt{3})}{(3+\sqrt{3})(3-\sqrt{3})} = \frac{6-\sqrt{3}-3+6-\sqrt{3}-3}{9-3} = \frac{6}{6} = 1.$$

例題 1.52　　**2 重根号のはずし方**

次の 2 重根号をはずせ．

(1)　$\sqrt{5+2\sqrt{6}}$　　(2)　$\sqrt{10-\sqrt{84}}$

方針 形 $\sqrt{a+b\pm\sqrt{ab}}$ に当てはまる a, b を探す.

解答 (1) $a+b=5$, $ab=6$ となる a, b として $a=2$, $b=3$ がとれるので,

$$\sqrt{5+2\sqrt{6}}=\sqrt{2+3+2\sqrt{2}\sqrt{3}}=\sqrt{(\sqrt{2}+\sqrt{3})^2}=\sqrt{2}+\sqrt{3}.$$

(2) $\sqrt{10-\sqrt{84}}=\sqrt{10-2\sqrt{21}}$ なので, $a+b=10$, $ab=21$ となる a, b として $a=7$, $b=3$ がとれる.

$$\sqrt{10-\sqrt{84}}=\sqrt{10-2\sqrt{21}}=\sqrt{7+3-2\sqrt{7}\sqrt{3}}=\sqrt{(\sqrt{7}-\sqrt{3})^2}=\sqrt{7}-\sqrt{3}.$$

例題 1.53 絶対値を含む式の計算

次の絶対値のついた 1 次方程式を解け.

(1) $|x-3|=2$ (2) $|x-4|+|x-2|=4$

方針 絶対値の中の正負に注意して, x の範囲を場合分けして考える.

解答 (1) $x-3$ の正負を考えると $|x-3|=\begin{cases} x-3 & (x\geqq 3) \\ -(x-3) & (x<3) \end{cases}$ なので,

$x\geqq 3$ のとき $x-3=2$ なので $x=5$. また $x<3$ のとき $-(x-3)=-x+3=2$ なので $x=1$. ゆえに解は $x=1$, 5.

(2) $x-4$, $x-2$ の正負をそれぞれ考えると,

$$|x-4|=\begin{cases} x-4 & (x\geqq 4) \\ -(x-4) & (x<4) \end{cases},\ |x-2|=\begin{cases} x-2 & (x\geqq 2) \\ -(x-2) & (x<2) \end{cases}$$

なので, $x\geqq 4$ のとき $x-4+x-2=2x-6=4$ から $x=5$, $2\leqq x<4$ のとき $-(x-4)+x-2=2=4$ となり解は無い. また $x<2$ のとき $-(x-4)-(x-2)=-2x+6=4$ から $x=1$. ゆえに解は $x=1$, 5.

練習問題 1.16

1 $x=ab$, $y=a^2+b^2$ のとき, $\sqrt{(x-y)^2}+\sqrt{(x+y)^2}$ の値を求めよ. ただし a, b は実数とする.

2 次の 2 重根号をはずせ.

(1) $\sqrt{8+2\sqrt{15}}$ (2) $\sqrt{18-\sqrt{128}}$

3 次の絶対値のついた 1 次方程式を解け.

(1) $|x+2|+|x-3|=7$ (2) $2|x-1|-3|x+4|=6$

1.17 複素数

✏ **虚数単位** 2乗して -1 となる数を考え，それを i で表し**虚数単位**という．

$i^2 = -1 \quad (i = \sqrt{-1})$ ※電気工学などでは虚数単位は j で表すことが多い．

✏ **負の数の平方根** 実数の範囲では負の数の平方根は存在しないが，形式的に虚数単位 i を使って負の数 $-a < 0$ の平方根を $\pm\sqrt{-a} = \pm\sqrt{a}\,i$ とする．

※根号の性質は変わらないが，特に $\sqrt{-a}\sqrt{-b} = \sqrt{a}\,i\sqrt{b}\,i = \sqrt{ab}\,i^2 = -\sqrt{ab}$ に注意．

✏ **複素数** $a + b\,i$ (a, b：実数，i：虚数単位) の形の数を考え**複素数**という．
実数 a を**実部**，実数 b を**虚部**といい，虚部 $b = 0$ のときは普通の実数である．
また $b \neq 0$ のとき**虚数**，$a = 0$ のとき**純虚数**という．

✏ **複素数の同等** 2つの複素数について，$a + b\,i = c + d\,i \iff a = c,\ b = d$ である．

✏ **複素数の計算** 虚数単位 i を文字と考え文字式の計算を行えばよいが，i^2 が出てきたら -1 で置き換える．特に分数形で分母に i が含まれれば，次のようにして分母から i を除くことができる：

$$\frac{A}{a \pm b\,i} = \frac{A(a \mp b\,i)}{(a \pm b\,i)(a \mp b\,i)} = \frac{A(a \mp b\,i)}{a^2 + b^2} \text{ (複号同順)}$$

✏ **絶対値** 複素数 $z = a + b\,i$ の**絶対値**は，$|\,z\,| = |\,a + b\,i\,| = \sqrt{a^2 + b^2}$.

✏ **共役複素数** 複素数 $z = a + b\,i$ に対して，複素数 $\overline{z} = a - b\,i$ を**共役複素数**といい，$\overline{z}$ で表すことが多い．複素数 z，w について，

$$\overline{\overline{z}} = z, \quad z\overline{z} = \overline{z}z = |\,z\,|^2, \quad \overline{z \pm w} = \overline{z} \pm \overline{w}, \quad \overline{zw} = \overline{z}\,\overline{w}, \quad \overline{\left(\frac{z}{w}\right)} = \frac{\overline{z}}{\overline{w}}$$

例題 1.54 複素数の同等

次の式を満たす実数 x，y の値を求めよ．ただし i は虚数単位とする．

(1) $(2 + 3\,i)x + (7 - 2\,i)y = -3 - i$ (2) $(x + y\,i)^2 = i$

方針 式を整理して，複素数の同等から両辺の実部と虚部を比較する．

解答 (1) 式の左辺を整理すると $(2x + 7y) + (3x - 2y)\,i = -3 - i$.
両辺の実部，虚部を比較して $2x + 7y = -3$，$3x - 2y = -1$.
この連立方程式を解いて $x = -\dfrac{13}{25}$，$y = -\dfrac{7}{25}$.

(2) 式の左辺を展開すると $(x + y\,i)^2 = (x^2 - y^2) + 2xy\,i = i$.
両辺の実部，虚部を比較して $x^2 - y^2 = 0$，$2xy = 1$.

$x^2 - y^2 = (x - y)(x + y) = 0$ より $y = x \cdots ①$，または $y = -x \cdots ②$.

①のとき $2xy = 1$ に代入して $x^2 = \dfrac{1}{2}$，つまり $x = y = \pm\dfrac{\sqrt{2}}{2}$.

②のとき $2xy=1$ に代入して $x^2=-\dfrac{1}{2}<0$ なので条件を満たす x, y は無い．

例題 1.55 　複素数の計算

次の複素数を $a+bi$ の形で表せ．

(1) $(2+i)(3-2i)$ 　(2) $\dfrac{\sqrt{2}+\sqrt{-3}}{\sqrt{2}-\sqrt{-3}}$ 　(3) $\dfrac{4+3i}{4-3i}+\dfrac{4-3i}{4+3i}$

解答 (1) $(2+i)(3-2i)=6-4i+3i-2i^2=6-4i+3i+2=8-i$.

(2) $$\frac{\sqrt{2}+\sqrt{-3}}{\sqrt{2}-\sqrt{-3}}=\frac{\sqrt{3}+\sqrt{3}i}{\sqrt{2}-\sqrt{3}i}=\frac{\sqrt{2}+\sqrt{3}i)^2}{(\sqrt{2}-\sqrt{3}i)(\sqrt{2}+\sqrt{3}i)}=\frac{(\sqrt{2})^2+2\sqrt{2}\sqrt{3}+(\sqrt{3}i)^2}{(\sqrt{2})^2-(\sqrt{3}i)^2}$$
$$=\frac{-1+2\sqrt{6}i}{2+3}=\frac{-1+2\sqrt{6}i}{5}=-\frac{1}{5}+\frac{2\sqrt{6}}{5}i.$$

(3) $$\frac{4+3i}{4-3i}+\frac{4-3i}{4+3i}=\frac{(4+3i)^2+(4-3i)^2}{(4-3i)(4+3i)}=\frac{16+24i-9+16-24i-9}{4^2-(3i)^2}$$
$$=\frac{14}{16+9}=\frac{14}{25}.$$

例題 1.56 　絶対値・共役複素数

複素数 $z=1-i$, $w=2+3i$ について，次の値を求めよ．

(1) $|z|$ 　(2) $w\overline{w}$ 　(3) $\overline{z+\overline{w}}$ 　(4) $\overline{\left(\dfrac{w}{z}\right)}$

解答 (1) $|z|=|1-i|=\sqrt{1^2+(-1)^2}=\sqrt{2}$.

(2) $w\overline{w}=|w|^2=|2+3i|^2=(\sqrt{2^2+3^2})^2=(\sqrt{13})^2=13$.

(3) $\overline{z+\overline{w}}=\overline{z}+\overline{\overline{w}}=\overline{z}+w=\overline{1-i}+(2+3i)=1+i+2+3i=3+4i$.

(4) $$\overline{\left(\frac{w}{z}\right)}=\frac{\overline{w}}{\overline{z}}=\frac{\overline{2+3i}}{\overline{1-i}}=\frac{2-3i}{1+i}=\frac{(2-3i)(1-i)}{(1+i)(1-i)}=\frac{-1-5i}{2}=-\frac{1}{2}-\frac{5}{2}i.$$

練習問題 1.17

1 次の式を満たす実数 x の値を求めよ．

$(1+i)x^2-(1-3i)x-2(1-i)=0$

2 次の数を $a+bi$ で表せ．

(1) $\dfrac{\sqrt{-9}-\sqrt{-2}}{\sqrt{-9}+\sqrt{-2}}$ 　(2) $1+\dfrac{2}{i}-\dfrac{2}{i^2}+\dfrac{3}{i^3}$ 　(3) $\dfrac{4+i}{2-3i}-\dfrac{i}{2+3i}$

(4) $(1-i)(1+i)(2-i)^2$

1.18 等式と不等式の証明

✏ **恒等式**　中に含まれる文字にどんな値を代入しても成り立つ等式を**恒等式**という．

✏ **恒等式となるための条件**　等式の両辺が整式の場合，恒等式となるためには両辺の対応する係数がすべて等しくなることである．

✏ **恒等式の証明**　恒等式 $A=B$ を証明するためには，次の方法がよく使われる．

(1) A を変形して B に等しいことを示す　　(2) $A-B=0$ を示す

✏ **不等式の証明**　不等式 $A>B$ を証明するためには，次の方法がよく使われる．

(1) A または B を変形して大小関係を示す　　(2) $A-B>0$ を示す

✏ **相加平均，相乗平均の関係 (重要)**　実数 $a \geqq 0$，$b \geqq 0$ に対して，

$\dfrac{a+b}{2}$(相加平均) $\geqq \sqrt{ab}$　(相乗平均)，等号が成り立つのは $a=b$ のときに限る．

※一般化して，文字はすべて 0 以上とするとき，次の不等式が成り立つ．等号が成り立つのは文字がすべて等しいときに限る．

$$\frac{a+b+c}{3} \geqq \sqrt[3]{abc} \qquad \frac{a+b+c+d}{4} \geqq \sqrt[4]{abcd}$$

✏ **比例式**　数の大小関係を比で表した式を**比例式**という．(例) $a:b=c:d$ など．

※比例式は次のように分数形になおして，**比例定数**k を考える：

(1)　$a:b=c:d \iff \dfrac{a}{b}=\dfrac{c}{d}=k$

(2)　$a:b:c=a':b':c' \iff \dfrac{a}{a'}=\dfrac{b}{b'}=\dfrac{c}{c'}=k$

例題 1.57　　恒等式の証明

$x+y+z=0$ のとき，$x^3+y^3+z^3=3xyz$ を証明せよ．

方針　1 文字消去法を利用して，$x+y+z=0$ より $z=-(x+y)$ として z を消去する．

解答　$x+y+z=0$ より $z=-(x+y)$．これを次の式に代入して，

左辺 − 右辺 $= x^3+y^3+z^3-3xyz = x^3+y^3+\{-(x+y)\}^3-3xy\cdot\{-(x+y)\}$
$= x^3+y^3-(x+y)^3+3xy(x+y) = x^3+y^3-(x^3+3x^2y+3xy^2+y^3)+3xy(x+y)$
$= x^3+y^3-x^3-3x^2y-3xy^2-y^3+3x^2y+3xy^2=0.$

ゆえに 左辺 − 右辺 $=0$ なので，与えられた恒等式が成り立つ．

研究　$x+y=-z$ に注意して，z=$x^3+y^3=(x+y)^3-2xy(x+y)$ を利用すると，

左辺 − 右辺 $= x^3+y^3+z^3-3xyz = (x+y)^3-3xy(x+y)+z^3-3xyz$
$= (-z)^3-3xy\cdot(-z)+z^3-3xyz = -z^3+3xyz+z^3-3xyz=0$

で成り立つ．

例題 1.58 不等式の証明

$a \geqq 0$, $b \geqq 0$ のとき，次の不等式をを証明せよ．

$$\frac{a+b}{2} \geqq \sqrt{ab} \geqq \frac{2ab}{a+b} \quad (\text{等号が成り立つのは } a=b \text{ のときに限る})$$

解答 まず $\dfrac{a+b}{2} \geqq \sqrt{ab}$ を示す．

$$\text{左辺} - \text{右辺} = \frac{a+b}{2} - \sqrt{ab} = \frac{a+b-2\sqrt{ab}}{2} = \frac{(\sqrt{a}-\sqrt{b})^2}{2} \geqq 0.$$

ゆえに 左辺 $= \dfrac{a+b}{2} \geqq \sqrt{ab} =$ 右辺 で成り立つ．次に $\sqrt{ab} \geqq \dfrac{2ab}{a+b}$ を示す．

$$\text{左辺} - \text{右辺} = \sqrt{ab} - \frac{2ab}{a+b} = \frac{\sqrt{ab}(a+b)-2ab}{a+b} = \frac{\sqrt{ab}(a+b-2\sqrt{ab})}{a+b}$$
$$= \frac{\sqrt{ab}(\sqrt{a}-\sqrt{b})^2}{a+b} \geqq 0.$$

ゆえに 左辺 $= \sqrt{ab} \geqq \dfrac{2ab}{a+b} =$ 右辺 で成り立つ．等号が成り立つのはどちらも $\sqrt{a} = \sqrt{b}$, つまり $a=b$ のときに限る．

例題 1.59 比例式

$a : b = c : d$ のとき，等式 $\dfrac{a+b}{a-b} = \dfrac{c+d}{c-d}$ を証明せよ．

方針 条件 $a : b = c : d$ より比例定数 k を定めて，左辺と右辺が等しいことを示す．

解答 $a : b = c : d$ より比例定数を $\dfrac{a}{b} = \dfrac{c}{d} = k$ とおくと，$a = bk$, $c = dk$ である．

左辺，右辺にそれぞれ代入して，

$$\text{左辺} = \frac{a+b}{a-b} = \frac{bk+b}{bk-b} = \frac{k+1}{k-1}, \quad \text{右辺} = \frac{c+d}{c-d} = \frac{dk+d}{dk-d} = \frac{k+1}{k-1}.$$

ゆえに 左辺 = 右辺 となり，等式が成り立つ．

練習問題 1.18

1 次の等式を証明せよ．

(1) $a^2(b-c) + b^2(c-a) + c^2(a-b) = -(b-c)(c-a)(a-b)$

(2) $x + y = 1$ のとき，$x^2 + y = y^2 + x$

2 次の不等式を証明せよ．また等号が成り立つ場合はどういう場合か．

(1) $a \geqq 0$, $b \geqq 0$ のとき，$\sqrt{a} + \sqrt{b} \geqq \sqrt{a+b}$

(2) $a > 0$, $b > 0$ のとき，$(a+b)\left(\dfrac{1}{a} + \dfrac{1}{b}\right) \geqq 4$

3 $a : b = c : d$ のとき，等式 $(a^2+b^2)(c^2+d^2) = (ac+bd)^2$ を証明せよ．

総合演習1

1.1 次の式を展開せよ．

(1) $(x^2+x+1)(x^2-x+1)$　(2) $(a+2b-3)^2$

(3) $(x^2-y^2)(x^4-x^2y^2+y^4)$　(4) $(a+2)(a+3)(a-4)(a-5)$

(5) $(a+b+c)(a+b-c)(a-b+c)(a-b-c)$

1.2 次の式を因数分解せよ．

(1) $x^3+2x^2y-9x-18y$　(2) $18a^2-8b^2$

(3) $x^4-13x^2y^2+4y^4$　(4) $(a^2-1)(b^2-1)-4ab$

1.3 次の割り算を行い，商と余りを求めよ．

(1) $(x^4-x^3-5x^2+7x-2)\div(x^2+2x-1)$

(2) $(3x^5-5x^4+2x^3+3x^2-5x+5)\div(3x-2)$

(3) $(x^5+2x^4-x^3-x^2+3x-1)\div(x+3)$　(組立除法で求めよ)

1.4 ある整式を x^2-1 で割って，商 x^2+x-1 と余り $x-1$ を得た．この整式を x^2+1 で割ったときの商と余りを求めよ．

1.5 Q, R, B を整式として，次の有理式を $Q+\dfrac{R}{B}$ (R の次数 $<$ B 次数) の形に表せ．

(1) $\dfrac{3x^2-4x+5}{x-2}$　(2) $\dfrac{3x^3+2x^2-5x+3}{x^2-2x+3}$

1.6 2次と3次の整式の積が $x^5-3x^4-x^3+5x^2-4x-6$ であり，最大公約数が $x+1$ であるとき，これらの整式を求めよ．

1.7 次の分数式を約分せよ．

(1) $\dfrac{x^2-(y-z)^2}{(x-y)^2-z^2}$　(2) $\dfrac{a^3+3a^2-a-3}{a^4+a^3+a^2-a-2}$

1.8 次の分数式を簡単にせよ．

(1) $\dfrac{7zw^2}{12x^2y}\times\dfrac{8xw}{21yz^2}\div\dfrac{w^2}{9y^3z}$　(2) $\dfrac{2a^2+a-3}{a^2-2a-3}\div\dfrac{2a^2+5a+3}{a^2-4a+3}\times\dfrac{a^3+1}{a^3-1}$

(3) $\dfrac{1}{x(x+1)}+\dfrac{1}{(x+1)(x+2)}+\dfrac{1}{(x+2)(x+3)}$

(4) $\dfrac{a}{(a-b)(a-c)}+\dfrac{b}{(b-c)(b-a)}+\dfrac{c}{(c-a)(c-b)}$

1.9 次の分数式を部分分数分解せよ．

(1) $\dfrac{6x^2+x-1}{x(x+1)(x-1)}$　(2) $\dfrac{3x^2-2x+2}{(x-1)^2(x+2)}$

1.10　整式 $P(x)$ を $x+1$ で割ると余りが -2 であり，$x-3$ で割ると余りが 10 であるとき，$P(x)$ を x^2-2x-3 で割った余りを求めよ．

1.11　$|x-\sqrt{2}| \leqq 10$ を満たす整数 x の個数を求めよ．

1.12　次の式を簡単にせよ．

(1)　$\sqrt{50}-\sqrt{32}+\sqrt{18}$　　(2)　$(\sqrt{15}+\sqrt{3})(\sqrt{10}-\sqrt{2})$

(3)　$\dfrac{\sqrt{6}-\sqrt{2}}{\sqrt{6}+\sqrt{2}}$ (分母の有理化)　　(4)　$\dfrac{1}{\sqrt{3}+\sqrt{5}}+\dfrac{1}{\sqrt{5}+\sqrt{7}}+\dfrac{1}{3+\sqrt{7}}$

1.13　次の 2 重根号をはずせ．

(1)　$\sqrt{\dfrac{5}{2}+\sqrt{6}}$　　(2)　$\sqrt{\dfrac{7}{3}-\dfrac{2}{3}\sqrt{10}}$

1.14　次の複素数を $a+bi$ の形で表せ．

(1)　$(3-2i)^3$　　(2)　$(1+i)(2+i)(3+i)(4+i)$　　(3)　$1+\dfrac{1}{i}+\dfrac{1}{i^2}+\dfrac{1}{i^3}$

(4)　$\dfrac{2-i}{3+2i}$　　(5)　$\left(\dfrac{1-3i}{1+3i}-\dfrac{1+3i}{1-3i}\right)\times\dfrac{2+i}{2-i}$

1.15　次の等式が恒等式になるように a，b，c，d の値を求めよ．

(1)　$2x^2-5x+3=a(x-1)^2+b(x-1)+c$

(2)　$x^2(x+2)-a(x-1)-b=c(x-1)^3+d(x-1)^2+3x-4$

1.16　次の等式を証明せよ．

(1)　$\dfrac{a}{(a-b)(a-c)}+\dfrac{b}{(b-c)(b-a)}+\dfrac{c}{(c-a)(c-b)}=0$

(2)　$x+y+z=0$ のとき $x^2-yz=y^2-zx=z^2-xy$

1.17　$x:y:z=a:b:c$ のとき，$\dfrac{(x+y+z)^2}{(a+b+c)^2}=\dfrac{xy+yz+zx}{ab+bc+ca}$ を証明せよ．

1.18　次の不等式を証明せよ．

(1)　$(a^2+b^2)(x^2+y^2) \geqq (ax+by)^2$　　(2)　$a^2+b^2+c^2 \geqq \dfrac{(a+b+c)^2}{3}$

(3)　a，b，c，d が正の数であるとき，$a^4+b^4+c^4+d^4 \geqq 4abcd$

第 2 章　2 次関数と方程式，不等式

第 2 章の要点

・**関数**　実数 x に実数 y を対応させ，その規則を関係式 $y=f(x)$ ($f(x)$ は x の式) で表し，y は x の**関数**であるという．x を**独立変数**，y を**従属変数**という．

・**定義域と値域**　関数 $y=f(x)$ が定義される独立変数 x の値の範囲を**定義域**，従属変数 y の値の範囲を**値域**という．

・**グラフ**　関数 $y=f(x)$ について，関係式 $y=f(x)$ を満たす点 (x,y) を座標平面上に表したものをその関数の**グラフ**という．グラフは一般に曲線である．

・**グラフの平行移動**　関数のグラフを形や向きを変えずに座標平面上を移動すること．移動量は x 軸方向の移動量，y 軸方向の移動量で表す．関数 $y=f(x)$ のグラフを x 軸方向に p，y 軸方向に q 平行移動してできるグラフを表す関数は，$y=f(x-p)+q$.

・**1 次関数のグラフ**　$y=ax+b$ $(a\neq 0)$ のグラフの特徴は，

(1) **傾き**a，**y 切片**b の直線.
　(y 切片は y 軸との交点の y 座標を表す)

(2) グラフの描き方
　①　y 軸上に y 切片 b の点を打つ
　②　①の点を出発点として，傾き $a=\dfrac{q}{p}$ だけ進んで点を打つ
　③　①，②の 2 つの点を通る直線を描く

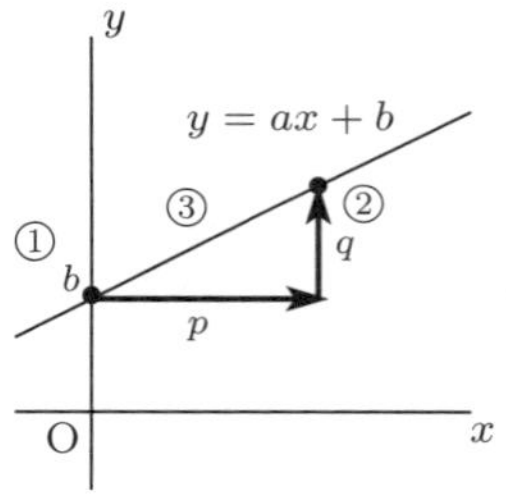

・**2 次関数のグラフ**　$y=ax^2+bx+c$ $(a\neq 0)$ のグラフの特徴は，

(1) **頂点**と**軸**(y 軸に平行な直線) をもつ**放物線**.

(2) グラフの形は $a>0$ のとき**下に凸**，$a<0$ のとき**上に凸**.

(3) グラフは軸について対称である.

(4) グラフと y 軸との交点の y 座標は c.

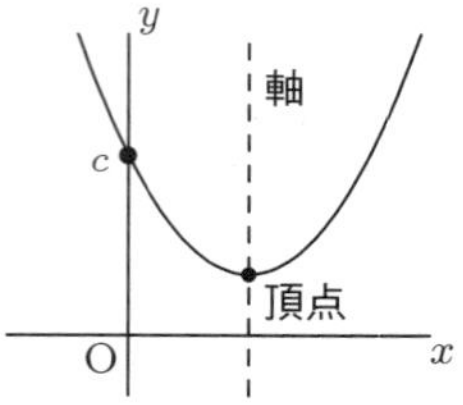

$a>0$：**下に凸**

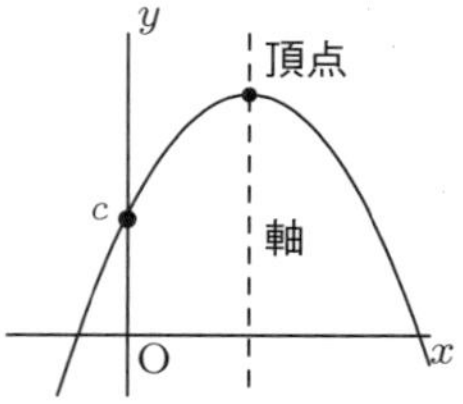

$a<0$：**上に凸**

・**平方完成**　$y=ax^2+bx+c=a\left(x+\dfrac{b}{2a}\right)^2-\dfrac{b^2-4ac}{4a}$

・**2 次関数の最大値と最小値**　2 次関数 $y = ax^2 + bx + c$ $(a \neq 0)$ の y の値の最大値と最小値は，グラフが下に凸か上に凸かで異なる．

(1) 下に凸 $(a > 0)$：　最大値なし，最小値は頂点の y 座標で $-\dfrac{b^2 - 4ac}{4a}$.

(2) 上に凸 $(a < 0)$：　最大値は頂点の y 座標で $-\dfrac{b^2 - 4ac}{4a}$，最小値はなし．

・**2 次方程式**　2 次方程式 $ax^2 + bx + c = 0$ $(a \neq 0)$ の解き方は，

(1) 左辺を因数分解して $AB = 0$ とし，$A = 0$，$B = 0$ を解いて解を求める．

(2) **解の公式**を利用して，直接解を求める．

・**解の公式**　2 次方程式 $ax^2 + bx + c = 0$ $(a \neq 0)$ の解 x は，$x = \dfrac{-b \pm \sqrt{b^2 - 4ac}}{2a}$.

・**解の分類**　2 次方程式 $ax^2 + bx + c = 0$ $(a \neq 0)$ の解 x は，次のように大きく 3 種類に分類される．解の種類は**判別式**$D = b^2 - 4ac$ の符号で判別できる．

(1) $D > 0$ (正)　$\iff$　解は異なる 2 つの実数解

(2) $D = 0$　$\iff$　解は **2 重解**(実数解)

(3) $D < 0$ (負)　$\iff$　解は 2 つの虚数解 (共役複素数)

※解の公式は，判別式 D を使って $x = \dfrac{-b \pm \sqrt{D}}{2a}$ と表せる．

・**解と係数の関係**　2 次方程式 $ax^2 + bx + c = 0$ $(a \neq 0)$ の 2 つの解を α，β とすると，

和　$\alpha + \beta = -\dfrac{b}{a}$,　　積　$\alpha\beta = \dfrac{c}{a}$.

・**2 次関数のグラフと x 軸との交点**　2 次関数 $y = ax^2 + bx + c$ のグラフと x 軸との交点の x 座標は，2 次方程式 $ax^2 + bx + c = 0$ の実数解で与えられる．特に実数解が 2 重解のとき，グラフは x 軸と**接する**といい，その交点を**接点**という．

・**常に成り立つ 2 次不等式**　2 次不等式がすべての実数 x について成り立つための条件

(1) $ax^2 + bx + c > 0 \iff a > 0$，判別式 $D = b^2 - 4ac < 0$,

(2) $ax^2 + bx + c < 0 \iff a < 0$，判別式 $D = b^2 - 4ac < 0$,

・**2 次関数のグラフと曲線との交点**　2 次関数のグラフと曲線との交点の座標は，連立方程式の実数解で与えられる．

・**連立不等式の解**　それぞれの不等式を解き，その共通範囲が連立不等式の解である．

・**高次方程式の解き方**　高次方程式 $P(x) = 0$ の解を求めるには，

① $P(x)$ を因数定理を利用して，実数の範囲で 1 次式および 2 次式に因数分解する．

② 各因数を 0 とおいて，解を求める．

2.1 関数とグラフ

✏ **関数**　実数 x に実数 y を対応させ，その規則を関係式 $y=f(x)$ ($f(x)$ は x の式) で表し，y は x の**関数**であるという．x を**独立変数**，y を**従属変数**という．
(例) $y=2x+1$，$y=x^2$ など．

✏ **定義域と値域**　関数 $y=f(x)$ が定義される独立変数 x の値の範囲を**定義域**，従属変数 y の値の範囲を**値域**という．

✏ **座標平面**　平面上に直交する座標軸 x 軸，y 軸を考え，平面上の点を x 軸上の値 (**x 座標**)，y 軸上の値 (**y 座標**) の組 (x,y)(**点**) で表したもの．

✏ **象限**　座標平面を x 軸，y 軸を境として4つの区域に分割したものを**象限**といい，x 座標，y 座標の符号の違いにより $x>0$，$y>0$ の区域を**第1象限**，続けて反時計回りに順に**第2象限**，**第3象限**，**第4象限**という．

✏ **グラフ**　関数 $y=f(x)$ について，関係式 $y=f(x)$ を満たす点 (x,y) を座標平面上に表したものをその関数の**グラフ**という．グラフは一般に曲線である．

✏ **グラフの平行移動**　関数のグラフを形や向きを変えずに座標平面上を移動すること．
移動量は x 軸方向の移動量，y 軸方向の移動量で表す．
関数 $y=f(x)$ のグラフを x 軸方向に p，y 軸方向に q 平行移動してできるグラフを表す関数は，　$y=f(x-p)+q$.

✏ **グラフの対称性**　関数 $y=f(x)$ について，すべての x について次の関係式を満たせば，グラフは y 軸および原点について対称である．
$f(-x)=f(x)\longrightarrow y$ 軸，　$f(-x)=-f(x)\longrightarrow$ 原点

例題 2.1　　**関数の定義域と値域**

関数 $f(x)=ax+b$ の定義域および値域が次のようになるように，定数 a，b の値を求めよ．

(1)　定義域 $0\leqq x\leqq 1$，　値域 $1\leqq y\leqq 3$

(2)　定義域 $-2\leqq x\leqq 3$，　値域 $-4\leqq y\leqq 1$

解答　(1) $a>0$ のとき，$f(x)$ のグラフは右上がりの直線となるから $f(0)=1$，$f(1)=3$ となればよい．ゆえに $f(0)=b=1$，$f(1)=a+b=3$ を満たすのは $a=2$，$b=1$ である．また $a<0$ のとき，$f(x)$ のグラフは右下がりの直線となるから $f(0)=3$，$f(1)=1$ となればよい．ゆえに $f(0)=b=3$，$f(1)=a+b=1$ を満たすのは $a=-2$，$b=3$ である．
(2) $a>0$ のとき，$f(x)$ のグラフは右上がりの直線となるから $f(-2)=-4$，$f(3)=1$ となればよい．ゆえに $f(-2)=-2a+b=-4$，$f(3)=3a+b=1$ を満たすのは $a=1$，$b=-2$ である．また $a<0$ のとき，$f(x)$ のグラフは右下がりの直線となるから $f(-2)=1$，

$f(3) = -4$ となればよい．ゆえに $f(-2) = -2a + b = 1$，$f(3) = 3a + b = -4$ を満たすのは $a = -1$，$b = -1$ である．

例題 2.2 グラフの平行移動

関数 $y = x^2 - x$ のグラフを次のように平行移動してできる関数を求めよ．

(1)　x 軸方向に 1，y 軸方向に 2　　(2)　x 軸方向に -2，y 軸方向に 3

方針 x 軸方向の移動量 p，y 軸方向の移動量 q とするとき，関数式に x の代わりに $x - p$ を代入，右辺に q をたす．

解答 (1) $y = (x-1)^2 - (x-1) + 2 = x^2 - 2x + 1 - x + 1 + 2 = x^2 - 3x + 4$.

(2) $y = \{x - (-2)\}^2 - \{x - (-2)\} + 3 = x^2 + 4x + 4 - x - 2 + 3 = x^2 + 3x + 5$.

例題 2.3 グラフの対称性

次の関数のグラフの対称性を考えよ．

(1)　$y = x^3$　　(2)　$y = x^4 - 2x^2 + 1$

方針 $y = f(x)$ とおいて，関係式を満たすかどうか考える．

解答 (1) $f(x) = x^3$ とおくと，$f(-x) = (-x)^3 = -x^3 = -f(x)$ なのでグラフは原点について対称である．

(2) $f(x) = x^4 - 2x^2 + 1$ とおくと，$f(-x) = (-x)^4 - 2\cdot(-x)^2 + 1 = x^4 - 2x^2 + 1 = f(x)$ なのでグラフは y 軸について対称である．

練習問題 2.1

1 次の関数のグラフを x 軸方向に -2，y 軸方向に -1 平行移動してできる関数を求めよ．

(1)　$y = 5x - 1$　　(2)　$y = 2x^2 - x$　　(3)　$y = \dfrac{3}{x}$

2 次の関数のグラフの対称性を答えよ．

(1)　$y = -3x$　　(2)　$y = x^4 + 2$　　(3)　$y = -\dfrac{2}{x}$

2.2 1次関数とそのグラフ

✏ **1 次関数**　$y = ax + b\ (a \neq 0)$　定義域はすべての実数 x.

✏ **1 次関数のグラフ**　$y = ax + b\ (a \neq 0)$ のグラフの特徴は，

(1) **傾き**a，**y 切片**b の直線.

(y 切片は y 軸との交点の y 座標を表す)

(2) グラフの描き方

① y 軸上に y 切片 b の点を打つ

② ①の点を出発点として，傾き $a = \dfrac{q}{p}$ だけ進んで点を打つ

③ ①，②の 2 つの点を通る直線を描く

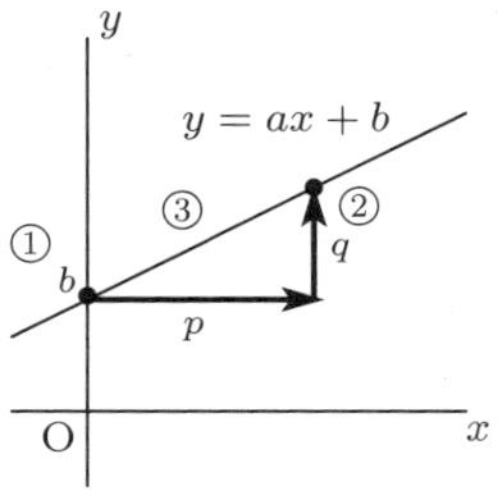

✏ **1 次方程式**　1 次方程式 $ax + b = 0\ (a \neq 0)$ の解は，$x = -\dfrac{b}{a}$.

✏ **1 次不等式**

1 次不等式 $ax + b < 0$ の解は，$a > 0$ のとき $x < -\dfrac{b}{a}$，$a < 0$ のとき $x > -\dfrac{b}{a}$.

1 次不等式 $ax + b > 0$ の解は，$a > 0$ のとき $x > -\dfrac{b}{a}$，$a < 0$ のとき $x < -\dfrac{b}{a}$.

✏ **1 次関数の最大値と最小値**　一般に 1 次関数は**最大値**と**最小値**をもたないが，定義域が $a \leqq x \leqq b$ と制限されると，$x = a$ と $x = b$ のときの y の値を比較して，大きい方の y の値が**最大値**，小さい方の y の値が**最小値**である.

例題 2.4　　**1 次関数のグラフ**

次の 1 次関数のグラフを描け.

(1)　$y = 2x$　　(2)　$y = 3x - 2$　　(3)　$y = -\dfrac{2}{3}x + 2$

方針　上の**1 次関数のグラフ**のグラフの描き方 ①，②，③を参照のこと.

解答　(1) 傾き $a = 2 = \dfrac{2}{1}$，y 切片 $b = 0$.　(2) 傾き $a = 3 = \dfrac{3}{1}$，y 切片 $b = -2$.　(3) 傾き $a = -\dfrac{2}{3} = \dfrac{-2}{3}$，$y$ 切片 $b = 2$.

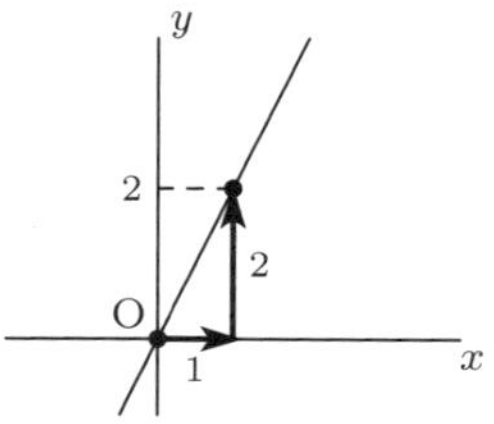

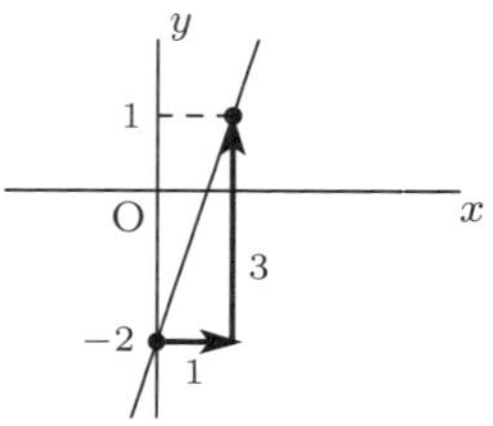

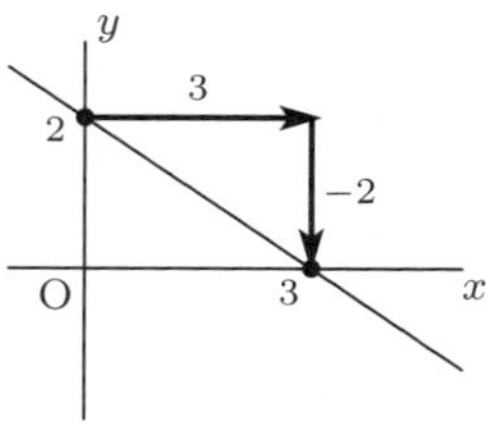

例題 2.5　　**1 次方程式**

次の 1 次関数のグラフと x 軸との交点の x 座標を求めよ．

(1)　$y = 2x - 1$　　(2)　$y = -3x + 1$

方針　x 軸との交点の x 座標は，$y = 0$ とおいた 1 次方程式の解である．

解答　(1) $y = 0$ とおくと $2x - 1 = 0$．これを解いて $2x = 1$，$x = \dfrac{1}{2}$．

(2) $y = 0$ とおくと $-3x + 1 = 0$．これを解いて $-3x = -1$，$x = \dfrac{-1}{-3} = \dfrac{1}{3}$．

例題 2.6　　**1 次不等式**

次の 1 次不等式を解け．また解を数直線上に表せ．

(1)　$2x - 1 > 0$　　(2)　$2x - 1 \geqq 4x + 1$

方針　途中計算の不等号の向きの変化に注意すること．

解答　(1) $2x > 1$．両辺を 2 で割って $x > \dfrac{1}{2}$．

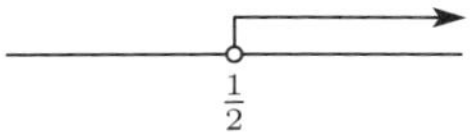

(2) $2x - 4x \geqq 1 + 1$．$-2x \geqq 2$．

両辺を -2 で割って $x \leqq -1$．

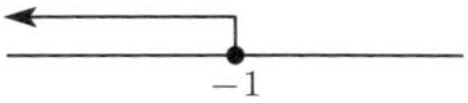

例題 2.7　　**最大値と最小値**

$-3 \leqq x \leqq 2$ の範囲で，1 次関数 $y = -3x + 2$ の最大値と最小値を求めよ．

方針　$x = -3$ と $x = 2$ のときの y の値を比較する．

解答　$x = -3$ のとき $y = -3 \cdot (-3) + 2 = 11$．$x = 2$ のとき $y = -3 \cdot 2 + 2 = -4$．
ゆえに $x = -3$ のとき最大値 11，$x = 2$ のとき最小値 -4 である．

練習問題 2.2

1　次の 1 次関数のグラフを描け．また x 軸との交点もグラフに記入せよ．

(1)　$y = 4x - 1$　　(2)　$y = -\dfrac{4}{3}x + 3$　　(3)　$y = 1.5x - 2$

2　次の 1 次不等式を解け．また解を数直線上に表せ．

(1)　$3x - 2 < 0$　　(2)　$3x > 5x + 4$　　(3)　$2x + 1 \leqq 7x - 4$

3　$-5 \leqq x \leqq 7$ の範囲で，1 次関数 $y = \dfrac{4}{7}x + \dfrac{1}{2}$ の最大値と最小値を求めよ．

2.3 2 次関数 1

✏ **2 次関数**　$y = ax^2 + bx + c\ (a \neq 0)$　定義域はすべての実数 x.

✏ **2 次関数のグラフ**　$y = ax^2 + bx + c\ (a \neq 0)$ のグラフの特徴は，

(1) **頂点**と**軸**(y 軸に平行な直線) をもつ**放物線**.

(2) グラフの形は $a > 0$ のとき**下に凸**，$a < 0$ のとき**上に凸**.

(3) グラフは軸について対称.

(4) グラフと y 軸との交点の y 座標は c.

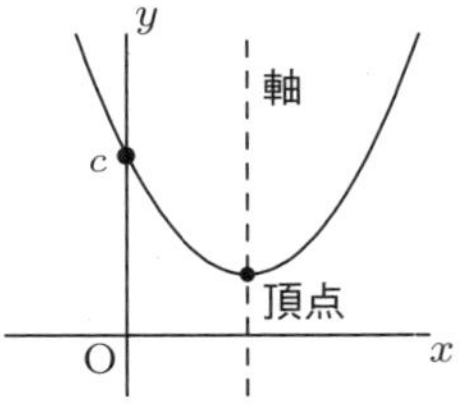

$a > 0$：下に凸

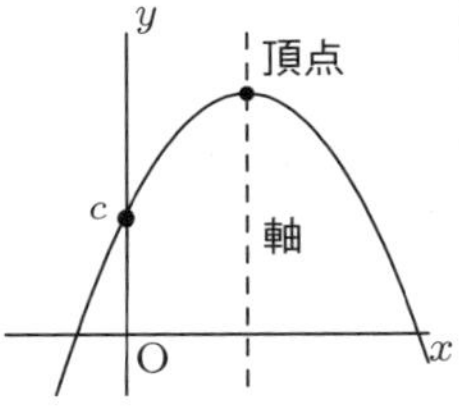

$a < 0$：上に凸

✏ **$y = ax^2$ のグラフ(基本形)**　$y = ax^2\ (a \neq 0)$ のグラフの特徴は，

(1) 頂点は原点，軸は y 軸.

(2) $a > 0$ のとき下に凸，
$a < 0$ のとき上に凸.

(3) 点 $(1, a)$，$(-1, a)$ を通る.

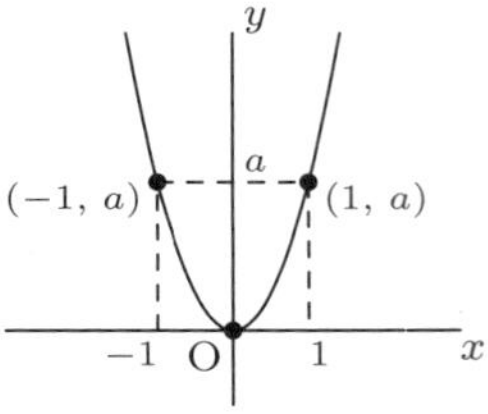

$a > 0$：下に凸

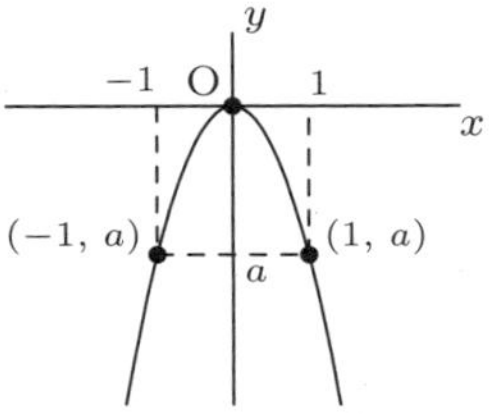

$a < 0$：上に凸

✏ **$y = a(x - p)^2 + q$ のグラフ**　$y = a(x - p)^2 + q\ (a \neq 0)$ のグラフは，基本形 $y = ax^2$ のグラフを x 軸方向に p，y 軸方向に q 平行移動したものである．その特徴は

(1) 頂点は点 (p, q)，軸は直線 $x = p$.

(2) $a > 0$ のとき下に凸，$a < 0$ のとき上に凸.

(3) グラフの描き方

① x 軸と y 軸を x 軸方向に p，y 軸方向に q だけそれぞれ平行移動して，仮の座標軸とする.

② 仮の座標軸を基準にして，基本形 $y = ax^2$ のグラフを描く.

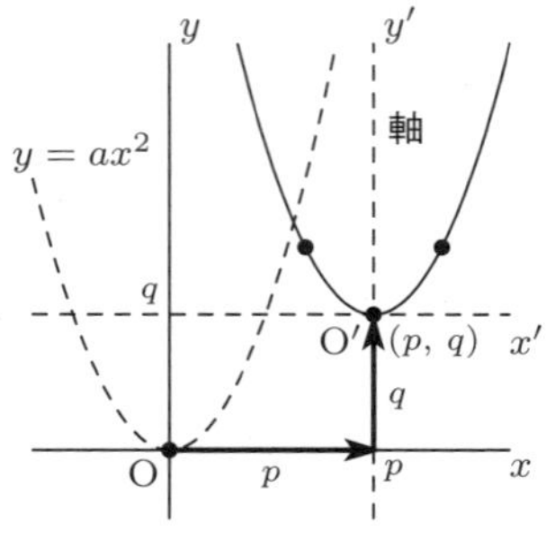

✏ **$y = ax^2 + bx + c$ のグラフ**　$y = ax^2 + bx + c\ (a \neq 0)$ は，

$$y = ax^2 + bx + c = a\left(x + \frac{b}{2a}\right)^2 - \frac{b^2 - 4ac}{4a} \quad \text{(平方完成)}$$

と変形できるので，そのグラフは基本形 $y = ax^2$ のグラフを x 軸方向に $p = -\dfrac{b}{2a}$，

y 軸方向に $q = -\dfrac{b^2-4ac}{4a}$ 平行移動したグラフである．その特徴は，

(1) 頂点 $(p,\ q) = \left(-\dfrac{b}{2a},\ -\dfrac{b^2-4ac}{4a}\right)$，軸は直線 $x = -\dfrac{b}{2a}$.

(2) グラフの描き方

① 頂点の座標を決定する：

公式 $(p,\ q) = \left(-\dfrac{b}{2a},\ -\dfrac{b^2-4ac}{4a}\right)$ または平方完成.

② 原点 O を頂点に平行移動し，仮の原点 O′ を決め，仮の座標軸を考える.

③ 仮の座標軸で基本形 $y = ax^2$ のグラフを描く.

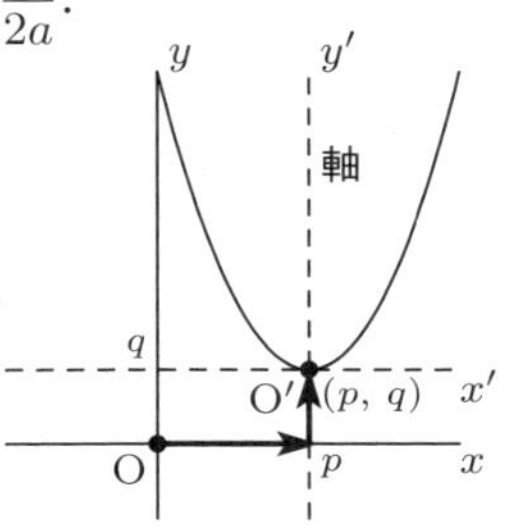

例題 2.8　**2 次関数のグラフ**

次の 2 次関数のグラフを描け.

(1)　$y = (x-2)^2 + 1$　　(2)　$y = x^2 - 4x + 5$　　(3)　$y = -2x^2 - 4x - 4$

解答

(1) $y = x^2$ のグラフを x 軸方向に 2，y 軸方向に 1 平行移動

(2) $y = x^2 - 4x + 5$
$= (x-2)^2 - 2^2 + 5$
$= (x-2)^2 + 1$

(3) $y = -2x^2 - 4x - 4$
$= -2\{(x+1)^2 - 1\} - 4$
$= -2(x+1)^2 - 2$

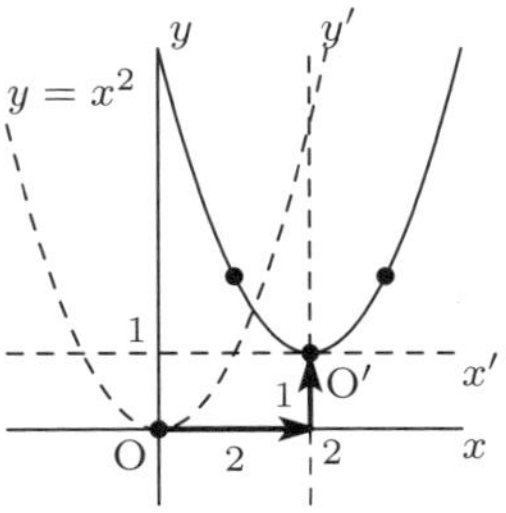

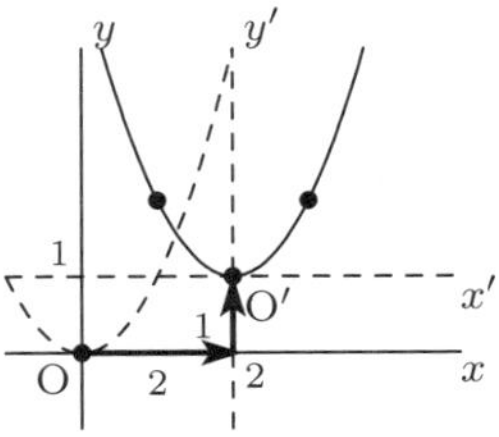

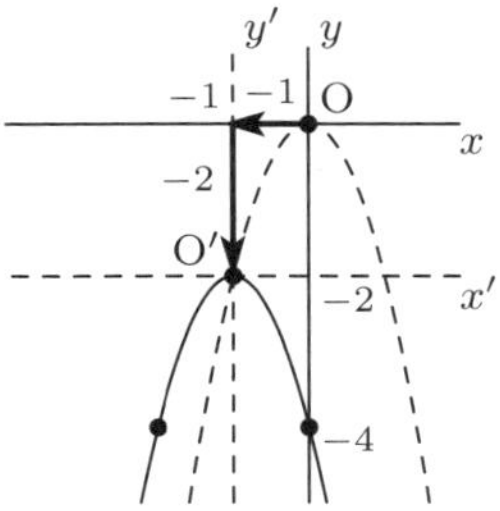

練習問題 2.3

1　次の 2 次関数のグラフを描け.

(1)　$y = -3x^2$　　(2)　$y = (x+2)^2$　　(3)　$y = 2x^2 - 3$

(4)　$y = \dfrac{1}{2}(x-1)^2 - 2$　　(5)　$y = -2(x+1)^2 - 3$

(6)　$y = x^2 + 4x + 1$　　(7)　$y = -3x^2 + 6x - 5$

2.4　2次関数2

✏ **2次関数の決定**　求める2次関数をパターンによって次のようにおく．

(1) 一般形：$y = ax^2 + bx + c$

(2) x 軸と $(\alpha,\ 0)$，$(\beta,\ 0)$ で交わるとき：$y = a(x-\alpha)(x-\beta)$

(3) x 軸と接するとき：$y = a(x-\alpha)^2$　(α は x 軸との接点の x 座標)

(4) 頂点が $(p,\ q)$ のとき：標準形 $y = a(x-p)^2 + q$

例題 2.9　　**2次関数の決定1**

2次関数 $y = -2x^2 + ax + b$ のグラフが2点 $(-2,\ 1)$，$(1,\ -5)$ を通るように，a と b の値を定めよ．

解答　$y = -2x^2 + ax + b$ のグラフが点 $(-2,\ 1)$ を通るので，$x = -2$，$y = 1$ を代入して $1 = -2\cdot(-2)^2 + a\cdot(-2) + b = -8 - 2a + b$．ゆえに $-2a + b = 9 \cdots$①．
また同様に点 $(1,\ -5)$ を通るので，$x = 1$，$y = -5$ を代入して $-5 = -2\cdot 1^2 + a\cdot 1 + b$ $= -2 + a + b$．ゆえに $a + b = -3 \cdots$②．
①，②を満たす a，b として $a = -4$，$b = 1$ がとれる．

例題 2.10　　**2次関数の決定2**

グラフが次の条件を満たす2次関数を求めよ．

(1)　頂点が $(2,\ 1)$ で点 $(0,\ 3)$ を通る

(2)　x 軸に接し，2点 $(-1,\ -8)$，$(2,\ -2)$ を通る

(3)　3点 $(-2,\ 0)$，$(2, 4)$，$(3,\ 10)$ を通る

(4)　x 軸と点 $(1,\ 0)$，$(5,\ 0)$ で交わり，y 軸と点 $(0,\ -3)$ で交わる

方針　上の**2次関数の決定**を参考にパターンに合わせて解く．

解答　(1) 頂点が $(2,\ 1)$ であるから，2次関数を $y = a(x-2)^2 + 1$ とおく．
点 $(0,\ 3)$ を通るので $x = 0$，$y = 3$ を代入して，$3 = a(0-2)^2 + 1 = 4a + 1$．
ゆえに $a = \dfrac{1}{2}$ となり，$y = \dfrac{1}{2}(x-2)^2 + 1 = \dfrac{1}{2}x^2 - 2x + 3$．

(2) x 軸に接するので接点の x 座標を α とすると，2次関数を $y = a(x-\alpha)^2$ とおく．
2点 $(-1,\ -8)$，$(2,\ -2)$ を通るので $x = -1$，$y = -8$，および $x = 2$，$y = -2$ をそれぞれ代入して，$-8 = a(-1-\alpha)^2$，$-2 = a(2-\alpha)^2$．
ゆえにこれらの比をとって $4 = \dfrac{(-1-\alpha)^2}{(2-\alpha)^2}$，つまり $4(2-\alpha)^2 = (-1-\alpha)^2$．

両辺を展開して整理すると $3\alpha^2-18\alpha+15=3(\alpha-1)(\alpha-5)=0$．ゆえに $\alpha=1,\ 5$ の 2 つある．まず $\alpha=1$ のとき $-8=a(-1-1)^2=4a$ より $a=-2$．また $\alpha=5$ のとき $-8=a(-1-5)^2=36a$ より $a=-\dfrac{2}{9}$．

ゆえに $y=-2(x-1)^2=-2x^2+4x-2$ と $y=-\dfrac{2}{9}(x-5)^2=-\dfrac{2}{9}x^2+\dfrac{20}{9}x-\dfrac{50}{9}$．

(3) 2 次関数を $y=ax^2+bx+c$ とおく．3 点 $(-2,\ 0)$，$(2, 4)$，$(3,\ 10)$ を通るので $x=-2$，$y=0$，および $x=2$，$y=4$，さらに $x=3$，$y=10$ をそれぞれ代入して，

$$0=4a-2b+c,\ 4=4a+2b+c,\ 10=9a+3b+c.$$

これらを同時に満たすものは $a=1$，$b=1$，$c=-2$ なので，$y=x^2+x-2$．

(4) x 軸と点 $(1,\ 0)$，$(5,\ 0)$ で交わるので，2 次関数を $y=a(x-1)(x-5)$ とおく．
y 軸と点 $(0,\ -3)$ で交わるので $x=0$，$y=-3$ を代入して，$-3=a(0-1)(0-5)=5a$．
ゆえに $a=-\dfrac{3}{5}$ となり，$y=-\dfrac{3}{5}(x-1)(x-5)=-\dfrac{3}{5}x^2+\dfrac{18}{5}x-3$．

例題 2.11　　**2 次関数の決定 3**

関数 $y=2x^2$ のグラフを平行移動したもので，点 $(2,\ 4)$ を通り，頂点が直線 $y=x-4$ 上にある 2 次関数を求めよ．

解答　求める 2 次関数を $y=2x^2$ のグラフを x 軸方向に p，y 軸方向に q 平行移動したものと考えて $y=2(x-p)^2+q\cdots$① とおく．
$y=2x^2$ のグラフの頂点は原点なので，この 2 次関数のグラフの頂点は $(p,\ q)$ である．頂点が直線 $y=x-4$ 上にあるので $q=p-4$ の関係が成り立つ．
ゆえに①に代入して $y=2(x-p)^2+p-4\cdots$②．
点 $(2,\ 4)$ を通るので②に $x=2$，$y=4$ を代入して $4=2(2-p)^2+p-4=2p^2-7p+4$，
ゆえに $2p^2-7p=p(2p-7)=0$．ゆえに $p=0,\ \dfrac{7}{2}$．
②にそれぞれ代入して $p=0$ のとき $y=2(x-0)^2+0-4=2x^2-4$，$p=\dfrac{7}{2}$ のとき
$y=2\left(x-\dfrac{7}{2}\right)^2+\dfrac{7}{2}-4=2x^2-14x+24$．

練習問題 2.4

1　グラフが次の条件を満たす 2 次関数を求めよ．

(1) 頂点が $(-1,\ 2)$ で点 $(2,\ -7)$ を通る

(2) x 軸に接し，2 点 $(-2,\ -8)$，$(4,\ -2)$ を通る

(3) 3 点 $(-3,\ -6)$，$(-1,\ 2)$，$(0,\ 0)$ を通る

(4) x 軸と点 $(-2,\ 0)$，$(3,\ 0)$ で交わり，y 軸と点 $(0,\ -4)$ で交わる

2.5 2次関数の最大値と最小値

✏ **2次関数の最大値と最小値**　2次関数 $y = ax^2 + bx + c$ $(a \neq 0)$ の y の値の最大値と最小値は，グラフが下に凸か上に凸かで異なる．

(1) 下に凸 $(a > 0)$：　最大値なし，最小値は頂点の y 座標で $-\dfrac{b^2 - 4ac}{4a}$.

(2) 上に凸 $(a < 0)$：　最大値は頂点の y 座標で $-\dfrac{b^2 - 4ac}{4a}$，最小値はなし．

✏ **制限された範囲での最大値と最小値**　制限された範囲 $a \leqq x \leqq b$ での最大値と最小値は，頂点の x 座標が制限された範囲に含まれるか，含まれないかで異なる．

例題 2.12　　**最大値と最小値**

次のの2次関数の最大値と最小値を求めよ．

(1)　$y = (x+3)^2 - 2$　　(2)　$y = -2x^2 + 4x + 1$　　(3)　$y = (x+2)(3-x)$

方針　グラフが下に凸か上に凸かは，x^2 の項の係数の符号で判断する．

解答　(1) グラフは下に凸 $(a = 1 > 0)$ なので，最大値なし．

頂点の座標は $(-3,\ -2)$ なので，$x = -3$ のとき最小値 $y = -2$ である．

(2) グラフは上に凸 $(a = -2 < 0)$ なので，最小値なし．

標準形に直して $y = -2x^2 + 4x + 1 = -2(x-1)^2 + 3$ なので頂点は $(1,\ 3)$.

ゆえに $x = 1$ のとき最大値 $y = 3$ である．

(3) グラフは上に凸 $(a = -1 < 0)$ なので，最小値なし．

標準形に直して $y = (x+2)(3-x) = -x^2 + x + 6 = \left(x - \dfrac{1}{2}\right)^2 + \dfrac{25}{4}$ なので頂点は $\left(\dfrac{1}{2},\ \dfrac{25}{4}\right)$．ゆえに $x = \dfrac{1}{2}$ のとき最大値 $y = \dfrac{25}{4}$ である．

例題 2.13　　**制限された範囲での最大値と最小値 1**

2次関数 $y = x^2 + 2x + 2$ の次の範囲での最大値と最小値を求めよ．

(1)　$-3 \leqq x \leqq 0$　　(2)　$0 \leqq x \leqq 3$

方針　制限された範囲が関数のグラフの頂点の x 座標を含むかどうかに注意する．

解答　$y = x^2 + 2x + 2 = (x+1)^2 + 1$ より頂点は $(-1,\ 1)$ である．

(1) 範囲の両端 $x = -3$ のとき $y = (-3)^2 + 2\cdot(-3) + 2 = 5$，$x = 0$ のとき $y = 0^2 + 2\cdot 0 + 2 = 2$．範囲が頂点の x 座標 -1 を含むので，頂点の y 座標1と5，2との大小関係から

$x=-3$ のとき最大値 $y=5$，$x=-1$ のとき最小値 $y=1$ である．

(2) 範囲の両端の $x=0$ のとき $y=0^2+2\cdot 0+2=2$，$x=3$ のとき $y=3^2+2\cdot 3+2=17$．範囲は頂点の x 座標 -1 を含まないので，2 と 17 の大小関係から $x=3$ のとき最大値 $y=17$，$x=0$ のとき最小値 $y=2$ である．

例題 2.14　**制限された範囲での最大値と最小値 2**

2 次関数 $y=x^2-2ax-a^2$ $(-1\leqq x\leqq 1)$ の最大値と最小値を求めよ．ただし a は定数とする．

解答　$y=x^2-2ax-a^2=(x-a)^2-2a^2$ より頂点は $(a,\ -2a^2)$ である．
$x=-1$ のとき $y=(-1)^2-2a\cdot(-1)-a^2=1+2a-a^2$，$x=1$ のとき $y=1^2-2a\cdot 1-a^2=1-2a-a^2$．そこで下のグラフを参考にして，$x=a,\ -1,\ 1$ のときの y の値を比べて，

$a<-1$ のとき，$x=-1$ で最小値 $y=1+2a-a^2$，$x=1$ で最大値 $y=1-2a-a^2$．
$-1\leqq a<0$ のとき，$x=a$ で最小値 $y=-2a^2$，$x=1$ で最大値 $y=1-2a-a^2$．
$0\leqq a\leqq 1$ のとき，$x=a$ で最小値 $y=-2a^2$，$x=-1$ で最大値 $y=1+2a-a^2$．
$1<a$ のとき，$x=1$ で最小値 $y=1-2a-a^2$，$x=-1$ で最大値 $y=1+2a-a^2$．

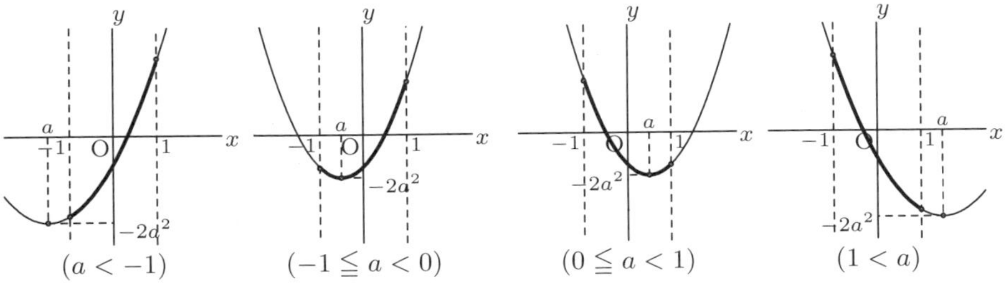

練習問題 2.5

1　次の 2 次関数の最大値と最小値を求めよ．

(1)　$y=2(x+1)^2-3$　　(2)　$y=-3x^2+12x-7$

2　2 次関数 $y=x^2-2x-1$ の次の範囲での最大値と最小値を求めよ．

(1)　$-1\leqq x\leqq 2$　　(2)　$-3\leqq x\leqq 0$

3　長さ 40 cm の針金を 2 つに切り，それぞれで正方形を作る．2 つの正方形の面積の和を最小にするにはどのように針金を切ればよいか．

2.6 2次方程式1

✏ **2次方程式**　2次方程式 $ax^2+bx+c=0\ (a\neq 0)$ の解き方は，

(1) 左辺を因数分解して $AB=0$ とし，$A=0$，$B=0$ を解いて解を求める．

(2) **解の公式**を利用して，直接解を求める．

✏ **解の公式**　2次方程式 $ax^2+bx+c=0\ (a\neq 0)$ の解 x は，$x=\dfrac{-b\pm\sqrt{b^2-4ac}}{2a}$.

✏ **解の分類**　2次方程式 $ax^2+bx+c=0\ (a\neq 0)$ の解 x は，次のように大きく3種類に分類される．解の種類は**判別式**$D=b^2-4ac$ の符号で判別できる．

(1)　$D>0$ (正)　$\Longleftrightarrow$　解は異なる2つの実数解

(2)　$D=0$　$\Longleftrightarrow$　解は **2重解**(実数解)

(3)　$D<0$ (負)　$\Longleftrightarrow$　解は2つの虚数解 (共役複素数)

※解の公式は，判別式 D を使って $x=\dfrac{-b\pm\sqrt{D}}{2a}$ と表せる．

✏ **解と係数の関係**　2次方程式 $ax^2+bx+c=0\ (a\neq 0)$ の2つの解を α，β とすると，

和　$\alpha+\beta=-\dfrac{b}{a}$，　積　$\alpha\beta=\dfrac{c}{a}$.

例題 2.15　　**解の判別**

次の2次方程式の解を判別せよ．

(1)　$2x^2-x-1=0$　　(2)　$x^2+4x+4=0$　　(3)　$x^2-2x+2=0$

方針　判別式 $D=b^2-4ac$ の符号を調べる．

解答　(1) $a=2$，$b=-1$，$c=-1$ として，$D=(-1)^2-4\cdot 2\cdot(-1)=1+8=9>0$ なので異なる2つの実数解をもつ．

(2) $a=1$，$b=4$，$c=4$ として，$D=4^2-4\cdot 1\cdot 4=16-16=0$ なので2重解をもつ．

(3) $a=1$，$b=-2$，$c=2$ として，$D=(-2)^2-4\cdot 1\cdot 2=4-8=-4<0$ なので異なる2つの虚数解をもつ．

例題 2.16　　**2次方程式の形**

2次方程式 $x^2-(m-1)x+m=0$ が次の条件を満たす解をもつように m の値を定めよ．

(1)　2つの解の比が $2:3$　　(2)　2つの解の差が1

方針　2つの解を (1) は 2α，3α，(2) は α，$\alpha+1$ とおいて解と係数の関係を利用する．

解答　(1) 2つの解の比が $2:3$ なので 2α，3α とおくと，解と係数の関係より $2\alpha+3\alpha$

$= 5\alpha = m - 1$，$2\alpha \cdot 3\alpha = 6\alpha^2 = m$.

ゆえに $\alpha = \dfrac{m-1}{5}$ なので代入して $6\alpha^2 = 6 \cdot \left(\dfrac{m-1}{5}\right)^2 = m$，つまり $6m^2 - 37m + 6$

$= (6m-1)(m-6) = 0$.　ゆえに $m = 6$，$\dfrac{1}{6}$.

(2) 2 つの解の差が 1 なので α，$\alpha + 1$ とおくと，解と係数の関係より $\alpha + (\alpha + 1) = 2\alpha$ $+1 = m - 1$，$\alpha(\alpha + 1) = m$．m を消去して $\alpha^2 - \alpha - 2 = (\alpha - 2)(\alpha + 1) = 0$.
ゆえに $\alpha = -1$，2．$\alpha = -1$ のとき $m = 0$．$\alpha = 2$ のとき $m = 6$.

例題 2.17　　**解と係数の関係**

2 次方程式 $3x^2 + 2x - 1 = 0$ の 2 つの解を α，β とするとき，次の値を求めよ．

(1)　$\alpha^2 + \beta^2$　　(2)　$\dfrac{1}{\alpha} + \dfrac{1}{\beta}$　　(3)　$\dfrac{1}{\alpha - 1} + \dfrac{1}{\beta - 1}$

方針　$\alpha + \beta$ と $\alpha\beta$ を使った式に変形して考える．

解答　解と係数の関係より $\alpha + \beta = -\dfrac{2}{3}$，$\alpha\beta = -\dfrac{1}{3}$.

(1) $\alpha^2 + \beta^2 = (\alpha + \beta)^2 - 2\alpha\beta = \left(-\dfrac{2}{3}\right)^2 - 2 \cdot \left(-\dfrac{1}{3}\right) = \dfrac{4}{9} + \dfrac{2}{3} = \dfrac{10}{9}$.

(2) $\dfrac{1}{\alpha} + \dfrac{1}{\beta} = \dfrac{\alpha + \beta}{\alpha\beta} = \dfrac{-\dfrac{2}{3}}{-\dfrac{1}{3}} = 2$.

(3) $\dfrac{1}{\alpha - 1} + \dfrac{1}{\beta - 1} = \dfrac{\beta - 1 + \alpha - 1}{(\alpha - 1)(\beta - 1)} = \dfrac{\alpha + \beta - 2}{\alpha\beta - (\alpha + \beta) + 1} = \dfrac{-\dfrac{2}{3} - 2}{-\dfrac{1}{3} + \dfrac{2}{3} + 1} = -2$.

練習問題 2.6

1　次の 2 次方程式を解け．

(1)　$x^2 + x - 6 = 0$　　(2)　$6x^2 + x - 2 = 0$

(3)　$9x^2 - 6x + 1 = 0$　　(4)　$2x^2 - x + 3 = 0$

2　次の 2 次方程式の解を判別せよ．

(1)　$2x^2 - 5x + 3 = 0$　　(2)　$-x^2 + 3x - 3 = 0$

3　$2x^2 - 3x + 1 = 0$ の 2 つの解を α，β とするとき，次の値を求めよ．

(1)　$\alpha^2 + \beta^2$　　(2)　$\dfrac{\beta}{\alpha} + \dfrac{\alpha}{\beta}$　　(3)　$(\alpha - \beta)^2$　　(4)　$\alpha^3 + \beta^3$

2.7　2 次方程式 2

✏ **2 次式の因数分解**　2 次式 ax^2+bx+c $(a \neq 0)$ について，2 次方程式 $ax^2+bx+c=0$ の 2 つの解を α，β とすると，次のように因数分解できる．

$$ax^2+bx+c=a(x-\alpha)(x-\beta)$$

✏ **2 次方程式の作成**　2 数 α，β を解にもつ 2 次方程式は，$\alpha+\beta=p$，$\alpha\beta=q$ とおくと，$x^2-px+q=0$ で与えられる．

✏ **2 次関数のグラフと x 軸との交点**　2 次関数 $y=ax^2+bx+c$ のグラフと x 軸との交点の x 座標は，2 次方程式 $ax^2+bx+c=0$ の実数解で与えられる．特に実数解が 2 重解のとき，グラフは x 軸と**接する**といい，その交点を**接点**という．

※グラフと x 軸との交点の個数は，判別式 D の符号で判別できる．

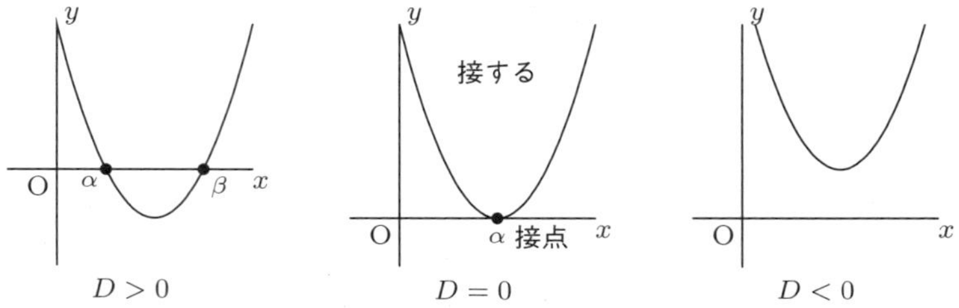

例題 2.18　**2 次式の因数分解**

次の 2 次式を因数分解せよ．

(1)　$2x^2+2x-1$　　(2)　$2x^2-2x+1$

方針　対応する 2 次方程式の解を求め，公式に代入する．

解答　(1) 2 次方程式 $2x^2+2x-1=0$ を解くと，$2x^2+2x-1=(2x-1)(x+1)=0$ より $x=-1$，$\dfrac{1}{2}$ なので，因数分解すると

$$2x^2+2x-1=2\,(x-(-1))\left(x-\frac{1}{2}\right)=2(x+1)\cdot\frac{(2x-1)}{2}=(x+1)(2x-1).$$

(2) 2 次方程式 $2x^2-2x+1=0$ を解くと，解の公式より

$$x=\frac{-(-2)\pm\sqrt{(-2)^2-4\cdot2\cdot1}}{2\cdot2}=\frac{2\pm\sqrt{-4}}{4}=\frac{2\pm\sqrt{4}i}{4}=\frac{2\pm2i}{4}=\frac{1\pm i}{2}$$

なので，因数分解すると

$$2x^2-2x+1=2\left(x-\frac{1+i}{2}\right)\left(x-\frac{1-i}{2}\right)=2\cdot\frac{(2x-1-i)}{2}\cdot\frac{(2x-1+i)}{2}$$

$$=\frac{1}{2}(2x-1-i)(2x-1+i).$$

例題 2.19　**2 次方程式の作成**

2 次方程式 $2x^2 - 3x - 2 = 0$ の 2 つの解を α, β とするとき，次の 2 数を解とする 2 次方程式を求めよ．

(1)　$\alpha + 1$, $\beta + 1$　　(2)　$\dfrac{1}{\alpha}$, $\dfrac{1}{\beta}$

方針　2 数の和と積を求め，公式に代入する．

解答　解と係数の関係より $\alpha + \beta = -\dfrac{-3}{2} = \dfrac{3}{2}$, $\alpha\beta = \dfrac{-2}{2} = -1$.

(1) 和 $(\alpha+1)+(\beta+1) = (\alpha+\beta)+2 = \dfrac{3}{2}+2 = \dfrac{7}{2}$,

積 $(\alpha+1)(\beta+1) = \alpha\beta + (\alpha+\beta) + 1 = -1 + \dfrac{3}{2} + 1 = \dfrac{3}{2}$

よって，求める 2 次方程式は $x^2 - \dfrac{7}{2}x + \dfrac{3}{2} = 0$.

両辺を 2 倍して $2x^2 - 7x + 3 = 0$.

(2) 和 $\dfrac{1}{\alpha} + \dfrac{1}{\beta} = \dfrac{\alpha+\beta}{\alpha\beta} = \dfrac{\frac{3}{2}}{-1} = -\dfrac{3}{2}$, 積 $\dfrac{1}{\alpha}\cdot\dfrac{1}{\beta} = \dfrac{1}{\alpha\beta} = \dfrac{1}{-1} = -1$ なので，求める 2 次方程式は $x^2 - \left(-\dfrac{3}{2}\right)x + (-1) = x^2 + \dfrac{3}{2}x - 1 = 0$. 両辺を 2 倍して $2x^2 + 3x - 2 = 0$.

例題 2.20　**x 軸との交点**

2 次関数 $y = 6x^2 + x - 1$ のグラフと x 軸の交点の座標を求めよ．

方針　2 次方程式 $6x^2 + x - 1 = 0$ の実数解が x 軸との交点の x 座標である．

解答　$6x^2 + x - 1 = 0$ を解いて，$6x^2 + x - 1 = (2x+1)(3x-1) = 0$ なので $x = -\dfrac{1}{2}$, $\dfrac{1}{3}$.
ゆえに x 軸との交点は $\left(-\dfrac{1}{2}, 0\right)$, $\left(\dfrac{1}{3}, 0\right)$ の 2 つである．

練習問題 2.7

1　次の 2 次式を因数分解せよ．

(1)　$2x^2 - 4x - 1$　　(2)　$3x^2 - 2x + 1$

2　2 次方程式 $2x^2 - x - 1 = 0$ の 2 つの解を α, β とするとき，次の 2 数を解とする 2 次方程式を求めよ．

(1)　$\alpha - 1$, $\beta - 1$　　(2)　$\alpha\beta$, $\alpha^2 + \beta^2$

3　次の 2 次関数のグラフと x 軸との交点について調べよ．

(1)　$y = 3x^2 + 5x - 2$　　(2)　$y = 2x^2 - 3x + 2$

2.8　2 次不等式

✏ **2 次不等式**　2 次不等式 $ax^2+bx+c>0\,(<,\ \geqq,\ \leqq)$ の解は，必要ならば x^2 の係数 a を正にしてから，2 次関数 $y=ax^2+bx+c$ のグラフと x 軸との交点の個数によって異なる．$y=ax^2+bx+c$ とおくとき，

(1) x 軸との交点 2 つ $(D>0)$

$y>0$　　$y \geqq 0$　　$y<0$　　$y \leqq 0$

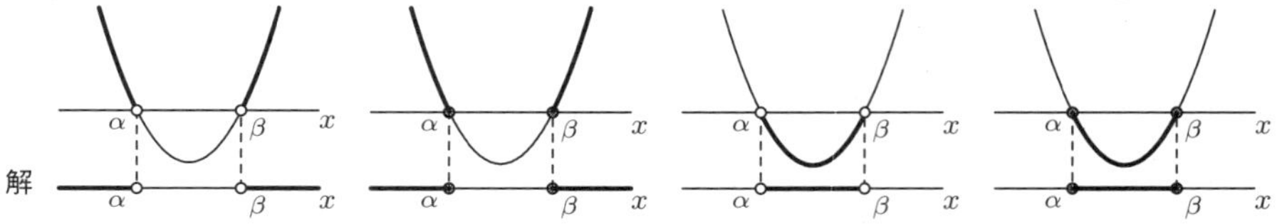

$x<\alpha,\ \beta<x$　　$x \leqq \alpha,\ \beta \leqq x$　　$\alpha<x<\beta$　　$\alpha \leqq x \leqq \beta$

(2) x 軸との交点 1 つ (接する)$(D=0)$

$y>0$　　$y \geqq 0$　　$y<0$　　$y \leqq 0$

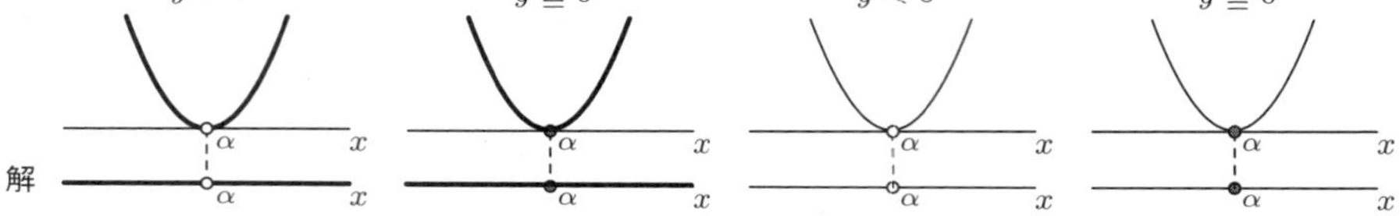

$x \neq \alpha$　　すべての実数 x　　解はなし　　$x=\alpha$

(3) x 軸との交点なし $(D<0)$

$y>0$　　$y \geqq 0$　　$y<0$　　$y \leqq 0$

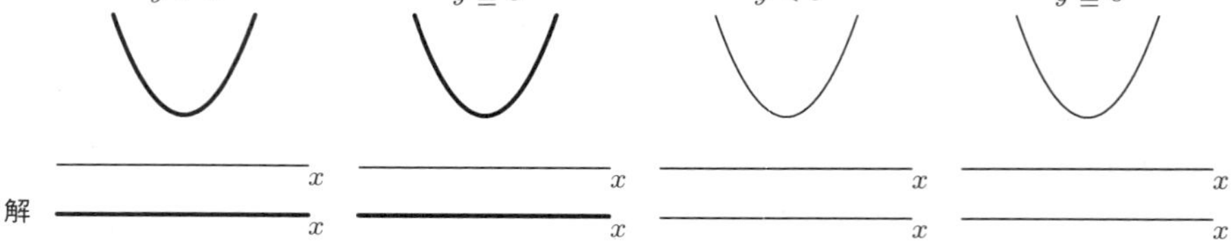

すべての実数 x　　すべての実数 x　　解はなし　　解はなし

✏ **常に成り立つ 2 次不等式**　2 次不等式がすべての実数 x について成り立つための条件は，不等号の向きによって異なる．

(1) $ax^2+bx+c>0 \iff a>0$，判別式 $D=b^2-4ac<0$,

(2) $ax^2+bx+c<0 \iff a<0$，判別式 $D=b^2-4ac<0$,

例題 2.21　　**2 次不等式**

次の 2 次不等式を解け．

(1)　$x^2-x-6>0$　　(2)　$4x^2-4x+1 \leqq 0$　　(3)　$-2x^2+3x-3<0$

方針 x 軸との交点の x 座標を求め，不等号の条件によって解を決定する．

解答 (1) $y = x^2 - x - 6$ とおくと不等式の条件は $y > 0 \cdots$①．
2 次方程式 $x^2 - x - 6 = 0$ を解くと，$x^2 - x - 6 = (x + 2)(x - 3) = 0$ より x 軸との交点の x 座標は $x = -2, 3$．ゆえに①より求める解は $x < -2$，$3 < x$ である．

(2) $y = 4x^2 - 4x + 1$ とおくと不等式の条件は $y \leqq 0 \cdots$①．
2 次方程式 $4x^2 - 4x + 1 = 0$ を解くと，$4x^2 - 4x + 1 = (2x - 1)^2 = 0$ より x 軸との交点の x 座標は $x = \dfrac{1}{2}$ (2 重解)．ゆえに①より求める解は $x = \dfrac{1}{2}$ である．

(3) x^2 の係数が負なので，両辺に -1 をかけて $2x^2 - 3x + 3 > 0$．$y = 2x^2 - 3x + 3$ とおくと不等式の条件は $y > 0 \cdots$①．
2 次方程式 $2x^2 - 3x + 3 = 0$ の判別式 D の符号を調べると，$D = (-3)^2 - 4 \cdot 2 \cdot 3 = -15 < 0$ なので x 軸との交点はない．
ゆえに①より求める解はすべての実数 x である．

例題 2.22 常に成り立つ 2 次不等式

2 次不等式 $mx^2 + 2mx + 3m - 4 > 0$ がすべての実数 x について成り立つような実数 m の値の範囲を求めよ．

方針 不等号の向きに注意して，成り立つための条件を考える．

解答 不等号の向きが > 0 なので，すべての実数 x について成り立つためには $m > 0$，判別式 $D < 0$ であればよい．

$$D = (2m)^2 - 4m(3m - 4) = -8m^2 + 16m = -8m(m - 2) < 0.$$

ゆえに $m(m - 2) > 0$ となり $m < 0$，$m > 2$．しかし $m > 0$ でなければならないので m の値の範囲は $m > 2$ である．

練習問題 2.8

1 次の 2 次不等式を解け．

(1) $x^2 + x - 6 > 0$ (2) $6x^2 - x - 2 < 0$ (3) $9x^2 - 6x + 1 \geqq 0$

(4) $-x^2 - 4x - 4 > 0$ (5) $x^2 - 5x + 7 > 0$ (6) $-2x^2 - 3x - 5 \geqq 0$

2 2 次関数 $y = x^2 + kx + k + 2$ のグラフと x 軸との交点の個数を調べよ．

3 2 次不等式 $3mx^2 + 12x + m + 1 > 0$ がすべての実数 x について成り立つような実数 m の値の範囲を求めよ．

2.9　2 次関数のグラフと曲線

✏ **2 次関数のグラフと曲線との交点**　2 次関数のグラフと曲線との交点の座標は，連立方程式の実数解で与えられる。

(1) **放物線と放物線の交点**

交点の座標は，連立方程式

$$\begin{cases} y = ax^2 + bx + c \\ y = a'x^2 + b'x + c' \end{cases}$$

の実数解である．

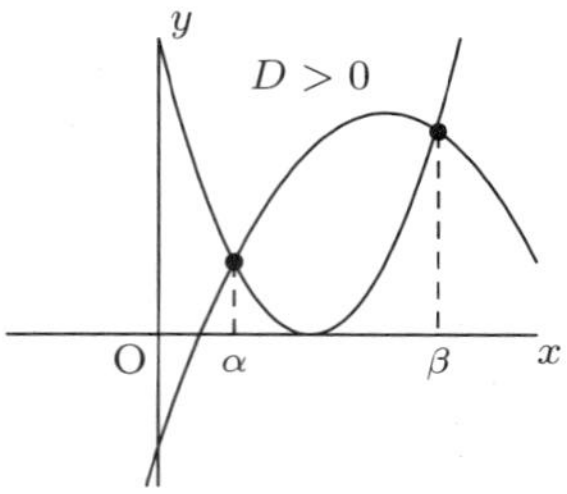

(2) **放物線と直線の交点**

交点の座標は，連立方程式

$$\begin{cases} y = ax^2 + bx + c \\ y = mx + k \end{cases}$$

の実数解である．

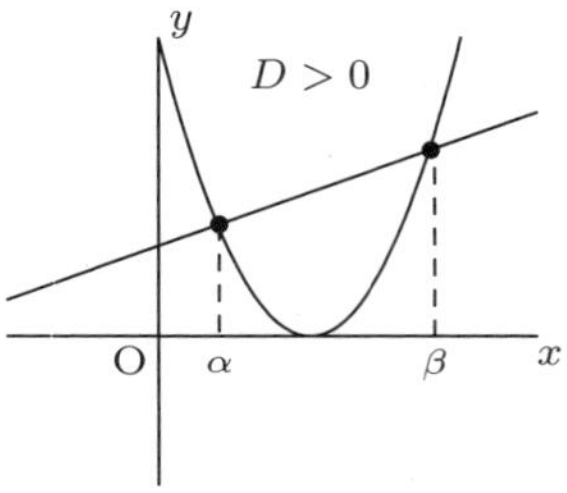

※交点の個数は，連立方程式から y を消去してできる x の 2 次方程式の判別式 D の符号で判断できる．

$D > 0$ (**正**) $\cdots$ 2 個，　$D = 0$ $\cdots$ 1 個(**接する**)，　$D < 0$ (**負**) $\cdots$ なし

※特に交点が 1 つの場合**接する**といい，交点を**接点**，特に直線の場合にはその直線を**接線**という．

例題 2.23　　**放物線との交点**

次の 2 つの曲線の交点の座標を求めよ．

(1)　$y = x^2 - 2x$，$y = -x^2 + 6x - 6$　　(2)　$y = -x^2 + 4x - 1$，$y = 2x$

方針　連立方程式の実数解が 2 つの曲線の交点の座標を与える．

解答　(1) $y = x^2 - 2x$ と $y = -x^2 + 6x - 6$ より y を消去して $x^2 - 2x = -x^2 + 6x - 6$.
ゆえに $2x^2 - 8x + 6 = 2(x-1)(x-3) = 0$ なので $x = 1,\ 3$.
x の値を $y = x^2 - 2x$ に代入して，$x = 1$ のとき $y = -1$，$x = 3$ のとき $y = 3$ なので交点は $(1, -1)$，$(3, 3)$ の 2 つである．

(2) $y = -x^2 + 4x - 1$ と $y = 2x$ より y を消去して $-x^2 + 4x - 1 = 2x$.
ゆえに $x^2 - 2x + 1 = (x-1)^2 = 0$ なので $x = 1$ (2 重解).
x の値を $y = 2x$ に代入して，$x = 1$ のとき $y = 2$ なので交点は $(1, 2)$ (接点) の 1 つで，

放物線と直線は接する．このとき直線 $y = 2x$ は接線である．

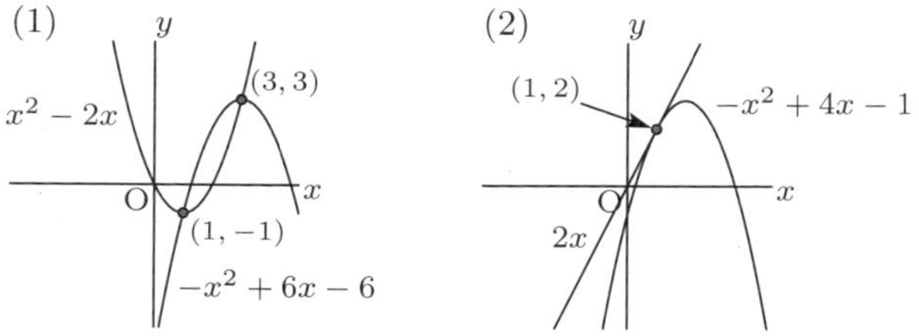

例題 2.24 放物線と x 軸との交点の個数

放物線 $y = x^2 - 8x + k$ のグラフと x 軸との交点の個数を求めよ．

解答 $y = x^2 - 8x + k$ で $y = 0$ とおくとき，2 次方程式 $x^2 - 8x + k = 0$ の実数解の個数を調べればよい．判別式 $D = (-8)^2 - 4 \cdot 1 \cdot k = 64 - 4k = 4(16 - k)$ なので，$D > 0$，つまり $k < 16$ のとき x 軸との交点は 2 個．$D = 0$，つまり $k = 16$ のとき x 軸との交点は 1 個．$D < 0$ つまり $k > 16$ のとき x 軸との交点は 0 個 (無し) である．

例題 2.25 接線の方程式

放物線 $y = x^2$ に対して，点 (0, −4) から引いた接線の方程式と接点の座標を求めよ．

解答 求める接線の方程式を $y = ax + b$ とおくと，
点 (0, −4) を通るので $b = -4$．ゆえに $y = ax - 4 \cdots$①．
$y = x^2$ と①より y を消去して $ax - 4 = x^2$．
ゆえに $x^2 - ax + 4 = 0 \cdots$②．
放物線と接線は接するので判別式 $D = 0$ であればよい．
したがって
$D = (-a)^2 - 4 \cdot 1 \cdot 4 = a^2 - 16 = (a + 4)(a - 4) = 0$.
ゆえに $a = \pm 4$ である．①に代入して接線の方程式は $y = -4x - 4$ と $y = 4x - 4$ の 2 つである．

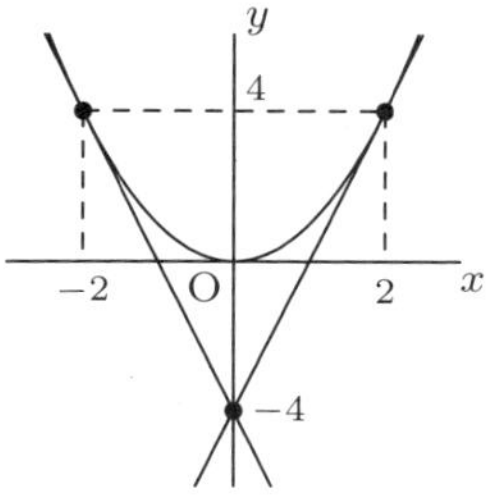

また $a = \pm 4$ を②に代入して $x^2 \pm 4x + 4 = (x \pm 2)^2 = 0$ より $x = \pm 2$ なので，$y = x^2$ に代入して $y = (\pm 2)^2 = 4$．ゆえに接点の座標は (±2, 4) である．(上図を参照)

練習問題 2.9

1 次の放物線と曲線との交点の座標を求めよ．

(1) $y = x^2$，$y = -x^2 + 4x$　　(2) $y = x^2 - 4x + 4$，$2x - y = 1$

2 放物線 $y = -2x^2$ に対して，点 (0, 2) から引いた接線の方程式と接点の座標を求めよ．

2.10 絶対値のついたグラフ，解の分離

✏ **絶対値のついたグラフ**　絶対値を含む関数のグラフを考える．

(1) $y=|x|$ のグラフ：　$y=|x|=\begin{cases} x & (x \geqq 0) \\ -x & (x<0) \end{cases}$

(2) $y=|f(x)|$ のグラフ：　$y=|f(x)|=\begin{cases} f(x) & (f(x) \geqq 0) \\ -f(x) & (f(x)<0) \end{cases}$

※ $y=|f(x)|$ のグラフは，$y=f(x)$ のグラフの $y<0$ の部分を x 軸を折り目にして折り返せばよい．

✏ **2 次方程式 $ax^2+bx+c=0$ $(a \neq 0)$ の解の分離**

2 つの解を α，β，判別式を $D=b^2-4ac$ とするとき，次の条件が成り立つ．

(1)　$\alpha>0$，$\beta>0 \iff D \geqq 0$，$\alpha+\beta>0$，$\alpha\beta>0$

(2)　$\alpha<0$，$\beta<0 \iff D \geqq 0$，$\alpha+\beta<0$，$\alpha\beta>0$

(3)　α，β は異符号 $\iff \alpha\beta<0$　($D>0$ はいらない)

例題 2.26　　絶対値のついたグラフ 1

次の関数のグラフを描け．

(1)　$y=2|x-1|-x+1$　　(2)　$y=|x-1|+|x-2|$

方針　絶対値の中の正負によって x の範囲を場合分けしてグラフ考える．

解答　(1) $y=\begin{cases} x-1 & (x \geqq 1) \\ -3x+3 & (x<1) \end{cases}$　　(2) $y=\begin{cases} 2x-3 & (x \geqq 2) \\ 1 & (1 \leqq x<2) \\ -2x+3 & (x<1) \end{cases}$

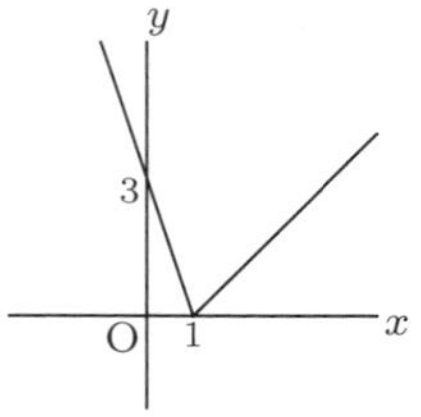

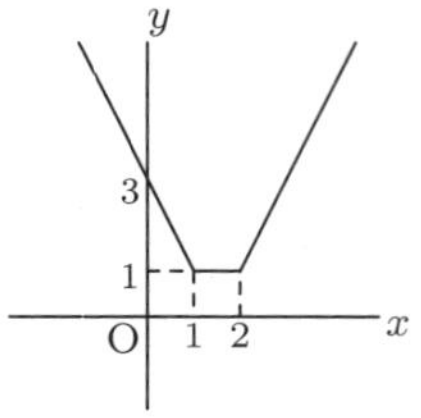

例題 2.27　　絶対値のついたグラフ 2

次の関数のグラフを描け．

(1)　$|x|+|y|=2$　　(2)　$y=|x^2+2x-3|$　　(3)　$y=x^2+2|x|-3$

解答

(1) $\begin{cases} x+y=2 & (x \geqq 0,\ y \geqq 0) \\ x-y=2 & (x \geqq 0,\ y < 0) \\ y-x=2 & (x < 0,\ y \geqq 0) \\ x+y=-2 & (x < 0,\ y < 0) \end{cases}$

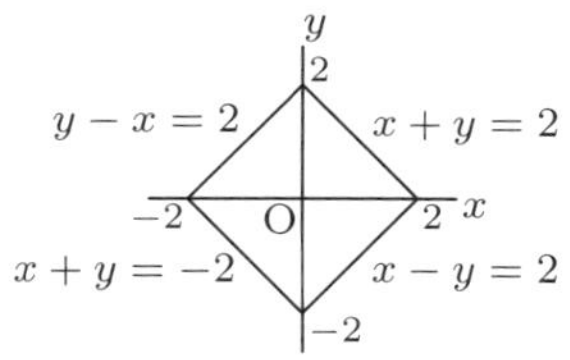

(2) $y = \begin{cases} x^2+2x-3 & (x \leqq -3,\ 1 \leqq x) \\ -x^2-2x+3 & (-3 < x < 1) \end{cases}$　　(3) $y = \begin{cases} x^2+2x-3 & (x \geqq 0) \\ x^2-2x-3 & (x < 0) \end{cases}$

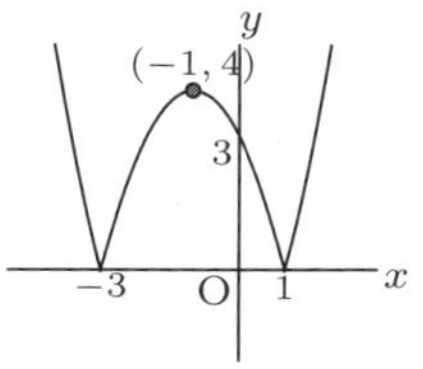

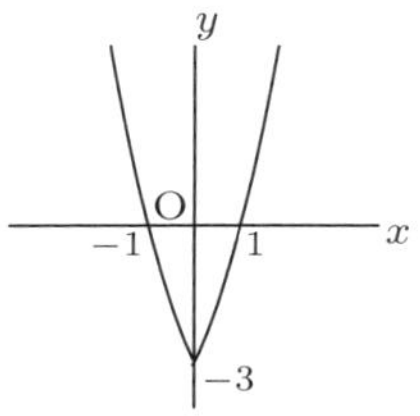

例題 2.28　　**解の分離**

2 次方程式 $x^2-ax+a^2-4=0$ について，次の条件を満たす a の範囲を求めよ．

(1)　2 つの解がともに正である　　(2)　1 つの解だけが正である

解答 (1) 2 つの解 α, β がともに正であるためには $D=-3a^2+16 \geqq 0$, $\alpha+\beta=a>0$, $\alpha\beta=a^2-4>0$ であればよい．ゆえに $-\dfrac{4\sqrt{3}}{3} \leqq a \leqq \dfrac{4\sqrt{3}}{3}$, $a>0$, $a<-2$, $2<a$ を同時に満たす a の範囲は $2<a \leqq \dfrac{4\sqrt{3}}{3}$ である．

(2) 1 つの解だけが正であるためには，2 つの解 α, β が 0 と正または正負であればよい．ゆえに 0 と正のとき $\alpha\beta=a^2-4=0$, $\alpha+\beta=a>0$ なので，$a=2$ である．また正負の解であるとき $\alpha\beta=a^2-4>$ なので，a の範囲は $-2<a<2$ である．

研究　グラフを用いて考えると，$y=f(x)$ とおいて

(1) は $D \geqq 0$, 軸 $\dfrac{a}{2}>0$, y 切片 $f(0)=a^2-4>0$,

(2) は $f(0)<0$ より求めることもできる．

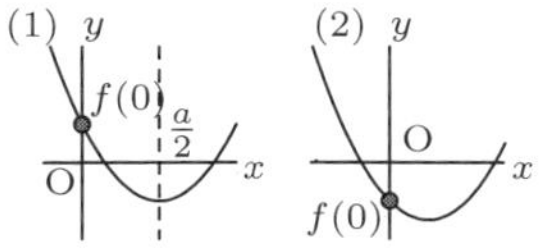

練習問題 2.10

1　(1) $y=|x^2-1|+x$ のグラフを描き，

(2) 上の関数で，$-2 \leqq x \leqq 1$ の範囲での最大値および最小値を求めよ．

2　2 次方程式 $x^2-ax+4=0$ について次の条件を満たす a の範囲を求めよ．

(1) 2 つの解がともに 1 より大　　(2) 1 つは 1 より大，他は 1 より小

2.11 いろいろな不等式

✏ **連立不等式の解**　それぞれの不等式を解き，それらの解の共通範囲が連立不等式の解である．

✏ **連立不等式の略記**　不等式 $a < g(x) < b$ は連立不等式 $a < g(x)$，$g(x) < b$ の略記であり，連立不等式に直して解く．

✏ **絶対値を含む不等式**　不等号の向きに従って，連立不等式や 2 つの不等式に直し解く．

ア　$|ax+b| < (\leqq) M \implies -M < (\leqq) ax+b < (\leqq) M$

イ　$|ax+b| > (\geqq) M \implies ax+b < (\leqq) -M,\ M < (\leqq) ax+b$

例題 2.29　連立不等式

次の連立不等式を解け．

(1) $\begin{cases} x^2 - x - 2 < 0 \\ x^2 - 4x + 3 \geqq 0 \end{cases}$　　(2)　$3x \leqq x^2 + x < -x + 3$

方針　(2) は連立不等式に直して解く．

解答　(1) $\begin{cases} x^2 - x - 2 < 0 & \cdots ① \\ x^2 - 4x + 3 \geqq 0 & \cdots ② \end{cases}$ とおく．

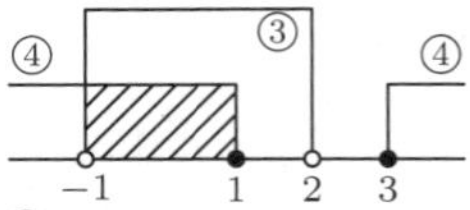

①より $(x+1)(x-2) < 0$ なので①の解は $-1 < x < 2 \cdots$③．

また②より $(x-1)(x-3) \geqq 0$ なので②の解は $x \leqq 1,\ 3 \leqq x \cdots$④．

ゆえに③と④の共通範囲は $-1 < x \leqq 1$ である．

(2) 連立不等式に直して $\begin{cases} 3x \leqq x^2 + x & \cdots ① \\ x^2 + x < -x + 3 & \cdots ② \end{cases}$

とおく．

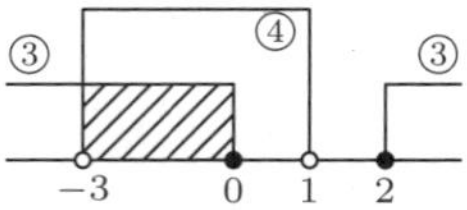

①より $x^2 - 2x = x(x-2) \geqq 0$ なので①の解は $x \leqq 0,\ 2 \leqq x \cdots$③．

また②より $x^2 + 2x - 3 = (x+3)(x-1) < 0$ なので②の解は $-3 < x < 1 \cdots$④．

ゆえに③と④の共通範囲は $-3 < x \leqq 0$ である．

例題 2.30　連立方程式の整数解

次の不等式を同時に満たす x の整数値を求めよ．

$x^2 - 8x + 15 > 0,\ x^2 - 9x + 8 < 0$

方針　まず連立不等式を解いて，その解の範囲に適する整数値を求める．

解答 $\begin{cases} x^2-8x+15>0\cdots① \\ x^2-9x+8<0\cdots② \end{cases}$ を解く．

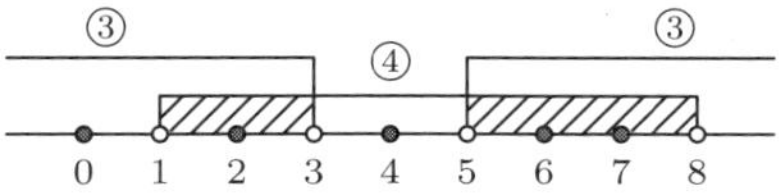

①より $x^2-8x+15=(x-3)(x-5)>0$ なので $x<3,\ 5<x\cdots③$．

②より $x^3-9x+8=(x-1)(x-8)<0$ なので $1<x<8\cdots④$．

ゆえに③と④の共通範囲は $1<x<3,\ 5<x<8$ となり，整数値は $x=2,\ 6,\ 7$ である．

例題 2.31 **絶対値を含む不等式 1**

次の不等式を解け．

(1) $|2x-1|<3$ (2) $|2x-1|\geqq 5$

方針 (1) は連立不等式に直して解く，(2) は 2 つの不等式に直して別々に解く．

解答 (1) 連立不等式に直して $-3<2x-1<3$ とおく．

すべての辺に 1 をたして $-2<2x<4$．すべての辺を 2 で割って $-1<x<2$．

(2) 2 つの不等式に直して $2x-1\leqq -5\cdots①$，$2x-1\geqq 5\cdots②$ とおく．

①の解は $x\leqq -2$，②の解は $x\geqq 3$ なので，$x\leqq -2$，$x\geqq 3$．

例題 2.32 **絶対値を含む不等式 2**

不等式 $x^2-2x-3>3|x-1|$ を解け．

方針 絶対値の中の正負で x の範囲を分けて考える．

解答 $x\geqq 1$ のとき $x^2-2x-3>3(x-1)$，つまり $x^2-5x=x(x-5)>0$ なので $x<0,\ 5<x$．$x\geqq 1$ より $x>5$．

また $x<1$ のとき $x^2-2x-3>3\cdot\{-(x-1)\}$，つまり $x^2+x-6=(x-2)(x+3)>0$ なので $x<-3,\ 2<x$．$x<1$ より $x<-3$．したがって $x<-3,\ 5<x$．

練習問題 2.11

1 次の連立不等式を解け．

(1) $\begin{cases} 3x+1>4x-3 \\ 4x-2<5x+1 \end{cases}$ (2) $\begin{cases} x^2+x-6<0 \\ x^2+x-2\geqq 0 \end{cases}$

(3) $2<5x+3\leqq 9$ (4) $3x+2<x^2+2x\leqq -2x+5$

2 次の不等式を解け．

(1) $|4x+3|<7$ (2) $|3x-1|\geqq 2$

2.12 高次方程式と高次不等式

✏ **高次方程式の解き方**　高次方程式 $P(x)=0$ の解を求めるには，

① $P(x)$ を因数定理を利用して実数の範囲で 1 次式および 2 次式に因数分解する．

② 各因数を 0 とおいて，解を求める．

✏ **高次不等式の解き方**　高次不等式 $P(x)>0\,(<, \geqq, \leqq)$ の解を求めるには，

① 高次方程式 $P(x)=0$ の左辺 $P(x)$ を因数定理を利用して実数の範囲で 1 次式および 2 次式に因数分解する．

② その実数解を境にして符号表を作り，その符号の変化を調べて解を求める．

※実際はグラフを利用して不等式の解を求める方が楽である．

例題 2.33　高次方程式

次の高次方程式を解け．

(1)　$x^3-7x-6=0$　　(2)　$x^4-6x^3+15x^2-20x+12=0$

方針　左辺を因数定理を利用して，実数の範囲で因数分解する．

解答　(1) $P(x)=x^3-7x-6$ とおくと，$P(-1)=0$ から因数定理により $P(x)$ は $x+1$ で割り切れる．実際に割って商は x^2-x-6 なので，

$$P(x)=(x+1)(x^2-x-6)=(x+1)(x+2)(x-3).$$

ゆえに $P(x)=0$ とおくと $x=-1$，$x=-2$，$x=3$ である．

(2) $P(x)=x^4-6x^3+15x^2-20x+12$ とおくと，$P(2)=0$ から因数定理により $P(x)$ は $x-2$ で割り切れる．実際に割って商は x^3-4x^2+7x-6 なので，

$$P(x)=(x-2)(x^3-4x^2+7x-6).$$

さらに $Q(x)=x^3-4x^2+7x-6$ とおくと，$Q(2)=0$ から因数定理により $Q(x)$ は $x-2$ で割り切れる．実際に割って商は x^2-2x+3 なので，

$$P(x)=(x-2)^2(x^2-2x+3).$$

ゆえに $P(x)=0$ とおくと $x=2$ (2 重解)，$1\pm\sqrt{2}i$ である．

例題 2.34　高次不等式

次の高次不等式を解け．

(1)　$x^3-2x^2-5x+6>0$　　(2)　$x^3-4x^2+8x-8\leqq 0$

方針　左辺 $P(x)$ を因数分解し，$P(x)=0$ を解いて境を決め符号表を作る．

解答 (1) $P(x) = x^3 - 2x^2 - 5x + 6$ とおく．因数定理を利用して因数分解すると $P(x) = (x+2)(x-1)(x-3)$ なので，因数は $x+2$，$x-1$，$x-3$ である．
また $P(x) = 0$ より境は $x = -2$，1，3 である．

因数	$\cdots$	-2	$\cdots$	1	$\cdots$	3	$\cdots$
$x+2$	$-$	0	$+$	$+$	$+$	$+$	$+$
$x-1$	$-$	$-$	$-$	0	$+$	$+$	$+$
$x-3$	$-$	$-$	$-$	$-$	$-$	0	$+$
$P(x)$	$-$	0	$+$	0	$-$	0	$+$

ゆえに右上表のように符号表を作ると，$P(x) > 0$ より $-2 < x < 1$，$3 < x$ である．

(2) $P(x) = x^3 - 4x^2 + 8x - 8$ とおいて，因数定理を利用して因数分解すると $P(x) = (x-2)(x^2 - 2x + 4)$ なので，因数は $x-2$，$x^2 - 2x + 4$ である．
また $P(x) = 0$ を解くと，$x^2 - 2x + 4 = 0$ は実数解をもたないので境は $x = 2$ だけである．

因数	$\cdots$	2	$\cdots$
$x-2$	$-$	0	$+$
$x^2 - 2x + 4$	$+$	$+$	$+$
$P(x)$	$-$	0	$+$

ゆえに右上表のように符号表を作ると，$P(x) \leqq 0$ より $x \leqq 2$ である．

別解 実際に (1)，(2) の左辺の関数のグラフを描いてみると，

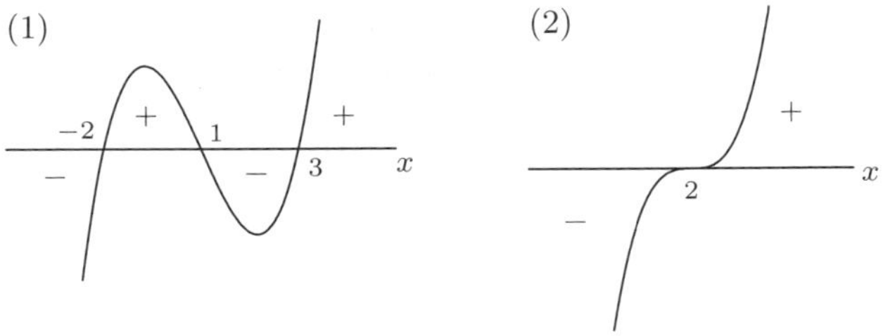

$x^2 - 2x + 4 = (x-1)^2 + 3 > 0$ より $x^2 - 2x + 4$ は常に正である

練習問題 2.12

1 次の高次方程式を解け．

(1) $x^3 + 2x^2 - 5x - 6 = 0$　(2) $x^4 + 2x^3 - x^2 + 4x + 12 = 0$

2 次の高次不等式を解け．

(1) $x^3 + x^2 - 6x < 0$　(2) $x^4 + 4x^3 + 27 \geqq 0$

総合演習2

2.1　次の2次関数の頂点の座標を求め，そのグラフを描け．

(1)　$y = x^2 + 4x - 1$　　(2)　$y = -x^2 + 2x + 2$

(3)　$y = 2x^2 + 4x - 1$　　(4)　$y = 6x^2 + x - 1$

2.2　次の条件を満たす放物線の方程式を求めよ．

(1)　頂点が $(2, -1)$ で，他に点 $(0, 3)$ を通るもの

(2)　点 $(1, -5)$，$(-2, 1)$ を通り，軸が $x = -1$ のもの

(3)　$y = 3x^2$ のグラフを x 軸方向に -2，y 軸方向に3だけ平行移動したもの

(4)　3点 $(-1, 1)$，$(1, 3)$，$(2, -2)$ を通るもの

2.3　次の2次関数の最大値および最小値を求めよ．

(1)　$y = x^2 - 4x + 1$　　(2)　$y = 4 - 2x - x^2$

(3)　$y = 6x^2 - x - 2$　　(4)　$y = 10 + 3x - x^2$

2.4　次の2次関数の（　）内の範囲での最大値および最小値を求めよ．

(1)　$y = x^2 - 4x + 5$　$(-1 \leqq x \leqq 3)$　　(2)　$y = -x^2 - 2x - 4$　$(-2 \leqq x \leqq 1)$

(3)　$y = x^2 - 4x + 2$　$(-2 \leqq x \leqq 0)$　　(4)　$y = -2x^2 + 4x + 3$　$(2 \leqq x \leqq 4)$

2.5　$y = x^2 + ax + b$ のグラフを x 軸方向に -3，y 軸方向に2だけ平行移動したら，頂点が $(-2, 4)$ になった．a，b の値を求めよ．

2.6　次のような関数の最大値または最小値をあれば求めよ．

(1)　$2x + y = 4$ のとき，xy　　(2)　$x - 2y = 5$ のとき，$2x^2 + 3y^2$

(3)　$2x^2 + y = 3x$ のとき，$x - 2y$

2.7　$x^2 + 3y^2 = 1$ のとき，$z = 3x + 2y^2$ の最大値および最小値を求めよ．

2.8　周の長さの和が100 cmの2つの正方形を作る．2つの正方形の面積比が1：2になるようにするには，2つの正方形の1辺の長さを何cmずつにすればよいか．

2.9　直角をはさむ2辺の長さの和が一定の直角三角形のうちで，斜辺の長さが最小のものを求めよ．

2.10　次の2次方程式を解け．

(1)　$x^2 + 2x - 3 = 0$　　(2)　$6x^2 + x - 2 = 0$　　(3)　$2x^2 - 2x - 1 = 0$

(4)　$x^2 + 4x + 9 = 0$　　(5)　$50x^2 - 20x + 2 = 0$　　(6)　$x - 3 = 3x^2 + 2$

2.11 次の方程式が実数解をもつように実数 a の値の範囲を求めよ．

(1) $x^2+4x+2a-1=0$　　(2) $2x^2-4ax+3a-1=0$

2.12 次の方程式が 2 重解をもつように，m の値を求めよ．

(1) $x^2+2mx-m=0$　　(2) $x^2+(m+3)x+m^2=0$

2.13 2 次方程式 $2x^2-2x-1=0$ の 2 つの解を α，β とするとき，次の値を求めよ．

(1) $\alpha^2+\beta^2$　(2) $\alpha^3+\beta^3$　(3) $\alpha^4+\beta^4$　(4) $\alpha^5+\beta^5$

(5) $\dfrac{\beta}{\alpha}+\dfrac{\alpha}{\beta}$　(6) $(\alpha-\beta)^2$　(7) $\dfrac{\beta}{\alpha+2}+\dfrac{\alpha}{\beta+2}$

2.14 2 次方程式 $2x^2-3x-4=0$ の 2 つの解を α，β とするとき，次の値を 2 つの解とする整数係数の 2 次方程式を作れ．

(1) $3\alpha-1$，$3\beta-1$　(2) α，β の逆数　(3) α，β の 3 乗

2.15 次の 2 つの曲線の共有点の座標を求めよ．

(1) $y=-2x^2+6x-5$，　$y=-3x+2$

(2) $y=x^2-4x+1$，　$y=-x^2+2x+1$

2.16 直線 $y=mx$ が放物線 $y=x^2+1$ と異なる 2 点で交わるような m の値の範囲を求めよ．

2.17 次の方程式を解け．

(1) $2x^3+7x^2+4x-4=0$　　(2) $x^4+3x^3-3x^2-7x+6=0$

2.18 次の (連立) 不等式を解け．

(1) $4x-1<7x+2$　　(2) $x^2+x-12 \geqq 0$

(3) $x^2+4 \geqq 4x$　　(4) $x^3-3x^2+4 \leqq 0$

(5) $\begin{cases} 2x+1 \leqq 3x-2 \\ 6x^2-7x-10 \leqq 0 \end{cases}$　　(6) $\begin{cases} 2x^2 \leqq 4x+5 \\ 3x^2-7x-10<0 \end{cases}$

2.19 3 次方程式 $ax^3+bx^2+cx+d=0$ $(a \neq 0)$ の 3 つの解を α，β，γ とおくとき，

$$\alpha+\beta+\gamma=-\frac{b}{a},\ \alpha\beta+\beta\gamma+\gamma\alpha=\frac{c}{a},\ \alpha\beta\gamma=-\frac{d}{a}$$

という関係式が成り立つ．この関係を **3 次方程式の解と係数の関係**という．

(1) この関係式を証明せよ

(2) これを利用して $x^3-4x^2-4x+m=0$ の 2 つの差が 4 であるとき，
この方程式の 3 つの解とそのときの m の値を求めよ

第3章　集合と論理

第 3 章の要点

・**集合**　ある条件を満たすもの全体の集まりを**集合**といい，その中のものを**要素**または**元**という．また要素 a が集合 A に属するとき $a \in A$ または $A \ni a$ と表し，要素 b が集合 A に属さないとき，$b \notin A$ または $A \not\ni b$ と表す．

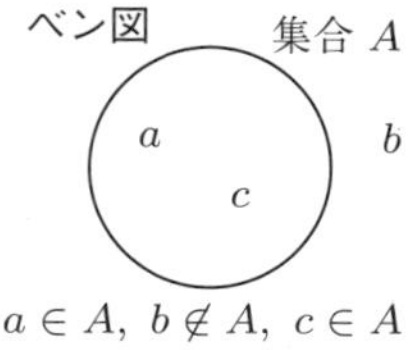

・**集合の表し方**　集合の表し方には次のように 3 通りある．

① 要素の個数が比較的少ないとき，すべて書き並べる．　(例) $\{a,\ b,\ c,\ d\}$

② 要素の規則性がわかるとき，一部を書き並べ残りは $\cdots$ で示す．

(例) $\{2,\ 4,\ 6,\ \cdots\}$

③ 要素と要素が満たす条件を指定する．(例) $\{x \mid 0 < x < 1\}$

・**部分集合**　集合 A，B について，A の要素がすべて B に含まれるとき，A は B の**部分集合**であるといい，$A \subset B$ または $B \supset A$ と表す．

$x \in A$ ならば $x \in B$ のとき，$A \subset B$．

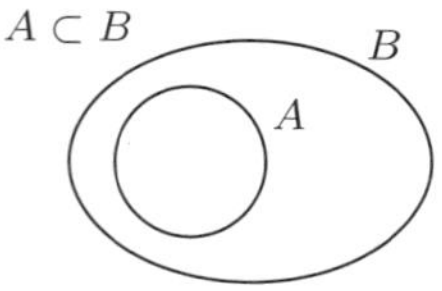

※特に $A \subset B$ かつ $B \subset A$ のとき，2 つの**集合は等しい**といい，$A = B$ と書く．

・**共通集合**　集合 A，B について，次のように定める集合を A と B の**共通集合 (共通部分)** または**交わり**といい，$A \cap B$ と表す．

$A \cap B = \{x \mid x \in A$ かつ $x \in B\}$．

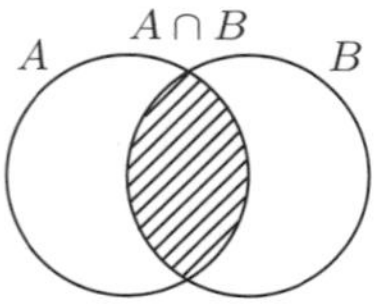

・**和集合**　集合 A，B について，次のように定める集合を A と B の**和集合**または**結び**といい，$A \cup B$ と表す．

$A \cup B = \{x \mid x \in A$ または $x \in B\}$．

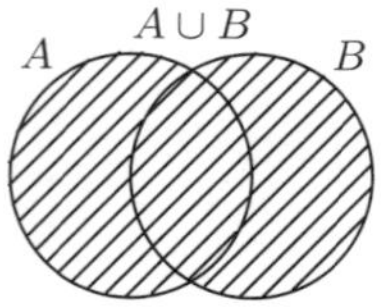

※　$A \cap (B \cup C) = (A \cap B) \cup (A \cap C)$，　$A \cup (B \cap C) = (A \cup B) \cap (A \cup C)$．

・**空集合**　要素をもたない集合を考え，**空集合**といい，ϕ で表す．

※空集合はすべての集合の部分集合となることに注意．

・**全体集合**　集合の要素として取り扱うもの全体を**全体集合**といい，記号 U で表す．

・**補集合**　全体集合 U の中で部分集合 A について，A に属さない要素全体の集合を A の**補集合**といい，$\overline{A}$ または A^c で表す．　$\overline{A} = \{x \in U \mid x \notin A\}$

※　$\overline{(\overline{A})} = A$，　$A \cap \overline{A} = \phi$，　$A \cup \overline{A} = U$．

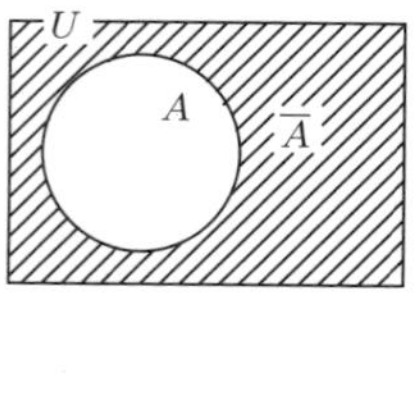

・**ド・モルガンの法則**　集合 A, B について次の関係式が成り立つ．

$$\overline{A \cap B} = \overline{A} \cup \overline{B}, \qquad \overline{A \cup B} = \overline{A} \cap \overline{B}.$$

・**要素の個数**　有限集合 A について，要素の個数を $n(A)$ または $|A|$ で表す．

全体集合 U，有限集合 A, B について，

$$n(\overline{A}) = n(U) - n(A), \qquad n(A \cup B) = n(A) + n(B) - n(A \cap B)$$

・**命題**　文または式で，それが正しいか正しくないか判断できるものを**命題**という．

・**真偽値**　命題が正しいときその命題は**真**，正しくないときその命題は**偽**といい，真と偽を合わせて**真偽値**という．

・**否定**　命題 p について，「p でない」という命題をもとの命題の**否定**といい，$\overline{p}$ または $\neg p$ で表す．

p	$\overline{p}$
真	偽
偽	真

・**論理積**　命題 p, q について，「p かつ q」の命題を p と q の**論理積**といい，$p \wedge q$ で表す．

・**論理和**　命題 p, q について，「p または q」の命題を p と q の**論理和**といい，$p \vee q$ で表す．

※　$\overline{p \wedge q} = \overline{p} \vee \overline{q}, \qquad \overline{p \vee q} = \overline{p} \wedge \overline{q}.$

p	q	$p \wedge q$	$p \vee q$
真	真	真	真
真	偽	偽	真
偽	真	偽	真
偽	偽	偽	偽

・**条件文**　命題 p, q について，「p ならば q」の命題を特に**条件文**といい，$p \Longrightarrow q$ と表す．そのとき p を**仮定**，q を**結論**という．

・**逆，裏，対偶**　条件文 $p \Longrightarrow q$ から，次のような**逆**，**裏**，**対偶**という命題を考えることができる．

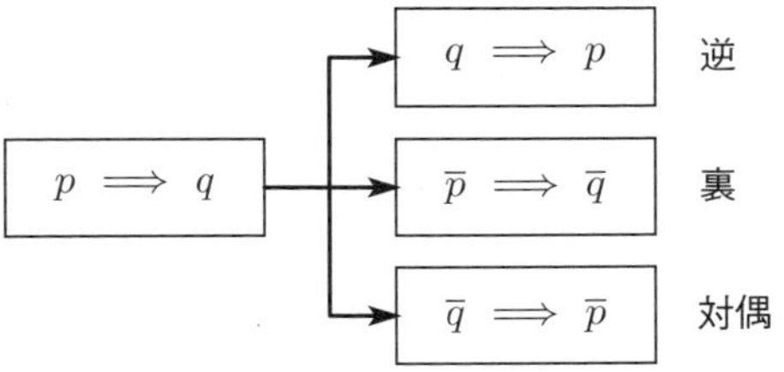

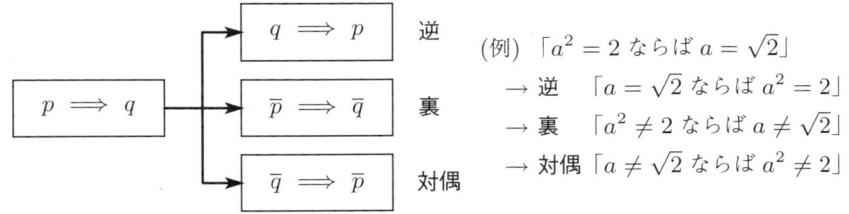

(例) 「$a^2 = 2$ ならば $a = \sqrt{2}$」

→ **逆**　「$a = \sqrt{2}$ ならば $a^2 = 2$」

→ **裏**　「$a^2 \neq 2$ ならば $a \neq \sqrt{2}$」

→ **対偶**「$a \neq \sqrt{2}$ ならば $a^2 \neq 2$」

・**対偶の性質**　もとの命題とその対偶の命題の真偽値は，必ず等しい．

・**反例**　命題が偽であることを示すには，命題が成り立たない例を 1 つ示せばよい．それを**反例**という．

・**必要条件と十分条件**　条件文 $p \Longrightarrow q$ が**真**のとき，q は p が成り立つための**必要条件**である，p は q が成り立つための**十分条件**であるという．

十分条件必要条件

$p \qquad \Longrightarrow \qquad q$

・**必要十分条件**　条件文 $p \Longrightarrow q$ とその逆 $q \Longrightarrow p$ がともに真であるとき，q は p であるための**必要十分条件**である，または p であるための**必要十分条件**は q であるといい，$p \Longleftrightarrow q$ で表す．また p と q は**同値**であるという．

3.1 集合 1

✏ **集合の表し方**　集合の表し方には次のように 3 通りある．

① 要素の個数が比較的少ないとき，すべて書き並べる　(例) $\{a,\ b,\ c,\ d\}$

② 要素の規則性がわかるとき，一部を書き並べ残りは $\cdots$ で示す　(例) $\{2,\ 4,\ 6,\ \cdots\}$

③ 要素と要素が満たす条件を指定する　(例) $\{x \mid 0 < x < 1\}$

✏ **部分集合**　集合 A, B について，A の要素がすべて B に含まれるとき，A は B の**部分集合**であるといい，$A \subset B$ または $B \supset A$ と表す．

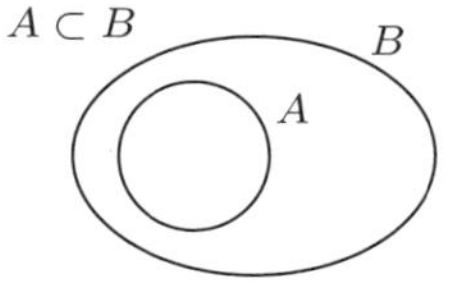

$x \in A$ ならば $x \in B$ のとき，$A \subset B$.

※特に $A \subset B$ かつ $B \subset A$ のとき，2 つの**集合は等しい**($A = B$).

✏ **共通集合**　集合 A, B について，次のように定める集合を A と B の**共通集合 (共通部分)** または**交わり**といい，$A \cap B$ と表す．

$A \cap B = \{x \mid x \in A$ かつ $x \in B\}$.

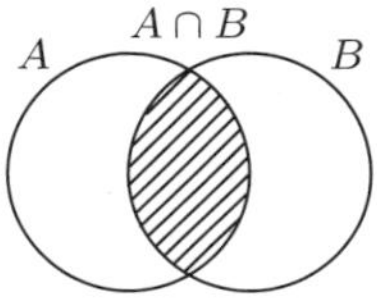

✏ **和集合**　集合 A, B について，次のように定める集合を A と B の**和集合**または**結び**といい，$A \cup B$ と表す．

$A \cup B = \{x \mid x \in A$ または $x \in B\}$.

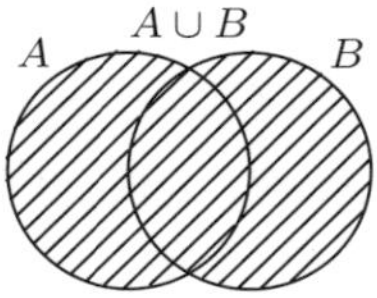

※　$A \cap (B \cup C) = (A \cap B) \cup (A \cap C)$,　　$A \cup (B \cap C) = (A \cup B) \cap (A \cup C)$.

✏ **空集合**　要素をもたない集合を考え，**空集合**といい，ϕ で表す．

※空集合はすべての集合の部分集合となることに注意．

例題 3.1　　**集合の表し方**

次の集合を適当な方法で表せ．

(1)　A：24 の約数　　(2)　B：正の奇数　　(3)　C：1 以上 5 以下の実数

解答　(1) 約数は 1, 2, 3, 4, 6, 12 なので，$A = \{1,\ 2,\ 3,\ 4,\ 6,\ 12\}$ と表す．

(2) 正の奇数の規則性を考えて，$B = \{1,\ 3,\ 5,\ 7,\ \cdots\}$ と表す．

(3) 要素を実数 x で表し，その条件を指定して $C = \{x \mid 1 \leqq x \leqq 5\}$ と表す．

例題 3.2　　**部分集合 1**

集合 $\{1,\ 2,\ 3\}$ の部分集合をすべて答えよ．

解答 まず空集合 ϕ, 要素を 1 つずつ選んで $\{1\}$, $\{2\}$, $\{3\}$. 要素を 2 つずつ選んで $\{1, 2\}$, $\{1, 3\}$, $\{2, 3\}$. 次に要素を 3 つずつ選んで $\{1, 2, 3\}$. 以上 8 個.

研究 n 個の要素からなる集合の部分集合の個数は 2^n 個である. $\{1, 2, \cdots, n\}$ の部分集合 ϕ, $\{1\}$, $\{2\}$, $\cdots$, $\{1, 2, \cdots, n\}$ を要素とする集合を**べき集合**といい, $\{\phi, \{1\}, \{2\}, \cdots, \{1, 2, \cdots, n\}\}$ で表す.

例題 3.3 部分集合 2

次の集合の包含関係を調べよ.

(1) $A = \{1, 2, 3, 6\}$　(2) B : 12 の約数　(3) N : 自然数全体

解答 12 の約数は 1, 2, 3, 4, 6, 12 なので, $B = \{1, 2, 3, 4, 6, 12\}$.
ゆえに集合 A は集合 B に含まれ, A も B も要素は自然数なので集合 N に含まれる.
したがって包含関係は $A \subset B \subset N$ である.

例題 3.4 共通集合・和集合

集合 $A = \{1, 2, 3, 4\}$, $B = \{1, 3, 5, 7\}$, $C = \{5, 7, 9\}$ について, 次の集合を答えよ.

(1) $A \cap B$　(2) $A \cup C$　(3) $A \cap B \cap C$　(4) $A \cup B \cup C$

解答 (1) 集合 A と B の共通な要素をとってきて, $A \cap B = \{1, 3\}$ である.

(2) 集合 A と C の少なくても 1 つに属する要素をとってきて,
$A \cup C = \{1, 2, 3, 4, 5, 7\}$.

(3) (1) より $A \cap B = \{1, 3\}$. $C = \{5, 7, 9\}$ と要素を比較して, 共通な要素はないので
$A \cap B \cap C = \phi$.

(4) 集合 A, B, C の少なくても 1 つに属する要素をとってきて,
$A \cup B \cup C = \{1, 2, 3, 4, 5, 7, 9\}$.

練習問題 3.1

1 次の集合を適当な方法で表せ.

(1) A : 3 の倍数　(2) B : 15 の約数　(3) C : $x^2 \leqq 3$ の解

2 8 の約数の集合の部分集合をすべて答えよ.

3 1 から 100 までの整数で, 3 の倍数の集合を A, 4 の倍数の集合を B, 6 の倍数の集合を C とするとき, 次の集合を答えよ.

(1) $A \cap B$　(2) $B \cup C$　(3) $A \cap B \cap C$　(4) $A \cap (B \cup C)$

3.2　集合 2

✏ **全体集合**　集合の要素として取り扱うもの全体を**全体集合**といい，記号 U で表す．

✏ **補集合**　全体集合 U の中で部分集合 A について，A に属さない要素全体の集合を A の**補集合**といい，$\overline{A}$ または A^c で表す．　$\overline{A} = \{ x \in U \mid x \notin A \}$

※　$\overline{(\overline{A})} = A,\quad A \cap \overline{A} = \phi,\quad A \cup \overline{A} = U.$

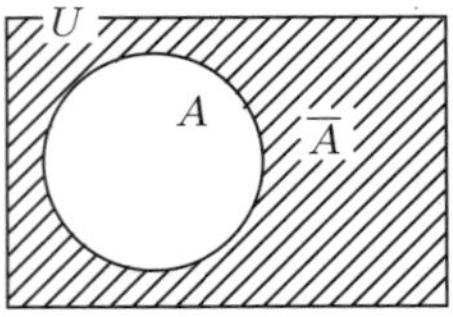

✏ **ド・モルガンの法則**　集合 A，B について次の関係式が成り立つ．

$$\overline{A \cap B} = \overline{A} \cup \overline{B},\qquad \overline{A \cup B} = \overline{A} \cap \overline{B}.$$

✏ **要素の個数**　有限集合 A について，要素の個数を $n(A)$ または $|A|$ で表すとき，

$$n(\overline{A}) = n(U) - n(A),\qquad n(A \cup B) = n(A) + n(B) - n(A \cap B)$$

例題 3.5　　　**補集合**

全体集合 U を 1 から 20 までの自然数とするとき，次の集合の補集合を答えよ．

(1)　$A = \{ x \mid x$ は偶数$\}$　　(2)　$B = \{ x \mid x$ は 3 の倍数$\}$

解答　全体集合 $U = \{1,\ 2,\ 3,\ \cdots,\ 20\}$ である．

(1) $A = \{ x \mid x$ は偶数$\}$ なので，$\overline{A} = \{ x \mid x$ は奇数$\} = \{1,\ 3,\ 5,\ \cdots,\ 19\}$ である．

(2) $B = \{3,\ 6,\ 9,\ 12,\ 15,\ 18\}$ なので，$\overline{B} = \{1,\ 2,\ 4,\ 5,\ 7,\ 8,\ 10,\ 11,\ 13,\ 14,\ 16,\ 17,\ 19,\ 20\}$ である．

例題 3.6　　　**ド・モルガンの法則**

全体集合 U を 1 から 20 までの自然数とし，集合 $A = \{5,\ 10,\ 15,\ 20\}$，集合 $B = \{2,\ 4,\ 6,\ 8,\ 10,\ 12,\ 14,\ 16,\ 18,\ 20\}$ とするとき，次の集合を答えよ．

(1)　$\overline{A} \cup \overline{B}$　　(2)　$\overline{A} \cap \overline{B}$　　(3)　$\overline{A \cap B} \cap B$

解答　全体集合 $U = \{1,\ 2,\ 3,\ \cdots,\ 20\}$ である．

(1) $A \cap B = \{10,\ 20\}$ なので，ド・モルガンの法則より $\overline{A} \cup \overline{B} = \overline{A \cap B} = \{1,\ 2,\ 3,\ 4,\ 5,\ 6,\ 7,\ 8,\ 9,\ 11,\ 12,\ 13,\ 14,\ 15,\ 16,\ 17,\ 18,\ 19\}$ である．

(2) $A \cup B = \{2,\ 4,\ 5,\ 6,\ 8,\ 10,\ 12,\ 14,\ 15,\ 16,\ 18,\ 20\}$ なので，ド・モルガンの法則より $\overline{A} \cap \overline{B} = \overline{A \cup B} = \{1,\ 3,\ 7,\ 9,\ 11,\ 13,\ 17,\ 19\}$ である．

(3) ド・モルガンの法則より

$$\overline{A \cap B} \cap B = (\overline{A} \cup \overline{B}) \cap B = (\overline{A} \cap B) \cup (\overline{B} \cap B) = (\overline{A} \cap B) \cup \phi = \overline{A} \cap B.$$

$$\overline{A} = \{1,\ 2,\ 3,\ 4,\ 6,\ 7,\ 8,\ 9,\ 11,\ 12,\ 13,\ 14,\ 16,\ 17,\ 18,\ 19\}$$

より $\overline{A} \cap B = \{2,\ 4,\ 6,\ 8,\ 12,\ 14,\ 16,\ 18\}$ である．

例題 3.7 要素の個数

1 から 200 までの自然数のうち，次のような数は何個あるか答えよ.

(1) 4 の倍数　(2) 5 の倍数　(3) 4 の倍数かつ 5 の倍数

(4) 4 の倍数かまたは 5 の倍数　(5) 4 の倍数でない数

(6) 4 の倍数でも 5 の倍数でもない数

方針 1 から n までの自然数のうち k の倍数の個数は，$n \div k$ の整数部分で与えられることに注意.

解答 全体集合 $U = \{1,\ 2,\ 3,\ \cdots,\ 200\}$ の要素の個数は $n(U) = 200$.
また集合 $A = \{x \,|\, x$ は 4 の倍数$\}$，$B = \{x \,|\, x$ は 5 倍数$\}$ とする.

(1) $200 \div 4 = 50$ なので $n(A) = 50$ となり，4 の倍数は 50 個である.

(2) $200 \div 5 = 40$ なので $n(B) = 40$ となり，5 の倍数は 40 個である.

(3) 4 の倍数かつ 5 の倍数の集合は $A \cap B$ であり，4 と 5 の最小公倍数 20 の倍数の集合なので $200 \div 20 = 10$ となり，$n(A \cap B) = 10$. ゆえに 10 個である.

(4) 4 の倍数かまたは 5 の倍数の集合は $A \cup B$ であり，(1) から (3) の結果を利用すると $n(A) = 50$，$n(B) = 40$，$n(A \cap B) = 10$ なので $n(A \cup B) = 50 + 40 - 10 = 80$.
ゆえに 80 個である.

(5) 4 の倍数でない数の集合は $\overline{A}$ であり，(1) の結果より $n(A) = 50$ なので，
$n(\overline{A}) = n(U) - n(A) = 200 - 50 = 150$. ゆえに 150 個である.

(6) 4 の倍数でも 5 の倍数でもない数の集合は $\overline{A} \cap \overline{B}$ であり，ド・モルガンの法則と (4) の結果を利用すると $n(\overline{A} \cap \overline{B}) = n(\overline{A \cup B}) = n(U) - n(A \cup B) = 200 - 80 = 120$.
ゆえに 120 個である.

練習問題 3.2

1 全体集合 U を 1 から 30 までの偶数とするとき，次の集合の補集合を答えよ.

(1) A：4 の倍数　(2) B：18 の約数

2 全体集合 U を 1 から 20 までの自然数とし，集合 $A = \{x \,|\, x$ は 3 の倍数$\}$，および集合 $B = \{x \,|\, x$ は 5 の倍数$\}$ とするとき，次の集合を答えよ.

(1) $\overline{A} \cap \overline{B}$　(2) $\overline{A} \cup \overline{B}$　(3) $A \cup \overline{A \cup B}$

3 52 人の学生からなるある学級で部活動の調査をしたところ，運動部に入っている学生が 35 人，文化部に入っている学生が 23 人，どちらにも入っていない学生が 10 人いた. 次の学生の人数を答えよ.

(1) 運動部にも文化部にも入っている　(2) 運動部だけに入っている

3.3 命題と真偽値

✏ **命題** 文または式で，それが正しいか正しくないか判断できるものを**命題**という．

✏ **真偽値** 命題が正しいときその命題は**真**，正しくないときその命題は**偽**といい，真と偽を合わせて**真偽値**という．

p	$\overline{p}$
真	偽
偽	真

✏ **否定** 命題 p について，「p でない」という命題をもとの命題の**否定**といい，$\overline{p}$ または $\neg p$ で表す．

✏ **論理積** 命題 p，q について，「p かつ q」の命題を p と q の**論理積**といい，$p \wedge q$ で表す．

✏ **論理和** 命題 p，q について，「p または q」の命題を p と q の**論理和**といい，$p \vee q$ で表す．

※ $\overline{p \wedge q} = \overline{p} \vee \overline{q}$，　$\overline{p \vee q} = \overline{p} \wedge \overline{q}$．

p	q	$p \wedge q$	$p \vee q$
真	真	真	真
真	偽	偽	真
偽	真	偽	真
偽	偽	偽	偽

✏ **条件文** 命題 p，q について，「p ならば q」の命題を特に**条件文**といい，$p \Longrightarrow q$ と表す．

そのとき p を**仮定**，q を**結論**という．

✏ **逆，裏，対偶** 条件文 $p \Longrightarrow q$ から，次のような**逆**，**裏**，**対偶**という命題を考えることができる．

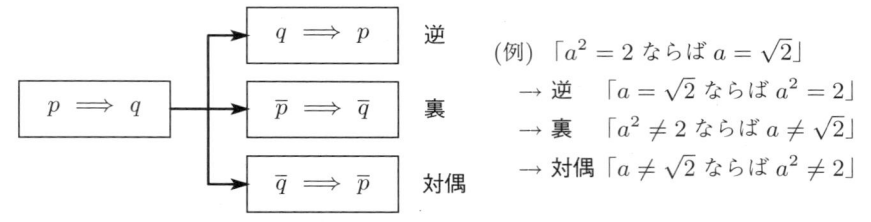

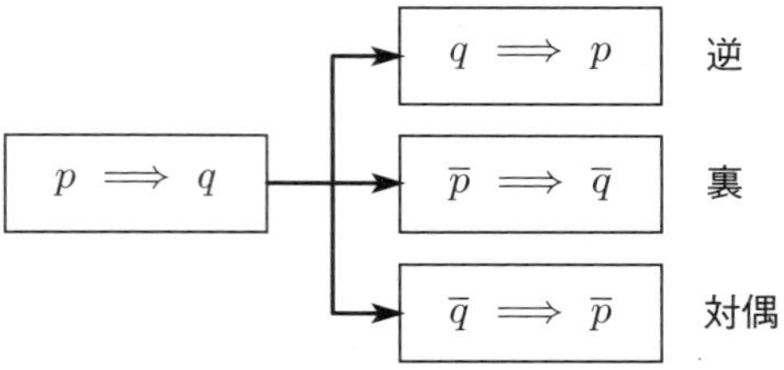

(例) 「$a^2 = 2$ ならば $a = \sqrt{2}$」

→ **逆** 「$a = \sqrt{2}$ ならば $a^2 = 2$」

→ **裏** 「$a^2 \neq 2$ ならば $a \neq \sqrt{2}$」

→ **対偶** 「$a \neq \sqrt{2}$ ならば $a^2 \neq 2$」

✏ **対偶の性質** もとの命題とその対偶の命題の真偽値は，必ず等しい．

✏ **反例** 命題が偽であることを示すには，命題が成り立たない例を 1 つ示せばよい．それを**反例**という．

例題 3.8 命題と真偽値

次の命題の真偽値を答えよ．

(1) $x^2 = 1$ ならば $x = 1$　　(2) $(a+b)^2 = a^2 + b^2$ ならば $ab = 0$

方針 正しいことを示せれば真，反例があれば偽である．

解答 (1) $x^2 = 1$ の解は $x = \pm 1$ で $x = 1$ だけではないので，偽である．

(2) $(a+b)^2 = a^2 + 2ab + b^2$ なので，$a^2 + b^2$ に等しいとすると $a^2 + 2ab + b^2 = a^2 + b^2$ となり $2ab = 0$，つまり $ab = 0$ なので真である．

例題 3.9 否定・論理積・論理和

命題 p：3 は奇数である，q：$\sqrt{2}$ は無理数であるに対して，次の命題を答え，その真偽値を答えよ．

(1) $\overline{p}$ (2) $p \wedge q$ (3) $p \vee \overline{q}$ (4) $\overline{p} \vee \overline{q}$

方針 命題 p，q の真偽値から，与えられた命題の真偽値を判断する．

解答 (1) 命題 $\overline{p}$：3 は奇数でない．p は真なので $\overline{p}$ は偽である．

(2) 命題 $p \wedge q$：3 は奇数かつ $\sqrt{2}$ は無理数．p，q とも真なので $p \wedge q$ は真である．

(3) 命題 $p \vee \overline{q}$：3 は奇数または $\sqrt{2}$ は無理数でない．

p は真，$\overline{q}$ は偽なので $p \vee \overline{q}$ は真である．

(4) 命題 $\overline{p} \vee \overline{q}$：3 は奇数でないまたは $\sqrt{2}$ は無理数でない．

$\overline{p}$，$\overline{q}$ とも偽なので $\overline{p} \vee \overline{q}$ は偽である．

例題 3.10 逆・裏・対偶

条件文「$x > 1$ ならば $x^2 > 1$」の逆，裏，対偶を答え，その真偽値も答えよ．

解答 p：$x > 1$，q：$x^2 > 1$ とおいて考える．

逆は $q \Longrightarrow p$ なので「$x^2 > 1$ ならば $x > 1$」．

反例として $x = -2$ のとき $x^2 = 4 > 1$ であるが $x = -2 < 1$ なので偽である．

裏は $\overline{p} \Longrightarrow \overline{q}$ なので「$x \leqq 1$ ならば $x^2 \leqq 1$」．

反例として $x = -2$ のとき $x = -2 \leqq 1$ であるが $x^2 = 4 > 1$ なので偽である．

対偶は $\overline{q} \Longrightarrow \overline{p}$ なので「$x^2 \leqq 1$ ならば $x \leqq 1$」．

もとの条件文「$x > 1$ ならば $x^2 > 1$」は真なので，その対偶も真である．

練習問題 3.3

1 次の命題の真偽値を答えよ．

(1) $x^2 = y^2$ ならば $x = y$ (2) $a = -b$ ならば $a^2 = b^2$

2 命題 p：5 は偶数である，q：円周率 π は無理数であるに対して，次の命題を答え，その真偽値を答えよ．

(1) $\overline{p}$ (2) $p \vee q$ (3) $p \wedge \overline{q}$ (4) $\overline{p} \wedge \overline{q}$

3 条件文「$x + y = 1$ ならば $x^2 + y^2 = 1$」の逆，裏，対偶を答え，その真偽値も答えよ．

3.4 必要十分条件と証明

✏ **必要条件と十分条件**　条件文 $p \Longrightarrow q$ が真のとき，q は p が成り立つための**必要条件**である，p は q が成り立つための**十分条件**であるという．

十分条件		必要条件
p	$\Longrightarrow$	q

✏ **必要十分条件**　条件文 $p \Longrightarrow q$ とその逆 $q \Longrightarrow p$ がともに真であるとき，q は p であるための**必要十分条件**である，または p であるための**必要十分条件**は q であるといい，$p \Longleftrightarrow q$ で表す．また p と q は**同値**であるという．

✏ **命題の証明**　与えられた命題が真または偽を証明するには，

(1) 真であることを証明するには，

① 直接真であることを示す，

② 否定が偽であることを示す (命題とその否定は真偽値が反対なので)，

③ 対偶が真であることを示す (命題とその対偶の真偽値は一致するので)，

④ (**背理法**) 条件文 $p \Longrightarrow q$ に対して，p であると仮定したとき結論 q が成り立たないとすれば**矛盾**が起こることを示す ($p \Longrightarrow \overline{q}$ とすれば矛盾を示す)．

(2) 偽であることを証明するには，

① 直接偽であることを示す，

② 否定が真であることを示す (命題とその否定は真偽値が反対なので)，

③ 対偶が偽であることを示す (命題とその対偶の真偽値は一致するので)，

④ **反例**を 1 つ示す．

例題 3.11　　**必要十分条件**

次の文中の (　) に，必要条件である，十分条件である，必要十分条件である，必要条件でも十分条件でもない，のいずれかのことばを入れよ．

(1)　$\triangle$ABC が正三角形であることは，AB = BC となるための (　　)．

(2)　$x^2 = y^2$ は，$x = y$ であるための (　　)．

(3)　$a > 0$ は，$a^2 > b^2$ であるための (　　)．

方針　条件文 $p \Longrightarrow q$ とその逆 $q \Longrightarrow p$ の真偽値を考える．

解答　(1) p：$\triangle$ABC が正三角形，q：AB = BC とおく．$p \Longrightarrow q$ は真，$q \Longrightarrow p$ は正三角形に限らず二等辺三角形の可能性もあるので偽である．ゆえに $p \Longrightarrow q$ を選んで p は q であるための十分条件である．

(2) p：$x^2 = y^2$，q：$x = y$ とおく．$p \Longrightarrow q$ は $x = -y$ の可能性もあるので偽，$q \Longrightarrow p$

は真である．ゆえに $q \Longrightarrow p$ を選んで p は q であるための必要条件である．

(3) $p：a > 0$，$q：a^2 > b^2$ とおく．$p \Longrightarrow q$ は，例えば $a = 1 > 0$ であるが $b = 2$ とすると $a^2 = 1 < 4 = b^2$ となるので偽，$q \Longrightarrow p$ も $a = -2$，$b = 1$ をとると，$a^2 = 4 > 1 = b^2$ であるが $a < 0$ なので偽である．ゆえに必要条件でも十分条件でもない．

例題 3.12 対偶を利用した証明

命題「自然数 n について，n^2 が 5 の倍数でないならば n も 5 の倍数でない」を対偶を考え証明せよ．

解答 対偶は「自然数 n について，n が 5 の倍数ならば n^2 も 5 の倍数である」．
n を 5 の倍数とすると $n = 5m$ とおけるので，$n^2 = (5m)^2 = 5 \cdot 5m^2$ となり n^2 も 5 の倍数である．ゆえに対偶は真，したがってもとの命題も真である．

例題 3.13 背理法を利用した証明

命題「$\sqrt{2}$ は無理数である」を背理法で証明せよ．

方針 背理法を利用する証明は，結論を否定して矛盾を導く．

解答 もし $\sqrt{2}$ が有理数とすると，$\sqrt{2} = \dfrac{a}{b}$ (a と b は互いに素) と既約分数で表すことができる．ゆえに $b \cdot \sqrt{2} = a$ なので両辺を 2 乗して $2b^2 = a^2$．
したがって a^2 は偶数なので a も偶数で $a = 2m$ とおくと，$2b^2 = a^2 = (2m)^2 = 4m^2$ である．両辺を 2 で割って $b^2 = 2m^2$ となり b^2 も偶数なので b も偶数である．
ゆえに a と b はともに偶数で公約数 2 をもつので仮定の互いに素と矛盾する．
ゆえに背理法により $\sqrt{2}$ は無理数である．

練習問題 3.4

1 次の文中の (　) に，必要条件である，十分条件である，必要十分条件である，必要条件でも十分条件でもない，のいずれかのことばを入れよ．

(1) $ab > 0$ は，$a > 0$ かつ $b > 0$ であるための (　　)．

(2) $a = b = 0$ は，$a^2 + b^2 = 0$ であるための (　　)．

(3) 正三角形であることは，角の大きさがすべて等しいための (　　)．

2 自然数 n について「n^2 が奇数ならば n も奇数である」ことを，対偶を考え証明せよ．

3 命題「a，b が自然数で，$a^2 + b^2$ が奇数ならば a または b のどちらか一方は奇数である」を背理法で証明せよ．

総合演習3

3.1 50から90までの自然数について，5の倍数の集合をA，10の倍数の集合をB，さらに6の倍数の集合をCとするとき，次の集合を要素を書き並べて表せ．

(1) $A \cap B$　(2) $A \cap C$　(3) $A \cap \overline{B}$　(4) $\overline{A \cup B}$　(5) $\overline{A} \cap \overline{C}$

3.2 2つの集合A，Bについて次の関係が成り立つとき，AとBの包含関係を答えよ．

(1) $A \cap B = A$　(2) $A \cup B = A$　(3) $A \cap B = A \cup B$

3.3 すべての実数を全体集合とし，$A = \{x \mid -7 \leqq x < 3\}$，さらに$B = \{x \mid -1 < x \leqq 5\}$とするとき，次の集合を答えよ．

(1) $A \cap B$　(2) $\overline{A}$　(3) $\overline{A} \cup \overline{B}$　(4) $\overline{A \cup B}$　(5) $A \cap \overline{B}$

3.4 街角で40人の人たちに，リンゴ，みかん，ももについてそれぞれ好きか嫌いか答えてもらうアンケートを行った．リンゴを好きと答えた人の集合をA，みかんを好きと答えた人の集合をB，ももを好きと答えた人の集合をCとするとき，Aは13人，Bは16人，Cは17人，またすべて嫌いと答えた人が6人いた．

さらにリンゴとみかん両方が好きと答えた人が3人，みかんともも両方が好きと答えた人が4人，ももまたはリンゴが好きと答えた人が24人いた．

右のベン図を参考にして，次のように答えた人が何人いたか答えよ．

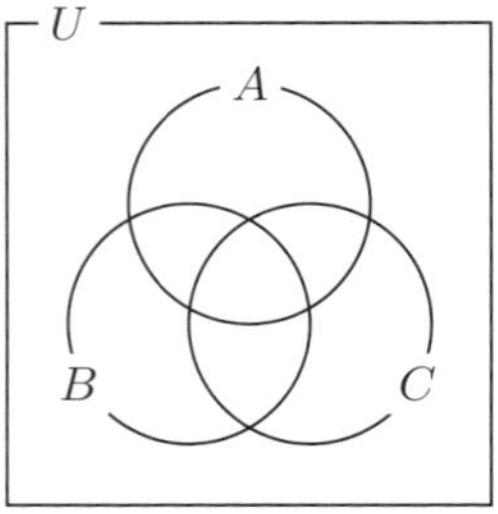

(1) リンゴ，みかん，もものうち少なくとも1つは好きと答えた．

(2) リンゴまたはみかんが好きと答えた．

(3) ももとリンゴ両方が好きと答えた．

(4) リンゴ，みかん，ももすべてが好きと答えた．

3.5 1から200までの自然数のうち，2の倍数の集合をA，3の倍数の集合をB，5の倍数の集合をCとする．次の集合の要素の個数を求めよ．

(1) A，B，C　(2) $A \cap B$，$B \cap C$，$C \cap A$　(3) $A \cup B$，$B \cup C$，$C \cup A$

(4) $A \cap B \cap C$　(5) $A \cup B \cup C$　(6) $\overline{A \cup B} \cup \overline{C}$

3.6 次の命題の真偽値を答え，偽のときは反例を1つ示せ．

(1) x，yを実数とするとき，$x^2 + y^2 = 0$ならば$x = y = 0$である．

(2) 2つの対角線が垂直に交わる四角形は正方形である．

(3) $x \geqq 1$ならば$x^2 \geqq 1$である．

(4) 3つの角の大きさがそれぞれ等しい2つの三角形は合同である．

3.7 次の命題の逆，裏，対偶を答え，もとの命題も含めてそれらの真偽値を答えよ．

(1) $a > b$ ならば $a^2 > b^2$ である．

(2) $ab = 0$ ならば $a = 0$ または $b = 0$ である．

(3) $|ab| = 1$ ならば $|a| = |b| = 1$ である．

(4) 三角形 ABC について，AB = AC ならば ∠B = ∠C である．

3.8 次の文中の（ ）の中に，必要条件である，十分条件である，必要十分条件である，必要条件でも十分条件でもない，のいずれかのことばを入れよ．

(1) $x = y$ は $x^2 = y^2$ であるための（　　　）．

(2) $a + b$ と ab がともに実数であることは，a と b がともに実数であるための（　　　）．

(3) 整数 a と b がともに偶数であることは，ab が偶数であるための（　　　）．

(4) 対応する 3 辺の長さがそれぞれ等しいことは，2 つの三角形が合同であるための（　　　）．

3.9 次の命題が成り立つための必要十分条件を答えよ．

(1) $|a + b| = |a| + |b|$

(2) a と b が実数であるとき，$a^2 + b^2 = 0$.

3.10 整数 a，b について $a^2 + b^2$ が 5 の倍数でないならば，a または b も 5 の倍数でないことを対偶を利用して証明せよ．

3.11 整数 a，b について $a^2 + b^2$ が奇数ならば，a と b の一方は偶数，もう一方は奇数であることを背理法で証明せよ．

3.12 $\sqrt{3}$ は無理数である．次のことを証明せよ．

(1) $\sqrt{5}$ は無理数　(2) $\sqrt{3} + \sqrt{5}$ も無理数

3.13 a，b，c は整数とし，$a^2 + b^2 = c^2$ とする．a，b のうち少なくとも 1 つは 3 の倍数であることを証明せよ．

3.14 $\sqrt{3}$ は無理数である．次の問に答えよ．

(1) a，b が有理数のとき，$a + b\sqrt{3} = 0$ ならば $a = b = 0$ であることを証明せよ．

(2) $(2 + \sqrt{3})x - (1 - 2\sqrt{3})y = 1 + 8\sqrt{3}$ を満たす有理数 x，y を求めよ．

第 4 章　いろいろな関数

第 4 章の要点

・**関数の合成 (合成関数)**　関数 $y=f(x)$ と $y=g(x)$ に対して定まる次の関数を f と g の合成関数といい，記号 $g \circ f = g(f(x))$ で表す．

・**べき関数**　$y=ax^n$ $(a \neq 0,\ n \geqq 1)$ の形の関数を**べき関数**という．

・**奇関数と偶関数**　ア **奇関数** $f(-x)=-f(x)$，　イ **偶関数** $f(-x)=f(x)$

・**分数関数**　$y=\dfrac{f(x)}{g(x)}$ ($f(x)$，$g(x)$ ともに整式) の形の関数を**分数関数**という．

・**1 次分数関数**　特に $y=\dfrac{ax+b}{cx+d}$ $(c \neq 0,\ ad-bc \neq 0)$ の形の分数関数を **1 次分数関数**という．1 次分数関数は $y=\dfrac{k}{x-p}+q$ の形に変形できる．

・**分数方程式の解き方**　分数方程式は次のように解く．
① 分数式の分母を払って，普通の方程式に変形して解 x を求める．
② ①の解のうち，もとの方程式の分数式の分母を 0 としないものが解である．

・**無理関数**　関数式に根号 (ルート記号) を含む関数を**無理関数**という．

・**無理方程式の解き方**　無理方程式は次のようにして解く．
① 根号の 1 つを左辺に集め，両辺を 2 乗して根号をはずす (複数あれば繰り返す)．
② 根号がすべてはずれたら，その方程式を解いて解を求める．
③ 求めた解をもとの無理方程式に代入してみて，方程式が成り立つものが解である．

・**累乗**　数 a を n 個かけた積を a^n で表し，a の $\boldsymbol{n}$ **乗**といい，n を**指数**，a を**底**という．また一般に a^n をまとめて a の**累乗**という．

・**累乗根**　n 乗すると a になる数を a の $\boldsymbol{n}$ **乗根**といい，一般に n 乗根をまとめて**累乗根**という．a の n 乗根は方程式 $x^n=a$ の解のことである．特に実数 $a>0$ に対して，a の n 乗根で正の数を記号 $\sqrt[n]{a}$ で表す．

・**指数の拡張**　$a^0=1$，　$a^{-n}=\dfrac{1}{a^n}$，　$a^{\frac{1}{n}}=\sqrt[n]{a}$，　$a^{\frac{m}{n}}=\sqrt[n]{a^m}=(\sqrt[n]{a})^m$．

・**指数法則**　$a^r a^s=a^{r+s}$，　$(a^r)^s=a^{rs}$，　$(ab)^r=a^r b^r$，　$a^{-r}=\dfrac{1}{a^r}$．

・**累乗の大小関係**　$a>0$，$b>0$，r，s を有理数とするとき，
(1)　$r>0$，　$0<a<b \Longrightarrow 0<a^r<b^r$，　$a^{-r}>b^{-r}>0$．

(2) $\begin{cases} a > 1 \text{ のとき} & r < s \implies a^r < a^s \\ 0 < a < 1 \text{ のとき} & r < s \implies a^r > a^s \end{cases}$

・**指数関数**　$a > 0,\ a \neq 1$ として，累乗 a^x を含む関数を**指数関数**という．

・**指数方程式 (指数不等式)**　方程式または不等式の中に累乗 a^x を含むものを，それぞれ**指数方程式**，**指数不等式**という．その解き方は

① a^x を X で置き換えた方程式 (不等式) を考え，解いて解 X を求める．

② ①の解 X をもとに戻して $X = a^x > 0$ に適する x が求める解である．

・**対数**　底 $a > 0,\ a \neq 1$ と任意の実数 $M > 0$ について，記号 log を利用して次の関係式で指数 r を表すとき，$\log_a M$ を a を底とする M の**対数**という．

$$a^r = M \iff r = \log_a M$$

・**対数の基本性質**　$a,\ b > 0,\ a \neq 1,\ b \neq 1,\ M,\ N > 0$ とするとき，

(1)　$\log_a 1 = 0, \quad \log_a a = 1$　　(2)　$\log_a MN = \log_a M + \log_a N$

(3)　$\log_a \dfrac{M}{N} = \log_a M - \log_a N,\ \log_a \dfrac{1}{N} = -\log_a N$

(4)　$\log_a M^p = p \log_a M$　　(5)　$\log_b M = \dfrac{\log_a M}{\log_a b}$　**(底の変換公式)**

・**常用対数**　特に底を 10 に固定した対数 $\log_{10} M$ を**常用対数**といい，底を省略して単に $\log M$ と表すことが多い．

・**常用対数の応用**　常用対数を利用して，大きな整数のけた数や，小さな数で初めて小数点第何位に 0 以外の数が現れるか調べることができる．

① 大きな整数 M に対して，$10^{n-1} \leqq M < 10^n$ のとき，けた数は n である．

② 小さな数 M に対して，$10^{-n} \geqq M > 10^{-(n+1)}$ のとき，初めて小数点以下で 0 以外の数が現れるのは第 $n+1$ 位である．

・**対数関数**　底 $a > 0,\ a \neq 1$ について，対数 $\log_a f(x)$ を含む関数を**対数関数**という．

・**対数方程式 (対数不等式)**　方程式 (不等式) の中に対数 $\log_a f(x)$ を含むものを，それぞれ**対数方程式**，**対数不等式**という．その解き方は

① 両辺を同じ底の対数で表す．

② 両辺の真数を比較して，真数の方程式 (不等式) を考え，解いて解 x を求める．

③ ②の解 x の中で，もとの方程式 (不等式) の中の対数の 真数 > 0 (真数条件) をすべて満たすものが求める解である．

・**累乗の大小関係**　累乗の大小関係は，固定した底の対数の値を比較する．

・**逆関数**　関数 f に対して，$g \circ f = 1_A$ かつ $f \circ g = 1_B$ を満たす関数 g がただ 1 つ定まるとき，その関数 g を f の**逆関数**といい，記号 f^{-1} で表す．

4.1 グラフの対称性・関数の合成

✏ **グラフの対称移動**　関数 $y = f(x)$ のグラフを次のような条件で移動することをグラフの**対称移動**という.

① x 軸について対称移動

$$y = f(x) \implies y = -f(x)$$

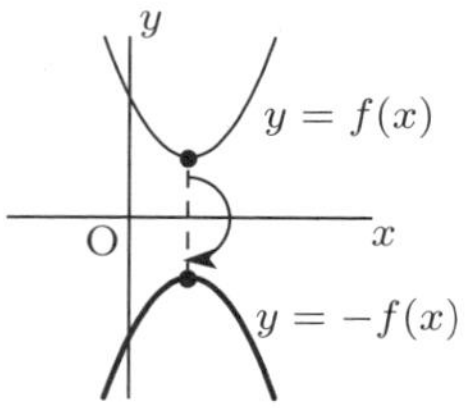

② y 軸について対称移動

$$y = f(x) \implies y = f(-x)$$

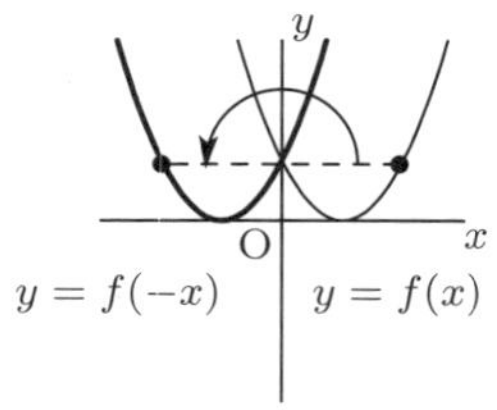

③ 原点 O について対称移動

$$y = f(x) \implies y = -f(-x)$$

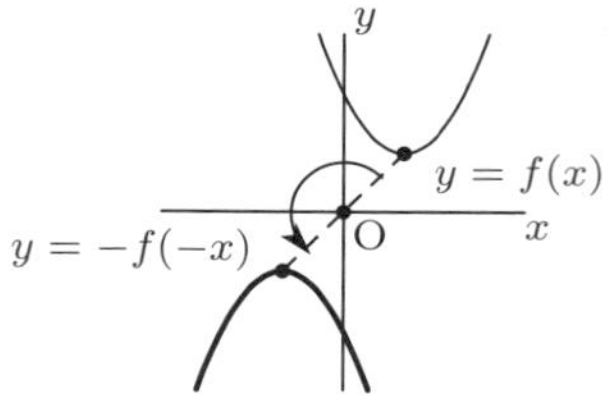

④ 直線 $y = x$ について対称移動

$$y = f(x) \implies x = f(y)$$

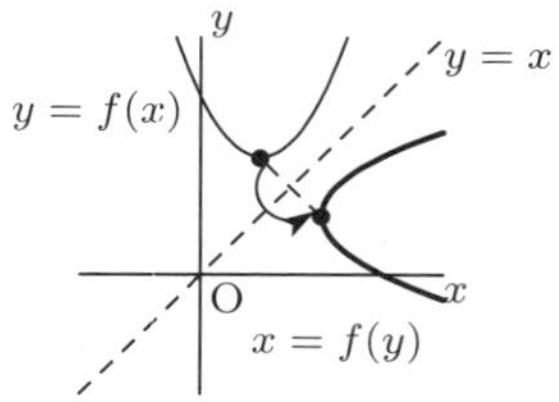

✏ **関数の合成 (合成関数)**

(1) 2 つの関数 $f(x)$, $g(x)$ が与えられたとき, $h(x) = g(f(x))$ を f と g の**合成関数**といい, $g \circ f$ で表す.

(2) 関数の合成では結合法則 $h \circ (g \circ f) = (h \circ g) \circ f$ は成り立つが, 交換法則は一般には成り立たない.　$g \circ f \neq f \circ g$.

例題 4.1　　**対称移動**

関数 $y = x^3$ のグラフを次のものについて対称移動したグラフを描け.

(1)　x 軸　　(2)　y 軸　　(3)　原点 O　　(4)　直線 $y = x$

解答　(1) $y = x^3 \implies y = -x^3$

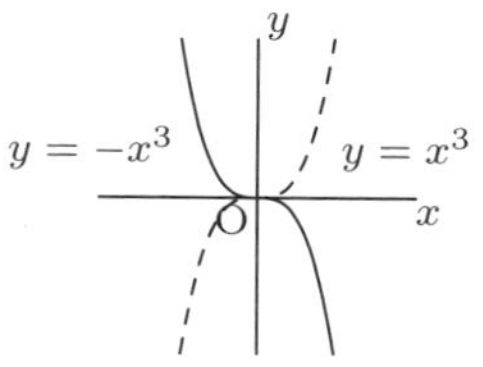

(2) $y = x^3 \implies y = (-x)^3 = -x^3$

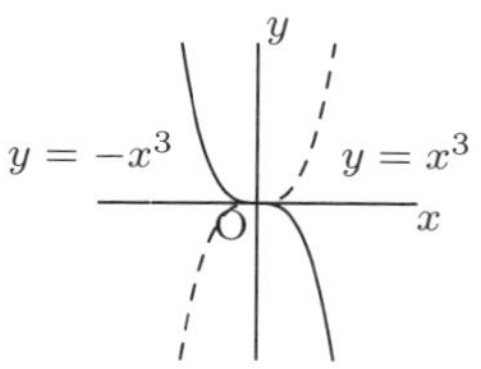

(3) $y = x^3 \implies y = -(-x)^3 = x^3$

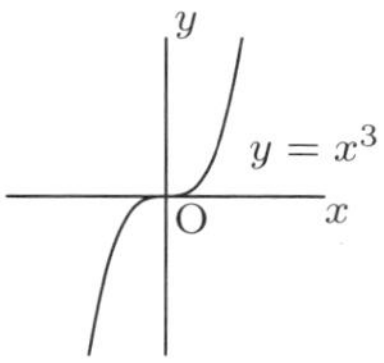

(4) $y = x^3 \implies x = y^3$

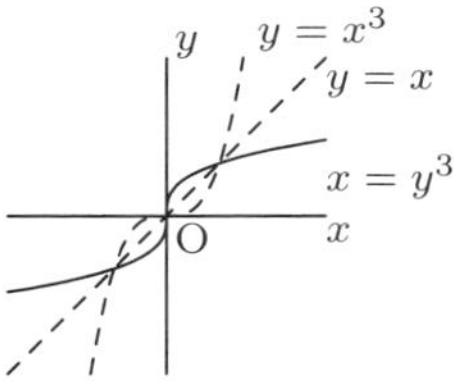

例題 4.2 関数の合成 1

$f(x) = 2x + 3$ のとき，$f(f(x))$ および $f(f(f(x)))$ を求めよ．

解答 $f(f(x)) = 2f(x) + 3 = 2(2x + 3) + 3 = 4x + 9.$

$f(f(f(x))) = 2f(f(x)) + 3 = 2(4x + 9) + 3 = 8x + 21.$

例題 4.3 関数の合成 2

3 つの関数 $f(x) = x + 3$，$g(x) = 2 - 3x$，$h(x) = 2x^2$ について，次の関数を求めよ．

(1) $u(x) = g(f(x))$　(2) $v(x) = h(g(x))$　(3) $h(u(x))$ と $v(f(x))$

解答 (1) $u(x) = g(f(x)) = 2 - 3f(x) = 2 - 3(x + 3) = -3x - 7.$

(2) $v(x) = h(g(x)) = 2(g(x))^2 = 2(2 - 3x)^2 = 2(4 - 12x + 9x^2) = 18x^2 - 24x + 8.$

(3) $h(u(x)) = 2(u(x))^2 = 2(-3x - 7)^2 = 2(9x^2 + 42x + 49) = 18x^2 + 84x + 98.$

$$\begin{aligned} v(f(x)) &= 18(f(x))^2 - 24f(x) + 8 = 18(x + 3)^2 - 24(x + 3) + 8 \\ &= 18(x^2 + 6x + 9) - 24x - 72 + 8 = 18x^2 + 108x + 162 - 24x - 64 \\ &= 18x^2 + 84x + 98. \end{aligned}$$

参考 実は (3) の結果のように $h(u(x)) = v(f(x))$ である．理由は結合法則を利用すると次のようになる．

$$h(u(x)) = h \circ u = h \circ (g \circ f) = (h \circ g) \circ f = v \circ f = v(f(x))$$

練習問題 4.1

1 関数 $y = x^2 + 1$ のグラフを次のようなものについて対称移動したグラフを描け．

(1) x 軸　(2) y 軸　(3) 原点 O　(4) 直線 $y = x$

2 $f(x) = 2x - 1$，$g(x) = 3x^2 - 2x$ とするとき，次の関数を求めよ．

(1) $g(f(x))$　(2) $f(g(x))$　(3) $f(g(f(x)))$

4.2 べき関数と奇関数，偶関数

✏ **べき関数**　関数 $y = ax^n$ $(a \neq 0,\ n \geqq 1)$ の形の関数．

✏ **グラフの特徴**　べき関数 $y = ax^n$ $(a \neq 0,\ n \geqq 1)$ のグラフの特徴は，

(1) $n = 1$ のとき，原点を通り，傾き a の直線．

(2) n : 奇数，$n \geqq 3$ のとき，

・原点を中心に点 $(1,\ a)$，$(-1,\ -a)$ を通る曲線．

・原点について対称．(右図)

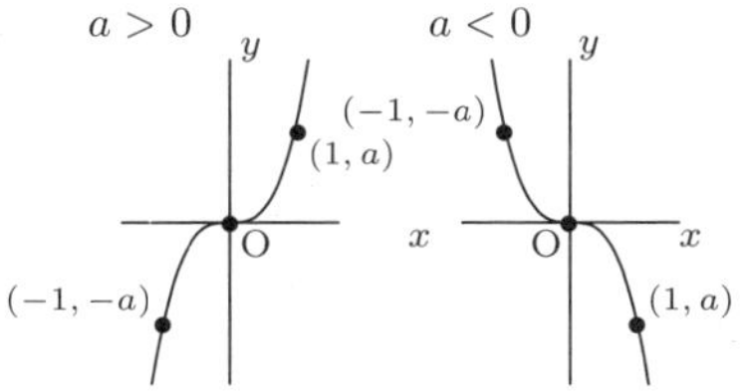

(3) n : 偶数，$n \geqq 2$ のとき，

・原点を頂点に点 $(1,\ a)$，$(-1,\ a)$ を通る曲線．

・y 軸について対称．(右図)

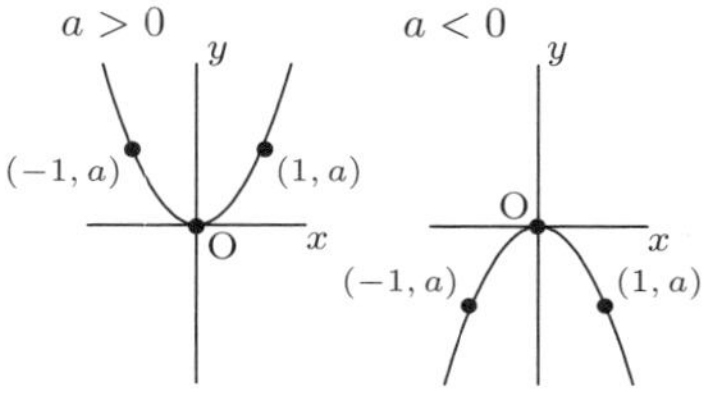

✏ **奇関数と偶関数**　関数 $y = f(x)$ が定義域のすべての実数 x について次の性質を満たすとき，特別に**奇関数**，**偶関数**という．

(1) **奇関数**　$f(-x) = -f(x)$

(例) x^n (n : 奇数，$n \geqq 1$)，$\sin x$ など．

・グラフは原点について対称．(右図)

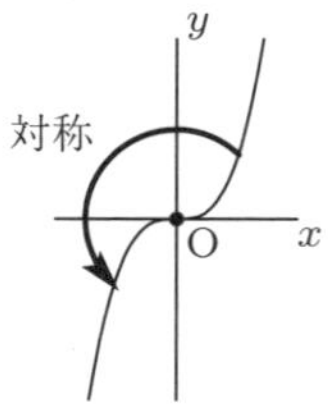

(2) **偶関数**　$f(-x) = f(x)$

(例) x^n (n : 偶数，$n \geqq 2$)，$\cos x$ など．

・グラフは y 軸について対称．(右図)

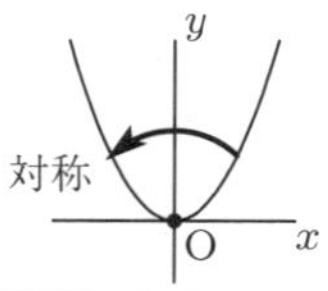

例題 4.4　　べき関数のグラフ

べき関数のグラフの特徴をとらえて，次のべき関数のグラフの概形を描け．

(1)　$y = x^3$　　(2)　$y = -2x^4$

方針　係数の符号，通る点，対称性に注意し，グラフの概形を描く．

解答　(1) 原点，点 $(1,\ 1)$，$(-1,\ -1)$ を通り，原点について対称なので，グラフは次の通り．

(2) 原点，点 $(1,\ -2)$，$(-1,\ -2)$ を通り，y 軸について対称なので，グラフは次の通り．

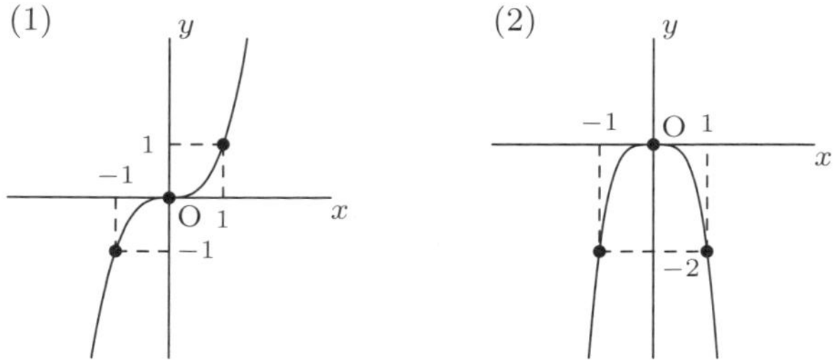

例題 4.5 奇関数・偶関数

次の関数が奇関数か偶関数，またどちらでもないか判断せよ．

(1) $y = 2x^6 - 3x^4$ (2) $y = x^3 - \dfrac{2}{x}$ (3) $y = x^5 - x^2 + 2$

方針 $y = f(x)$ とおいて，$f(x)$ について条件を満たすかどうか調べる．

解答 (1) $f(x) = 2x^6 - 3x^4$ とおく．

$f(-x) = 2(-x)^6 - 3(-x)^4 = 2x^6 - 3x^4 = f(x)$ なので，$y = 2x^6 - 3x^4$ は偶関数．

(2) $f(x) = x^3 - \dfrac{2}{x}$ とおく．

$$f(-x) = (-x)^3 - \frac{2}{-x} = -x^3 - \left(-\frac{2}{x}\right) = -\left(x^3 - \frac{2}{x}\right) = -f(x).$$

よって $y = x^3 - \dfrac{2}{x}$ は奇関数．

(3) $f(x) = x^5 - x^2 + 2$ とおく．

$$f(-x) = (-x)^5 - (-x)^2 + 2 = -x^5 - x^2 + 2 \neq f(x),$$

また $\neq -f(x)$ なので，$y = x^5 - x^2 + 2$ は偶関数でも奇関数でもない．

練習問題 4.2

1 べき関数のグラフの特徴をとらえて，次のべき関数のグラフの概形を描け．

(1) $y = -3x^5$ (2) $y = 4x^6$

2 次の関数が奇関数か偶関数，またどちらでもないか判断せよ．

(1) $y = 2x^5 - \dfrac{3}{x^3}$ (2) $y = x^2(x^3 - 2)$ (3) $y = \dfrac{x^2}{x^4 - 2}$

4.3　分数関数のグラフ，分数方程式

✏ **分数関数**　$y=\dfrac{f(x)}{g(x)}$ ($f(x)$, $g(x)$ ともに整式) の形の関数を**分数関数**という．定義域は分母 $\neq 0$ なる実数 x 全体である．

✏ **関数 $y=\dfrac{a}{x}$ のグラフ**　グラフの特徴は次の通り．

① グラフは $x=0$ で定義されず，**双曲線**である．
② グラフは $a>0$ のとき第 1 象限と第 3 象限に，$a<0$ のとき第 2 象限と第 4 象限にある．
③ 原点 O および直線 $y=\pm x$ について対称である．
④ グラフは x 軸 ($y=0$)，および y 軸 ($x=0$) を**漸近線**としてもつ．

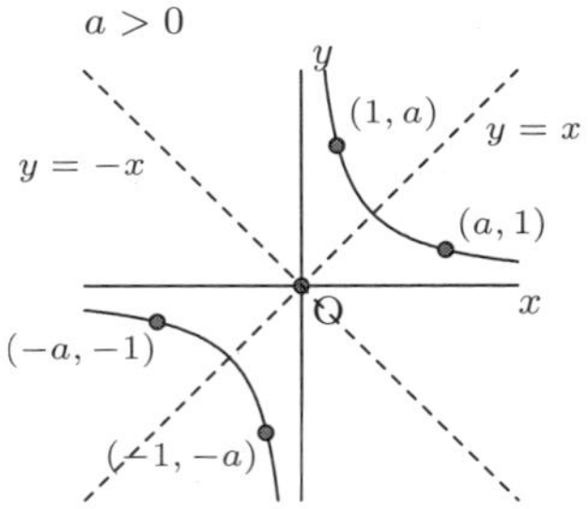

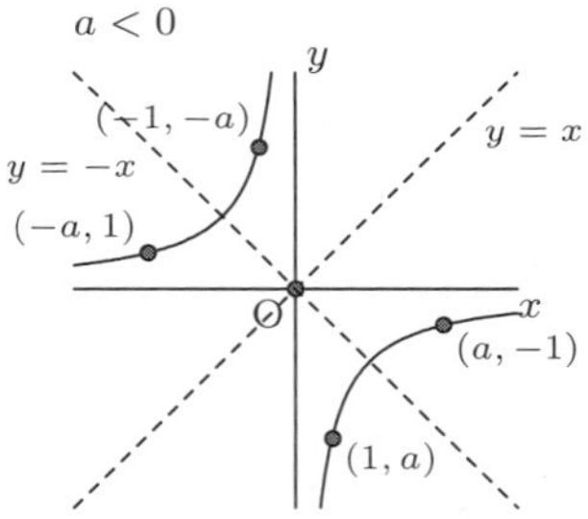

✏ **関数 $y=\dfrac{a}{x-p}+q$ のグラフ**

$y=\dfrac{a}{x}$ のグラフを x 軸方向に p，y 軸方向に q 平行移動する．漸近線は $x=p$, $y=q$ である．

✏ **関数 $y=px+q+\dfrac{a}{x-r}$ のグラフ**

$y=px+q$ と $y=\dfrac{a}{x-r}$ のグラフを加えて得られる双曲線である．
漸近線は $x=r$, $y=px+q$ である．

✏ **分数方程式の解き方**　分数方程式は次のように解く．

① 分数式の分母を払って，普通の方程式に変形する．
② ①の方程式を解いて，解を求める．
③ ②の解のうち，もとの方程式の分数式の分母を 0 としないものが解である．

例題 4.6　　分数関数のグラフ

次の分数関数のグラフを描け．また漸近線も答えよ．

(1)　$y=\dfrac{3x-5}{x-1}$　　(2)　$y=\dfrac{x^2+1}{x}$

方針　(1), (2) とも変形してから描く．

解答　(1) $y=\dfrac{3x-5}{x-1}=\dfrac{3(x-1)-2}{x-1}=\dfrac{-2}{x-1}+3.$

ゆえに $y=\dfrac{-2}{x}$ のグラフを x 軸方向に 1，y 軸方向に 3 平行移動したグラフを描けばよい．漸近線は $x=1$ と $y=3$ である．グラフは下図の通りである．

(2) $y=\dfrac{x^2+1}{x}=x+\dfrac{1}{x}.$

$y=x$ と $y=\dfrac{1}{x}$ のグラフを加えたグラフを描けばよい．

漸近線は y 軸 $(x=0)$ と $y=x$ である．グラフは下図の通りである．

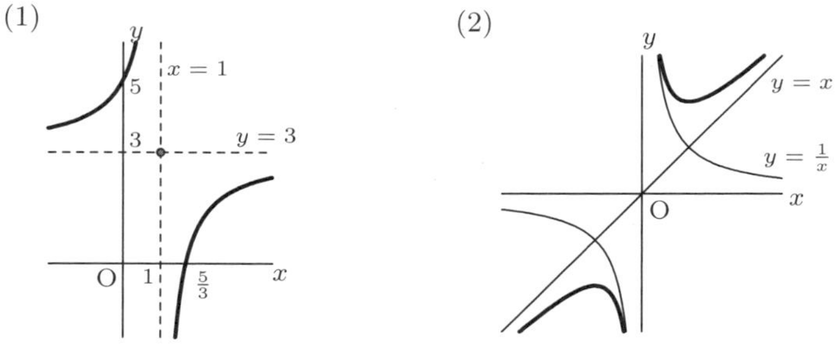

例題 4.7　分数方程式

次の分数方程式を解け．

(1)　$\dfrac{2}{x+1}+\dfrac{1}{x}=2$　　(2)　$\dfrac{2x^2}{x^2-1}-\dfrac{x}{x+1}=\dfrac{1}{x-1}$

解答　(1) 両辺に $x(x+1)$ をかけて分母を払うと $2x+x+1=2x(x+1)$ なので

$2x^2-x-1=(x-1)(2x+1)=0$．ゆえに $x=1,\ -\dfrac{1}{2}.$

これらは分数方程式の分母を 0 としないので，求める解である．

(2) 両辺に $x^2-1=(x+1)(x-1)$ をかけて分母を払うと $2x^2-x(x-1)=x+1$ なので $x^2=1$．ゆえに $x=\pm 1$．

これらは分数方程式の分母を 0 とするので，求める解はない．

練習問題 4.3

1　分数関数 $y=\dfrac{3x+7}{x+2}$ のグラフを描け．また漸近線も答えよ．

2　次の分数方程式を解け．

(1)　$\dfrac{1}{x-2}+\dfrac{1}{x}=\dfrac{1}{2}$　　(2)　$\dfrac{4}{x^2-4}+\dfrac{x}{2(x+2)}=\dfrac{1}{x-2}$

4.4　無理関数のグラフ，無理方程式

✏ **無理関数**　関数式に根号 (ルート記号) を含む関数を**無理関数**という．定義域は根号の中が 0 以上なる実数 x 全体である．

✏ **基本の無理関数**　次のように 4 つあり，グラフは x 軸または y 軸について互いに対称移動で移りあう．

関数	$y=\sqrt{x}$	$y=\sqrt{-x}$	$y=-\sqrt{x}$	$y=-\sqrt{-x}$
定義域	$x \geqq 0$	$x \leqq 0$	$x \geqq 0$	$x \leqq 0$
値域	$y \geqq 0$	$y \geqq 0$	$y \leqq 0$	$y \leqq 0$
通る点	原点，$(1,\ 1)$	原点，$(-1,\ 1)$	原点，$(1,\ -1)$	原点，$(-1,\ -1)$
グラフ	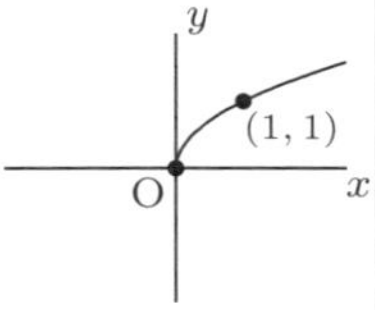	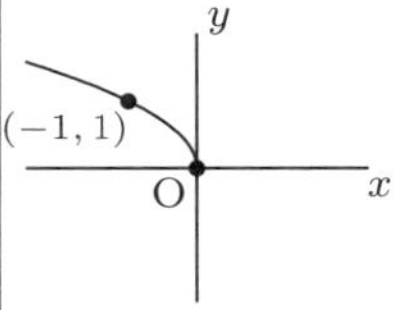	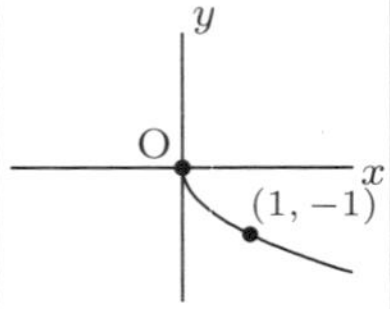	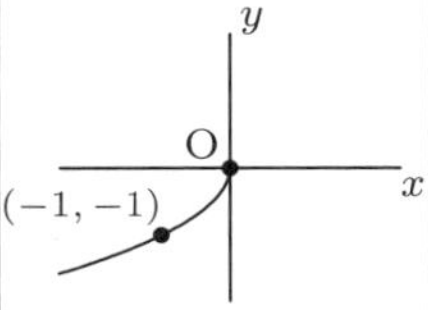

✏ **無理関数のグラフ**　無理関数 $y=a\sqrt{x-p}+q$ のグラフは，を x 軸を対称軸に a 倍拡大し，x 軸方向に p，y 軸方向に q だけ平行移動したグラフ．

✏ **無理方程式**　方程式の中に複数の根号 (ルート記号) を含むものを**無理方程式**という．

✏ **無理方程式の解き方**　無理方程式は次のようにして解く．

① 根号の 1 つを左辺に集め，両辺を 2 乗して根号をはずす (複数あれば繰り返す)．

② 根号がすべてはずれたら，その方程式を解いて解を求める．

③ ②の解のうち，もとの無理方程式を満たすものだけが求める解である．

例題 4.8　　**無理関数のグラフ**

次の無理関数のグラフを描け．また定義域も答えよ．

(1)　$y=\sqrt{x-2}$　　(2)　$y=2\sqrt{3-x}+1$

方針　定義域は根号の中が 0 以上．基本の無理関数のグラフの平行移動を考える．

解答　(1) 定義域は $x-2 \geqq 0$ より $x \geqq 2$ である．グラフは無理関数 $y=\sqrt{x}$ のグラフを x 軸方向に 2 だけ平行移動したものである．

(2) 定義域は $3-x \geqq 0$ より $x \leqq 3$ である．グラフは $y=2\sqrt{-(x-3)}+1$ より，無理関数 $y=\sqrt{-x}$ のグラフを x 軸を対称軸に 2 倍拡大し，x 軸方向に 3，y 軸方向に 1 だけ平行移動したものである．

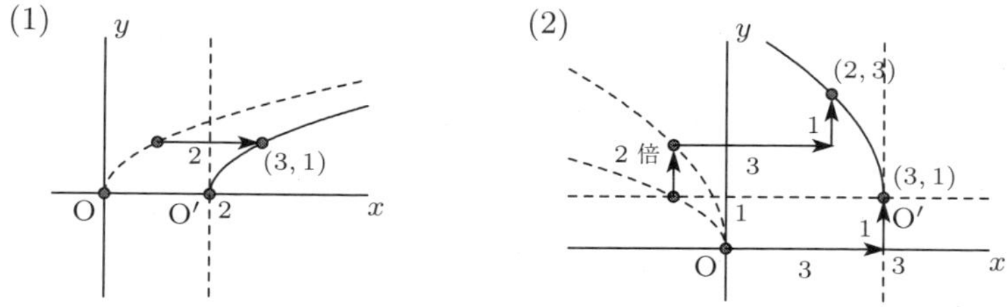

例題 4.9　　**無理方程式**

次の無理方程式を解け．

(1)　$\sqrt{x+5} = x-1$　　(2)　$\sqrt{x-2} = \sqrt{x}+1$

方針　2 乗して根号をはずし解を求め，もとの方程式で解の適合性をチェックする．

解答　(1) 両辺を 2 乗して $x+5=(x-1)^2=x^2-2x+1$，ゆえに $x^2-3x-4=0$．
これを解いて $(x+1)(x-4)=0$ より解は $x=-1$，4．
$x=-1$ を左辺と右辺に代入すると，左辺 $=\sqrt{-1+5}=\sqrt{4}=2$，右辺 $=-1-1=-2$ となり，左辺と右辺が一致しないので求める解ではない．
$x=4$ を左辺と右辺に代入すると，左辺 $=\sqrt{4+5}=\sqrt{9}=3$，右辺 $=4-1=3$ となり，左辺と右辺が一致するので $x=4$ は求める解である．

(2) 両辺を 2 乗して $x-2=(\sqrt{x}+1)^2=x+2\sqrt{x}+1$，ゆえに $2\sqrt{x}=-3$．さらに両辺を 2 乗して $4x=9$．これを解いて $x=\dfrac{9}{4}$．
$x=\dfrac{9}{4}$ を左辺と右辺に代入すると，

$$左辺 = \sqrt{\frac{9}{4}-2} = \sqrt{\frac{1}{4}} = \frac{1}{2},\ 右辺 = \sqrt{\frac{9}{4}}+1 = \frac{3}{2}+1 = \frac{5}{2}$$

となり，左辺と右辺が一致しないので求める解はない．

練習問題 4.4

1　次の無理関数のグラフを描け．また定義域も答えよ．

(1)　$y=-\sqrt{x+1}$　　(2)　$y=\sqrt{4x-2}-3$

2　次の無理方程式を解け．

(1)　$\sqrt{x+1}=5-x$　　(2)　$\sqrt{x-3}=\sqrt{x}-1$

4.5 無理不等式・分数不等式

✏ 無理不等式の計算による解き方

(1) $f(x) > \sqrt{g(x)}$ の解

① $g(x) \geqq 0$ の範囲を A，② $f(x) > 0$ の範囲を B，③ $\{f(x)\}^2 > g(x)$ の範囲を C とするとき，$A \cap B \cap C$ の範囲が求める解．

(2) $f(x) < \sqrt{g(x)}$ の解

① $g(x) \geqq 0$ の範囲を A，② $f(x) \geqq 0$ の範囲を B，③ $\{f(x)\}^2 < g(x)$ の範囲を C，まとめて $A \cap B \cap C$ の範囲を D とする．

また ④ $f(x) < 0$ の範囲を A との共通範囲を E とするとき，$D \cup E$ が求める解．

✏ 無理不等式のグラフを利用する解き方

グラフが容易に描けるときは，グラフによる解き方が簡明である．

✏ 分数不等式の解き方

(1) 左辺に式を集めて $\dfrac{f(x)}{g(x)} \geqq 0\ (\leqq 0)$ の形にする．

(2) $\dfrac{f(x)}{g(x)} \geqq 0\ (\leqq 0) \iff f(x)g(x) \geqq 0\ (\leqq 0),\ g(x) \neq 0$　((分母)^2 をかける)

例題 4.10　無理不等式

次の無理不等式 $\sqrt{x+1} \leqq -x+2$ を解け．

方針　グラフが容易に描けるので，グラフを利用した解き方を行う．

解答　$\sqrt{}$ の中は 0 以上なので $x+1 \geqq 0$，つまり $x \geqq -1$．

$y_1 = \sqrt{x+1}$ と $y_2 = -x+2$ のグラフの交点の x 座標は，

$\sqrt{x+1} = -x+2$ を解いて $x = \dfrac{5 \pm \sqrt{13}}{2}$．

右図のグラフから，$x = \dfrac{5+\sqrt{13}}{2}$ は交点として不適なので，交点の x 座標は $\dfrac{5-\sqrt{13}}{2}$ である．

ゆえに右図のグラフから求める解は $-1 \leqq x \leqq \dfrac{5-\sqrt{13}}{2}$．

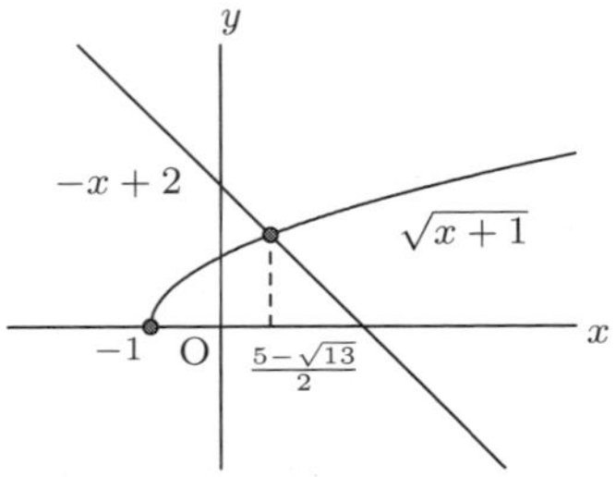

研究　・問題の式が $\sqrt{x+1} < -x+2$ の場合の解は，$-1 \leqq x < \dfrac{5-\sqrt{13}}{2}$．

・計算で上の例題を解くと，次のようになる．

$x+1 \geqq 0,\ -x+2 \geqq 0$ とすると $-1 \leqq x \leqq 2 \cdots$ ①.

①の範囲で $\sqrt{x+1} \geqq,\ -x+2 \geqq 0$ となるので，両辺を 2 乗して整理すると

$x^2-5x+3 \geqq 0$. ゆえに解いて $x \leqq \dfrac{5-\sqrt{13}}{2},\ \dfrac{5+\sqrt{13}}{2} \leqq x \cdots$ ②.

ゆえに求める解は ① ∩ ② なので，$-1 \leqq x \leqq \dfrac{5-\sqrt{13}}{2}$ となる.

例題 4.11　　分数不等式

次の分数不等式を解け.

(1)　$\dfrac{6}{x+1} \leqq 4-x$　　(2)　$\dfrac{1}{x}+\dfrac{1}{5-x} > 1$

方針　(2) は $x \neq 0,\ 5$ に注意すること.

解答　(1) 左辺に式を集めて $\dfrac{6}{x+1}-4+x = \dfrac{x^2-3x+2}{x+1} = \dfrac{(x-1)(x-2)}{x+1} \leqq 0$.

$(分母)^2$ を両辺にかけて $(x-1)(x-2)(x+1) \leqq 0 \quad (x \neq -1)$.

これを解いて求める解は $x < -1,\ 1 \leqq x \leqq 2$.

(2) $\dfrac{1}{x}+\dfrac{1}{5-x} = \dfrac{5}{x(5-x)} > 1$.

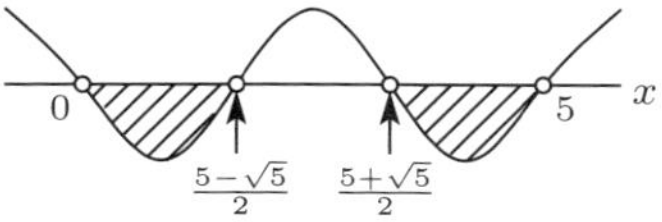

$(分母)^2$ を両辺にかけて $5x(5-x) > x^2(5-x)^2$,

つまり $x^2(5-x)^2-5x(5-x)$

$= x(x-5)(x^2-5x+5) < 0$.

特に $x^2-5x+5=0$ を解くと $x=\dfrac{5\pm\sqrt{5}}{2}$ なので，

図より求める解は $0 < x < \dfrac{5-\sqrt{5}}{2},\ \dfrac{5+\sqrt{5}}{2} < x < 5$.

練習問題 4.5

1　次の無理不等式を解け.

(1)　$\sqrt{x+1} < 3-x$　　(2)　$\sqrt{3-x} > x-2$

2　次の分数不等式を解け.

(1)　$\dfrac{4}{x-2}+3 < \dfrac{1}{x+1}$　　(2)　$\dfrac{5-7x}{x^2-x+1} < 2$

3　不等式 $\sqrt{x+4} > \dfrac{6}{3-x}$ を解け.

4.6 累乗根と指数法則

✏ **累乗**　数 a を n 個かけた積を a^n で表し，a の **n 乗**といい，n を**指数**，a を**底**という．また一般に a^n をまとめて a の**累乗**という．

✏ **累乗根**　n 乗すると a になる数を a の **n 乗根**といい，一般に n 乗根をまとめて**累乗根**という．a の n 乗根は方程式 $x^n = a$ の解のことである．

特に実数 $a > 0$ に対して，a の n 乗根で**正**の数を記号 $\sqrt[n]{a}$ で表す．

m，n を自然数，a，$b > 0$ とすると，

$$(\sqrt[n]{a})^n = \sqrt[n]{a^n} = a, \quad (\sqrt[n]{a})^m = \sqrt[n]{a^m}, \quad \sqrt[m]{\sqrt[n]{a}} = \sqrt[mn]{a},$$

$$\sqrt[n]{a}\,\sqrt[n]{b} = \sqrt[n]{ab}, \quad \frac{\sqrt[n]{a}}{\sqrt[n]{b}} = \sqrt[n]{\frac{a}{b}}.$$

✏ **指数の拡張**　$a > 0$，m，n は整数，$n > 0$ とするとき，

$$a^0 = 1, \quad a^{-n} = \frac{1}{a^n}, \quad a^{\frac{1}{n}} = \sqrt[n]{a}, \quad a^{\frac{m}{n}} = \sqrt[n]{a^m} = (\sqrt[n]{a})^m.$$

✏ **指数法則**　$a > 0$，$b > 0$，r，s を有理数とするとき，

$$a^r a^s = a^{r+s}, \quad (a^r)^s = a^{rs}, \quad (ab)^r = a^r b^r, \quad a^{-r} = \frac{1}{a^r}.$$

✏ **累乗の大小関係**　$a > 0$，$b > 0$，r，s を有理数とするとき，

$$r > 0,\ 0 < a < b \implies 0 < a^r < b^r,\ a^{-r} > b^{-r} > 0.$$

$$\begin{cases} a > 1 \text{ のとき} & r < s \implies a^r < a^s \\ 0 < a < 1 \text{ のとき} & r < s \implies a^r > a^s \end{cases}$$

例題 4.12　　累乗根

次の値を求めよ．

(1)　1 の 3 乗根　　(2)　16 の 4 乗根　　(3)　$\sqrt[5]{32}$　　(4)　$\sqrt{2}\,\sqrt[6]{8}$

方針　(1)，(2) は方程式 $x^n = a$ を解く．(3)，(4) は累乗根の性質を順に利用して簡単にする．

解答　(1) $x^3 = 1$ を解くと，$x^3 - 1 = (x-1)(x^2+x+1) = 0$ より $x = 1,\ \dfrac{-1 \pm \sqrt{3}\,i}{2}$ なので，これらが 1 の 3 乗根である．

(2) $x^4 = 16$ を解くと，$x^4 - 16 = (x^2-4)(x^2+4) = (x-2)(x+2)(x-2i)(x+2i) = 0$ より $x = \pm 2$，$\pm 2i$ なので，これらが 16 の 4 乗根である．

(3) $\sqrt[5]{32} = \sqrt[5]{2^5} = 2$.

(4) $\sqrt{2}\,\sqrt[6]{8} = \sqrt{2}\,\sqrt[2\times 3]{8} = \sqrt{2}\sqrt{\sqrt[3]{8}} = \sqrt{2}\sqrt{\sqrt[3]{2^3}} = \sqrt{2}\sqrt{2} = 2.$

例題 4.13　　指数の拡張・指数法則

次の値を求めよ．

(1)　$(-2)^{-3}$　　(2)　$16^{\frac{1}{2}}$　　(3)　$\dfrac{2\sqrt{2}}{\sqrt[3]{16}}$　　(4)　$3^{-4}\times 27^{3}\div 81^{-4}$

方針　底をできるだけ簡単にして，指数の拡張や指数法則をうまく利用する．

解答　(1) $(-2)^{-3}=\dfrac{1}{(-2)^3}=\dfrac{1}{-8}=-\dfrac{1}{8}$.　　(2) $16^{\frac{1}{2}}=(2^4)^{\frac{1}{2}}=2^{4\times\frac{1}{2}}=2^2=4$.

(3) $\dfrac{2\sqrt{2}}{\sqrt[3]{16}}=\dfrac{2\times 2^{\frac{1}{2}}}{(2^4)^{\frac{1}{3}}}=\dfrac{2^{1+\frac{1}{2}}}{2^{4\times\frac{1}{3}}}=\dfrac{2^{\frac{3}{2}}}{2^{\frac{4}{3}}}=2^{\frac{3}{2}}2^{-\frac{4}{3}}=2^{\frac{3}{2}-\frac{4}{3}}=2^{\frac{1}{6}}=\sqrt[6]{2}$.

(4) $3^{-4}\times 27^3\div 81^{-4}=3^{-4}\times(3^3)^3\div(3^4)^{-4}=3^{-4}\times 3^{3\times 3}\div 3^{4\times(-4)}=3^{-4}\times 3^9\div 3^{-16}$

$=\dfrac{3^{-4+9}}{3^{-16}}=3^5 3^{-(-16)}=3^5 3^{16}=3^{5-16}=3^{21}$.

例題 4.14　　累乗の大小関係

次の値の大小関係を比較せよ．

(1)　$4^{\frac{1}{5}}$，$2^{\frac{4}{5}}$，$3^{\frac{3}{5}}$　　(2)　$3^{\frac{3}{2}}$，$3^{\frac{5}{3}}$　　(3)　$0.2^{0.4}$，$0.2^{0.5}$

方針　(1) は値を同じ累乗して比較する．(2)，(3) は底が同じなので指数を比較する．

解答　(1) 各値を 5 乗すると $(4^{\frac{1}{5}})^5=4^{\frac{1}{5}\times 5}=4^1=4$，$(2^{\frac{4}{5}})^5=2^{\frac{4}{5}\times 5}=2^4=16$，

$(3^{\frac{3}{5}})^5=3^{\frac{3}{5}\times 5}=3^3=27$ なので，$(4^{\frac{1}{5}})^5<(2^{\frac{4}{5}})^5<(3^{\frac{3}{5}})^5$ である．

ゆえに大小関係は $4^{\frac{1}{5}}<2^{\frac{4}{5}}<3^{\frac{3}{5}}$ である．

(2) 底は $3>1$ で同じなので，指数を比較して $\dfrac{3}{2}=\dfrac{9}{6}<\dfrac{10}{6}=\dfrac{5}{3}$ より $3^{\frac{3}{2}}<3^{\frac{5}{3}}$ である．

(3) 底は $0.2<1$ で同じなので，指数を比較して $0.4<0.5$ より $0.2^{0.4}>0.2^{0.5}$ である．

練習問題 4.6

1　次の値を求めよ．

(1)　81 の 4 乗根　　(2)　$\sqrt[5]{7776}$　　(3)　$\dfrac{\sqrt[3]{3}}{\sqrt[3]{24}}$

2　$a>0$ とするとき，次の式を a^r (r は有理数) の形に表せ．

(1)　$\sqrt[3]{a}\times\sqrt{a}\div\sqrt[3]{a^2}$　　(2)　$(a^{-\frac{2}{3}})^{\frac{1}{2}}\times a^{\frac{1}{6}}$　　(3)　$\left(\dfrac{\sqrt{a}}{\sqrt[3]{a}}\right)^4$

3　次の値の大小関係を比較せよ．

(1)　$2^{\frac{3}{2}}$，$3^{\frac{2}{3}}$，$4^{\frac{1}{6}}$　　(2)　$5^{\frac{4}{3}}$，$5^{\frac{4}{5}}$　　(3)　$0.5^{\frac{7}{2}}$，$0.5^{\frac{5}{3}}$

4.7 指数関数

✏ **指数関数**　$a>0,\ a\neq 1$ として，累乗 a^x を含む関数を**指数関数**という．定義域はすべての実数 x である．

✏ **基本の指数関数**　底 $a>0,\ a\neq 1$ として，$y=a^x$ である．その特徴は

① 定義域はすべての実数 x で，値域は $y>0$ である．

② グラフは，底 a の値によって $a>1$ の場合と $0<a<1$ の場合に分けられる．

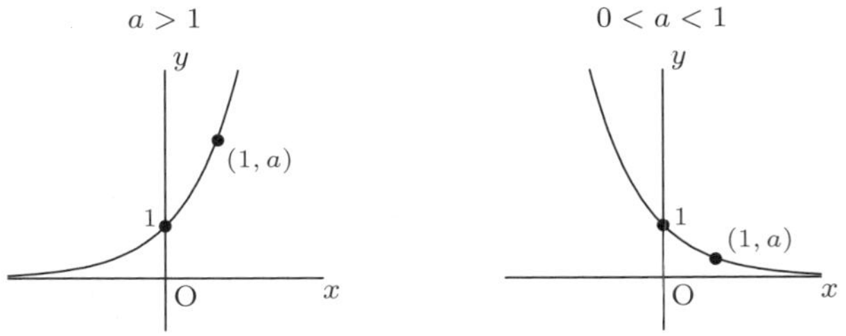

③ グラフは点 $(0,1)$ (y 軸との交点)，$(1,a)$ を通る．

④ グラフは $a>1$ のとき常に増加，$0<a<1$ のとき常に減少である．

⑤ グラフは x 軸を漸近線にもつ．

✏ **指数関数のグラフ**　指数関数 $y=a^{x-p}+q$ のグラフは，基本の指数関数 $y=a^x$ のグラフを x 軸方向に p，y 軸方向に q だけ平行移動したものである．

✏ **指数方程式 (指数不等式)**　方程式または不等式の中に累乗 a^x を含むものを，それぞれ**指数方程式**，**指数不等式**という．その解き方は

① a^x を X で置き換えた方程式 (不等式) を考える．

② ①の方程式 (不等式) を解いて，解 X を求める．

③ ②の解 X をもとに戻して $X=a^x>0$ に適する x が求める解である．

例題 4.15　　指数関数のグラフ

次の指数関数のグラフを描け．

(1)　$y=3^x$　　(2)　$y=\left(\dfrac{1}{2}\right)^x$　　(3)　$y=2^{x-2}+3$

方針　底の大きさによるグラフの特徴を考える．(3) は平行移動を考える．

解答　(1) 底は $3>1$ なので y 軸との交点は 1，点 $(1,3)$ を通り単調増加で，x 軸が漸近線．

(2) 底は $\dfrac{1}{2}<1$ なので y 軸との交点は 1，点 $\left(1,\ \dfrac{1}{2}\right)$ を通り単調減少で，x 軸が漸近線．

(3) 指数関数 $y=2^x$ のグラフを x 軸方向に 2，y 軸方向に 3 だけ平行移動したグラフである．漸近線は直線 $y=3$．

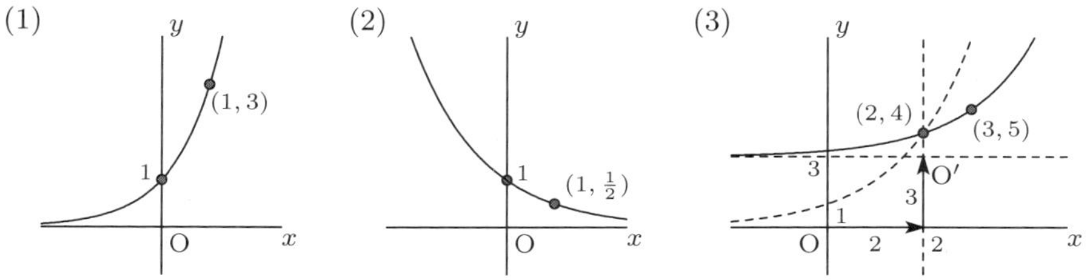

例題 4.16 指数方程式・指数不等式

次の指数方程式または指数不等式を解け．

(1) $4^x-3\cdot 2^x-4=0$　　(2) $9^x-6\cdot 3^x-27 \geqq 0$

方針 累乗 $a^x=X$ とおいて X の方程式 (不等式) を解き，$X>0$ をチェックする．

解答 (1) $2^x=X$ とおくと $(2^x)^2-3\cdot 2^x-4=X^2-3X-4=(X+1)(X-4)=0$．

これを解いて $X=-1,\ 4$ である．

$2^x=X>0$ より $X=-1$ は不適，$2^x=X=4=2^2$ より指数を比較して求める解は $x=2$ である．

(2) $3^x=X$ とおくと $(3^x)^2-6\cdot 3^x-27=X^2-6X-27=(X+3)(X-9)\geqq 0$．

これを解いて $X\leqq -3,\ 9\leqq X$ である．

$3^x=X>0$ より $X\leqq -3$ は不適，底 $3>1$ に注意して $3^x=X\geqq 9=3^2$ より指数を比較して求める解は $x\geqq 2$ である．

練習問題 4.7

1 次の指数関数のグラフを描け．

(1) $y=2^{x+1}$　　(2) $y=0.3^{x-3}$　　(3) $y=3^{x-1}-2$

2 次の指数方程式を解け．

(1) $9^x-25\cdot 3^x-54=0$　　(2) $4^x=16\cdot 2^x-64$

3 次の指数不等式を解け．

(1) $4^x-6\cdot 2^x+8<0$　　(2) $8\cdot\left(\dfrac{1}{4}\right)^x+7\cdot\left(\dfrac{1}{2}\right)^x<1$

4.8　対数とその応用

✏ **対数**　底 $a>0$，$a\neq 1$ と任意の実数 $M>0$ について，記号 log を利用して次の関係式で指数 r を表すとき，$\log_a M$ を a を底とする M の**対数**という．さらに M を対数 $\log_a M$ の**真数**という．

$$a^r=M \iff r=\log_a M$$

✏ **対数の基本性質**　$a,\ b>0,\ a\neq 1,\ b\neq 1,\ M,\ N>0$ とするとき，

① $\log_a 1=0,\quad \log_a a=1$　② $\log_a MN=\log_a M+\log_a N$

③ $\log_a \dfrac{M}{N}=\log_a M-\log_a N,\ \log_a \dfrac{1}{N}=-\log_a N$

④ $\log_a M^p=p\log_a M$　⑤ $\log_b M=\dfrac{\log_a M}{\log_a b}$　**(底の変換公式)**

⑥ $a^{\log_a M}=M$

✏ **常用対数**　特に底を 10 に固定した対数 $\log_{10} M$ を**常用対数**といい，底を省略して単に $\log M$ と表すことが多い．常用対数の値は**付録 A 常用対数表**$(1.00\leqq M<10.00)$ を用いて求めることができる．その他の真数 M の常用対数の値は，次のように対数の基本性質を利用して求める．

(例)　$\log 0.21=\log(2.1\times 10^{-1})=\log 2.1+\log 10^{-1}=0.3222-1=-0.6888$

　　　$\log 367=\log(3.67\times 10^{2})=\log 3.67+\log 10^{2}=0.5647+2=2.5647$

✏ **自然対数 (参考)**　特に底を**自然対数の底**とよばれる $e=2.7182\ldots$ に固定して考えるとき，$\log_e M$ を**自然対数**といい，微分積分では常用対数と同様に底を省略して単に $\log M$ と表すことが多い．さらに工学では自然対数を常用対数と区別するために記号 ln を利用して $\ln M$ と表すことが多い．

✏ **常用対数の応用**　常用対数を利用して，大きな整数のけた数や小さな数で初めて小数点第何位に 0 以外の数が現れるか調べることができる．

① 大きな整数 M に対して $10^{n-1}\leqq M<10^n$ のとき，けた数は n である．

② 小さな数 M に対して $10^{-n}\geqq M>10^{-(n+1)}$ のとき，初めて小数点以下で 0 以外の数が現れるのは第 $n+1$ 位である．

例題 4.17　　対数の計算

次の式を簡単にせよ．

(1)　$\log_6 9+\log_6 4$　(2)　$\log_2 \dfrac{1}{3}+\log_2 6-\log_2 8$　(3)　$\log_2 3\log_3 4\log_4 8$

方針　真数を累乗で表し，対数の基本性質を利用する．(3) は底の変換公式を利用する．

解答　(1) $\log_6 9+\log_6 4=\log_6 9\cdot 4=\log_6 36=\log_6 6^2=2\log_6 6=2\times 1=2.$

(2) $\log_2 \dfrac{1}{3} + \log_2 6 - \log_2 8 = \log_2 \left(\dfrac{1}{3} \times 6 \div 8\right) = \log_2 \dfrac{1}{4} = \log_2 2^{-2} = -2\log_2 2$

$= -2 \times 1 = -2.$

(3) $\log_2 3 \log_3 4 \log_4 8 = \log_2 3 \cdot \dfrac{\log_2 4}{\log_2 3} \cdot \dfrac{\log_2 8}{\log_2 4} = \log_2 8 = \log_2 2^3 = 3\log_2 2 = 3 \times 1 = 3.$

例題 4.18 常用対数

次の常用対数の値を**付録 A** の常用対数表を用いて答えよ.

(1) $\log 7.16$ (2) $\log 0.034$ (3) $\log 84500$

解答 (1) 真数 $1.0 < 7.16 < 10.00$ なので，常用対数表から $\log 7.16 = 0.8549$.

(2) $\log 0.034 = \log(3.4 \times 10^{-2}) = \log 3.4 - 2\log 10 = 0.5315 - 2 = -1.4685.$

(3) $\log 84500 = \log(8.45 \times 10^4) = \log 8.45 + 4\log 10 = 0.9269 + 4 = 4.9269.$

例題 4.19 常用対数の応用

(1) 2^{30} は何けたの数か答えよ.

(2) 3^{-15} は小数第何位に初めて 0 以外の数字が現れるか答えよ.

方針 常用対数の値を利用して，数と 10 の累乗の大小関係を比較する.

解答 (1) $\log 2^{30} = 30\log 2 = 30 \times 0.3010 = 9.03$ なので，$9 < \log 2^{30} < 10$ である.
累乗の関係に直して $10^9 < 2^{30} < 10^{10}$ なので，2^{30} は 10 けたの数である.

(2) $\log 3^{-15} = -15\log 3 = -15 \times 0.4771 = -7.1565$ なので，$-7 > \log 3^{-15} > -8$ である.
累乗の関係に直して $10^{-7} > 3^{-15} > 10^{-8}$ なので，3^{-15} で小数点以下初めて 0 以外の数字が現れるのは第 8 位である.

練習問題 4.8

1 次の式を簡単にせよ.

(1) $\log_2 \sqrt{10} - \log_2 \dfrac{\sqrt{5}}{4}$ (2) $\log_3 \dfrac{18}{49} - 3\log_3 \dfrac{18}{7} + \log_3 \dfrac{4}{21}$

(3) $\log_2 9 \log_3 5 \log_{25} 7$

2 次の常用対数の値を**付録 A** の常用対数表を用いて答えよ.

(1) $\log 3.68$ (2) $\log 0.000251$ (3) $\log 48700$

3 (1) 3^{20} は何けたの数か答えよ.

(2) $\left(\dfrac{1}{2}\right)^{10}$ は小数第何位に初めて 0 以外の数字が現れるか答えよ.

4.9 対数関数

✏ **対数関数**　底 $a>0$, $a\neq 1$ について，対数 $\log_a f(x)$ を含む関数を**対数関数**という．
定義域は真数 $f(x)>0$ を満たす実数 x 全体である．

✏ **基本の対数関数**　底 $a>0$, $a\neq 1$ として，$y=\log_a x$ である．その特徴は

① 定義域は実数 $x>0$ で，値域はすべての実数 y である．

② グラフは，底 a の値によって $a>1$ の場合と $0<a<1$ の場合に分けられる．

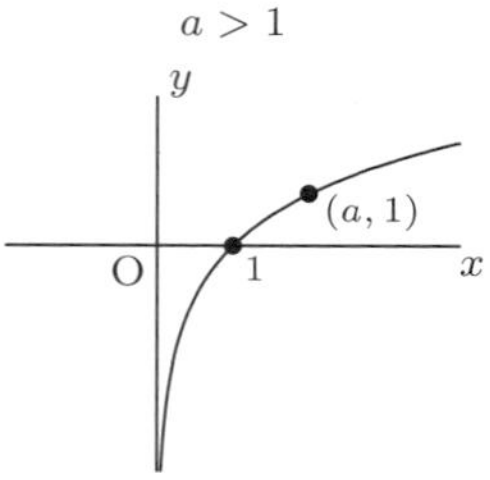

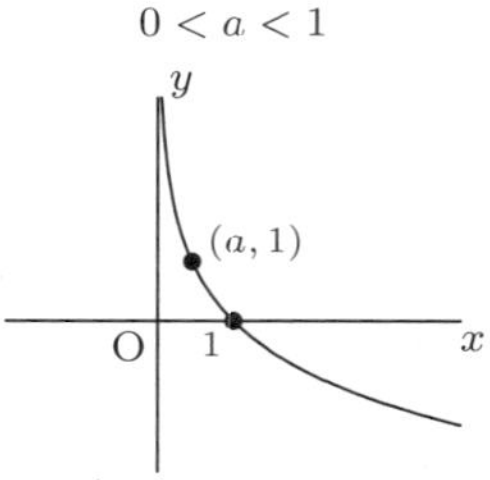

③ グラフは点 $(1,0)$ (x 軸との交点)，$(a,1)$ を通る．

④ グラフは $a>1$ のとき常に増加，$0<a<1$ のとき常に減少である．

⑤ グラフは y 軸を漸近線にもつ．

✏ **対数関数のグラフ**　対数関数 $y=\log_a(x-p)+q$ のグラフは，基本の対数関数 $y=\log_a x$ のグラフを x 軸方向に p，y 軸方向に q だけ平行移動したものである．

✏ **対数方程式 (対数不等式)**　方程式 (不等式) の中に対数 $\log_a f(x)$ を含むものを，それぞれ**対数方程式**，**対数不等式**という．その解き方は

① 両辺を同じ底の対数で表す．

② 両辺の真数を比較して真数の方程式 (不等式) を考えて解いて，解 x を求める．

③ ②の解 x の中で，もとの方程式 (不等式) の中の対数の 真数 >0 (真数条件) をすべて満たすものが求める解である．

✏ **累乗の大小関係**　累乗の大小関係は，固定した底の対数の値を比較する．

例題 4.20　　対数関数

次の対数関数のグラフを描け．また漸近線も答えよ．

(1)　$y=\log_2(x-2)$　　(2)　$y=\log_3 9x-1$

解答　(1) $y=\log_2 x$ のグラフを x 軸方向に 2 だけ平行移動したグラフである．
漸近線は $x=2$ である．

(2) $y=\log_3 9x-1=\log_3 x+\log_3 9-1=\log_3 x+2-1=\log_3 x+1$ なので，
$y=\log_3 x$ のグラフを y 軸方向に 1 だけ平行移動したグラフである．

漸近線は y 軸である．

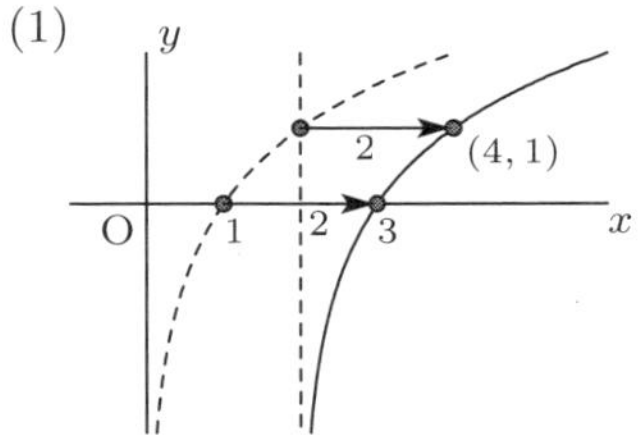

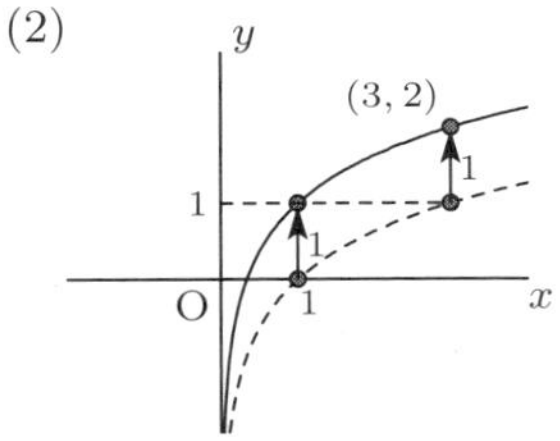

例題 4.21 対数方程式・対数不等式

次の対数方程式および対数不等式を解け．

(1)　$\log_2 x + \log_2 (x-3) = 2$　　(2)　$\log_2 x + \log_2 (x-2) < 3$

解答 (1) $\log_2 x + \log_2 (x-3) = \log_2 x(x-3)$，$2 = \log_2 4$ なので $\log_2 x(x-3) = \log_2 4$．
両辺の真数を比較して $x(x-3) = 4$，つまり $x^2 - 3x - 4 = (x+1)(x-4) = 0$ を解いて
$x = -1,\ 4$．
真数条件 $x > 0$，$x - 3 > 0$ より解は $x > 3$ なので $x = 4$ である．

(2) $\log_2 x + \log_2 (x-2) = \log_2 x(x-2)$，$3 = \log_2 8$ なので $\log_2 x(x-2) = \log_2 8$．
両辺の真数を比較して $x(x-2) < 8$，つまり $x^2 - 2x - 8 = (x+2)(x-4) < 0$ を解いて
$-2 < x < 4$．
真数条件 $x > 0$，$x - 2 > 0$ より解は $x > 2$ なので $2 < x < 4$ である．

例題 4.22 累乗の大小関係

$8^{\frac{1}{3}}$，$(\sqrt{2})^3$，$2^{-\frac{2}{3}}$ の大小関係を比較せよ．

解答 $\log_2 8^{\frac{1}{3}} = \log_2 (2^3)^{\frac{1}{3}} = \log_2 2 = 1$，$\log_2 (\sqrt{2})^3 = \log_2 (2^{\frac{1}{2}})^3 = \log_2 2^{\frac{3}{2}} = \dfrac{3}{2}$，
$\log_2 2^{-\frac{2}{3}} = -\dfrac{2}{3}$ なので $-\dfrac{2}{3} < 1 < \dfrac{3}{2}$．ゆえに $2^{-\frac{2}{3}} < 8^{\frac{1}{3}} < (\sqrt{2})^3$ である．

練習問題 4.9

1 次の対数関数のグラフを描け．

(1)　$y = \log_3 (x+2)$　　(2)　$y = \log_{0.5} x + 2$　　(3)　$y = \log_2 4x + 1$

2 次の対数方程式および対数不等式を解け．

(1)　$\log_2 (x-1) + \log_2 (x+2) = 2$　　(2)　$2\log_4 (x-4) < 1$

3 $9^{\frac{1}{3}}$，$(\sqrt{3})^5$，$\left(\dfrac{1}{3}\right)^{\frac{2}{5}}$ の大小関係を比較せよ．

総合演習 4

4.1　次の関数のグラフの概形を描け．

(1)　$y = |3x-2|$　(2)　$y = |2x^2-x-1|$　(3)　$y = |2x-1|+|x+2|$

4.2　次の関数のグラフの概形を描け．

(1)　$y = 2x^3$　(2)　$y = -3x^7$　(3)　$y = (x-1)^4$

4.3　次の関数のグラフの概形を描け．また漸近線も答えよ．

(1)　$y = \dfrac{2x}{x-1}$　(2)　$y = -\dfrac{3x+7}{x+2}$　(3)　$y = \dfrac{x^2-2x}{x^2-4x+4}$

4.4　次の方程式を解け．

(1)　$\dfrac{1}{x-3}+\dfrac{1}{x}=\dfrac{1}{2}$　(2)　$\dfrac{x-4}{x^2+x-2}-\dfrac{x-6}{x^2-4}=\dfrac{1}{x-1}$

(3)　$\dfrac{2x}{x^2-3x+2}+\dfrac{1}{x^2-5x+6}=\dfrac{4x}{x^2-4x+3}$

4.5　次の関数のグラフの概形を描け．また定義域も答えよ．

(1)　$y = \sqrt{4x-4}$　(2)　$y = -\sqrt{x+2}+3$　(3)　$y = \sqrt{3-x}-1$

4.6　次の方程式を解け．

(1)　$\sqrt{x+7} = x+1$　(2)　$\sqrt{x^2-4} = x-2$

(3)　$\sqrt{x} - \sqrt{x+2} = 1$

4.7　グラフを利用して，次の不等式を解け．

(1)　$x < \sqrt{x+2}$　(2)　$\sqrt{2x+7} \leqq x+2$

4.8　不等式 $\dfrac{1}{x-2} > \dfrac{2}{x+2}$ を次の手順で解け．

(1)　$x < -2$, $2 < x$ のとき，両辺に x^2-4 をかけて解け．

(2)　$-2 < x < 2$ のとき，両辺に x^2-4 をかけて解け．

(3)　(1), (2) の結果より解を決定せよ．

4.9　**4.8** の手順を参考にして，次の不等式を解け．

(1)　$\dfrac{4}{x-1} > x+2$　(2)　$\dfrac{2}{x-1} < \dfrac{1}{x+3}$

4.10 次の式を簡単にせよ．

(1) $\sqrt{21}\times\sqrt[4]{7}\times\sqrt[4]{63}$　(2) $\sqrt[3]{81}+2\cdot\sqrt[6]{9}-3\cdot\sqrt[9]{27}$

(3) $4^2\times 64\div 4^3\div\dfrac{1}{4}$　(4) $(x^4)^{\frac{1}{3}}\times(x^2y^2)^{\frac{1}{2}}\div y^{-\frac{1}{3}}$

4.11 次の関数のグラフを描け．また漸近線も答えよ．

(1) $y=3^{x-2}$　(2) $y=2^{2-x}+1$　(3) $y=3\cdot 3^x-2$

4.12 次の方程式および不等式を解け．

(1) $3^{2x}+2\cdot 3^{x+1}-27=0$　(2) $2^{2x}-2^{x+4}+64=0$

(3) $3^{3x-1}>9^{2x+1}$　(4) $4^x+2^x\leqq 6$

4.13 次の式を簡単にせよ．

(1) $\log_3 3^{-2}+\log_3\sqrt[4]{3}-\log_3 9$　(2) $\log 100-\log 50+\log 5$

(3) $\dfrac{1}{2}\log_2 5-\log_2\dfrac{\sqrt{5}}{2}+\log_2 16$　(4) $\log_2 27\log_3\dfrac{1}{4}\log_4 8$

4.14 次の関数のグラフの概形を描け．また漸近線も答えよ．

(1) $y=\log_2(x-1)+2$　(2) $y=\log_{\frac{1}{2}}(x+1)$　(3) $y=\log_3 9x-1$

4.15 次の方程式および不等式を解け．

(1) $\log(x+2)-\log x=\log 3$　(2) $\log_2(3x+1)+\log_3(3x-1)=\log_3 8x$

(3) $\log(x+3)+\log x<1$　(4) $(\log_2 x)^2\leqq\log_2 x^3-2$

4.16 $\log 2=0.3010$，$\log 3=0.4771$ として，次の問に答えよ．

(1) 6^{100} は何けたの数か．

(2) 6^{-30} は小数第何位に初めて 0 でない数字がくるか．

(3) $2000<\left(\dfrac{3}{2}\right)^n<6000$ である整数 n を求めよ．

4.17 $4^x=27^y=6^z$ のとき，$\dfrac{3}{x}+\dfrac{2}{y}=\dfrac{6}{z}$ が成り立つことを証明せよ．

4.18 $x>0$，$y>0$，$x+3y=6$ のとき，$\log_3 x+\log_3 y$ の最大値を求めよ．

4.19 同じ品質の透明なアクリル板を 10 枚重ねて光を通過させたとき，光の強さが初めの $\dfrac{2}{3}$ 倍になった．通過した光の強さを初めの $\dfrac{1}{6}$ 倍以下にするには，アクリル板を何枚以上重ねればよいか．$\log 2=0.3010$，$\log 3=0.4771$ とする．

第 5 章　三角関数

第 5 章の要点

・**六十分法**　$30°$，$150°$ などの角度の表し方を**六十分法**という．

・**一般角**　原点 O を中心とした動径 OP の回転の角度に向きを考え，さらに回転角度の累計角度を**一般角**という．　$\theta = \alpha + 360° \times n$　(n : 整数)　($0° \leqq \alpha < 360°$)

・**弧度法**　半径 r，弧の長さ l の扇形を考え，その中心角の大きさ θ を半径と弧の長さの比で $\theta = \dfrac{l}{r}$ と表す方法を**弧度法**という．単位は**ラジアン**．　$180° = \pi$ ラジアン．

・**一般角の弧度法**　$\theta = \alpha + 2n\pi$　(n : 整数)　($0 \leqq \alpha < 2\pi$)

・**扇形の弧の長さと面積 (弧度法の応用)**　半径 r，中心角 θ (ラジアン) の扇形について，

弧の長さ：$l = r\theta$,　　面積：$S = \dfrac{1}{2}r^2\theta$.

・**三角比**　角度 α ($0° < \alpha < 90°$) の角 ($\angle$AOB) をもつ直角三角形 OAB について，次のような 2 辺の長さの比を，それぞれ角度 α の**正弦**(サイン)，**余弦**(コサイン)，**正接**(タンジェント) といい，これらをまとめて**三角比**という．

正弦：　$\sin\alpha = \dfrac{\mathrm{AB}}{\mathrm{OB}} = \dfrac{\text{対辺}}{\text{斜辺}}$,

余弦：　$\cos\alpha = \dfrac{\mathrm{OA}}{\mathrm{OB}} = \dfrac{\text{底辺}}{\text{斜辺}}$,

正接：　$\tan\alpha = \dfrac{\mathrm{AB}}{\mathrm{OA}} = \dfrac{\text{対辺}}{\text{底辺}}$.

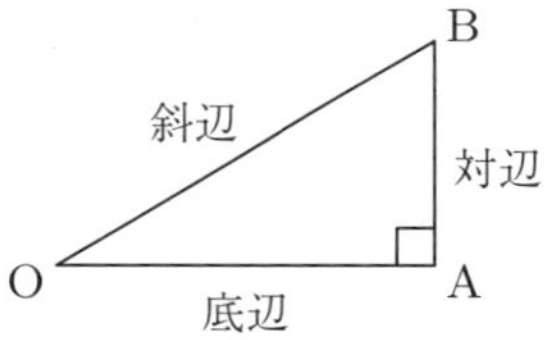

・**三角関数の値**　三角比の角度 α ($0° \leqq \alpha \leqq 90°$) を一般角まで拡張する．座標平面上で**単位円**(原点を中心とし半径 1 の円) と動径 OP を考える．動径 OP と単位円との交点を P(x, y)，角 $\angle$XOP の角度を θ とするとき，次の値を一般角 θ についての三角比と同じく**正弦**(サイン)，**余弦**(コサイン)，**正接**(タンジェント) といい，これらをまとめて**三角関数の値**という．

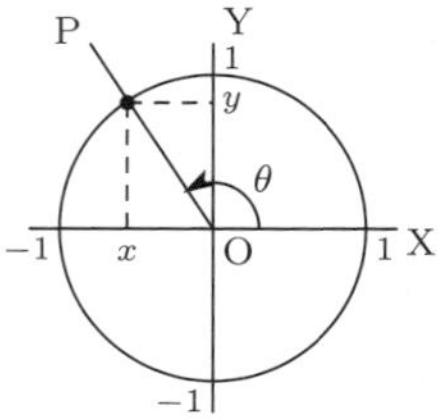

正弦：$\sin\theta = y$,　　**余弦**：$\cos\theta = x$,　　**正接**：$\tan\theta = \dfrac{y}{x}$.

※鋭角 θ ($0° \leqq \theta \leqq 90°$) については，三角比の値と三角関数の値は一致する．

・**三角関数の値の関係式**　三角比と同じ次の関係式が成り立つ．

(1)　$\tan\theta = \dfrac{\sin\theta}{\cos\theta}$　　(2)　$\sin^2\theta + \cos^2\theta = 1$　　(3)　$\tan^2\theta + 1 = \dfrac{1}{\cos^2\theta}$

(4) $\operatorname{cosec}\theta = \dfrac{1}{\sin\theta}$　　(5) $\sec\theta = \dfrac{1}{\cos\theta}$　　(6) $\cot\theta = \dfrac{1}{\tan\theta}$

・**三角関数の値の還元公式**　次のような関係式が成り立つ．

$$\begin{cases} \sin(\pi-\theta) = \sin\theta \\ \cos(\pi-\theta) = -\cos\theta \\ \tan(\pi-\theta) = -\tan\theta \end{cases} \qquad \begin{cases} \sin(\pi+\theta) = -\sin\theta \\ \cos(\pi+\theta) = -\cos\theta \\ \tan(\pi+\theta) = \tan\theta \end{cases}$$

$$\begin{cases} \sin\left(\dfrac{\pi}{2}-\theta\right) = \cos\theta \\ \cos\left(\dfrac{\pi}{2}-\theta\right) = \sin\theta \\ \tan\left(\dfrac{\pi}{2}-\theta\right) = \cot\theta \end{cases} \qquad \begin{cases} \sin\left(\dfrac{\pi}{2}+\theta\right) = \cos\theta \\ \cos\left(\dfrac{\pi}{2}+\theta\right) = -\sin\theta \\ \tan\left(\dfrac{\pi}{2}+\theta\right) = -\cot\theta \end{cases}$$

・**三角関数**　3 つの関数**正弦関数**$y = \sin x$，**余弦関数**$y = \cos x$，**正接関数**$y = \tan x$ を考え，これらをまとめて**三角関数**という．

・**三角関数の周期**　三角関数は周期関数であり，周期は次の通りである．

$y = \sin x$，$y = \cos x$：周期 2π，　$y = \tan x$：周期 π．

・**三角関数のグラフ**　三角関数のグラフは周期に注意して描く．グラフは**太線部分**(周期)を繰り返し，正接関数は漸近線 $x = \dfrac{\pi}{2} + n\pi$ (n : 整数) をもつ．

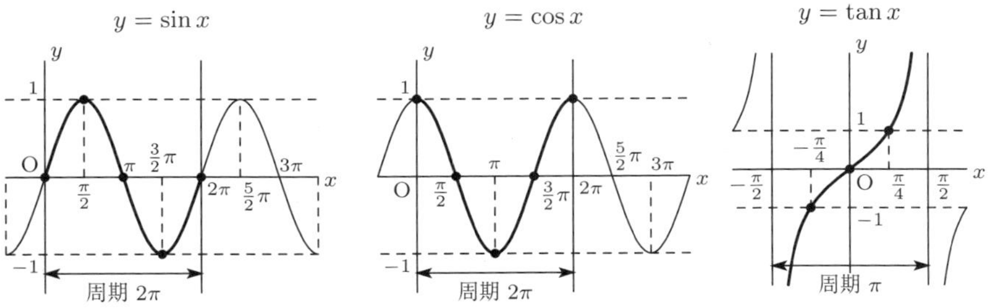

・**三角方程式 (不等式)**　三角関数を含む方程式を**三角方程式**といい，その解 x は $0 \leqq x <$
2π ($0^\circ \leqq x < 360^\circ$) の範囲で考える．

・**三角方程式の解き方 (基本)**　三角関数の定義から単位円と動径を描いて解を求める．

(1) $\sin x = a$ の解 x は，y 座標が a の単位円上の点 P を通る動径 OP の作る角 θ．

(2) $\cos x = a$ の解 x は，x 座標が a の単位円上の点 P を通る動径 OP の作る角 θ．

(3) $\tan x = a$ の解 x は，直線 $l : x = 1$ 上の座標が a の単位円上の点 P を通る動径 OP の作る角 θ．

・**等式の証明**　三角関数を含む等式の証明は，次の三角関数の関係式を利用し，左辺または右辺を変形し他辺に等しいことを示す．

①　$\tan x = \dfrac{\sin x}{\cos x}$　　②　$\sin^2 x + \cos^2 x = 1$　　③　$\tan^2 x + 1 = \dfrac{1}{\cos^2 x}$

・**三角不等式**　三角関数を含む不等式を**三角不等式**といい，その解 x は $0 \leqq x < 2\pi$ ($0° \leqq x < 360°$) の範囲で考える．

・**三角不等式の解き方 (基本)**　三角関数の定義から単位円と動径を描いて解を求める．

(1) $\sin x > a\,(< a)$ の解 x は，y 座標が $> a\,(< a)$ である単位円上の範囲に対応する動径 OP の作る角 θ の範囲である．

(2) $\cos x > a\,(< a)$ の解 x は，x 座標が $> a\,(< a)$ である単位円上の範囲に対応する動径 OP の作る角 θ の範囲である．

(3) $\tan x > a\,(< a)$ の解 x は，直線 $l : x = 1$ 上の座標が $> a\,(< a)$ である単位円上の範囲に対応する動径 OP の作る角 θ の範囲である．

・**加法定理**　角 α，β について，(※右側は左側の＋－を入れ替えるだけ)

(1) $\sin(\alpha + \beta) = \sin\alpha\cos\beta + \cos\alpha\sin\beta$　　$\sin(\alpha - \beta) = \sin\alpha\cos\beta - \cos\alpha\sin\beta$

(2) $\cos(\alpha + \beta) = \cos\alpha\cos\beta - \sin\alpha\sin\beta$　　$\cos(\alpha - \beta) = \cos\alpha\cos\beta + \sin\alpha\sin\beta$

(3) $\tan(\alpha + \beta) = \dfrac{\tan\alpha + \tan\beta}{1 - \tan\alpha\tan\beta}$　　$\tan(\alpha - \beta) = \dfrac{\tan\alpha - \tan\beta}{1 + \tan\alpha\tan\beta}$

・**積和公式**　角 α，β について，

$$\sin\alpha\cos\beta = \frac{1}{2}\{\sin(\alpha+\beta) + \sin(\alpha-\beta)\}$$

$$\cos\alpha\sin\beta = \frac{1}{2}\{\sin(\alpha+\beta) - \sin(\alpha-\beta)\}$$

$$\cos\alpha\cos\beta = \frac{1}{2}\{\cos(\alpha+\beta) + \cos(\alpha-\beta)\}$$

$$\sin\alpha\sin\beta = -\frac{1}{2}\{\cos(\alpha+\beta) - \cos(\alpha-\beta)\}$$

・**和積公式**　角 A，B について，

$$\sin A + \sin B = 2\sin\frac{A+B}{2}\cos\frac{A-B}{2}$$

$$\sin A - \sin B = 2\cos\frac{A+B}{2}\sin\frac{A-B}{2}$$

$$\cos A + \cos B = 2\cos\frac{A+B}{2}\cos\frac{A-B}{2}$$

$$\cos A - \cos B = -2\sin\frac{A+B}{2}\sin\frac{A-B}{2}$$

・**2 倍角の公式**　角 θ について，

① $\sin 2\theta = 2\sin\theta\cos\theta$

② $\cos 2\theta = \cos^2\theta - \sin^2\theta$
$= 2\cos^2\theta - 1 = 1 - 2\sin^2\theta$

③ $\tan 2\theta = \dfrac{2\tan\theta}{1 - \tan^2\theta}$

・**2 倍角の公式変形 (重要)**　角 θ について，

① $\sin^2\theta = \dfrac{1 - \cos 2\theta}{2}$

② $\cos^2\theta = \dfrac{1 + \cos 2\theta}{2}$

③ $\tan^2\theta = \dfrac{1 - \cos 2\theta}{1 + \cos 2\theta}$

・**合成公式 1**(sin)

$a\sin\theta + b\cos\theta = r\sin(\theta+\alpha)$

ここで $r=\sqrt{a^2+b^2}$ で，角 α は次の関係で定める．

$$\cos\alpha = \frac{a}{r}, \quad \sin\alpha = \frac{b}{r}.$$

・**合成公式 2**(cos)

$a\sin\theta + b\cos\theta = r\cos(\theta-\beta)$

ここで $r=\sqrt{a^2+b^2}$ で，角 β は次の関係で定める．

$$\sin\beta = \frac{a}{r}, \quad \cos\beta = \frac{b}{r}.$$

・**三角形の面積**　△ ABC の面積 S は，

$$S = \frac{1}{2}bc\sin A = \frac{1}{2}ca\sin B = \frac{1}{2}ab\sin C.$$

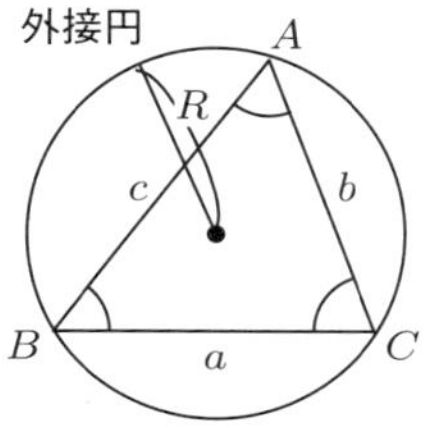

・**ヘロンの公式**　△ ABC の面積 S は，

$$S = \sqrt{s(s-a)(s-b)(s-c)}, \text{ ここで } s = \frac{a+b+c}{2}.$$

・**正弦定理**　△ ABC の外接円の半径を R とするとき，

$$\frac{a}{\sin A} = \frac{b}{\sin B} = \frac{c}{\sin C} = 2R.$$

・**余弦定理**　△ ABC について，

① $a^2 = b^2 + c^2 - 2bc\cos A$

② $b^2 = c^2 + a^2 - 2ca\cos B$

③ $c^2 = a^2 + b^2 - 2ab\cos C$

・**余弦定理の変形**　△ ABC について，

① $\cos A = \dfrac{b^2+c^2-a^2}{2bc}$

② $\cos B = \dfrac{c^2+a^2-b^2}{2ca}$

③ $\cos C = \dfrac{a^2+b^2-c^2}{2ab}$

・**極形式**　複素平面上で複素数 $z = x + yi$ $(z \neq 0)$ を表す点を $\mathrm{P}(x, y)$ とする．
このとき OP が実軸の正の方向となす角を θ，$\mathrm{OP} = |z| = r$ とおくと，z は

$$z = r(\cos\theta + i\,\sin\theta) \qquad (\ x = r\cos\theta,\ y = r\sin\theta\ )$$

と表すことができ，z をこの形で表したものを**極形式**という．
ここで $r = \sqrt{x^2+y^2}$ は z の絶対値で，θ を z の**偏角**といい，$\arg z$ で表す．

・**複素数の乗法，除法 (極形式)**　$z_1 = r_1(\cos\theta_1 + i\,\sin\theta_1)$，$z_2 = r_2(\cos\theta_2 + i\,\sin\theta_2)$ について，

乗法：　$z_1 z_2 = r_1 r_2\{\cos(\theta_1+\theta_2) + i\,\sin(\theta_1+\theta_2)\}$

除法：　$\dfrac{z_1}{z_2} = \dfrac{r_1}{r_2}\{\cos(\theta_1-\theta_2) + i\,\sin(\theta_1-\theta_2)\}$

・**ド・モアブルの定理**　$(\cos\theta + i\,\sin\theta)^n = \cos n\theta + i\,\sin n\theta$　(n：整数)

・**複素数のべき乗 (極形式)**　$z = r(\cos\theta + i\,\sin\theta)$ について，ド・モアブルの定理を応用すると，　$z^n = r^n(\cos n\theta + i\,\sin n\theta)$　(n：整数)

5.1 一般角と弧度法

✏ **六十分法**　30°，150° などの角度の表し方を**六十分法**という．

✏ **一般角**　動径 OP の回転角に向きつけて考える．回転角の累計角を**一般角**という．

一般角：　$\theta = \alpha + 360^\circ \times n$　(n : 整数)　($0^\circ \leqq \alpha < 360^\circ$)

正の角

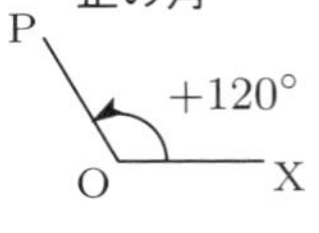

負の角

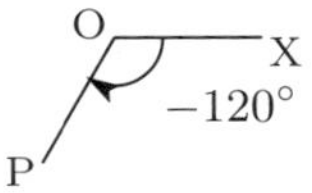

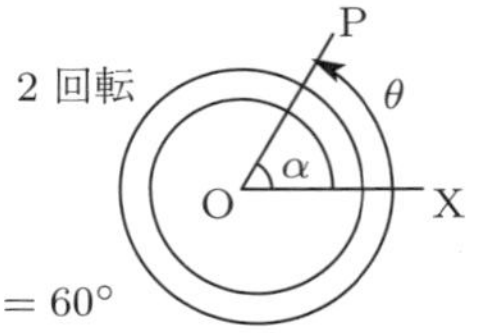

$\alpha = 60^\circ$

$\theta = 60^\circ + 360^\circ \times 2 = 780^\circ$

✏ **弧度法**　半径 r に等しい弧に対する中心角は，r に関係なくつねに一定である．
この一定の角を単位 1 (**ラジアン**) として，角の大きさを表すのが**弧度法**である．
具体的には半径 r，弧の長さ l の扇形を考え，その中心角の大きさ θ を半径と弧の長さの比で $\theta = \dfrac{l}{r}$ と表す．単位は**ラジアン**で，単位は省略されることが多い．

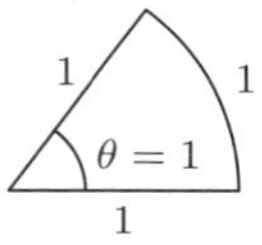

1 ラジアン

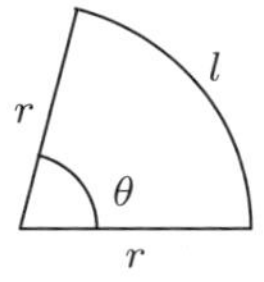

$\theta = \dfrac{l}{r}$ ラジアン

(重要)　$180^\circ = \pi$ ラジアン

$1^\circ = \dfrac{\pi}{180}$ ラジアン

$\dfrac{180^\circ}{\pi} = 1$ ラジアン

✏ **六十分法と弧度法**

六十分法	0°	30°	45°	60°	90°	120°	135°	150°	180°	270°	360°
弧度法	0	$\dfrac{\pi}{6}$	$\dfrac{\pi}{4}$	$\dfrac{\pi}{3}$	$\dfrac{\pi}{2}$	$\dfrac{2}{3}\pi$	$\dfrac{3}{4}\pi$	$\dfrac{5}{6}\pi$	π	$\dfrac{3}{2}\pi$	2π

✏ **一般角の弧度法**　$\theta = \alpha + 2n\pi$　(n : 整数)　($0 \leqq \alpha < 2\pi$)

✏ **扇形の弧の長さと面積 (弧度法の応用)**

半径 r，中心角 θ (ラジアン) の扇形について，

弧の長さ：$l = r\theta$，　面積：$S = \dfrac{1}{2}r^2\theta$.

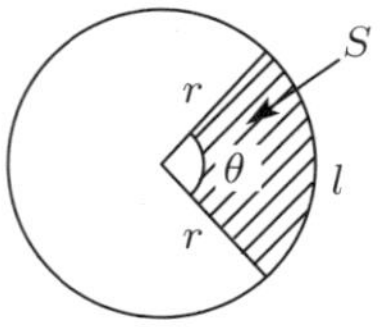

例題 5.1　　**一般角**

次の一般角を $\alpha + 360^\circ \times n$ (n : 整数，$0^\circ \leqq \alpha < 360^\circ$) の形で表せ．

(1)　1280°　　(2)　-750°

〈方針〉 α を求めるには正の角では n 回転分をひく，負の角では $n+1$ 回転分をたす．

解答 (1) 1280° を 360° で割って $1280^\circ \div 360^\circ = 3$．よって $\alpha = 1280^\circ - 360^\circ \times 3 = 200^\circ$．ゆえに $1280^\circ = 200^\circ + 360^\circ \times 3$ である．

(2) 750° を 360° で割って $750^\circ \div 360^\circ = 2$．よって $\alpha = -750^\circ + 360^\circ \times 3 = 330^\circ$．ゆえに $-750^\circ = 330^\circ + 360^\circ \times (-3)$ である．

例題 5.2 六十分法と弧度法

(1) 50°，-75°，390° を弧度法で表せ．

(2) $\dfrac{5}{4}\pi$，$-\dfrac{7}{6}\pi$，$\dfrac{11}{3}\pi$ を六十分法で表せ．

〈方針〉 $1^\circ = \dfrac{\pi}{180}$，$\dfrac{180^\circ}{\pi} = 1$ を用いる．$(\pi = 180^\circ)$

解答 (1) $50^\circ = 1^\circ \times 50 = \dfrac{\pi}{180} \times 50 = \dfrac{5}{18}\pi$．$-75^\circ = 1^\circ \times (-75) = \dfrac{\pi}{180} \times (-75) = -\dfrac{5}{12}\pi$．$390^\circ = 1^\circ \times 390 = \dfrac{\pi}{180} \times 390 = \dfrac{13}{6}\pi$．

(2) $\dfrac{5}{4}\pi = \dfrac{180^\circ \times 5}{4} = 225^\circ$．$-\dfrac{7}{6}\pi = -\dfrac{180^\circ \times 7}{6} = -210^\circ$．$\dfrac{11}{3}\pi = \dfrac{180^\circ \times 11}{3} = 660^\circ$．

例題 5.3 扇形の弧の長さと面積

半径 3 cm，中心角 60° の扇形の弧の長さ l と面積 S を求めよ．

〈方針〉 公式を適用するときは中心角は弧度法で表す．

解答 中心角 60° を弧度法で表すと $\dfrac{\pi}{3}$ なので，公式より弧の長さ $l = 3\,\mathrm{cm} \times \dfrac{\pi}{3} = \pi\,\mathrm{cm}$．
また公式より面積 $S = \dfrac{1}{2} \times 3^2\,\mathrm{cm} \times \dfrac{\pi}{3} = \dfrac{3}{2}\pi\,\mathrm{cm}^2$．

練習問題 5.1

1 次の一般角を $\alpha + 360^\circ \times n$ (n : 整数, $0^\circ \leqq \alpha < 360^\circ$) の形で表せ．

(1) 550°　(2) 4230°　(3) -3945°

2 次の角度を六十分法は弧度法で，弧度法は六十分法で表せ．

(1) 85°　(2) 1290°　(3) $\dfrac{7}{4}\pi$　(4) $-\dfrac{12}{5}\pi$

3 半径 4 cm，中心角 150° の扇形の弧の長さ l と面積 S を求めよ．

5.2 三角比とその応用

✏ **三角比**　角度 α $(0^\circ < \alpha < 90^\circ)$ の角 $(\angle \mathrm{AOB})$ をもつ直角三角形 OAB について，次の 2 辺の長さの比は一定である．それらの比をそれぞれ角度 α の**正弦**(サイン)，**余弦**(コサイン)，**正接**(タンジェント) といい，これらをまとめて**三角比**という．

正弦：　$\sin\alpha = \dfrac{\mathrm{AB}}{\mathrm{OB}} = \dfrac{対辺}{斜辺}$　　$\mathrm{cosec}\,\alpha = \dfrac{1}{\sin\alpha}$

余弦：　$\cos\alpha = \dfrac{\mathrm{OA}}{\mathrm{OB}} = \dfrac{底辺}{斜辺}$　　$\sec\alpha = \dfrac{1}{\cos\alpha}$

正接：　$\tan\alpha = \dfrac{\mathrm{AB}}{\mathrm{OA}} = \dfrac{対辺}{底辺}$　　$\cot\alpha = \dfrac{1}{\tan\alpha}$

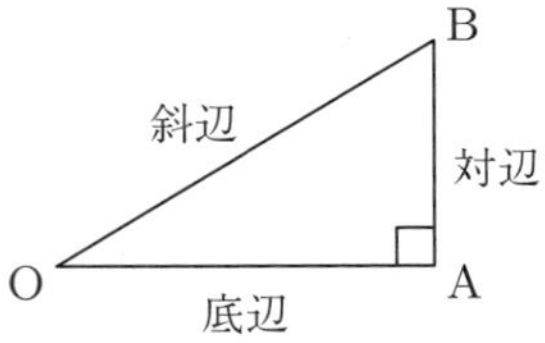

✏ **主な三角比の値**　次の直角三角形の辺の長さの比から，主な三角比の値が得られる．

六十分法	0°	30°	45°	60°	90°
弧度法	0	$\frac{\pi}{6}$	$\frac{\pi}{4}$	$\frac{\pi}{3}$	$\frac{\pi}{2}$
sin	0	$\frac{1}{2}$	$\frac{1}{\sqrt{2}}$	$\frac{\sqrt{3}}{2}$	1
cos	1	$\frac{\sqrt{3}}{2}$	$\frac{1}{\sqrt{2}}$	$\frac{1}{2}$	0
tan	0	$\frac{1}{\sqrt{3}}$	1	$\sqrt{3}$	／

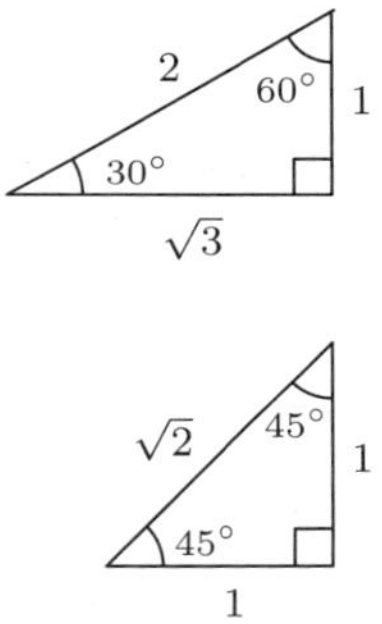

✏ **三角比の近似値**　$0^\circ \leqq \alpha \leqq 90^\circ$ に対して，**付録 B** の**三角関数表**を利用する．

✏ **三角比の大きさ**　$0 \leqq \sin\alpha \leqq 1$,　$0 \leqq \cos\alpha \leqq 1$,　$0 \leqq \tan\alpha$.

✏ **三角比の関係式 (重要)**　①　$\tan\alpha = \dfrac{\sin\alpha}{\cos\alpha}$,　②　$\sin^2\alpha + \cos^2\alpha = 1$,

③　$\tan^2\alpha + 1 = \dfrac{1}{\cos^2\alpha}$,　④　$\dfrac{1}{\tan^2\alpha} + 1 = \dfrac{1}{\sin^2\alpha}$

例題 5.4　　三角比の値

$\sin 30^\circ = \dfrac{1}{2}$, $\cos 30^\circ = \dfrac{\sqrt{3}}{2}$, $\tan 30^\circ = \dfrac{1}{\sqrt{3}}$ を確かめよ．

解答　30°, 60° の直角三角形の辺の比から，

$$\sin 30^\circ = \frac{対辺}{斜辺} = \frac{1}{2},\ \cos 30^\circ = \frac{底辺}{斜辺} = \frac{\sqrt{3}}{2},\ \tan 30^\circ = \frac{対辺}{底辺} = \frac{1}{\sqrt{3}}.$$

例題 5.5　三角比の近似値

付録 B の三角関数表を用いて，次の角度の三角比の近似値を答えよ．

(1)　25°　　(2)　75°　　(3)　$\dfrac{\pi}{5}$

解答　(1) $\sin 25^\circ = 0.4226$．$\cos 25^\circ = 0.9063$．$\tan 25^\circ = 0.4663$．

(2) $\sin 75^\circ = 0.9659$，$\cos 75^\circ = 0.2588$，$\tan 75^\circ = 3.7321$．

(3) $\dfrac{\pi}{5} = 36^\circ$ なので，$\sin\dfrac{\pi}{5} = 0.5878$．$\cos\dfrac{\pi}{5} = 0.8090$．$\tan\dfrac{\pi}{5} = 0.7265$．

例題 5.6　三角比の応用

50 m 離れた地点からあるビルの屋上までの見上げる角度を測ったら 52° であった．ビルのおよその高さを求めよ．

方針　図を描き，三角比を応用する．

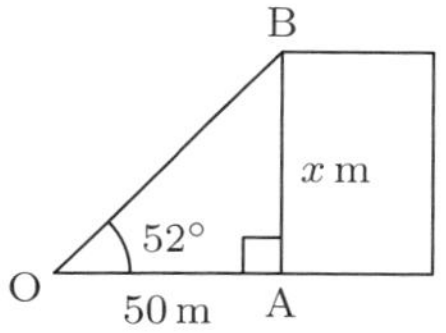

解答　ビルの高さを x m とし右図のような直角三角形 OAB を考えると，$\tan 52^\circ = \dfrac{x}{50}$ なので，

$x = 50 \times \tan 52^\circ = 50 \times 1.2799 = 63.995 \fallingdotseq 64\,\mathrm{m}$．

例題 5.7　三角比の関係式

$\cos\alpha = \dfrac{4}{5}$ のとき，他の三角比の値を求めよ．

方針　三角比の関係式を用いて求める．三角比の符号に注意する．

解答　$\tan^2\alpha + 1 = \dfrac{1}{\cos^2\alpha} = \dfrac{5}{4}$ より $\tan^2\alpha = \dfrac{5}{4} - 1 = \dfrac{1}{4}$ なので，$\tan\alpha > 0$ より

$\tan\alpha = \sqrt{\dfrac{1}{4}} = \dfrac{1}{2}$．また $\tan\alpha = \dfrac{\sin\alpha}{\cos\alpha}$ より $\sin\alpha = \cos\alpha\tan\alpha = \dfrac{4}{5} \times \dfrac{1}{2} = \dfrac{2}{5}$．

練習問題 5.2

1　付録 B の三角関数表を用いて，次の角度の三角比の近似値を答えよ．

(1)　42°　　(2)　81°　　(3)　$\dfrac{\pi}{9}$　　(4)　$\dfrac{7}{18}\pi$

2　20m 離れた地点からある木の先端を見上げる角度を測ったら 25° であった．木のおよその高さを求めよ．

3　$\tan\alpha = 2\sqrt{2}$ のとき，他の三角比の値を求めよ．

5.3 三角関数の値

✏ **三角関数の値**　三角比の角度 α $(0^\circ \leqq \alpha \leqq 90^\circ)$ を一般角まで拡張する．座標平面上で **単位円**(原点を中心とし半径 1 の円) と動径 OP を考える．動径 OP と単位円との交点を $P(x, y)$，角 $\angle XOP$ の角度を θ とするとき，次の値を一般角 θ についての三角比と同じく，**正弦**(サイン)，**余弦**(コサイン)，**正接**(タンジェント) といい，これらをまとめて**三角関数の値**という．

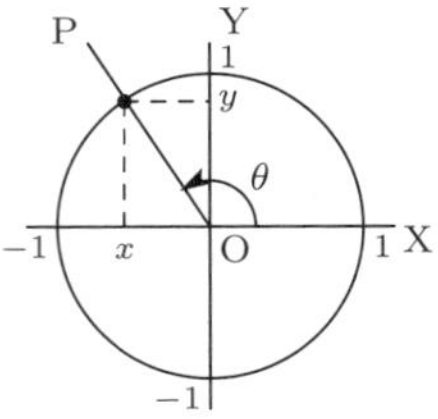

$$\text{正弦：}\quad \sin\theta = y, \qquad \text{余弦：}\quad \cos\theta = x, \qquad \text{正接：}\quad \tan\theta = \frac{y}{x}.$$

※鋭角 θ $(0^\circ \leqq \theta \leqq 90^\circ)$ については，三角比の値と三角関数の値は一致する．

✏ **三角関数の値の大きさと符号**

$-1 \leqq \sin\theta \leqq 1,$

$-1 \leqq \cos\theta \leqq 1,$

$\tan\theta$：任意の実数．

象限	第 1 象限	第 2 象限	第 3 象限	第 4 象限
$\sin\theta$	$+$	$+$	$-$	$-$
$\cos\theta$	$+$	$-$	$-$	$+$
$\tan\theta$	$+$	$-$	$+$	$-$

✏ **一般角の三角関数の値**　一般角 θ に対して，次の関係式を用いることによって $0^\circ \leqq \theta \leqq 90^\circ$ の三角関数の値に変換でき，**付録 B** の三角関数表を用いて求める．

$$\begin{cases} \sin(\theta + 360^\circ \times n) = \sin\theta \\ \cos(\theta + 360^\circ \times n) = \cos\theta \\ \tan(\theta + 360^\circ \times n) = \tan\theta \end{cases} \quad (n：\text{整数}) \qquad \begin{cases} \sin(-\theta) = -\sin\theta \\ \cos(-\theta) = \cos\theta \\ \tan(-\theta) = -\tan\theta \end{cases}$$

$$\begin{cases} \sin(\theta + 180^\circ) = -\sin\theta \\ \cos(\theta + 180^\circ) = -\cos\theta \\ \tan(\theta + 180^\circ) = \tan\theta \end{cases} \qquad \begin{cases} \sin(180^\circ - \theta) = \sin\theta \\ \cos(180^\circ - \theta) = -\cos\theta \\ \tan(180^\circ - \theta) = -\tan\theta \end{cases}$$

$$\begin{cases} \sin(\theta + 90^\circ) = \cos\theta \\ \cos(\theta + 90^\circ) = -\sin\theta \\ \tan(\theta + 90^\circ) = -\dfrac{1}{\tan\theta} \end{cases} \qquad \begin{cases} \sin(90^\circ - \theta) = \cos\theta \\ \cos(90^\circ - \theta) = \sin\theta \\ \tan(90^\circ - \theta) = \dfrac{1}{\tan\theta} \end{cases}$$

✏ **三角関数の値の関係式**　三角比と同じ次の関係式が成り立つ．

① $\tan\theta = \dfrac{\sin\theta}{\cos\theta}$,　② $\sin^2\theta + \cos^2\theta = 1$,

③ $\tan^2\theta + 1 = \dfrac{1}{\cos^2\theta}$,　④ $\dfrac{1}{\tan^2\theta} + 1 = \dfrac{1}{\sin^2\theta}$.

例題 5.8　　三角関数の値 1

$\sin 120^\circ$，$\cos 120^\circ$，$\tan 120^\circ$ の値を求めよ

方針　直角三角形の辺の比を利用する．tan の求め方は独特である．

解答　図アで単位円と 120° の動径を考える．太線の直角三角形の辺の比 $1:2:\sqrt{3}$ を斜辺の % 長さを半径 1 に合わせるために 2 で割り，符号も考慮して $\sin 120^\circ = \dfrac{\sqrt{3}}{2}$，$\cos 120^\circ = -\dfrac{1}{2}$ である．また図イで太線の直角三角形の辺の比 $1:2:\sqrt{3}$ より，符号も考慮して $\tan 120^\circ = -\sqrt{3}$ である．

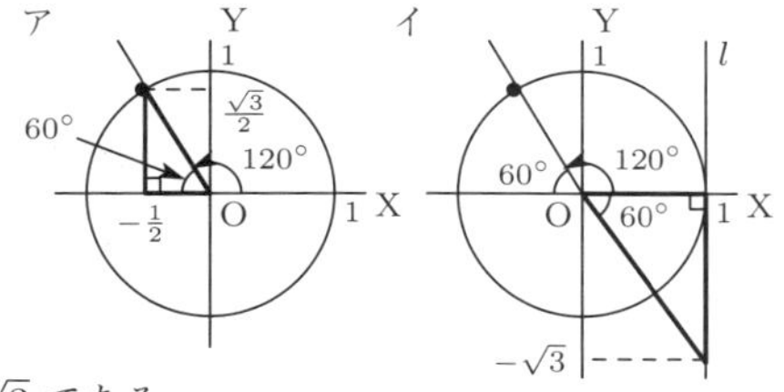

例題 5.9　　三角関数の値の近似値

付録 **B** の三角関数表を用いて，$\sin 465^\circ$，$\cos(-105^\circ)$ の近似値を答えよ．

方針　鋭角 $0^\circ \leqq \theta \leqq 90^\circ$ の三角関数の値に変形する．

解答　$\sin 465^\circ = \sin(105^\circ + 360^\circ) = \sin 105^\circ = \sin(15^\circ + 90^\circ) = \cos 15^\circ \fallingdotseq 0.9659$．
また $\cos(-105^\circ) = \cos 105^\circ = \cos(15^\circ + 90^\circ) = -\sin 15^\circ \fallingdotseq -0.2588$．

例題 5.10　　三角関数の値 2

θ を第 2 象限の角とし，$\cos\theta = -\dfrac{2}{5}$ のとき，他の三角関数の値を求めよ．

解答　θ は第 2 象限の角なので $\sin\theta > 0$，$\tan\theta < 0$．$\tan^2\theta + 1 = \dfrac{1}{\cos^2\theta} = \dfrac{25}{4}$ より
$\tan^2\theta = \dfrac{25}{4} - 1 = \dfrac{21}{4}$．ゆえに $\tan\theta = -\sqrt{\dfrac{21}{4}} = -\dfrac{\sqrt{21}}{2}$．
また $\tan\theta = \dfrac{\sin\theta}{\cos\theta}$ より $\sin\theta = \cos\theta\tan\theta = \left(-\dfrac{2}{5}\right) \times \left(-\dfrac{\sqrt{21}}{2}\right) = \dfrac{\sqrt{21}}{5}$．

練習問題 5.3

1　$\sin 225^\circ$，$\cos 225^\circ$，$\tan 225^\circ$ の値を求めよ．

2　付録 **B** の三角関数表を用いて，$\sin 561^\circ$，$\cos(-205^\circ)$ の近似値を答えよ．

3　θ を第 3 象限の角とし，$\tan\theta = \sqrt{15}$ のとき，他の三角関数の値を求めよ．

4　等式 $\dfrac{\cos\theta}{1+\sin\theta} + \dfrac{1+\sin\theta}{\cos\theta} = \dfrac{2}{\cos\theta}$ を証明せよ．

5.4 三角関数のグラフ

✏ **三角関数**　3 つの関数**正弦関数**$y = \sin x$，**余弦関数**$y = \cos x$，**正接関数**$y = \tan x$ を考え，まとめて**三角関数**という．

関数	$y = \sin x$	$y = \cos x$	$y = \tan x$
定義域	すべての実数 x	すべての実数 x	$x \neq \dfrac{\pi}{2} + n\pi$ (n：整数)
値域	$-1 \leqq y \leqq 1$	$-1 \leqq y \leqq 1$	すべての実数 y

✏ **周期関数**　関数 $y = f(x)$ が**周期**とよばれる固定した幅で同じ y の値を繰り返すとき，**周期関数**という．　**周期**：m の**周期関数**：$f(x+m) = f(x)$

✏ **三角関数の周期**　三角関数は周期関数であり，周期は次の通りである．

$y = \sin x$，$y = \cos x$：周期 2π，　$y = \tan x$：周期 π.

✏ **三角関数のグラフ**　三角関数のグラフは周期に注意して描く．グラフは**太線部分**(周期)を繰り返し，正接関数は漸近線 $x = \dfrac{\pi}{2} + n\pi$ (n：整数) をもつ．

$y = \sin x$

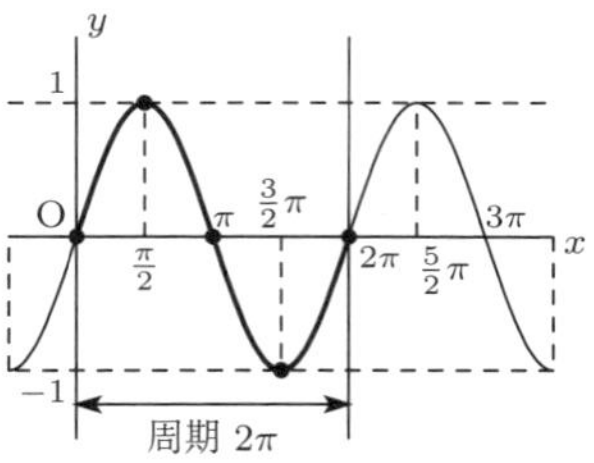

$y = \cos x$

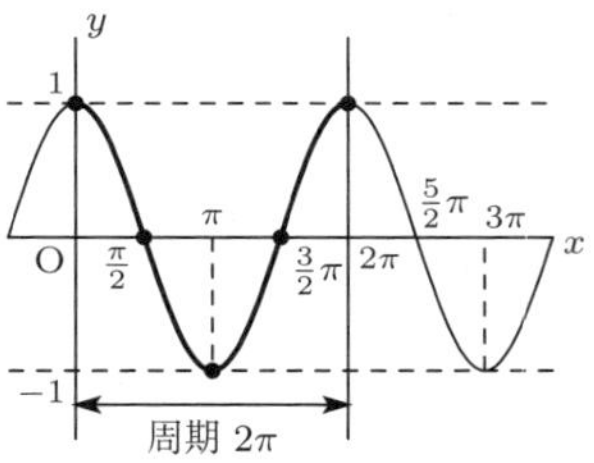

$y = \tan x$

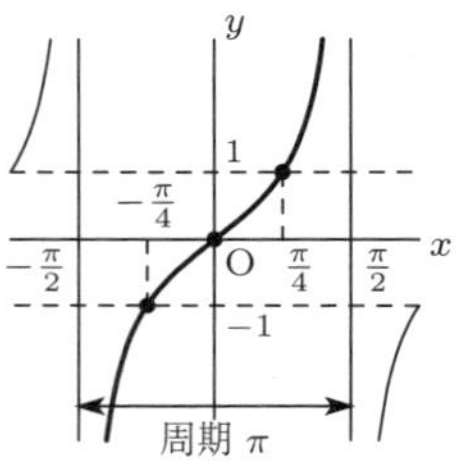

✏ **グラフの平行移動**　$y = \sin(x-p) + q$ のグラフは，$y = \sin x$ のグラフを x 軸方向に p，y 軸方向に q だけ平行移動したグラフである．他の三角関数のグラフも同様.

✏ **グラフの拡大縮小と周期の変更**　$y = a \sin x$ $(a > 0)$ のグラフは，$y = \sin x$ のグラフを x 軸を中心に a 倍 拡大縮小したグラフである．また $y = \sin(ax)$ $(a > 0)$ のグラフは，$y = \sin x$ のグラフを y 軸を中心に周期を $\dfrac{1}{a}$倍 したグラフである．他の三角関数のグラフも同様.

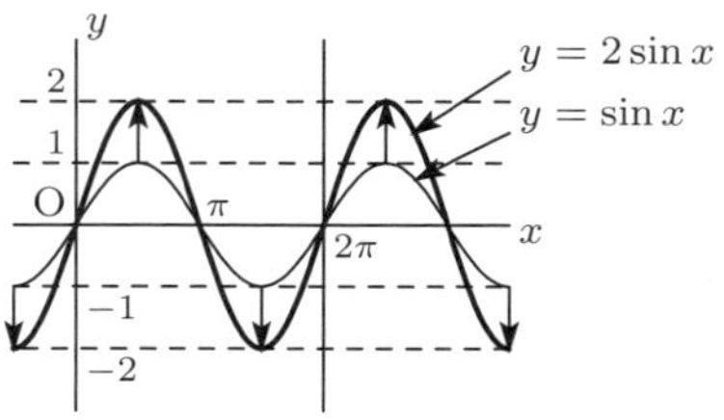

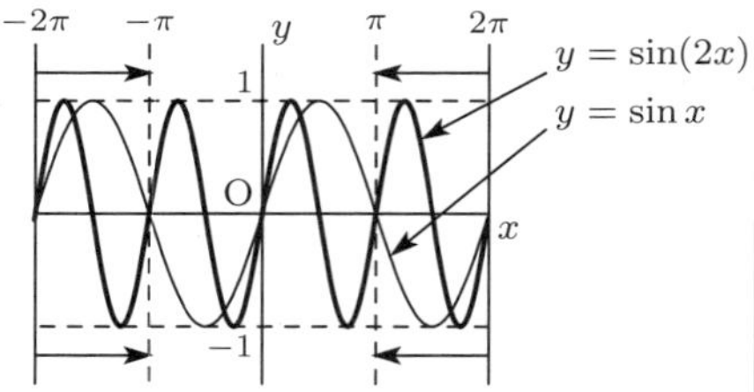

例題 5.11 三角関数のグラフ 1

次の三角関数のグラフを描け．

(1) $y = \sin(x - \pi)$　　(2) $y = \tan\left(x + \dfrac{\pi}{2}\right) + 1$

方針 三角関数の周期に注意し，平行移動を考える．平行移動で周期は変化しない．

解答 (1) $y = \sin x$ の周期は 2π で，$y = \sin x$ のグラフを x 軸方向に π だけ平行移動したグラフである．($y = \sin(x - \pi) = -\sin(\pi - x) = -\sin x$ として描いてもよい．)

(2) $y = \tan x$ の周期は π で，$y = \tan x$ のグラフを x 軸方向に $-\dfrac{\pi}{2}$，y 軸方向に 1 だけ平行移動したグラフである．

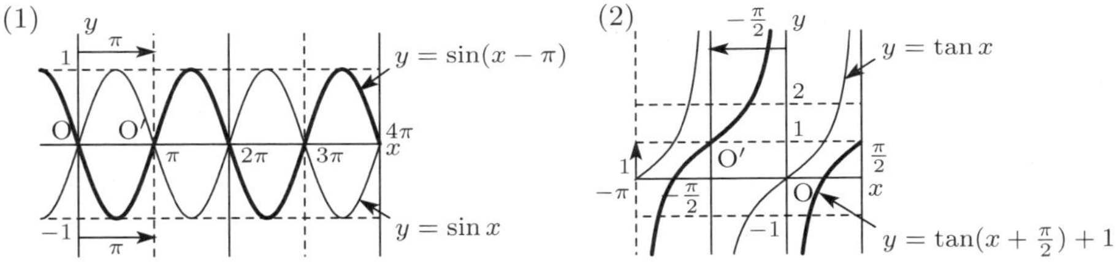

例題 5.12 三角関数のグラフ 2

次の三角関数のグラフを描け．

(1) $y = 2\cos x$　　(2) $y = \sin\left(\dfrac{x}{2}\right)$

方針 (1) は x 軸を中心に拡大し，(2) は y 軸を中心に周期を拡大する．

解答 (1) $y = \cos x$ のグラフを x 軸を中心に 2 倍拡大したグラフである．

(2) $y = \sin x$ のグラフを y 軸を中心に周期を 2 倍拡大したグラフである．

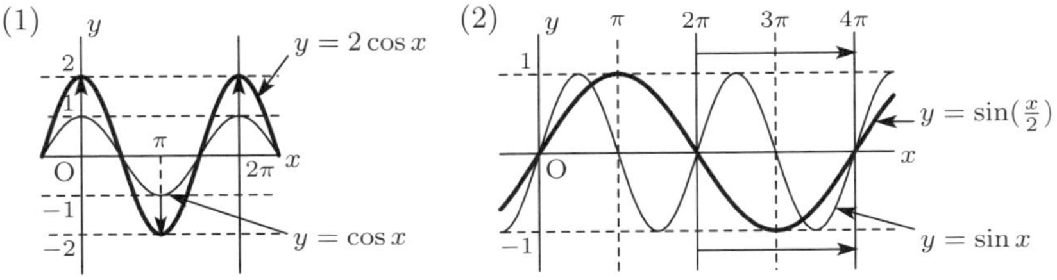

練習問題 5.4

1 次の三角関数のグラフを描け．

(1) $y = \cos(x + \pi) - 1$　　(2) $y = 3\sin x$　　(3) $y = \cos\left(\dfrac{x}{3}\right)$

5.5 三角方程式と等式の証明

✏ **三角方程式 (不等式)**　三角関数を含む方程式を**三角方程式**という．その解 x は $0 \leqq x < 2\pi$ $(0^\circ \leqq x < 360^\circ)$ の範囲で考える．一般角の解は x に $2n\pi$ $(360^\circ \times n)$ (n : 整数) を加えた角である．

✏ **三角方程式の解き方 (基本)**　三角関数の定義から単位円と動径を描いて解を求める．

(1) $\sin x = a$ の解 x は，y 座標が a である単位円上の点 P を通る動径 OP の作る角 θ が解である．(図 (1) を参照)

(2) $\cos x = a$ の解 x は，x 座標が a である単位円上の点 P を通る動径 OP の作る角 θ が解である．(図 (2) を参照)

(3) $\tan x = a$ の解 x は，直線 l 上の座標が a である単位円上の点 P を通る動径 OP の作る角 θ が解である．(図 (3) を参照)

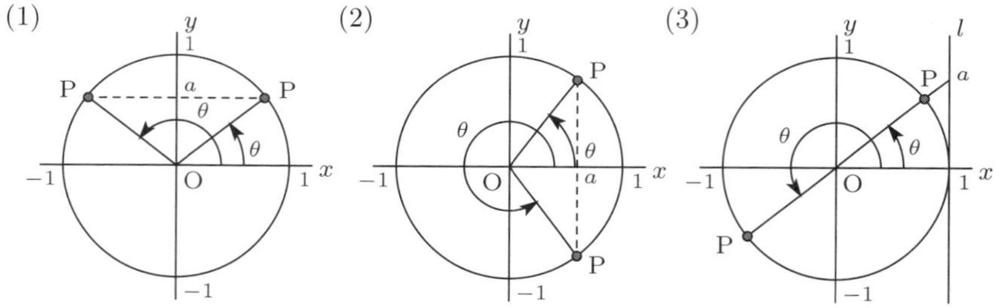

✏ **一般の三角方程式の解き方**　複雑な形の三角方程式の解き方は，方程式を変形して基本の三角方程式に変形して解く．$-1 \leqq \sin x \leqq 1$，$-1 \leqq \cos x \leqq 1$ に注意する．

✏ **等式の証明**　三角関数を含む等式の証明は，次の三角関数の関係式を利用する．

①　$\tan x = \dfrac{\sin x}{\cos x}$　　②　$\sin^2 x + \cos^2 x = 1$　　③　$\tan^2 x + 1 = \dfrac{1}{\cos^2 x}$

例題 5.13　　**三角方程式 1**

次の三角方程式を解け．$(0 \leqq x < 2\pi)$

(1)　$2\sin x = 1$　　(2)　$\cos 2x = -\dfrac{1}{2}$　　(3)　$\tan\left(x + \dfrac{\pi}{6}\right) = -1$

解答　(1) $\sin x = \dfrac{1}{2}$ なので，図 (1) より解は $x = \dfrac{\pi}{6}$，$\dfrac{5}{6}\pi$ である．

(2) $2x = X$ とおくと $0 \leqq X < 4\pi$ で $\cos X = -\dfrac{1}{2}$ なので，図 (2) より $X = \dfrac{2}{3}\pi$，$\dfrac{4}{3}\pi$，$\dfrac{8}{3}\pi$，$\dfrac{10}{3}\pi$ である．ゆえに $x = \dfrac{1}{2}X = \dfrac{\pi}{3}$，$\dfrac{2}{3}\pi$，$\dfrac{4}{3}\pi$，$\dfrac{5}{3}\pi$ である．

(3) $x+\dfrac{\pi}{6}=X$ とおくと $\dfrac{\pi}{6} \leqq X < \dfrac{13}{6}\pi$ で $\tan X=-1$ なので，図 (3) より $X=\dfrac{3}{4}\pi,\ \dfrac{7}{4}\pi$ である．ゆえに $x=X-\dfrac{\pi}{6}=\dfrac{3}{4}\pi-\dfrac{\pi}{6},\ \dfrac{7}{4}\pi-\dfrac{\pi}{6}=\dfrac{7}{12}\pi,\ \dfrac{19}{12}\pi$ である．

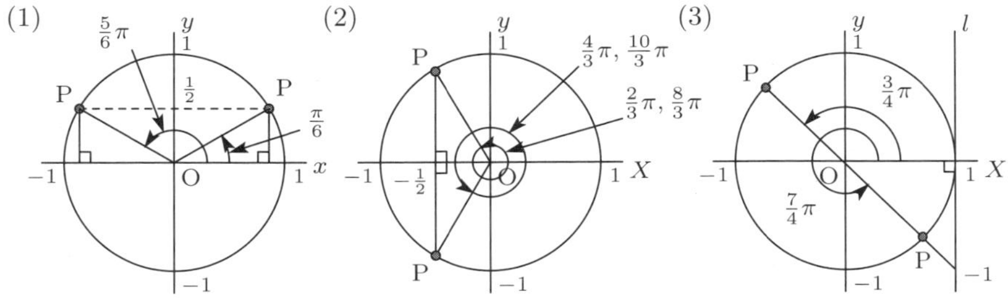

例題 5.14　三角方程式 2

三角方程式 $2\cos^2 x+3\cos x-2=0$ を解け．$(0 \leqq x < 2\pi)$

方針　$\cos x=X$ とおいて方程式を変形し，$-1 \leqq \cos\theta \leqq 1$ に注意する．

解答　$\cos x=X$ とおくと $2\cos^2 x+3\cos x-2=2X^2+3X-2=(2X-1)(X+2)=0$ なので $X=\dfrac{1}{2},\ -2$．$X=\cos x$ より $-1 \leqq X \leqq 1$ なので，$X=-2$ は解に適さない．ゆえに三角方程式 $\cos x=X=\dfrac{1}{2}$ を解いて，$x=\dfrac{\pi}{3},\ \dfrac{5}{3}\pi$ である．

例題 5.15　等式の証明

等式 $\sin^3 x+\cos^3 x=(\sin x+\cos x)(1-\sin x\cos x)$ を証明せよ．

方針　$\sin x=X$，$\cos x=Y$ とおいて左辺を因数分解する．

解答　$\sin x=X$，$\cos x=Y$ とおいて左辺を因数分解する．$\sin^2 x+\cos^2 x=1$ に注意して

左辺 $=\sin^3 x+\cos^3 x=X^3+Y^3=(X+Y)(X^2-XY+Y^2)$

$=(\sin x+\cos x)(\sin^2 x-\sin x\cos x+\cos^2 x)=(\sin x+\cos x)(1-\sin x\cos x)=$ 右辺．

練習問題 5.5

1　次の三角方程式を解け．$(0 \leqq x < 2\pi)$

(1)　$2\cos x+1=0$　　(2)　$2\sin 2x=\sqrt{3}$　　(3)　$\tan\left(x-\dfrac{\pi}{3}\right)=\sqrt{3}$

(4)　$4\cos^2 x-1=0$　　(5)　$2\sin^2 x-5\sin x-3=0$

2　次の等式を証明せよ．

(1)　$\tan^2 x-\sin^2 x=\sin^2 x\tan^2 x$　　(2)　$\dfrac{\sin^2 x}{1-\cos x}=1+\cos x$

5.6 三角不等式

✏ **三角不等式**　三角関数を含む不等式を**三角不等式**という．その解 x は $0 \leqq x < 2\pi$ $(0^\circ \leqq x < 360^\circ)$ の範囲で考える．一般角の解はその解に $2n\pi$ $(360^\circ \times n)$ (n : 整数) を加えた角である．

✏ **三角不等式の解き方 (基本)**　三角関数の定義から単位円と動径を描いて解を求める．

(1) $\sin x > a\,(< a)$ の解 x は，y 座標が $> a\,(< a)$ である単位円上の範囲に対応する動径 OP の作る角 θ の範囲が解である．(図ア，イを参照)

(2) $\cos x > a\,(< a)$ の解 x は，x 座標が $> a\,(< a)$ である単位円上の範囲に対応する動径 OP の作る角 θ の範囲が解である．(図ウ，エを参照)

(3) $\tan x > a\,(< a)$ の解 x は，直線 l 上の座標が $> a\,(< a)$ である単位円上の範囲に対応する動径 OP の作る角 θ の範囲が解である．(図オ，カを参照)

※ **$\tan x$ は $x = \dfrac{\pi}{2}$，$\dfrac{3}{2}\pi$ では定義されないことに注意.**

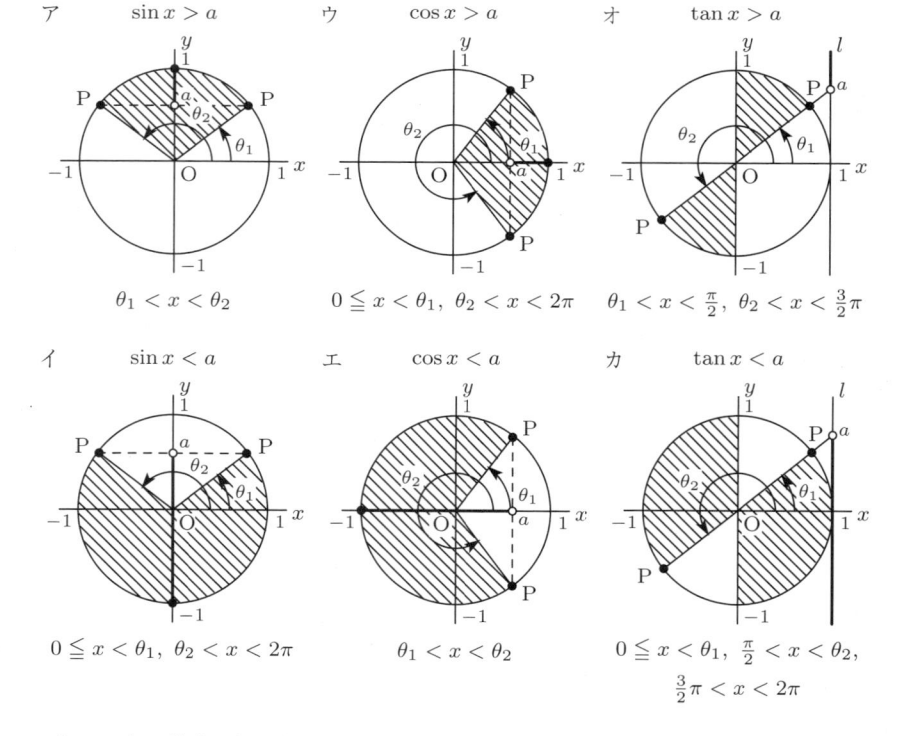

ア　$\sin x > a$

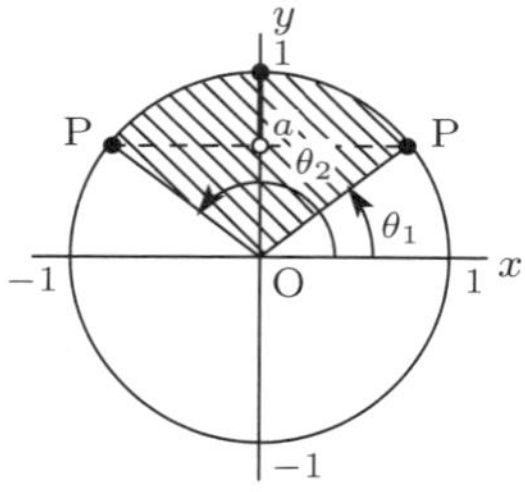

$\theta_1 < x < \theta_2$

ウ　$\cos x > a$

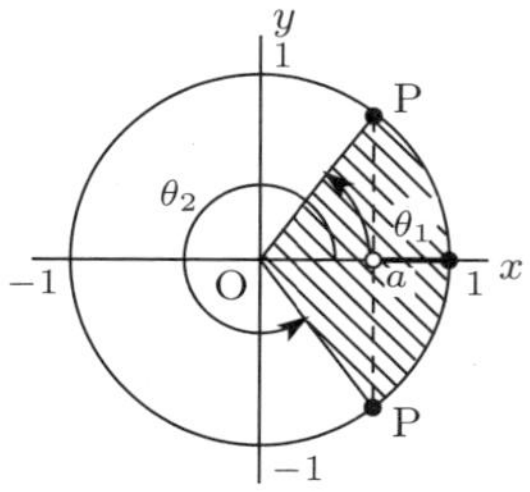

$0 \leqq x < \theta_1$，$\theta_2 < x < 2\pi$

オ　$\tan x > a$

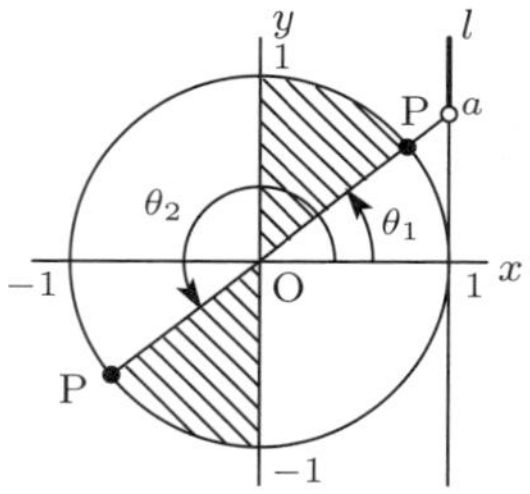

$\theta_1 < x < \frac{\pi}{2}$，$\theta_2 < x < \frac{3}{2}\pi$

イ　$\sin x < a$

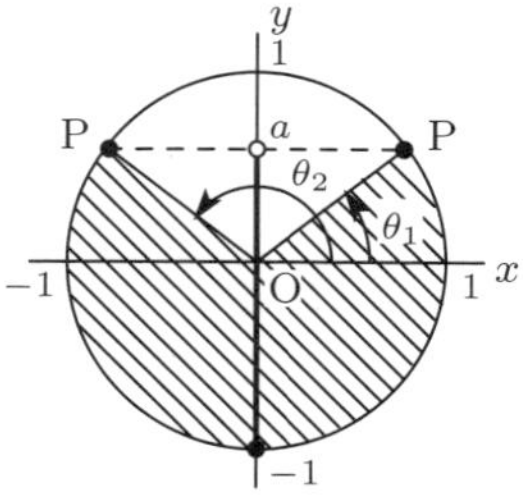

$0 \leqq x < \theta_1$，$\theta_2 < x < 2\pi$

エ　$\cos x < a$

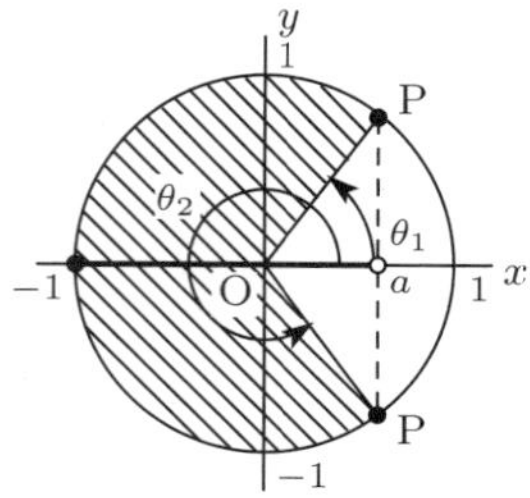

$\theta_1 < x < \theta_2$

カ　$\tan x < a$

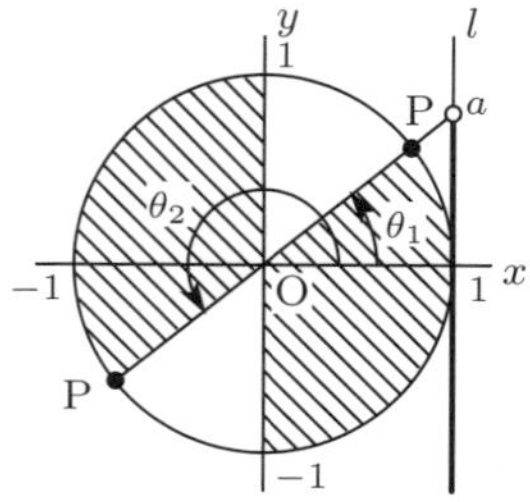

$0 \leqq x < \theta_1$，$\frac{\pi}{2} < x < \theta_2$，
$\frac{3}{2}\pi < x < 2\pi$

✏ **一般の三角不等式の解き方**　複雑な形の三角不等式の解き方は，不等式を変形して基本の三角不等式に変形して解く．$-1 \leqq \sin x \leqq 1$，$-1 \leqq \cos x \leqq 1$ に注意する．

例題 5.16 三角不等式 1

次の三角不等式を解け．$(0 \leqq x < 2\pi)$

(1) $2\cos x > 1$ (2) $\sin 2x \leqq -\dfrac{1}{2}$ (3) $\tan\left(x - \dfrac{\pi}{6}\right) < 1$

解答 (1) $\cos x > \dfrac{1}{2}$ なので，図アより解は $0 \leqq x < \dfrac{\pi}{3}$，$\dfrac{5}{3}\pi < x < 2\pi$ である．

(2) $2x = X$ とおくと $0 \leqq X < 4\pi$ で $\sin X \leqq -\dfrac{1}{2}$ なので，図イより $\dfrac{\pi}{6} \leqq X \leqq \dfrac{11}{6}\pi$，$\dfrac{19}{6}\pi \leqq X \leqq \dfrac{23}{6}\pi$ である．

ゆえに解は $x = \dfrac{1}{2}X$ より $\dfrac{\pi}{12} \leqq X \leqq \dfrac{11}{12}\pi$，$\dfrac{19}{12}\pi \leqq X \leqq \dfrac{23}{12}\pi$．

(3) $x - \dfrac{\pi}{6} = X$ とおくと $-\dfrac{\pi}{6} \leqq X < \dfrac{11}{6}\pi$ で $\tan X < 1$ なので，図ウより $-\dfrac{11}{6}\pi \leqq X < \dfrac{\pi}{4}$，$\dfrac{\pi}{2} < X < \dfrac{5}{4}\pi$，$\dfrac{3}{2}\pi < X < \dfrac{17}{12}\pi$ である．

ゆえに解は $x = X + \dfrac{\pi}{6}$ より $0 \leqq x < \dfrac{5}{12}\pi$，$\dfrac{2}{3}\pi < x < \dfrac{17}{12}\pi$，$\dfrac{5}{3}\pi < x < 2\pi$．

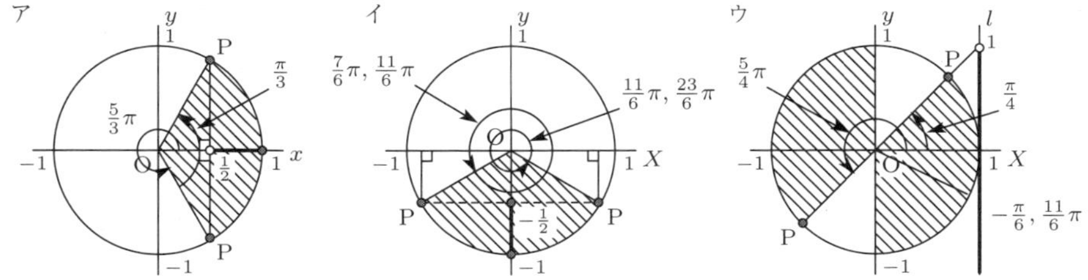

例題 5.17 三角不等式 2

三角不等式 $2\sin^2 x + 5\sin x + 2 < 0$ を解け．$(0 \leqq x < 2\pi)$

解答 $\sin x = X$ とおくと $2\sin^2 x + 5\sin x + 2 = 2X^2 + 5X + 2 = (X+2)(2X+1) < 0$ なので，$-2 < X < -\dfrac{1}{2}$．$-1 \leqq \sin x = X \leqq 1$ に注意すると $-1 \leqq X < -\dfrac{1}{2}$ となり，三角不等式 $\sin x < -\dfrac{1}{2}$ となる．ゆえに解は $\dfrac{7}{6}\pi < x < \dfrac{11}{6}\pi$ である．

練習問題 5.6

1 次の三角不等式を解け．$(0 \leqq x < 2\pi)$

(1) $2\sin x \geqq 1$ (2) $2\cos 2x < \sqrt{3}$ (3) $\tan\left(x - \dfrac{\pi}{3}\right) > 1$

(4) $2\cos^2 x - 7\cos x + 3 < 0$

5.7 加法定理とその応用

✏ **加法定理**　角 α, β について，(※右側は左側の＋－を入れ換えるだけ)

① $\sin(\alpha+\beta)=\sin\alpha\cos\beta+\cos\alpha\sin\beta$,　$\sin(\alpha-\beta)=\sin\alpha\cos\beta-\cos\alpha\sin\beta$

さいたコスモス　コスモスさいた　　さいたコスモスまたコスモスさいた

② $\cos(\alpha+\beta)=\cos\alpha\cos\beta-\sin\alpha\sin\beta$,　$\cos(\alpha-\beta)=\cos\alpha\cos\beta+\sin\alpha\sin\beta$

コスモスコスモスまたさいたさいた　　コスモスコスモス　さいたさいた

③ $\tan(\alpha+\beta)=\dfrac{\tan\alpha+\tan\beta}{1-\tan\alpha\tan\beta}$,　$\tan(\alpha-\beta)=\dfrac{\tan\alpha-\tan\beta}{1+\tan\alpha\tan\beta}$

✏ **積和公式**　角 α, β について，

$$\sin\alpha\cos\beta=\frac{1}{2}\{\sin(\alpha+\beta)+\sin(\alpha-\beta)\}$$

$$\cos\alpha\sin\beta=\frac{1}{2}\{\sin(\alpha+\beta)-\sin(\alpha-\beta)\}$$

$$\cos\alpha\cos\beta=\frac{1}{2}\{\cos(\alpha+\beta)+\cos(\alpha-\beta)\}$$

$$\sin\alpha\sin\beta=-\frac{1}{2}\{\cos(\alpha+\beta)-\cos(\alpha-\beta)\}$$

✏ **和積公式**　角 A, B について，

$$\sin A+\sin B=2\sin\frac{A+B}{2}\cos\frac{A-B}{2}$$

$$\sin A-\sin B=2\cos\frac{A+B}{2}\sin\frac{A-B}{2}$$

$$\cos A+\cos B=2\cos\frac{A+B}{2}\cos\frac{A-B}{2}$$

$$\cos A-\cos B=-2\sin\frac{A+B}{2}\sin\frac{A-B}{2}$$

例題 5.18　　加法定理

加法定理を用いて，次の三角関数の値を求めよ．

(1)　$\sin 75^\circ$　　(2)　$\cos 15^\circ$　　(3)　$\tan 105^\circ$

方針　角を 2 つに分割して考え，加法定理を用いる．

解答　(1) $\sin 75^\circ=\sin(45^\circ+30^\circ)=\sin 45^\circ\cos 30^\circ+\cos 45^\circ\sin 30^\circ=\dfrac{\sqrt{6}}{4}+\dfrac{\sqrt{2}}{4}$

$=\dfrac{\sqrt{6}+\sqrt{2}}{4}$.

(2) $\cos 15^\circ=\cos(60^\circ-45^\circ)=\cos 60^\circ\cos 45^\circ+\sin 60^\circ\sin 45^\circ\dfrac{\sqrt{2}}{4}+\dfrac{\sqrt{6}}{4}=\dfrac{\sqrt{2}+\sqrt{6}}{4}$.

(3) $\tan 105^\circ=\tan(45^\circ+60^\circ)=\dfrac{\tan 45^\circ+\tan 60^\circ}{1-\tan 45^\circ\tan 60^\circ}=\dfrac{1+\sqrt{3}}{1-\sqrt{3}}=-2-\sqrt{3}$.

例題 5.19 積和公式・和積公式 1

積和公式または和積公式を用いて，次の式の値を求めよ．

(1) $\sin 45^\circ \cos 15^\circ$ (2) $\sin 75^\circ \sin 15^\circ$ (3) $\cos 75^\circ - \cos 15^\circ$

解答 (1) $\sin 45^\circ \cos 15^\circ = \dfrac{1}{2}\{\sin(45^\circ + 15^\circ) + \sin(45^\circ - 15^\circ)\} = \dfrac{1}{2}(\sin 60^\circ + \sin 30^\circ)$

$= \dfrac{1}{2}\left(\dfrac{\sqrt{3}}{2} + \dfrac{1}{2}\right) = \dfrac{\sqrt{3}+1}{4}.$

(2) $\sin 75^\circ \sin 15^\circ = -\dfrac{1}{2}\{\cos(75^\circ + 15^\circ) - \cos(75^\circ - 15^\circ)\} = -\dfrac{1}{2}(\cos 90^\circ - \cos 60^\circ)$

$= -\dfrac{1}{2}\left(0 - \dfrac{1}{2}\right) = \dfrac{1}{4}.$

(3) $\cos 75^\circ - \cos 15^\circ = -2\sin\left(\dfrac{75^\circ + 15^\circ}{2}\right)\sin\left(\dfrac{75^\circ - 15^\circ}{2}\right) = -2\sin 45^\circ \sin 30^\circ$

$= -2 \cdot \dfrac{\sqrt{2}}{2} \cdot \dfrac{1}{2} = -\dfrac{\sqrt{2}}{2}.$

例題 5.20 積和公式・和積公式 2

次の式の値を求めよ．

$\sin 20^\circ \sin 40^\circ \sin 80^\circ$

解答 $\sin 20^\circ \sin 40^\circ \sin 80^\circ = (\sin 20^\circ \sin 40^\circ)\sin 80^\circ = -\dfrac{1}{2}(\cos 60^\circ - \cos 20^\circ)\sin 80^\circ$

$= -\dfrac{1}{2}\left(\dfrac{1}{2} - \cos 20^\circ\right)\sin 80^\circ = -\dfrac{1}{4}\sin 80^\circ + \dfrac{1}{2}\sin 80^\circ \cos 20^\circ$

$= -\dfrac{1}{4}\sin 80^\circ + \dfrac{1}{4}(\sin 100^\circ + \sin 60^\circ) = -\dfrac{1}{4}\left(\sin 80^\circ - \sin(180^\circ - 80^\circ) - \dfrac{\sqrt{3}}{2}\right)$

$= -\dfrac{1}{4}\left(\sin 80^\circ - \sin 80^\circ - \dfrac{\sqrt{3}}{2}\right) = \dfrac{\sqrt{3}}{8}.$

練習問題 5.7

1 加法定理を用いて，次の三角関数の値を求めよ．

(1) $\cos 75^\circ$ (2) $\sin 15^\circ$ (3) $\tan 75^\circ$

2 積和公式または和積公式を用いて，次の式の値を求めよ．

(1) $\sin 45^\circ \sin 15^\circ$ (2) $\cos 75^\circ \cos 15^\circ$ (3) $\sin 75^\circ + \sin 15^\circ$

3 次の式の値を求めよ．

$\sin 5^\circ + \sin 125^\circ - \sin 115^\circ$

5.8 2倍角の公式と合成公式

✏ **2倍角の公式**

① $\sin 2\theta = 2\sin\theta\cos\theta$

② $\cos 2\theta = \cos^2\theta - \sin^2\theta$
$= 2\cos^2\theta - 1 = 1 - 2\sin^2\theta$

③ $\tan 2\theta = \dfrac{2\tan\theta}{1-\tan^2\theta}$

✏ **2倍角の公式変形 (重要)**

① $\sin^2\theta = \dfrac{1-\cos 2\theta}{2}$

② $\cos^2\theta = \dfrac{1+\cos 2\theta}{2}$

③ $\tan^2\theta = \dfrac{1-\cos 2\theta}{1+\cos 2\theta}$

✏ **3倍角の公式**

① $\sin 3\theta = 3\sin\theta - 4\sin^3\theta$

② $\cos 3\theta = 4\cos^3\theta - 3\cos\theta$

③ $\tan 3\theta = \dfrac{3\tan\theta - \tan^3\theta}{1-3\tan^3\theta}$

✏ **半角の公式,**

① $\sin^2\dfrac{\theta}{2} = \dfrac{1-\cos\theta}{2}$

② $\cos^2\dfrac{\theta}{2} = \dfrac{1+\cos\theta}{2}$

③ $\tan^2\dfrac{\theta}{2} = \dfrac{1-\cos\theta}{1+\cos\theta}$

✏ **合成公式 1(sin)**

$$a\sin\theta + b\cos\theta = r\sin(\theta+\alpha)$$

ここで $r=\sqrt{a^2+b^2}$ で，角 α は次の関係で定める．

$\cos\alpha = \dfrac{a}{r},\quad \sin\alpha = \dfrac{b}{r}.$

✏ **合成公式 2(cos)**

$$a\sin\theta + b\cos\theta = r\cos(\theta-\beta)$$

ここで $r=\sqrt{a^2+b^2}$ で，角 β は次の関係で定める．

$\sin\beta = \dfrac{a}{r},\quad \cos\beta = \dfrac{b}{r}.$

例題 5.21　　**2倍角・3倍角・半角の公式**

$\dfrac{\pi}{2} < \theta < \pi$ で $\sin\theta = \dfrac{4}{5}$ のとき，次の三角関数の値を求めよ．

(1)　$\sin 2\theta$　　(2)　$\cos 3\theta$　　(3)　$\sin\dfrac{\theta}{2}$

解答　$\cos^2\theta = 1 - \left(\dfrac{4}{5}\right)^2 = \dfrac{9}{25}$. $\dfrac{\pi}{2} < \theta < \pi$ より $\cos\theta = -\sqrt{\dfrac{9}{25}} = -\dfrac{3}{5}$ である．

(1) $\sin 2\theta = 2\sin\theta\cos\theta = 2\cdot\dfrac{4}{5}\cdot\left(-\dfrac{3}{5}\right) = -\dfrac{24}{25}.$

(2) $\cos 3\theta = 4\cos^3\theta - 3\cos\theta = 4\cdot\left(-\dfrac{3}{5}\right)^3 - 3\cdot\left(-\dfrac{3}{5}\right) = \dfrac{117}{125}.$

(3) $\sin^2\dfrac{\theta}{2} = \dfrac{1}{2}(1-\cos\theta) = \dfrac{1}{2}\left\{1-\left(-\dfrac{3}{5}\right)\right\} = \dfrac{4}{5}.$

$\dfrac{\pi}{4} < \dfrac{\theta}{2} < \dfrac{\pi}{2}$ より $\sin\dfrac{\theta}{2} > 0$ なので，$\sin\dfrac{\theta}{2} = \sqrt{\dfrac{4}{5}} = \dfrac{2\sqrt{5}}{5}$.

例題 5.22　合成公式

合成公式を用いて，$\sqrt{3}\sin\theta - \cos\theta$ を sin または cos だけで表せ.

解答　$a = \sqrt{3}$, $b = -1$ として，$r = \sqrt{a^2 + b^2} = \sqrt{(\sqrt{3})^2 + (-1)^2} = \sqrt{4} = 2$.

$\cos\alpha = \dfrac{\sqrt{3}}{2}$，$\sin\alpha = \dfrac{-1}{2}$ なので，$\alpha = -\dfrac{\pi}{6}$ として $2\sin\left(\theta - \dfrac{\pi}{6}\right)$ である.

また $\sin\beta = \dfrac{\sqrt{3}}{2}$，$\cos\beta = \dfrac{-1}{2}$ なので，$\beta = \dfrac{2}{3}\pi$ として $2\cos\left(\theta - \dfrac{2}{3}\pi\right)$ である.

例題 5.23　合成公式の応用

合成公式を用いて，次の三角方程式と三角不等式を解け. $(0 \leqq x < 2\pi)$

(1)　$\sin x + \sqrt{3}\cos x = 1$　　(2)　$\sin x + \cos x < 1$

解答　(1) $a = 1$，$b = \sqrt{3}$ とおくと $r = \sqrt{a^2 + b^2} = \sqrt{1^2 + (\sqrt{3})^2} = \sqrt{4} = 2$.

$\cos\alpha = \dfrac{1}{2}$，$\sin\alpha = \dfrac{\sqrt{3}}{2}$ とおくと $\alpha = \dfrac{\pi}{3}$ なので，$2\sin\left(x + \dfrac{\pi}{3}\right) = 1$.

つまり $\sin\left(x + \dfrac{\pi}{3}\right) = \dfrac{1}{2}$ を解いて $x + \dfrac{\pi}{3} = \dfrac{\pi}{6}$，$\dfrac{5}{6}\pi$.

ゆえに $x = -\dfrac{\pi}{6}$，$\dfrac{\pi}{2}$. したがって $0 \leqq x < 2\pi$ より $x = \dfrac{11}{6}\pi$，$\dfrac{\pi}{2}$.

(2) $a = 1$，$b = 1$ とおくと $r = \sqrt{a^2 + b^2} = \sqrt{1^2 + 1^2} = \sqrt{2}$.

$\sin\beta = \dfrac{1}{\sqrt{2}}$，$\cos\beta = \dfrac{1}{\sqrt{2}}$ とおくと $\beta = \dfrac{\pi}{4}$ なので，$\sqrt{2}\cos\left(x - \dfrac{\pi}{4}\right) < 1$.

つまり $\cos\left(x - \dfrac{\pi}{4}\right) < \dfrac{1}{\sqrt{2}}$ を解いて $\dfrac{\pi}{4} < x - \dfrac{\pi}{4} < \dfrac{7}{4}\pi$. したがって $\dfrac{\pi}{2} < x < 2\pi$.

練習問題 5.8

1　$\pi < \theta < \dfrac{3}{2}\pi$ で $\cos\theta = -\dfrac{4}{5}$ のとき，次の三角関数の値を求めよ.

(1)　$\cos 2\theta$　　(2)　$\tan 3\theta$　　(3)　$\sin\dfrac{\theta}{2}$

2　合成公式を用いて，$\sqrt{3}\sin\theta + \cos\theta$ を sin または cos だけで表せ.

3　合成公式を用いて，次の三角方程式と三角不等式を解け. $(0 \leqq x < 2\pi)$

(1)　$\sin x - \cos x = 1$　　(2)　$\sqrt{3}\sin x - \cos x \geqq 1$

5.9　三角形の面積と正弦定理，余弦定理

✏ **三角形の面積**　△ ABC の面積 S は，

$$S=\frac{1}{2}bc\sin A=\frac{1}{2}ca\sin B=\frac{1}{2}ab\sin C.$$

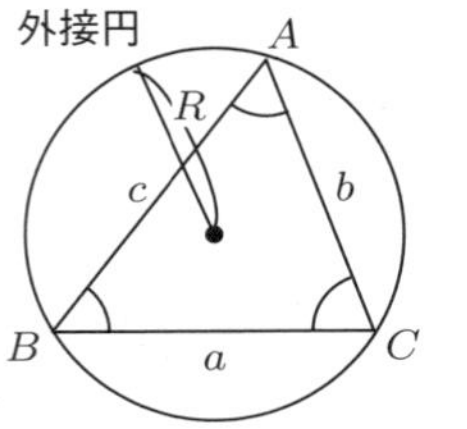

✏ **ヘロンの公式**　△ ABC の面積 S は，

$$S=\sqrt{s(s-a)(s-b)(s-c)},\ \text{ここで } s=\frac{a+b+c}{2}.$$

✏ **正弦定理**　△ ABC の外接円の半径を R とするとき，

$$\frac{a}{\sin A}=\frac{b}{\sin B}=\frac{c}{\sin C}=2R.$$

✏ **余弦定理**　△ ABC について，

① $a^2=b^2+c^2-2bc\cos A$
② $b^2=c^2+a^2-2ca\cos B$
③ $c^2=a^2+b^2-2ab\cos C$

✏ **余弦定理の変形**　△ ABC について，

① $\cos A=\dfrac{b^2+c^2-a^2}{2bc}$

② $\cos B=\dfrac{c^2+a^2-b^2}{2ca}$

③ $\cos C=\dfrac{a^2+b^2-c^2}{2ab}$

✏ **三角形の形の決定**　正弦定理や余弦定理を用いて，三角形の辺の長さや角の大きさを決定するには，辺の長さは正弦定理または余弦定理で，角の大きさは余弦定理で求める．

例題 5.24　三角形の面積

次の三角形の面積 S を求めよ．

(1)　$a=4,\ b=3,\ C=60^\circ$　　(2)　$a=3,\ b=4,\ c=5$

解答　(1) $S=\dfrac{1}{2}\cdot 4\cdot 3\sin 60^\circ=6\cdot\dfrac{\sqrt{3}}{2}=3\sqrt{3}.$

(2) $s=\dfrac{3+4+5}{2}=6$．ヘロンの公式より $S=\sqrt{6(6-3)(6-4)(6-5)}=\sqrt{36}=6.$

例題 5.25　正弦定理・余弦定理

次の三角形の他の辺の長さや角の大きさ，面積 S および外接円の半径 R を求めよ．

(1)　$c=2\sqrt{6},\ A=60^\circ,\ B=75^\circ$　　(2)　$a=2,\ c=\sqrt{3}+1,\ B=30^\circ$

解答　(1) $C=180^\circ-(A+B)=180^\circ-(60^\circ+75^\circ)=45^\circ.$

正弦定理より $2R=\dfrac{c}{\sin C}=\dfrac{2\sqrt{6}}{\sin 45^\circ}=\dfrac{2\sqrt{6}}{\frac{\sqrt{2}}{2}}=4\sqrt{3}$ なので，$R=2\sqrt{3}.$

また正弦定理より $a = 2R\sin A = 4\sqrt{3}\sin 60^\circ = 4\sqrt{3}\cdot\dfrac{\sqrt{3}}{2} = 6$.

さらに加法定理より $\sin B = \sin 75^\circ = \sin(45^\circ + 30^\circ) = \dfrac{\sqrt{6}+\sqrt{2}}{4}$.

ゆえに正弦定理より $b = 2R\sin B = 4\sqrt{3}\cdot\dfrac{\sqrt{6}+\sqrt{2}}{4} = 3\sqrt{2}+\sqrt{6}$.

また面積は $S = \dfrac{1}{2}\cdot 2\sqrt{6}\cdot 6\cdot\dfrac{\sqrt{6}+\sqrt{2}}{4} = 9+3\sqrt{3}$.

(2) 余弦定理より $b^2 = (\sqrt{3}+1)^2 + 2^2 - 2\cdot(\sqrt{3}+1)\cdot 2\cdot\cos 30^\circ = 8+2\sqrt{3}-4(\sqrt{3}+1)\cdot\dfrac{\sqrt{3}}{2}$ $= 2$．$b > 0$ なので $b = \sqrt{2}$.

また余弦定理より $\cos A = \dfrac{(\sqrt{2})^2 + (\sqrt{3}+1)^2 - 2^2}{2\cdot\sqrt{2}\cdot(\sqrt{3}+1)} = \dfrac{1}{\sqrt{2}}$.

$0^\circ < A < 180^\circ$ より $A = 45^\circ$．$C = 180^\circ - (A+B) = 180^\circ - (45^\circ + 30^\circ) = 105^\circ$.

また正弦定理より $2R = \dfrac{2}{\dfrac{1}{\sqrt{2}}} = 2\sqrt{2}$．ゆえに $R = \sqrt{2}$.

さらに面積は $S = \dfrac{1}{2}\cdot(\sqrt{3}+1)\cdot 2\cdot\cos 30^\circ = (\sqrt{3}+1)\cdot\dfrac{\sqrt{3}}{2} = \dfrac{3+\sqrt{3}}{2}$.

例題 5.26 三角形の形

関係式 $b\cos A = a\cos B$ を満たす三角形はどんな三角形か答えよ．

解答 余弦定理より $\cos A = \dfrac{b^2+c^2-a^2}{2bc}$，$\cos B = \dfrac{c^2+a^2-b^2}{2ca}$ を代入して $b\cdot\dfrac{b^2+c^2-a^2}{2bc} = a\cdot\dfrac{c^2+a^2-b^2}{2ca}$．整理して $b^2+c^2-a^2 = c^2+a^2-b^2$，$2b^2 = 2a^2$，$b^2 = a^2$．$a > 0$，$b > 0$ より $a = b$．つまり BC = AC の二等辺三角形である．

練習問題 5.9

1 次の三角形の面積 S を求めよ．

(1) $b = 3$，$c = 6$，$A = 45^\circ$　　(2) $a = 5$，$b = 3$，$c = 6$

2 次の三角形の他の辺の長さや角の大きさ，面積 S および外接円の半径 R を求めよ．

(1) $a = 3$，$B = 60^\circ$，$C = 45^\circ$　　(2) $a = 2$，$b = \sqrt{6}$，$c = \sqrt[3]{-1}$

3 次の関係式を満たす三角形はどんな三角形か答えよ．

(1) $a\sin A = b\sin B$　　(2) $a\cos A + b\cos B = c\cos C$

5.10 複素平面と極形式

✏ **複素平面 (ガウス平面)**　複素数 $z = x + yi$ を座標平面上の点 $\mathrm{P}(x, y)$ に対応させて考えるとき，この座標平面を**複素平面 (ガウス平面)** といい，x 軸を**実軸**，y 軸を**虚軸**という．また複素数 z に対応する点 P を単に点 z という．

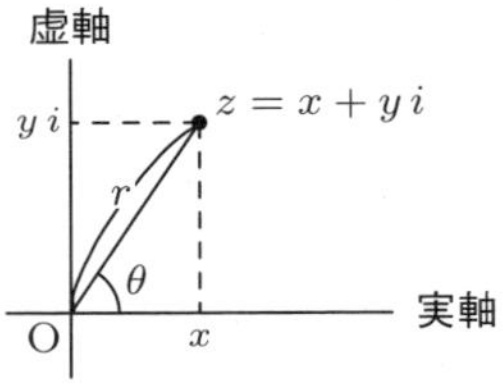

$$\text{複素数 } z = x + yi \longleftrightarrow \text{点 } \mathrm{P}(x, y)$$

✏ **極形式**　複素平面上で複素数 $z = x + yi\ (z \neq 0)$ を表す点を $\mathrm{P}(x, y)$ とする．このとき OP が実軸の正の方向となす角を θ，$\mathrm{OP} = |z| = r$ とおくと，z は

$$z = r(\cos\theta + i\sin\theta) \qquad (\ x = r\cos\theta,\ y = r\sin\theta\ )$$

と表すことができ，z をこの形で表したものを**極形式**という．

ここで $r = \sqrt{x^2 + y^2}$ は z の絶対値で，θ を z の**偏角**といい，$\arg z$ で表す．

※複素数 z の極形式で，絶対値 $r = |z|$ は一意的に定まるが，偏角 θ は一意的に定まらない．しかし三角関数 $\cos\theta$，$\sin\theta$ の周期は 2π なので，2π の整数倍の差を無視すれば一意的に定まる．そこでふつう，偏角 θ を $0 \leqq \theta < 2\pi$ または $-\pi < \theta \leqq \pi$ で考えることが多い．

✏ **乗法，除法 (極形式)**　複素数 $z_1 = r_1(\cos\theta_1 + i\sin\theta_1)$，$z_2 = r_2(\cos\theta_2 + i\sin\theta_2)$ について，

乗法：　$z_1 z_2 = r_1 r_2\{\cos(\theta_1 + \theta_2) + i\sin(\theta_1 + \theta_2)\}$

除法：　$\dfrac{z_1}{z_2} = \dfrac{r_1}{r_2}\{\cos(\theta_1 - \theta_2) + i\sin(\theta_1 - \theta_2)\}$

✏ **ド・モアブルの定理**　$(\cos\theta + i\sin\theta)^n = \cos n\theta + i\sin n\theta$　(n：整数)

✏ **べき乗 (極形式)**　$z = r(\cos\theta + i\sin\theta)$ について，

$$z^n = r^n(\cos n\theta + i\sin n\theta) \quad (n：\text{整数})$$

例題 5.27　　極形式

次の複素数 z を極形式は $x + yi$ の形に，$x + yi$ の形は極形式で表せ．$(0 \leqq \theta < 2\pi)$

(1)　$z = 1 + \sqrt{3}i$　　(2)　$z = -5 + 5i$　　(3)　$z = 2\left(\cos\dfrac{\pi}{6} - i\sin\dfrac{\pi}{6}\right)$

解答　(1) $r = |z| = \sqrt{1^2 + (\sqrt{3})^2} = \sqrt{4} = 2.$

$\cos\theta = \dfrac{1}{2}$，$\sin\theta = \dfrac{\sqrt{3}}{2}$ より，偏角 $\theta = \dfrac{\pi}{3}$ なので $z = 2\left(\cos\dfrac{\pi}{3} + i\sin\dfrac{\pi}{3}\right).$

(2) $r = |z| = \sqrt{(-5)^2 + 5^2} = \sqrt{50} = 5\sqrt{2}.$

$\cos\theta = -\dfrac{1}{\sqrt{2}}$，$\sin\theta = \dfrac{1}{\sqrt{2}}$ より，偏角 $\theta = \dfrac{3}{4}\pi$ なので $z = 5\sqrt{2}\left(\cos\dfrac{3}{4}\pi + i\sin\dfrac{3}{4}\pi\right)$.

(3) $z = 2\left(\cos\dfrac{\pi}{6} - i\sin\dfrac{\pi}{6}\right) = 2\left(\dfrac{\sqrt{3}}{2} - i\cdot\dfrac{1}{2}\right) = \sqrt{3} - i$.

例題 5.28 **乗法，除法 (極形式)**

> $z = 1 + \sqrt{3}i$，$w = -2 - 2i$ のとき，zw と $\dfrac{z}{w}$ を極形式で表せ．$(0 \leqq \theta < 2\pi)$

解答 z について $r = |z| = \sqrt{1^2 + (\sqrt{3})^2} = \sqrt{4} = 2$．$\cos\theta = \dfrac{1}{2}$，$\sin\theta = \dfrac{\sqrt{3}}{2}$ より偏角 $\theta = \dfrac{\pi}{3}$ なので，$z = 2\left(\cos\dfrac{\pi}{3} + i\sin\dfrac{\pi}{3}\right)$.

また w について $r = \sqrt{(-2)^2 + (-2)^2} = \sqrt{8} = 2\sqrt{2}$．$\cos\theta = -\dfrac{1}{\sqrt{2}}$，$\sin\theta = -\dfrac{1}{\sqrt{2}}$ より

偏角 $\theta = \dfrac{5}{4}\pi$ なので，$w = 2\sqrt{2}\left(\cos\dfrac{5}{4}\pi + i\sin\dfrac{5}{4}\pi\right)$.

$$zw = 2\cdot 2\sqrt{2}\left\{\cos\left(\frac{\pi}{3} + \frac{5}{4}\pi\right) + i\sin\left(\frac{\pi}{3} + \frac{5}{4}\pi\right)\right\} = 4\sqrt{2}\left(\cos\frac{19}{12}\pi + i\sin\frac{19}{12}\pi\right).$$

$$\frac{z}{w} = \frac{2}{2\sqrt{2}}\left\{\cos\left(\frac{\pi}{3} - \frac{5}{4}\pi\right) + i\sin\left(\frac{\pi}{3} - \frac{5}{4}\pi\right)\right\} = \frac{1}{\sqrt{2}}\left(\cos\frac{\pi}{3} + i\sin\frac{\pi}{3}\right).$$

例題 5.29 **べき乗 (極形式)**

> $z = -1 + \sqrt{3}i$ とするとき，z を極形式で表して z^6 を求めよ．

解答 極形式で $z = 2\left(\cos\dfrac{2}{3}\pi + i\sin\dfrac{2}{3}\pi\right)$ なので，

$$z^6 = \left\{2\left(\cos\frac{2}{3}\pi + i\sin\frac{2}{3}\pi\right)\right\}^6 = 2^6\left(\cos\frac{2}{3}\pi + i\sin\frac{2}{3}\pi\right)^6$$

$$= 64\left\{\cos\left(6\cdot\frac{2}{3}\pi\right) + i\sin\left(6\cdot\frac{2}{3}\pi\right)\right\} = 64(\cos 4\pi + i\sin 4\pi) = 64.$$

練習問題 5.10

1 次の複素数 z を極形式で表せ．$(0 \leqq \theta < 2\pi)$

(1) $z = \sqrt{2} + \sqrt{2}i$ (2) $z = 2\sqrt{3} - 2i$ (3) $z = -1 + \sqrt{3}i$

2 $z = \sqrt{3}i$，$w = 2 - 2i$ のとき，zw と $\dfrac{z}{w}$ を極形式で表せ．$(0 \leqq \theta < 2\pi)$

3 $z = \sqrt{3} + i$ とするとき，z を極形式で表して z^6 を求めよ．

総 合 演 習 5

5.1 次の角度を，六十分法は弧度法に，弧度法は六十分法で表せ．

(1) $315°$　(2) $-480°$　(3) $\frac{3}{5}\pi$　(4) $-\frac{25}{6}\pi$

5.2 底面の半径が 3 cm，母線の長さが 12 cm の直円すいがある．この直円すいの側面の面積を求めよ．

5.3 次の（　）で指定された象限の角 θ について，次の三角関数の値がわかっているとき，他の三角関数の値を求めよ．

(1) $\sin\theta = \frac{2}{5}$　(第 2 象限)　(2) $\cos\theta = \frac{1}{3}$　(第 4 象限)

(3) $\tan\theta = \frac{3}{4}$　(第 3 象限)

5.4 次の等式が成り立つことを証明せよ．

(1) $\frac{\cos\theta - \sin\theta}{\cos\theta + \sin\theta} = \frac{1 - \tan\theta}{1 + \tan\theta}$　(2) $\tan\theta + \frac{1}{\cos\theta} = \frac{\cos\theta}{1 - \sin\theta}$

(3) $\cos^4\theta - \sin^4\theta = \cos 2\theta$　(4) $\frac{1 - \cos 2\theta}{\sin 2\theta} = tan\theta$

5.5 次の三角関数のグラフを描け．

(1) $y = \sin\left(x - \frac{\pi}{2}\right) + 1$　(2) $y = 2\cos\frac{x}{2}$　(3) $y = \tan\frac{x}{2} - 1$

5.6 次の三角方程式および三角不等式を解け．$(0 \leqq x < 2\pi)$

(1) $\cos 3x = -\frac{\sqrt{3}}{2}$　(2) $2\sin^2 x - 7\sin x + 3 = 0$

(3) $2\sin 2x > \sqrt{3}$　(4) $2\cos^2 x - 3\cos x - 2 \leqq 0$

5.7 $\sin\alpha = \frac{3}{5}$，$\cos\beta = \frac{4}{5}$　$\left(0 < \alpha,\ \beta < \frac{\pi}{2}\right)$ のとき，次の値を求めよ．

(1) $\sin(\alpha + \beta)$　(2) $\cos(\beta - \alpha)$　(3) $\sin\left(\alpha - \frac{\pi}{4}\right)$

(4) $\tan\left(\beta + \frac{2}{3}\pi\right)$　(5) $\sin 2\beta$　(6) $\cos\frac{\alpha}{2}$

5.8 次の式を和は積に，積は和に書きかえよ．

(1) $\sin\frac{x}{8} + \sin\frac{3}{8}x$　(2) $\cos 6x - \cos 2x$

(3) $\sin\frac{3}{4}x\sin\frac{x}{4}$　(4) $\sin 5x\cos 7x$

5.9 sin の合成公式を利用して，次の方程式および不等式を解け．$(0 \leqq x < 2\pi)$

(1)　$\cos x - \sin x = 1$　　(2)　$\sqrt{3}\sin x + \cos x = \sqrt{3}$

(3)　$\sin x - \cos x \geqq 1$　　(4)　$\sqrt{3}\cos x - \sin x < 1$

5.10 次の関数の最大値および最小値を求めよ．$(0 \leqq x < 2\pi)$

(1)　$\sin x + \sqrt{3}\cos x$　　(2)　$\sin x - \cos\left(x - \dfrac{\pi}{6}\right)$

(3)　$\cos^2 x + \cos 2x$　　(4)　$2\cos^2 x + 2\sin x\cos x$

5.11 $x + y = \dfrac{2}{3}\pi$ のとき，次の関数の最大値および最小値を求めよ．

(1)　$\sin x + \cos y$　(2)　$\sin x\cos y$　(3)　$\sin^2 x + \cos^2 y$

5.12 次の辺および角をもつ三角形の面積を求めよ．

(1)　$b = 4,\ c = 5,\ A = 60°$　　(2)　$a = 21,\ b = 13,\ c = 20$

5.13 △ABC において，次の辺または角を求めよ．

(1)　$b = 4,\ c = 3,\ A = 60°$ のときの a

(2)　$A = 45°,\ C = 60°,\ c = 10$ のときの b

(3)　$a = 3 + \sqrt{3},\ b = \sqrt{6},\ c = 2\sqrt{3}$ のときの B

5.14 △ABC において次の関係が成り立つとき，この三角形はどんな形か答えよ．

(1)　$a\sin A = b\sin B$　　(2)　$a\cos A + b\cos B = c\cos C$

5.15 △ABC において，A が鋭角であるとき，辺 BC 上の点 P から辺 AB，AC におろした垂線をそれぞれ PD，PE とする．次の問に答えよ．

(1)　線分 DE の長さを角 A と線分 AP の長さで表せ．

(2)　線分 DE の長さが最小となるような点 P の位置を求めよ．

5.16 △ABC の内接円の半径を r，$s = \dfrac{1}{2}(a + b + c)$，外接円の半径を R，面積を S とすれば，次の等式が成り立つことを示せ．

(1)　$S = rs$　(2)　$4RS = abc$　(3)　$\dfrac{1}{ab} + \dfrac{1}{bc} + \dfrac{1}{ca} = \dfrac{1}{2rR}$

5.17 次の複素数 z を極形式は $x + yi$ の形に，$x + yi$ の形は極形式で表せ．$(0 \leqq \theta < 2\pi)$

(1)　$z = 2 + 2\sqrt{3}\,i$　(2)　$z = \sqrt{3} - i$　(3)　$z = 3\left(\cos\dfrac{5}{6}\pi - i\sin\dfrac{5}{6}\pi\right)$

5.18 $z = 2\left(\cos\dfrac{\pi}{3} + i\sin\dfrac{\pi}{3}\right)$，$w = \left(\cos\dfrac{\pi}{6} + i\sin\dfrac{\pi}{6}\right)$ のとき，次の値を $x + yi$ の形で答えよ．

(1)　zw　(2)　$\dfrac{z}{w}$　(3)　z^6

第 6 章　平面上の図形

第 6 章の要点

・**2 点間の距離**　2 点間を結ぶ線分の長さを 2 点間の**距離**という．

・**内分点と外分点**　直線 l 上の 2 点 A，B に対して，条件 $\mathrm{AP}:\mathrm{BP}=m:n$ を満たす線分 AB の内部に定まる点 P を線分 AB を $m:n$ に内分する**内分点**，線分 AB の外部に定まる点 P を線分 AB を $m:n$ に外分する**外分点**という．また特に線分 AB を $1:1$ に内分する内分点 P を線分 AB の**中点**という．

数直線上：　**内分点**：　$\mathrm{P}(x)=\dfrac{mx_2+nx_1}{m+n}$，　**外分点**：　$\mathrm{P}(x)=\dfrac{mx_2-nx_1}{m-n}$.

座標平面上：　**内分点**：　$\mathrm{P}(x,y)=\left(\dfrac{mx_2+nx_1}{m+n},\ \dfrac{my_2+ny_1}{m+n}\right)$,

外分点：　$\mathrm{P}(x,y)=\left(\dfrac{mx_2-nx_1}{m-n},\ \dfrac{my_2-ny_1}{m-n}\right)$.

・**直線の方程式 (標準形)**　$y=mx+b$　（ m：傾き，b：y 切片 ）.

・**直線の方程式 (一般形)**　$ax+by+c=0$.

・**直線の平行と垂直**　平行$(l_1\,/\!/\,l_2)$：$m_1=m_2$，　**垂直**$(l_1\perp l_2)$：$m_1m_2=-1$.

・**円の方程式 (標準形)**　中心 $\mathrm{O}(a,\,b)$，半径 r の円の方程式は，

$$(x-a)^2+(y-b)^2=r^2.$$

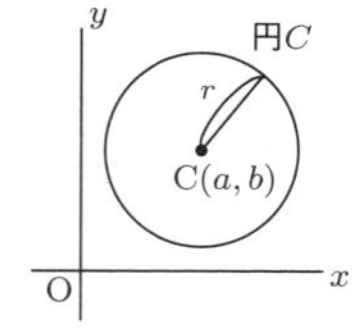

・**円の方程式 (一般形)**　$x^2+y^2+lx+my+n=0$.

・**円の接線の方程式**　接点 $(x_1,\,y_1)$ における接線の方程式は，

$$(x_1-a)(x-a)+(y_1-b)(y-b)=r^2.$$

・**だ円 (楕円)**　2 定点 F，F′ からの距離の和が一定である動点 P の軌跡を**だ円 (楕円)** といい，F，F′ を**焦点**という．

・**だ円の方程式 (標準形)**　焦点 $\mathrm{F}(c,\,0)$，$\mathrm{F}'(-c,\,0)$ で，条件 $\mathrm{FP}+\mathrm{F'P}=2a$ で定まる楕円の方程式は，

$$\frac{x^2}{a^2}+\frac{y^2}{b^2}=1\quad (b=\sqrt{a^2-c^2}).$$

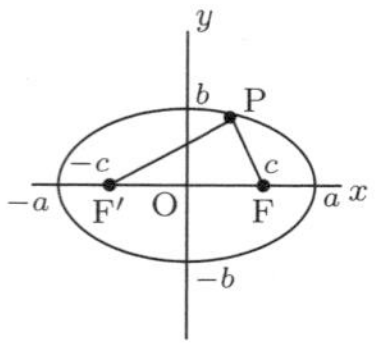

・**だ円の接線の方程式**　接点 $\mathrm{P}(x_1,\,y_1)$ における接線の方程式は，$\dfrac{x_1x}{a^2}+\dfrac{y_1y}{b^2}=1$.

・**双曲線**　2 定点 F，F′ からの距離の差が一定である動点 P の軌跡を**双曲線**といい，F，F′ を**焦点**という．

・**双曲線の方程式 (標準形)**　焦点 $\mathrm{F}(c,\,0)$，$\mathrm{F}'(-c,\,0)$ で，条件 $|\mathrm{FP}-\mathrm{F'P}|=2a$ で定まる双曲線の方程式は，

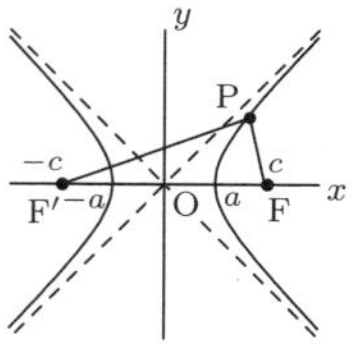

$$\frac{x^2}{a^2}-\frac{y^2}{b^2}=1\quad (b=\sqrt{c^2-a^2}).$$　・**双曲線の接線の方程式**　接点 $\mathrm{P}(x_1,\,y_1)$

における接線の方程式は，$\dfrac{x_1x}{a^2}-\dfrac{y_1y}{b^2}=1$.

・**放物線**　定直線 g と定点 F から等距離にある動点 P の軌跡を**放物線**といい，g をその**準線**，F を**焦点**という．

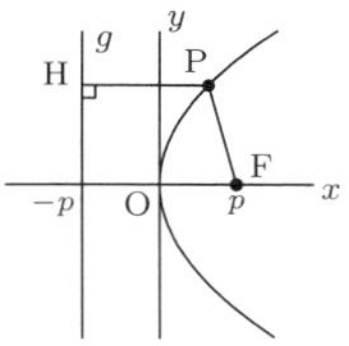

・**放物線の方程式 (標準形)**　焦点 $\mathrm{F}(p,\,0)$ $(p>0)$ と準線 $g:x=-p$ で，動点 P から準線 g に下ろした垂線を HP とするとき，条件 $\mathrm{FP}=\mathrm{HP}$ で定まる放物線の方程式は，$y^2=4px$.

・**放物線の接線の方程式**　接点 $\mathrm{P}(x_1,\,y_1)$ における接線の方程式は，$y_1y=2p(x+x_1)$.

・**2 次曲線 (一般形)**　2 次式 $ax^2+by^2+cxy+dx+ey+f=0$ で表される図形を **2 次曲線**という．2 次曲線は大きく 3 種類，だ円 (楕円)(円を含む)，双曲線，放物線に分けられ，またこれらに限る．

・**不等式が表す領域**　不等式 $f(x,\,y)>0$ $(<,\,\geqq,\,\leqq)$ を満たす点 $(x,\,y)$ 全体の集合を，その**不等式が表す領域**という．特に方程式 $f(x,\,y)=0$ を満たす点 $(x,\,y)$ 全体が描く曲線をその領域の**境界**という．

・**連立不等式が表す領域**　連立不等式を満たす点 $(x,\,y)$ 全体の集合を，その**連立不等式が表す領域**といい，個々の不等式が表す領域の共通部分である．

・**線形計画法**　**連立 1 次不等式**を満たす $x\geqq 0$，$y\geqq 0$ である点 $(x,\,y)$ 全体からなる領域の境界は**多角形**であり，その境界および内部を合わせた領域 D における 1 次式 $ax+by+c$ の最大値，最小値を求める問題を**線形計画法**という．

・**図形の相似**　図形 F，F' の点どうしが 1 対 1 に対応し，対応する点 P と P′ を結ぶ直線がすべて 1 点 O で交わり，比 $\mathrm{OP}:\mathrm{OP}'=a:b$ が一定であるとき，図形 F と F' は**相似の位置にある**といい，点 O を**相似の中心**，比 $a:b$ を**相似比**という．さらに F，F' を適当に移動または裏返して相似の位置に置けるとき，F と F' は**相似**である，または**相似形**であるといい，$F \backsim F'$ と表す．

・**三角形の重心**　△ABC で各頂点と対辺の**中点**を結ぶ線分を**中線**といい，これら 3 本の中線は 1 点 G で交わる．この点 G を △ABC の**重心**という．重心 G は各中線を頂点側から 2 : 1 に内分する内分点と考えてもよい．

・**三角形の外心，内心，垂心**　△ABC で 3 辺の各垂直二等分線は 1 点 O で交わる．この点 O を △ABC の**外心**という．△ABC で 3 頂点の内角の各二等分線は 1 点 I で交わる．この点 I を △ABC の**内心**という．△ABC で 3 頂点から対辺にひいた各垂線は 1 点 H で交わる．この点 H を △ABC の**垂心**という．

6.1 内分点と外分点

✏ **2 点間の距離**　2 点間を結ぶ線分の長さを 2 点間の**距離**という．

数直線上の**距離**：　2 点 $\mathrm{P}(x_1)$，$\mathrm{Q}(x_2)$ の間の距離は，$\mathrm{PQ} = |\,x_2 - x_1\,|$

座標平面上の**距離**：　2 点 $\mathrm{P}(x_1, y_1)$，$\mathrm{Q}(x_2, y_2)$ の間の距離は，

$$\mathrm{PQ} = \sqrt{(x_2 - x_1)^2 + (y_2 - y_1)^2}$$

✏ **内分点と外分点**　直線 l 上の 2 点 A，B に対して，条件 $\mathrm{AP} : \mathrm{BP} = m : n$ を満たす直線 l 上の点 P で，線分 AB の内部に定まる点 P を，線分 AB を $m : n$ に内分する**内分点**，線分 AB の外部に定まる点 P を線分 AB を $m : n$ に外分する**外分点**という．

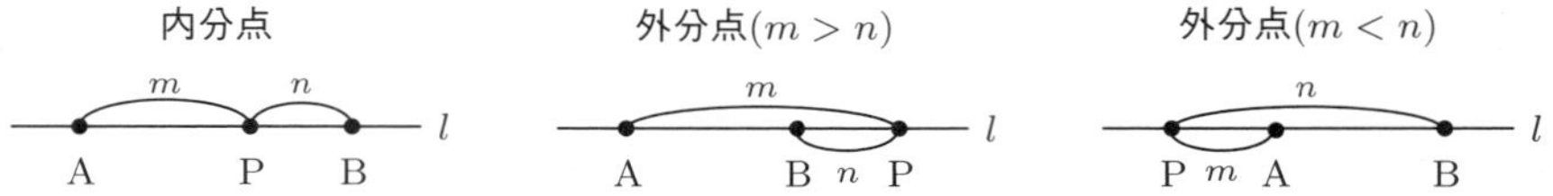

数直線上の内分点，外分点：　2 点 $\mathrm{A}(x_1)$，$\mathrm{B}(x_2)$ に対して点 $\mathrm{P}(x)$ は

内分点：　$\mathrm{P}(x) = \dfrac{mx_2 + nx_1}{m+n}$，　　**外分点**：　$\mathrm{P}(x) = \dfrac{mx_2 - nx_1}{m-n}$.

座標平面上の内分点，外分点：　2 点 $\mathrm{A}(x_1, y_1)$，$\mathrm{B}(x_2, y_2)$ に対して点 $\mathrm{P}(x, y)$ は

内分点：　$\mathrm{P}(x, y) = \left(\dfrac{mx_2 + nx_1}{m+n}, \dfrac{my_2 + ny_1}{m+n}\right)$,

外分点：　$\mathrm{P}(x, y) = \left(\dfrac{mx_2 - nx_1}{m-n}, \dfrac{my_2 - ny_1}{m-n}\right)$.

✏ **中点**　特に線分 AB を $1:1$ に内分する内分点 P を線分 AB の**中点**という．

数直線上の中点：　2 点 $\mathrm{A}(x_1)$，$\mathrm{B}(x_2)$ に対して中点 $\mathrm{P}(x)$ は

中点：　$\mathrm{P}(x) = \dfrac{x_1 + x_2}{2}$

座標平面上の中点：　2 点 $\mathrm{A}(x_1, y_1)$，$\mathrm{B}(x_2, y_2)$ に対して中点 $\mathrm{P}(x, y)$ は

中点：　$\mathrm{P}(x, y) = \left(\dfrac{x_1 + x_2}{2}, \dfrac{y_1 + y_2}{2}\right)$

例題 6.1　　**2 点間の距離**

次の 2 点 P，Q 間の距離 PQ を求めよ．

(1)　$\mathrm{P}(-2)$，$\mathrm{Q}(5)$　　(2)　$\mathrm{P}(3, 1)$，$\mathrm{Q}(6, -3)$

解答　(1) $\mathrm{PQ} = |\,5 - (-2)\,| = |\,7\,| = 7$.

(2) $\mathrm{PQ} = \sqrt{(6-3)^2 + (-3-1)^2} = \sqrt{3^2 + (-4)^2} = \sqrt{9+16} = \sqrt{25} = 5$.

例題 6.2　　**数直線上の内分点と外分点，中点**

2 点 A(−1)，B(4) について，線分 AB を 3 : 2 に内分する内分点 P(x)，外分する外分点 Q(x) および中点 R(x) を求めよ．

解答　$\mathrm{P}(x)=\dfrac{3\cdot 4+2\cdot(-1)}{3+2}=\dfrac{10}{5}=2.$　$Q(x)=\dfrac{3\cdot 4-2\cdot(-1)}{3-2}=14.$　$\mathrm{R}(x)=\dfrac{3}{2}.$

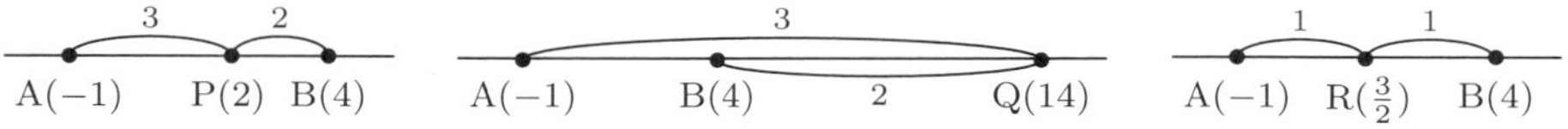

例題 6.3　　**座標平面上の内分点と外分点，中点**

2 点 A(4, −3)，B(−1, 7) について，線分 AB を 3 : 2 に内分する内分点 P(x, y)，外分する外分点 Q(x, y) および中点 R(x, y) を求めよ．

解答　$\mathrm{P}(x,\,y)=\left(\dfrac{3\cdot(-1)+2\cdot 4}{3+2},\ \dfrac{3\cdot 7+2\cdot(-3)}{3+2}\right)=(1,\,3).$

$$\mathrm{Q}(x,\,y)=\left(\frac{3\cdot(-1)-2\cdot 4}{3-2},\ \frac{3\cdot 7-2\cdot(-3)}{3-2}\right)=(-11,\,27).$$

$$\mathrm{R}(x,\,y)=\left(\frac{4+(-1)}{2},\ \frac{-3+7}{2}\right)=\left(\frac{3}{2},\,2\right).$$

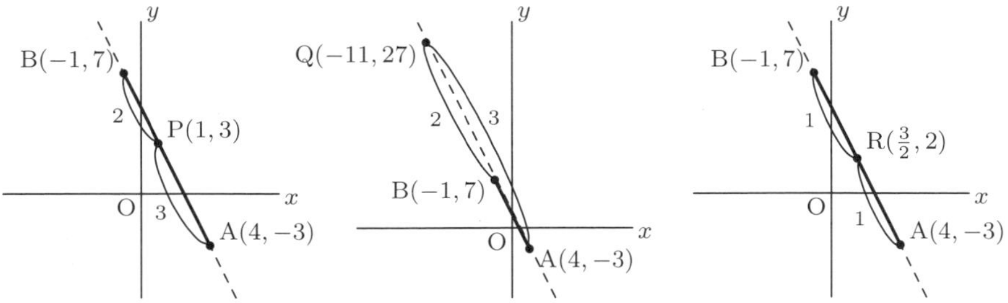

練習問題 6.1

1　次の 2 点 P，Q 間の距離 PQ を求めよ．

(1)　P(−3)，Q(4)　　(2)　P(2, 3)，Q(5, −2)

2　2 点 A(−3)，B(5) について，線分 AB を 2 : 3 に内分する内分点 P(x)，外分する外分点 Q(x) および中点 R(x) を求めよ．

3　2 点 A(2, −4)，B(−3, 6) について，線分 AB を 2 : 3 に内分する内分点 P(x,y)，外分する外分点 Q(x, y) および中点 R(x, y) を求めよ．

6.2 直線の方程式

✏ **直線の方程式 (標準形)**　傾きm，**y 切片**b (y 切片は y 軸との交点の y 座標) の直線の方程式は，

$$y = mx + b \qquad \left(傾き\ m = \frac{q}{p},\quad y\ 切片\ b\right)$$

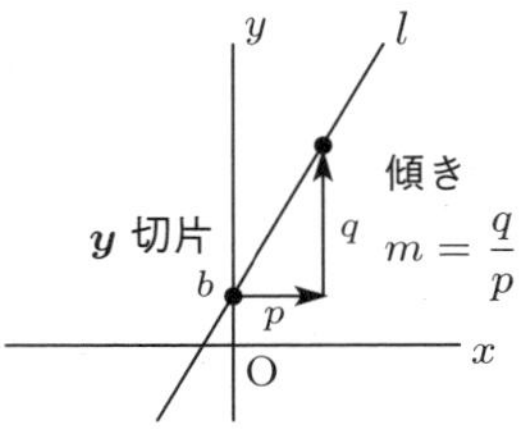

✏ **直線の方程式 (一般形)**　直線の方程式の**一般形**は，

$$ax + by + c = 0.$$

✏ **直線の方程式 (応用形)**　傾きと y 切片を決定すれば直線の方程式が決まる．

① 傾き m で点 $\mathrm{A}(x_1, y_1)$ を通る直線の方程式は，$y - y_1 = m(x - x_1)$．

② 2 点 $\mathrm{A}(x_1, y_1)$，$\mathrm{B}(x_2, y_2)$ を通る直線の方程式は，

$$y - y_1 = \frac{y_2 - y_1}{x_2 - x_1}(x - x_1) \quad (x_1 \neq x_2), \qquad x = x_1 \quad (x_1 = x_2).$$

✏ **直線の平行と垂直**　2 直線 l_1，l_2 が**平行**である，**垂直に交わる**ための条件は，

① **標準形**：$l_1 : y = m_1x + b_1$，$l_2 : y = m_2x + b_2$ について，

平行$(l_1 \,//\, l_2)$：$m_1 = m_2$，　**垂直**$(l_1 \perp l_2)$：$m_1m_2 = -1$.

② **一般形**：$l_1 : a_1x + b_1y + c_1 = 0$，$l_2 : a_2x + b_2y + c_2 = 0$ について，

平行$(l_1 \,//\, l_2)$：$a_1 : b_1 = a_2 : b_2$，　**垂直**$(l_1 \perp l_2)$：$a_1a_2 + b_1b_2 = 0$.

例題 6.4　　**直線の描き方**

次の直線を描け．

(1)　$y = -2x$　　(2)　$y = \dfrac{3}{2}x + 1$　　(3)　$2x - 3y - 3 = 0$

解答　(1) y 切片が 0 なので原点を通る傾き $m = -2 = \dfrac{-2}{1}$ の直線である．

(2) 傾き $m = \dfrac{3}{2}$，y 切片が 1 の直線である．

(3) 変形して $2x - 3 = 3y$，$y = \dfrac{2}{3}x - 1$ なので，傾き $m = \dfrac{2}{3}$，y 切片が -1 の直線である．

(1)
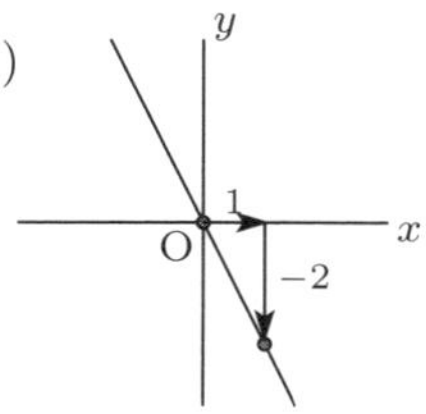

(2)
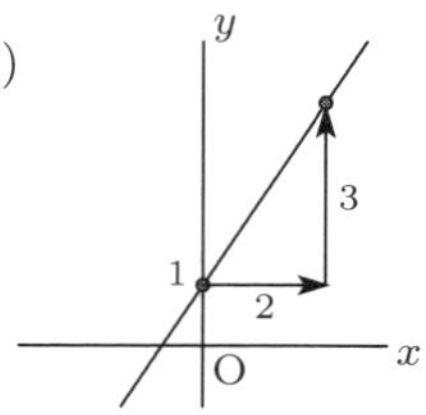

(3)
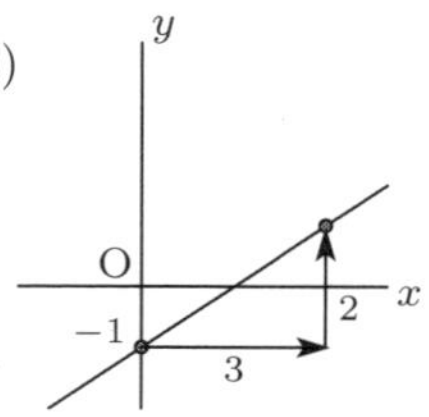

別解 y 切片が 0 でないとき，$x=0$ と $y=0$ を代入して x 軸と y 軸との交点を求め，その 2 交点を通る直線を描いてもよい．

例題 6.5 直線の方程式

次の条件を満たす直線の方程式を求めよ．

(1) 傾き -2 で点 $(1, -3)$ を通る　(3) 2 点 $(3, -1)$，$(5, 7)$ を通る

解答 (1) $y-(-3)=-2(x-1)$．ゆえに $y=-2x+2-3=-2x-1$ である．

(2) $y-(-1)=\dfrac{7-(-1)}{5-3}(x-3)$．ゆえに $y=4x-12-1=4x-13$ である．

例題 6.6 直線の平行と垂直

点 $(2, 3)$ を通り，次の直線に平行または垂直な直線の方程式を求めよ．

(1) $y=3x-1$　(2) $x+2y-3=0$

解答 (1) y 切片を b とおくと，平行条件より $y=3x+b$ とおける．
点 $(2, 3)$ を通るので $3=3\cdot 2+b$．ゆえに $b=-3$ なので $y=3x-3$ である．
また傾きを m とおくと垂直条件より $3m=-1$ なので $m=-\dfrac{1}{3}$．点 $(2, 3)$ を通るので
$y-3=-\dfrac{1}{3}(x-2)$．ゆえに $y=-\dfrac{1}{3}x+\dfrac{11}{3}$ である．

(2) 直線を $ax+by+c=0$ とおく．平行条件より $1:2=a:b$ なので $a=1$，$b=2$ とおける．ゆえに $x+2y+c=0$．点 $(2, 3)$ を通るので $2+2\cdot 3+c=0$．ゆえに $c=-8$ なので $x+2y-8=0$ である．また垂直条件より $1\cdot a+2\cdot b=0$ なので $a=-2b$．
点 $(2, 3)$ を通るので $-4b+3b+c=0$．ゆえに $c=b$ となり $-2bx+by+b=0$．
さらに両辺を $-b$ で割って $2x-y-1=0$ である．

練習問題 6.2

1 次の直線を描け．

(1) $y=-\dfrac{4}{3}x-2$　(2) $2x-3y+5=0$

2 次の条件を満たす直線の方程式を求めよ．

(1) 傾きが -3 で点 $(-2, 3)$ を通る　(2) 2 点 $(-1, 4)$，$(3, 5)$ を通る

3 点 $(1, -2)$ を通り，次の直線に平行または垂直な直線の方程式を求めよ．

(1) $y=4x+3$　(2) $2x-3y+5=0$

6.3 円の方程式

✏ **円の方程式 (標準形)**　中心 $\mathrm{C}(a,b)$，半径 r の円の方程式は，

$$(x-a)^2+(y-b)^2=r^2.$$

特に原点 $\mathrm{O}(0,0)$ が中心で，半径 r の円の方程式は，

$$x^2+y^2=r^2.$$

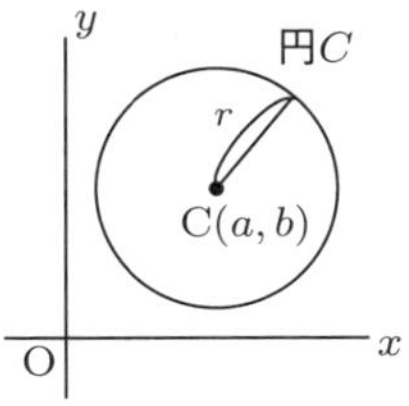

✏ **円の方程式 (一般形)**　標準形の円の方程式を展開すると，次の**一般形**が得られる．　$x^2+y^2+lx+my+n=0.$

※一般形の円の方程式を標準形に変形すると，円の中心 C の座標 (a,b) および半径 r の長さがわかる．

✏ **3点を通る円の方程式**　3点を通る円の方程式を求めるには，一般形の円の方程式を利用する．

① 求める円の方程式を $x^2+y^2+lx+my+n=0$ とおく．

② 3点の座標を x および y に代入して，l，m，n の連立1次方程式を作る．

③ ②の連立1次方程式を解いて，l，m，n の値を決定する．

④ ①の円の方程式に③ の l，m，n の値を代入する．

✏ **円の接線**　円と接する直線をその円の**接線**といい，接する点を**接点**という．

✏ **円の接線の方程式**　円 $(x-a)^2+(y-b)^2=r^2$ 上の接点 (x_1,y_1) における接線の方程式は，

$$(x_1-a)(x-a)+(y_1-b)(y-b)=r^2.$$

特に原点を中心とする円 $x^2+y^2=r^2$ 上の接点 $(x_1,\ y_1)$ における接線の方程式は，

$$x_1x+y_1y=r^2.$$

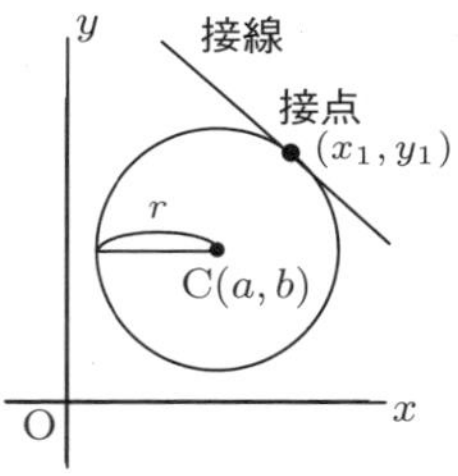

例題 6.7　　　　　　　　　　　　　　　　　　　　　　　　　　円の方程式

次の条件を満たす円の方程式を求めよ．

(1)　中心 $\mathrm{C}(1,\ -3)$，半径 2　　(2)　2点 $\mathrm{A}(-3,\ -2)$，$\mathrm{B}(3,\ 6)$ が直径の両端

解答　(1) $(x-1)^2+(y-(-3))^2=2^2$．ゆえに $(x-1)^2+(y+3)^2=4.$

(2) 直径 AB の中点が円の中心なので，円の中心は $\left(\dfrac{-3+3}{2},\ \dfrac{-2+6}{2}\right)=(0,\ 2).$

また直径 AB の長さの半分が半径なので，$\dfrac{\mathrm{AB}}{2}=\dfrac{10}{2}=5.$

ゆえに円の方程式は $(x-0)^2+(y-2)^2=5^2$，つまり $x^2+(y-2)^2=25.$

例題 6.8 円の中心の座標と半径の長さ

次の方程式の表す円の中心 C の座標と半径 r の長さを答えよ．

(1) $(x+1)^2+(y-2)^2=4$ (2) $x^2+y^2-6x+4y-12=0$

解答 (1) $(x-(-1))^2+(y-2)^2=2^2$ なので，中心 $(-1,\ 2)$，半径 2 の円である．

(2) $(x-3)^2+(y-(-2))^2=5^2$ なので，中心 $(3,\ -2)$，半径 5 の円である．

例題 6.9 3 点を通る円の方程式

3 点 $\mathrm{A}(4,\ -1)$，$\mathrm{B}(-2,\ 3)$，$\mathrm{C}(3,\ 4)$ を通る円の方程式を求めよ．

解答 求める円の方程式を $x^2+y^2+lx+my+n=0$ とおく．

点 $\mathrm{A}(4,\ -1)$ を通るので，$4l-m+n=-17 \cdots ①$．

また点 $\mathrm{B}(-2,\ 3)$ を通るので，$-2l+3m+n=-13 \cdots ②$．

さらに点 $\mathrm{C}(3,\ 4)$ を通るので，$3l+4m+n=-25 \cdots ③$．

そこで①，②，③の連立 1 次方程式を解いて，$l=-2$，$m=-2$，$n=-11$ なので，
$x^2+y^2-2x-2y-11=0$ である．

例題 6.10 接線の方程式

次の円とその円上の接点における接線の方程式を求めよ．

(1) $x^2+y^2=8$，接点 $(2,\ 2)$ (2) $x^2+y^2-2x-4y+3=0$，接点 $(2,\ 3)$

解答 (1) 接点 $(2,\ 2)$ なので，接線は $2x+2y=8$，つまり $x+y=4$．

(2) 標準形は $(x-1)^2+(y-2)^2=2$．

接点 $(2,\ 3)$ なので，接線は $(2-1)(x-1)+(3-2)(y-2)=2$，つまり $x+y=5$．

練習問題 6.3

1 次の条件を満たす円の方程式を求めよ．

(1) 中心 $\mathrm{C}(-2,\ 1)$，半径 3 (2) $\mathrm{A}(0,\ 0)$，$\mathrm{B}(0,\ 1)$，$\mathrm{C}(2,\ 2)$ を通る

2 次の方程式の表す円の中心 C の座標と半径 r の長さを答えよ．

(1) $(x+2)^2+(y+3)^2=25$ (2) $x^2+y^2+2x-6y+6=0$

3 円 $x^2+y^2-4x+6y+11=0$ 上の接点 $(3,\ -2)$ における接線の方程式を求めよ．

6.4 点の軌跡

✏ **点の軌跡**　与えられた条件を満たす**動点**$\mathrm{P}(x,\ y)$ の描く図形を**点の軌跡**という．点の軌跡の方程式を決定するには，動点を $\mathrm{P}(x,\ y)$ とおき，条件を満たす x，y の方程式を決定する．

✏ **垂直二等分線**　異なる 2 点 A，B から等距離にある動点 P の軌跡は，線分 AB の中点を通り，線分 AB に垂直な直線を描く．この直線を線分 AB の**垂直二等分線**という．

✏ **アポロニウスの円**　異なる 2 点 A，B について，条件 $\mathrm{AP}:\mathrm{BP}=m:n\ (m\neq n)$ を満たす動点 P の軌跡は，線分 AB を $m:n$ に内分する内分点と外分する外分点を直径の両端とする円を描く．この円を**アポロニウスの円**という．

垂直二等分線

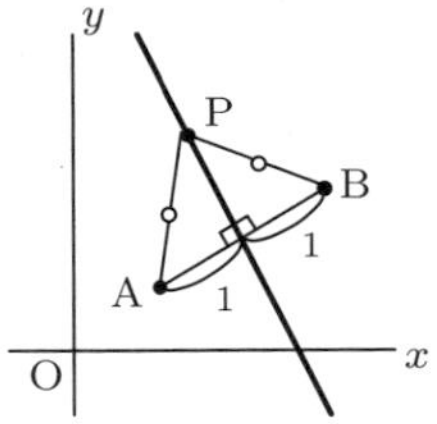

アポロニウスの円

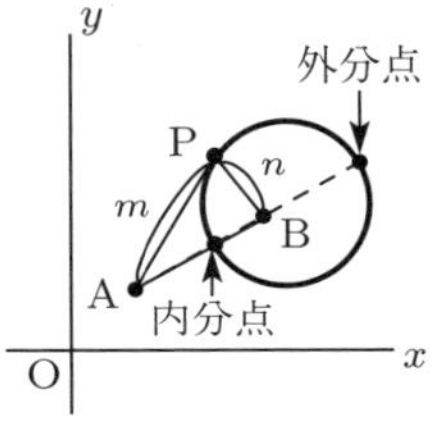

例題 6.11　　点の軌跡

次の条件を満たす動点 $\mathrm{P}(x,\ y)$ の軌跡の方程式を求めよ．

(1)　点 $\mathrm{C}(2,\ -1)$，$\mathrm{CP}=4$　　(2)　2 点 $\mathrm{A}(2,\ 2)$，$\mathrm{B}(6,\ 4)$，$\mathrm{AP}^2+\mathrm{BP}^2=18$

(3)　点 $\mathrm{A}(5,\ 0)$ と円 $x^2+y^2=5$ 上の動点 Q を結ぶ線分 AQ の中点 P

解答　動点 P の座標を $(x,\ y)$ とおく．

(1) $\mathrm{CP}=4$ より $\mathrm{CP}=\sqrt{(x-2)^2+(y+1)^2}=4$ なので，$(x-2)^2+(y+1)^2=16$.
ゆえに中心 $\mathrm{C}(2,\ -1)$，半径 4 の円.

(2) $\mathrm{AP}^2+\mathrm{BP}^2=(x-2)^2+(y-2)^2+(x-6)^2+(y-4)^2=2x^2+2y^2-16x-12y+60=18$
なので $x^2+y^2-8x-6y+30=9$.
ゆえに $(x-4)^2+(y-3)^2=4$. つまり中心 $(4,\ 3)$，半径 2 の円.

(3) 円 $x^2+y^2=4$ 上の動点 Q の座標を $(a,\ b)$ とおくと，$a^2+b^2=4\cdots$①.

線分 AQ の中点 P の座標は $(x,\ y)=\left(\dfrac{a+5}{2},\ \dfrac{b}{2}\right)$.

ゆえに $x=\dfrac{a+5}{2}$，$y=\dfrac{b}{2}$，つまり $a=2x-5$，$b=2y$ である.

これを①に代入して $4x^2-20x+25+4y^2=5$. つまり $x^2-5x+y^2+5=0$.

ゆえに $\left(x-\dfrac{5}{2}\right)^2+y^2=\dfrac{5}{4}$ なので，中心 $\left(\dfrac{5}{2},\ 0\right)$，半径 $\dfrac{\sqrt{5}}{2}$ の円.

例題 6.12　　垂直二等分線

2 点 A(1, −3)，B(3, 5) から等距離である動点 $P(x, y)$ の軌跡の方程式を求めよ．

解答　動点 P の座標を (x, y) とおく．
2 点 A(1, −3)，B(3, 5) から等距離であるので，条件 $AP^2 = BP^2$ を満たす．
つまり $(x-1)^2 + (y+3)^2 = (x-3)^2 + (y-5)^2$．ゆえに直線 $x + 4y - 6 = 0$．

別解　動点 P の軌跡は線分 AB の垂直二等分線である．AB の中点の座標は (2, 1)．
また AB の傾きは 4 で垂直二等分線は AB に垂直なのでその傾きは $-\dfrac{1}{4}$．
中点を通るので $y - 1 = -\dfrac{1}{4}(x-2)$，つまり直線 $x + 4y - 6 = 0$．

例題 6.13　　アポロニウスの円

A(1, 2)，B(1, 5) について，条件 AP : BP = 1 : 2 を満たす動点 $P(x, y)$ の軌跡の方程式を求めよ．

解答　動点 P の座標を (x, y) とおく．
条件 AP : BP = 1 : 2 より 2AP = BP，つまり $4AP^2 = BP^2$ なので，

$$4\{(x-1)^2 + (y-2)^2\} = (x-1)^2 + (y-5)^2.\ \text{よって}\ x^2 + y^2 - 2x - 2y - 2 = 0.$$

つまり $(x-1)^2 + (y-1)^2 = 4$ なので，中心 (1, 1)，半径 2 の**アポロニウスの円**．

別解　動点 P の軌跡は**アポロニウスの円**である．
AB を 1 : 2 に内分する内分点の座標は (1, 3)，外分する外分点の座標は (1, −1) なので，これらの 2 点が**アポロニウスの円**の直径の両端である．
ゆえに円の中心は直径の中点なのでその座標は (1, 1)，また半径は直径の半分なので，
$\dfrac{AB}{2} = \dfrac{4}{2} = 2$ である．

練習問題 6.4

1　次の条件を満たす動点 $P(x, y)$ の軌跡の方程式を求めよ．

(1)　2 点 A(−3, 0)，B(3, 0)，条件 $AP^2 + BP^2 = 20$ を満たす動点 P

(2)　点 A(4, 0) と円 $x^2 + y^2 = 6$ 上の動点 Q を結ぶ線分 AQ を 2 : 1 に内分する内分点 P

(3)　2 点 A(−2, 1)，B(4, 3) から等距離である動点 P

(4)　2 点 A(−2, 0)，B(2, 0)，条件 AP : BP = 3 : 1 を満たす動点 P

6.5 だ円 (楕円) の方程式

だ円の方程式 (標準形)　x 軸上に原点 O について対称に 2 焦点 $\mathrm{F}(c,\,0)$，$\mathrm{F}'(-c,\,0)$ をとり，定数 $a\,(a > c > 0)$ について条件 $\mathrm{FP} + \mathrm{F'P} = 2a$ で定まる楕円の方程式は，

$$\frac{x^2}{a^2} + \frac{y^2}{b^2} = 1 \quad (b = \sqrt{a^2 - c^2}) \qquad ①$$

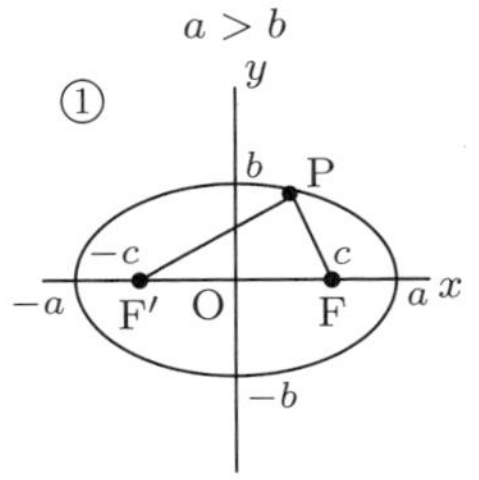

また y 軸上に原点 O について対称に 2 焦点 $\mathrm{F}(0,\,c)$，$\mathrm{F}'(0,\,-c)$ をとり，定数 $b\,(b > c > 0)$ について条件 $\mathrm{FP} + \mathrm{F'P} = 2b$ で定まる楕円の方程式は，

$$\frac{x^2}{a^2} + \frac{y^2}{b^2} = 1 \quad (a = \sqrt{b^2 - c^2}) \qquad ①'$$

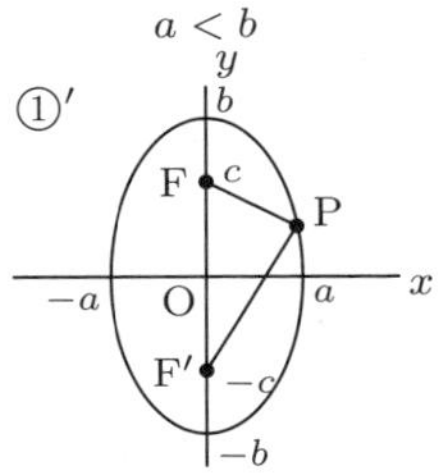

原点 O をだ円の**中心**といい，だ円は x 軸および y 軸，中心 O について対称である．また，だ円①，①′ とも x 軸との交点は $\mathrm{A}(a,\,0)$，$\mathrm{A}'(-a,\,0)$ であり，y 軸との交点は $\mathrm{B}(0,\,b)$，$\mathrm{B}'(0,\,-b)$ である．

だ円の焦点　だ円①，①′ において，2 焦点 F，F′ は，
$a > b$ のとき x 軸上にあり，$\mathrm{F}(\sqrt{a^2 - b^2},\,0)$，$\mathrm{F}'(-\sqrt{a^2 - b^2},\,0)$，
$a < b$ のとき y 軸上にあり，$\mathrm{F}(0,\,\sqrt{b^2 - a^2})$，$\mathrm{F}'(0,\,-\sqrt{b^2 - a^2})$．

だ円の接線の方程式　だ円①，①′ 上の接点 $\mathrm{P}(x_1,\,y_1)$ における接線の方程式は，

$$\frac{x_1 x}{a^2} + \frac{y_1 y}{b^2} = 1.$$

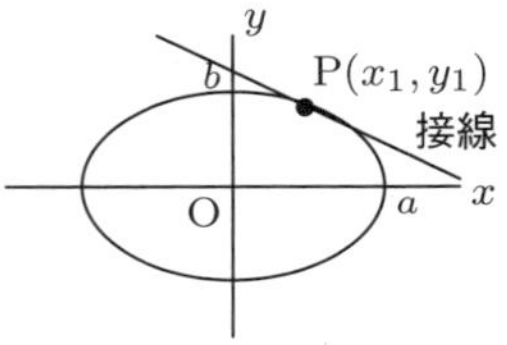

例題 6.14　だ円の描き方

次のだ円を描け．また 2 焦点 F，F′ の座標を答えよ．

(1)　$\dfrac{x^2}{9} + \dfrac{y^2}{4} = 1$　　(2)　$3x^2 + 2y^2 = 6$

解答　(1) 標準形①と比較して $a = 3$，$b = 2$ である．
ゆえに x 軸との交点は $(3,\,0)$ と $(-3,\,0)$，y 軸との交点は $(0,\,2)$ と $(0,\,-2)$ である．
また $a > b$ より 2 焦点は x 軸上にあり，$c = \sqrt{9 - 4} = \sqrt{5}$ より $\mathrm{F}(\sqrt{5},\,0)$，$\mathrm{F}'(-\sqrt{5},\,0)$ である．

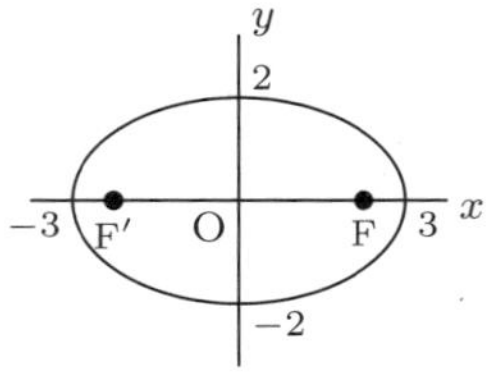

(2) 変形して $\dfrac{x^2}{2}+\dfrac{y^2}{3}=1$．標準形 ①$'$ と比較して $a=\sqrt{2}$，$b=\sqrt{3}$ である．

ゆえに x 軸との交点は $(\sqrt{2},0)$ と $(-\sqrt{2},0)$，y 軸との交点は $(0,\ \sqrt{3})$ と $(0,\ -\sqrt{3})$ である．

また $a<b$ より 2 焦点は y 軸上にあり，$c=\sqrt{3-2}=1$ より $\mathrm{F}(0,\ 1)$，$\mathrm{F}'(0,\ -1)$ である．

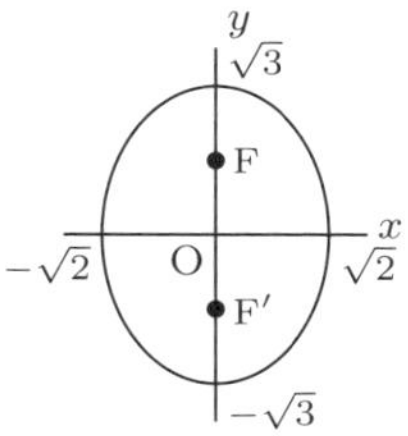

例題 6.15　だ円の方程式

2 点 $\mathrm{F}(3,\ 0)$，$\mathrm{F}'(-3,\ 0)$ からの距離の和が 10 である動点 $\mathrm{P}(x,\ y)$ の軌跡の方程式を求めよ．

解答　だ円の方程式を求める．焦点の x 座標より $c=3$．条件 $\mathrm{FP}+\mathrm{F'P}=10=2a$ より $a=5$．ゆえに $b=\sqrt{25-9}=4$．求める方程式は $\dfrac{x^2}{25}+\dfrac{y^2}{16}=1$ である．

例題 6.16　接線の方程式

だ円 $\dfrac{x^2}{9}+\dfrac{y^2}{4}=1$ 上の接点 $\left(2,\ \dfrac{2\sqrt{5}}{3}\right)$ における接線の方程式を求めよ．

解答　標準形①と比較して $a^2=9$，$b^2=4$ である．

接線の方程式を変形して $b^2x_1x+a^2y_1y=a^2b^2$ なので，接点の座標を代入すると

$4\cdot 2\cdot x+9\cdot\dfrac{2\sqrt{5}}{3}\cdot y=9\cdot 4$．ゆえに接線の方程式は $4x+3\sqrt{5}y=18$ である．

練習問題 6.5

1　次のだ円を描け．また 2 焦点 F，F$'$ の座標を答えよ．

(1)　$\dfrac{x^2}{16}+\dfrac{y^2}{9}=1$　　(2)　$4x^2+3y^2=12$

2　次の条件を満たす動点 $\mathrm{P}(x,\ y)$ の軌跡の方程式を求めよ．

(1)　2 点 $\mathrm{F}(2,\ 0)$，$\mathrm{F}'(-2,\ 0)$ からの距離の和が 12

(2)　2 点 $\mathrm{F}(0,\ 3)$，$\mathrm{F}'(0,\ -3)$ からの距離の和が 18

3　だ円 $\dfrac{x^2}{4}+\dfrac{y^2}{9}=1$ 上の接点 $\left(1,\ \dfrac{3\sqrt{3}}{2}\right)$ における接線の方程式を求めよ．

6.6 双曲線の方程式

双曲線の方程式 (標準形)　x 軸上に原点 O について対称に 2 焦点 $F(c, 0)$, $F'(-c, 0)$ をとり，定数 $a\,(c > a > 0)$ について条件 $|FP - F'P| = 2a$ で定まる双曲線の方程式は，

$$\frac{x^2}{a^2} - \frac{y^2}{b^2} = 1 \quad (b = \sqrt{c^2 - a^2}) \qquad ①$$

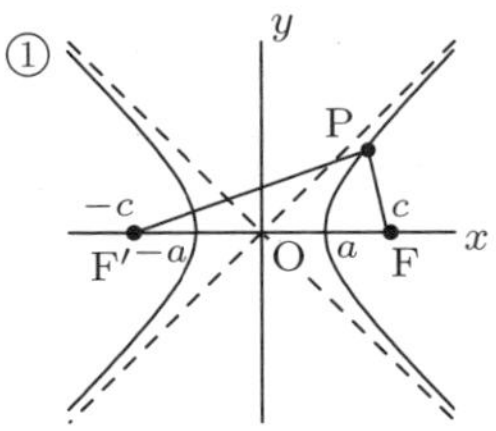

また y 軸上に原点 O について対称に 2 焦点 $F(0, c)$, $F'(0, -c)$ をとり，定数 $b\,(c > b > 0)$ について条件 $|FP - F'P| = 2b$ で定まる双曲線の方程式は，

$$\frac{x^2}{a^2} - \frac{y^2}{b^2} = -1 \quad (a = \sqrt{c^2 - b^2}) \qquad ①'$$

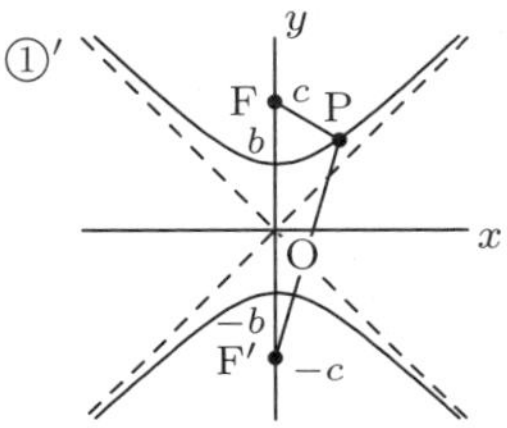

原点 O を双曲線の**中心**といい，双曲線は x 軸および y 軸，中心 O について対称である．

また双曲線①の x 軸との交点は $A(a, 0)$, $A'(-a, 0)$ であり，①′ の y 軸との交点は $B(0, b)$, $B'(0, -b)$ である．

漸近線　双曲線①，①′ ともに 2 つの**漸近線** $y = \pm\dfrac{b}{a}x$ をもつ．

双曲線の焦点　双曲線①，①′ において，2 焦点 F, F′ は，
①のとき x 軸上にあり，$F(\sqrt{a^2 + b^2}, 0)$, $F'(-\sqrt{a^2 + b^2}, 0)$,
①′ のとき y 軸上にあり，$F(0, \sqrt{a^2 + b^2})$, $F'(0, -\sqrt{a^2 + b^2})$.

双曲線の接線の方程式　双曲線①，①′ 上の接点 $P(x_1, y_1)$ における接線の方程式は，

① $\dfrac{x_1 x}{a^2} - \dfrac{y_1 y}{b^2} = 1$,　　①′ $\dfrac{x_1 x}{a^2} - \dfrac{y_1 y}{b^2} = -1$.

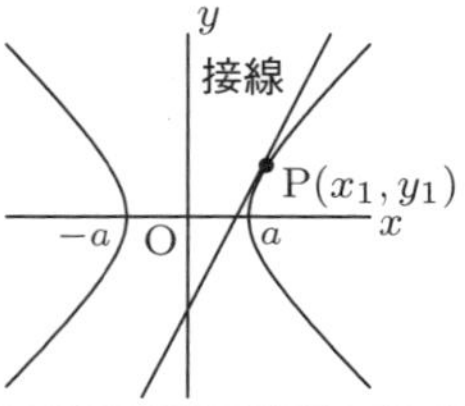

例題 6.17　　**双曲線の描き方**

次の双曲線を描け．また 2 焦点 F, F′ の座標および漸近線を答えよ．

(1) $\dfrac{x^2}{9} - \dfrac{y^2}{4} = 1$　　(2) $3x^2 - 4y^2 + 12 = 0$

方針　双曲線を描くときは，漸近線を先に描くと曲線の両端が描きやすい．

解答　(1) 標準形①と比較して $a = 3$, $b = 2$ である．ゆえに x 軸との交点は $A(3, 0)$, $A'(-3, 0)$ である．また漸近線の方程式は $y = \pm\dfrac{2}{3}x$ である．

さらに標準形①型なので 2 焦点 F, F′ は x 軸上にあり,
$c=\sqrt{9+4}=\sqrt{13}$ なので $\mathrm{F}(\sqrt{13},\,0)$, $\mathrm{F}'(-\sqrt{13},\,0)$.

(2) 変形して $\dfrac{x^2}{4}-\dfrac{y^2}{3}=-1$. 標準形 ①′ と比較して $a=2$, $b=\sqrt{3}$ である. ゆえに y 軸との交点は $\mathrm{B}(0,\,\sqrt{3})$, $\mathrm{B}'(0,\,-\sqrt{3})$ である. また漸近線の方程式は $y=\pm\dfrac{\sqrt{3}}{2}x$ である.
さらに標準形 ①′ 型なので 2 焦点 F, F′ は y 軸上にあり,
$c=\sqrt{4+3}=\sqrt{7}$ なので, $\mathrm{F}(0,\,\sqrt{7})$, $\mathrm{F}'(0,\,-\sqrt{7})$.

(1)

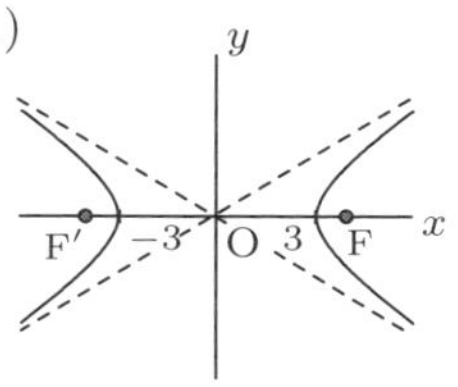

(2)

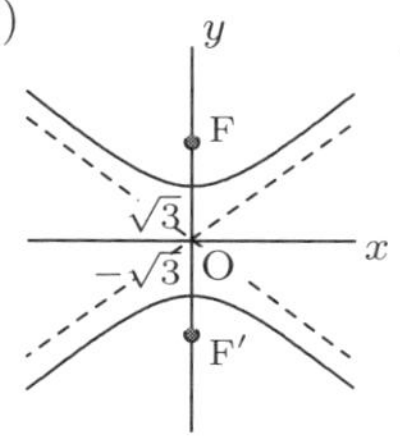

例題 6.18 双曲線の方程式

2 点 $\mathrm{F}(5,\,0)$, $\mathrm{F}'(-5,\,0)$ からの距離の差が 6 である動点 $\mathrm{P}(x,\,y)$ の軌跡の方程式を求めよ.

解答 双曲線①型の方程式を求める. 焦点の x 座標の値より $c=5$. 条件 $|\mathrm{FP}-\mathrm{F'P}|=6=2a$ より $a=3$ なので, $b=\sqrt{25-9}=4$. ゆえに求める方程式は $\dfrac{x^2}{9}-\dfrac{y^2}{16}=1$.

例題 6.19 接線の方程式

双曲線 $\dfrac{x^2}{2}-\dfrac{y^2}{3}=1$ 上の接点 $(2,\,\sqrt{3})$ における接線の方程式を求めよ.

解答 標準形①と比較して $a^2=2$, $b^2=3$ である.
接線の方程式を変形して $b^2x_1x-a^2y_1y=a^2b^2$ に接点の座標を代入して,
$3\cdot 2x-2\cdot\sqrt{3}y=2\cdot 3$. つまり接線の方程式は $\sqrt{3}x-y=\sqrt{3}$ である.

練習問題 6.6

1 次の双曲線を描け. また 2 焦点 F, F′ の座標および漸近線を答えよ.

(1) $\dfrac{x^2}{16}-\dfrac{y^2}{9}=1$ (2) $4x^2-3y^2+12=0$

2 次の条件を満たす動点 $\mathrm{P}(x,\,y)$ の軌跡の方程式を求めよ.

(1) 2 点 $\mathrm{F}(6,\,0)$, $\mathrm{F}'(-6,\,0)$ からの距離の差が 10

(2) 2 点 $\mathrm{F}(0,\,4)$, $\mathrm{F}'(0,\,-4)$ からの距離の差が 6

3 双曲線 $\dfrac{x^2}{4}-\dfrac{y^2}{9}=-1$ 上の接点 $(2,\,3\sqrt{2})$ における接線の方程式を求めよ.

6.7 放物線の方程式

✏ **放物線の方程式 (標準形)**　x 軸上に焦点 F$(p,\ 0)$ $(p > 0)$ と y 軸に平行な準線 $g:\ x = -p$ をとる．動点 P から準線 g に下ろした垂線を HP とするとき，条件 FP $=$ HP で定まる放物線の方程式は，

$$y^2 = 4px \cdots\cdots ①$$

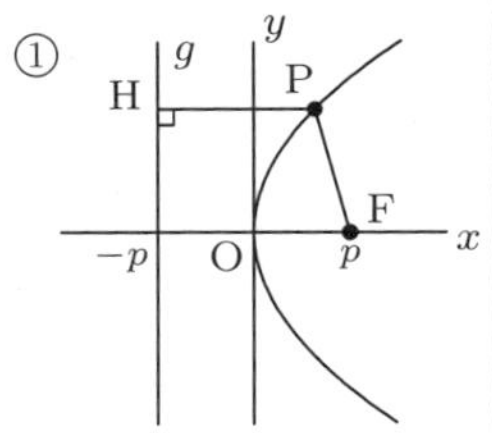

また y 軸上に焦点 F$(0,\ p)$ $(p > 0)$ と x 軸に平行な準線 $g:\ y = -p$ をとる．動点 P から準線 g に下ろした垂線を HP とするとき，条件 FP $=$ HP で定まる放物線の方程式は，

$$x^2 = 4py \cdots\cdots ①'$$

※放物線①，①′ とも $p < 0$ のとき，放物線の開き方が左右または上下逆になる．

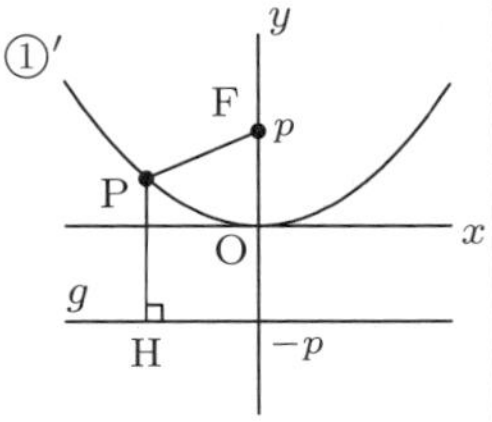

原点 O を放物線の**頂点**といい，①のとき x 軸を，①′ のとき y 軸を放物線の**軸**という．放物線はその軸について対称である．さらに ①′ は 2 次関数 $y = \dfrac{1}{4p}x^2$ のグラフそのものである．

✏ **放物線の焦点**　放物線①，①′ において，焦点 F は，
①のとき x 軸上にあり F$(p,\ 0)$，　①′ のとき y 軸上にあり F$(0,\ p)$．

✏ **放物線の接線の方程式**　放物線①，①′ 上の接点 P$(x_1,\ y_1)$ における接線の方程式は，

①　$y_1y = 2p(x + x_1)$，　　①′　$x_1x = 2p(y + y_1)$．

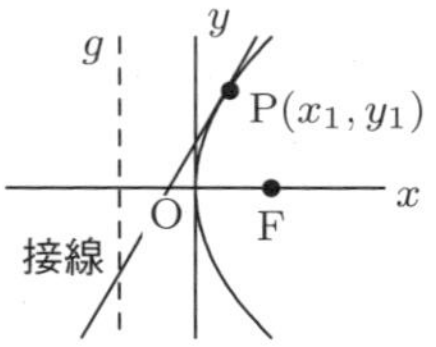

例題 6.20　放物線の描き方

次の放物線を描け．また焦点 F の座標および準線 g を答えよ．

(1)　$y^2 = 4x$　　(2)　$y^2 = -4x$　　(3)　$x^2 = 8y$

方針　放物線を描くときは，頂点以外の通る点をいくつか求めると描きやすい．

解答　(1) 標準形①と比較して $p = 1$ なので焦点 F$(1,\ 0)$，また準線 $g : x = -1$ である．
$p > 0$ なので放物線の開き方は右である．
また $x = 1$ のとき $y = \pm 2$ なので 2 点 $(1,\ 2)$，$(1,\ -2)$ を通る．

(2) 標準形①と比較して $p = -1$ なので焦点 F$(-1,\ 0)$，また準線 $g : x = 1$ である．

$p<0$ なので放物線の開き方は左である．

また $x=-1$ のとき $y=\pm 2$ なの 2 点 $(-1,\ 2)$，$(-1,\ -2)$ を通る．

(3) 標準形 ①′ と比較して $p=2$ なので焦点 F$(0,\ 2)$，また準線 $g: y=-2$ である．

$p>0$ なので放物線の開き方は上である．

また $y=2$ のとき $x=\pm 4$ なので 2 点 $(-4,\ 2)$，$(4,\ 2)$ を通る．

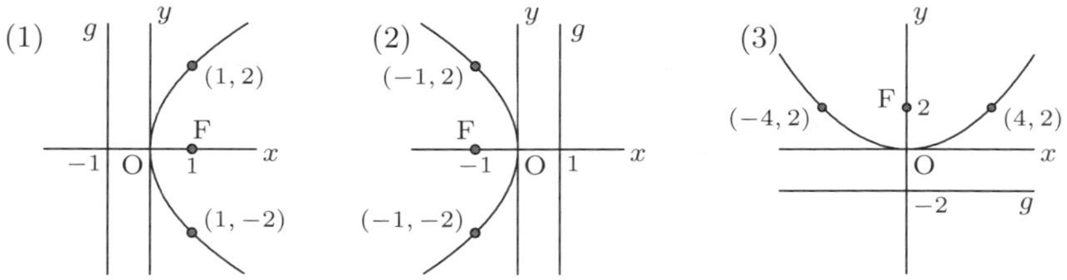

例題 6.21　放物線の方程式

次の条件を満たす放物線の方程式を求めよ．

(1)　焦点 F$(3,\ 0)$，準線 $g: x=-3$　　(2)　焦点 F$(0,\ -2)$，準線 $g: y=2$

解答　(1) 焦点 F$(3,\ 0)$ より $p=3$．ゆえに標準形①より $y^2=4\cdot 3x=12x$．

つまり求める方程式は $y^2=12x$ である．

(2) 焦点 F$(0,\ -2)$ より $p=-2$．ゆえに標準形 ①′ より $x^2=4\cdot(-2)y=-8y$．

つまり求める方程式は $x^2=-8y$ である．

例題 6.22　接線の方程式

放物線 $y^2=8x$ 上の接点 $(2,\ 4)$ における接線の方程式を求めよ．

解答　標準形①と比較して $p=2$ なので，接線の方程式①に接点の座標を代入して $4y=2\cdot 2(x+2)$．ゆえに求める接線の方程式は $x-y+2=0$ である．

練習問題 6.7

1　次の放物線を描け．また焦点 F の座標および準線 g を答えよ．

(1)　$y^2=8x$　　(2)　$y^2=-6x$　　(3)　$x^2+3y=0$

2　次の条件を満たす放物線の方程式を求めよ．

(1)　焦点 F$(-2,\ 0)$，準線 $g: x=2$　(2)　焦点 F$(0,\ 3)$，準線 $g: y=-3$

3　放物線 $y^2=-8x$ 上の接点 $(-2,\ -4)$ における接線の方程式を求めよ．

6.8　2 次曲線

✏ **2 次曲線 (一般形)**　図形の方程式が x と y についての 2 次方程式

$$ax^2+by^2+cx+dy+e=0 \quad (\text{ただし実数の範囲で因数分解されないとする})$$

で表される図形を **2 次曲線**という．2 次曲線は大きく 3 種類，だ円 (楕円)(円を含む)，双曲線，放物線に分けられ，またこれらに限る．

✏ **図形の平行移動**　与えられた図形 $C : F(x, y)=0$ について，その図形を x 軸方向に r，y 軸方向に s だけ平行移動して得られる図形 C' の方程式は，

$$C' :\ F(x-r, y-s)=0.$$

✏ **2 次曲線の判別**　2 次曲線だ円，双曲線，放物線の標準形は，それぞれ

$$\frac{x^2}{a^2}+\frac{y^2}{b^2}=1, \qquad \frac{x^2}{a^2}-\frac{y^2}{b^2}=\pm 1, \qquad y^2=4px \quad (x^2=4py).$$

これらを x 軸方向に r，y 軸方向に s だけ平行移動した 2 次曲線の方程式は，

$$\frac{(x-r)^2}{a^2}+\frac{(y-s)^2}{b^2}=1, \qquad \frac{(x-r)^2}{a^2}-\frac{(y-s)^2}{b^2}=\pm 1,$$

$$(y-s)^2=4p(x-r) \quad ((x-r)^2=4p(y-s))$$

であり，2 次曲線の方程式の**一般形**が与えられたとき，上の形に変形すれば 2 次曲線の種類が判別できる．判別するためのポイントは，

① x^2 と y^2 の項の係数が同符号の場合，だ円 (特に係数が等しい場合は円) である．
② x^2 と y^2 の項の係数が異符号の場合，双曲線である．
③ x^2 または y^2 の項がない場合，放物線である．

例題 6.23　　**2 次曲線の一般形**

次の 2 次曲線を x 軸方向に 2，y 軸方向に -3 だけ平行移動して得られる 2 次曲線の一般形を求めよ．

(1) $\dfrac{x^2}{4}+\dfrac{y^2}{9}=1$　　(2) $\dfrac{x^2}{9}-\dfrac{y^2}{4}=1$　　(3) $y^2=8x$

解答　(1) $\dfrac{(x-2)^2}{4}+\dfrac{(y-(-3))^2}{9}=\dfrac{(x-2)^2}{4}+\dfrac{(y+3)^2}{9}=1.$

ゆえに一般形は $9x^2+4y^2-36x+24y+36=0$ である．

(2) $\dfrac{(x-2)^2}{9}-\dfrac{(y-(-3))^2}{4}=\dfrac{(x-2)^2}{9}-\dfrac{(y+3)^2}{4}=1.$

ゆえに一般形は $4x^2-9y^2-16x-54y-101=0$ である．

(3) $(y-(-3))^2 = 8(x-2)$, $(y+3)^2 = 8(x-2)$.
ゆえに一般形は $y^2 - 8x + 6y + 25 = 0$ である．

例題 6.24　**2 次曲線の判別**

次の 2 次曲線の一般形を変形し，2 次曲線の種類を判別せよ．さらにどの標準形をどれだけ平行移動して得られる 2 次曲線かを答えよ．

(1)　$2x^2 + 3y^2 - 4x - 12y + 8 = 0$　　(2)　$3x^2 - 2y^2 + 6x + 8y + 1 = 0$

(3)　$y^2 - 8x - 6y - 7 = 0$

解答 (1) x^2 と y^2 の項の係数が同符号なのでだ円である．

$$左辺 = 2(x^2 - 2x) + 3(y^2 - 4y) + 8 = 2(x-1)^2 + 3(y-2)^2 - 6 = 0.$$

ゆえに $\dfrac{(x-1)^2}{3} + \dfrac{(y-2)^2}{2} = 1$ なので，だ円 $\dfrac{x^2}{3} + \dfrac{y^2}{2} = 1$ を x 軸方向に 1，y 軸方向に 2 だけ平行移動して得られる 2 次曲線である．

(2) x^2 と y^2 の項の係数が異符号なので双曲線である．

$$左辺 = 3(x^2 + 2x) - 2(y^2 - 4y) + 1 = 3(x+1)^2 - 2(y-2)^2 + 6 = 0.$$

ゆえに $\dfrac{(x+1)^2}{2} - \dfrac{(y-2)^2}{3} = -1$ なので，双曲線 $\dfrac{x^2}{2} - \dfrac{y^2}{3} = -1$ を x 軸方向に -1，y 軸方向に 2 だけ平行移動して得られる 2 次曲線である．

(3) x^2 の項がないので放物線である．

$$左辺 = (y-3)^2 - 9 - 8x - 7 = (y-3)^2 - 8(x+2) = 0.$$

ゆえに $(y-3)^2 = 8(x+2)$ なので，放物線 $y^2 = 8x$ を x 軸方向に -2，y 軸方向に 3 だけ平行移動して得られる 2 次曲線である．

練習問題 6.8

1　次の 2 次曲線を x 軸方向に -2，y 軸方向に 1 だけ平行移動して得られる 2 次曲線の一般形を求めよ．

(1)　$\dfrac{x^2}{2} + \dfrac{y^2}{3} = 1$　　(2)　$\dfrac{x^2}{4} - \dfrac{y^2}{9} = -1$　　(3)　$x^2 = 4y$

2　次の 2 次曲線の一般形を変形し，2 次曲線の種類を判別せよ．さらに，どの標準形をどれだけ平行移動して得られる 2 次曲線かを答えよ．

(1)　$5x^2 + 4y^2 + 10x - 16y + 1 = 0$

(2)　$8x^2 - 9y^2 - 32x + 18y - 49 = 0$

(3)　$3x^2 - 18x - 4y + 7 = 0$

6.9　曲線の共有点 1

✏ **共有点**　共有点の座標はそれらの図形の方程式の連立方程式の**実数解**で与えられる．

✏ **2 直線の共有点**　共有点の座標はそれらの直線の連立 1 次方程式の実数解である．

✏ **直線と円の共有点 1**　直線と円の共有点は，2 つの異なる共有点をもつ，1 つの共有点をもつ (**接する**)，共有点をもたない場合があり，次のようにして判断できる．

① 直線の方程式と円の方程式との連立方程式から x または y を消去して，x または y の 2 次方程式を考える．

② ①の 2 次方程式の**判別式** D の符号を調べ，判断する．

A. 2 つの異なる共有点をもつ	$\Longleftrightarrow$	$D > 0$
B. 1 つの共有点をもつ (**接する**)	$\Longleftrightarrow$	$D = 0$
C. 共有点をもたない	$\Longleftrightarrow$	$D < 0$

③ ②の A または B の場合，①の 2 次方程式の実数解が共有点の x 座標または y 座標を与える．

④ ③の x 座標または y 座標を直線の方程式に代入して，共有点の座標を決定する．

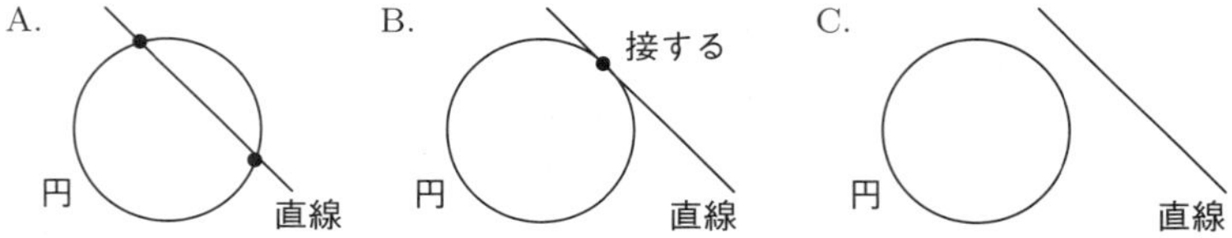

✏ **点と直線との距離**　点 $P(x_1, y_1)$ と直線 l : $ax + by + c = 0$ との距離 h は，

$$h = \frac{|ax_1 + by_1 + c|}{\sqrt{a^2 + b^2}}.$$

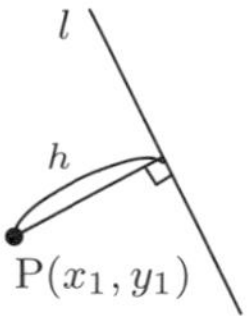

✏ **直線と円の共有点 2**　直線と円の共有点は，円の半径 r と円の中心 C から直線までの距離 h との関係で，次のように判断することもできる．

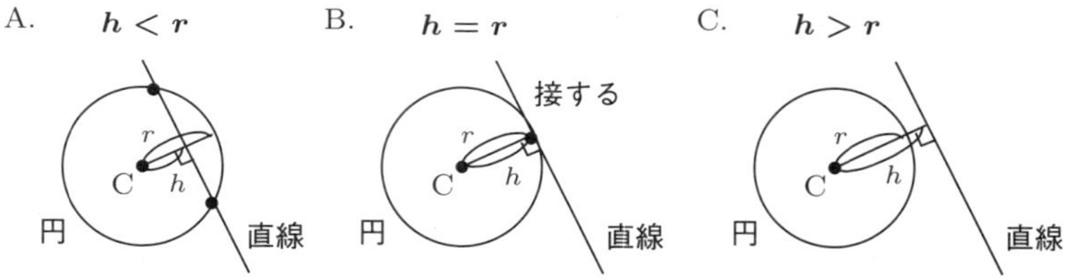

例題 6.25　**2 直線の共有点**

2 直線 $y = x + 1$ と $y = -2x + 4$ との共有点の座標を求めよ．

解答 $y = x + 1$ と $y = -2x + 4$ の連立方程式を解いて，$x = 1$，$y = 2$.
ゆえに共有点の座標は $(1, 2)$ である.

注意 直線の方程式が一般形のときは，標準形に変形してから連立方程式を解くこと.

例題 6.26 直線と円の共有点 1

直線 $x + y + 1 = 0$ と円 $x^2 + y^2 - 2x - 4y - 11 = 0$ との共有点の個数を調べ，共有点があればその座標を求めよ.

解答 $x + y + 1 = 0 \cdots$① と $x^2 + y^2 - 2x - 4y - 11 = 0$ の連立方程式を解いて

$2x^2 + 4x - 6 = 0$，ゆえに $x^2 + 2x - 3 = (x - 1)(x + 3) = 0$ より解は $x = 1,\ -3$.

これらを①に代入して $x = 1$ のとき $y = -2$，$x = -3$ のとき $y = 2$.
ゆえに共有点の座標は $(1, -2)$，$(-3, 2)$ である.

例題 6.27 点と直線との距離

点 $(2, -1)$ と直線 $3x + 4y + 8 = 0$ との距離 h を求めよ.

解答 $h = \dfrac{|3 \cdot 2 + 4 \cdot (-1) + 8|}{\sqrt{3^2 + 4^2}} = \dfrac{|10|}{\sqrt{25}} = \dfrac{10}{5} = 2.$

例題 6.28 直線と円の共有点 2

直線 $x + y = k$ と円 $(x - 1)^2 + (y + 1)^2 = 2$ との共有点の個数を調べよ.

解答 円 $(x - 1)^2 + (y + 1)^2 = 2$ より半径 $r = \sqrt{2}$ である．また中心 $\mathrm{C}(1, -1)$ と直線 $x + y = k$ との距離は $h = \dfrac{|1 + (-1) - k|}{\sqrt{1^2 + 1^2}} = \dfrac{|k|}{\sqrt{2}}$ なので $|k| = \sqrt{2}h$.

ゆえに $|k| = \sqrt{2}h < \sqrt{2}r = 2$ のとき，つまり $-2 < k < 2$ のとき共有点 2 つ．同様に $k = \pm 2$ のとき共有点 1 つ (接する)，$k < -2$ または $2 < k$ のとき共有点はもたない.

練習問題 6.9

1 2 直線 $y = 3x - 5$ と $y = -4x + 2$ との共有点の座標を求めよ.

2 直線 $x - y - 1 = 0$ と円 $x^2 + y^2 + 2x - 2y - 7 = 0$ との共有点の個数を調べ，共有点があればその座標を求めよ.

3 点 $(1, 6)$ と直線 $2x + y - 3 = 0$ との距離 h を求めよ.

4 直線 $x - y = k$ と円 $(x + 1)^2 + (y - 1)^2 = 4$ との共有点の個数を調べよ.

6.10 曲線の共有点 2

✏ **円の接線の長さ**　円外の点 $P(x_1, y_1)$ から円 $(x-a)^2+(y-b)^2=r^2$ にひいた接線上の接点 Q までの距離 (接線の長さ)PQ は,

$$PQ=\sqrt{(x_1-a)^2+(y_1-b)^2-r^2}.$$

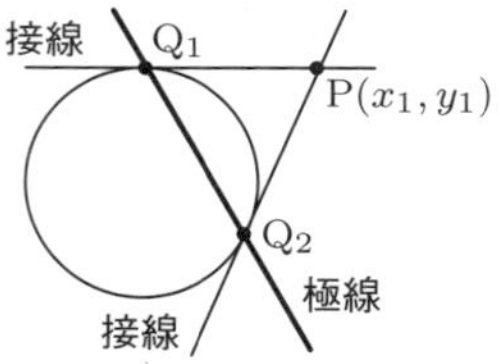

✏ **極線**　円外の点 $P(x_1, y_1)$ から円 $(x-a)^2+(y-b)^2=r^2$ にひいた 2 接線上の 2 接点 Q_1, Q_2 を通る直線を**極線**といい，その方程式は

$$(x_1-a)(x-a)+(y_1-b)(y-b)=r^2.$$

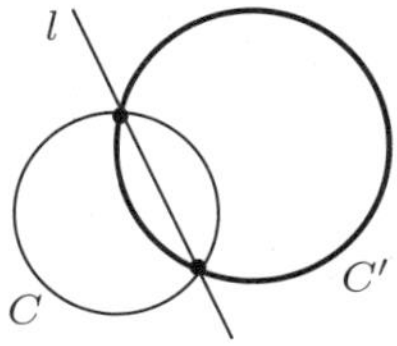

✏ **直線と円との共有点を通る円**　直線 l : $ax+by+c=0$ と円 C : $x^2+y^2+lx+my+n=0$ とが 2 つの共有点をもつとき，その 2 つの共有点を通る円 C' の方程式は,

$$(x^2+y^2+lx+my+n)+k(ax+by+c)=0.$$

※具体的に円の方程式を決定するには，他の条件から定数 k の値を定める.

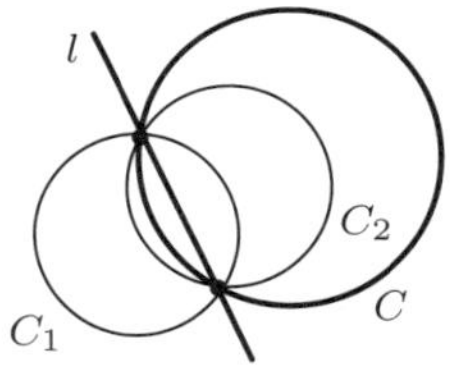

✏ **2 円の共有点を通る円 (直線)**　2 円 C_1 : $x^2+y^2+l_1x+m_1y+n_1=0$ と C_2 : $x^2+y^2+l_2x+m_2y+n_2=0$ とが 2 つの共通点をもつとき，その 2 つの共通点を通る円 C (直線 l) の方程式は,

$$(x^2+y^2+l_1x+m_1y+n_1)+k(x^2+y^2+l_2x+m_2y+n_2)=0.$$

※特に定数 $k=-1$ のとき**直線**を表し，$k\neq-1$ のとき**円**を表す．具体的に円の方程式を決定するには，他の条件から定数 k の値を定める.

例題 6.29　　**円の接線，極線の方程式**

点 $P(-4, 1)$ から円 $(x-2)^2+(y-1)^2=9$ にひいた接線の方程式および接点 Q までの距離 PQ，さらに点 P で定まる極線の方程式を求めよ.

解答　接線の傾きを m とおくと，点 $P(-4, 1)$ を通るので接線は $y-1=m(x+4)$, つまり $mx-y+4m+1=0\cdots$①．また円 $(x-2)^2+(y-1)^2=9\cdots$② より，中心は $C(2, 1)$ なので，C から接線①への距離は $h=\dfrac{|m\cdot2-1+4m+1|}{\sqrt{m^2+(-1)^2}}=\dfrac{|6m|}{\sqrt{m^2+1}}$.

また②より半径 $r=3$, ①は接線なので $h=r$ とおくと $\dfrac{|6m|}{\sqrt{m^2+1}}=3$.

つまり $|6m| = 3\sqrt{m^2+1}$ となり $36m^2 = 9(m^2+1)$．ゆえに $m = \pm\dfrac{1}{\sqrt{3}}$．

したがって，接線は $y = \pm\dfrac{1}{\sqrt{3}}(x+4)+1$．また②より $PQ = 3\sqrt{3}$．さらに，点 P の座標と②より極線は $(-4-2)(x-2)+(1-1)(y-1) = -6x+12 = 9$，つまり $x = \dfrac{1}{2}$．

例題 6.30 直線と円との共有点を通る円

点 $(3,\ 4)$ さらに直線 $x+y+1=0$ と円 $x^2+y^2-2x-4y-11=0$ との 2 つの共有点を通る円の方程式を求めよ．

解答 円を $(x^2+y^2-2x-4y-11)+k(x+y+1)=0 \cdots$ ① とおく．点 $(3,\ 4)$ を通るので①に代入して $-8+8k=0$．ゆえに，$8k=8$ となり $k=1$．①に代入して
$(x^2+y^2-2x-4y-11)+(x+y+1)=0$，つまり $x^2+y^2-x-3y-10=0$．

例題 6.31 2 円の共有点を通る円 (直線)

2 円 $x^2+y^2+4x+2y-5=0$ と $x^2+y^2-2x-4y+1=0$ との 2 つの共有点を通る直線および原点 $O(0,\ 0)$ を通る円の方程式を求めよ．

解答 円 (直線) を $(x^2+y^2+4x+2y-5)+k(x^2+y^2-2x-4y+1)=0 \cdots$ ① とおく．
$k=-1$ とおくと $(x^2+y^2+4x+2y-5)-(x^2+y^2-2x-4y+1)=6x+6y-6=0$．
ゆえに直線は $x+y-1=0$．原点 $O(0,\ 0)$ を通るので①に代入して $=-5+k=0$．
ゆえに $k=5$ である．①に代入して円は

$$(x^2+y^2+4x+2y-5)+5(x^2+y^2-2x-4y+1)=6x^2+6y^2-6x-18y=0.$$

つまり $x^2+y^2-x-3y=0$．

練習問題 6.10

1 原点 $O(0,\ 0)$ から円 $(x-8)^2+y^2=16$ にひいた接線の方程式および接点 Q までの距離 OQ を求めよ．

2 点 $(3,\ 4)$ と円 $(x-2)^2+(y+1)^2=4$ で定まる極線の方程式を求めよ．

3 点 $(-3,\ 1)$ さらに直線 $x-y+1=0$ と円 $x^2+y^2+4x-2y+1=0$ との 2 つの共有点を通る円の方程式を求めよ．

4 2 円 $x^2+y^2+2x-3=0$ と $x^2+y^2+4x-2y+1=0$ との 2 つの共有点を通る直線および原点 $O(0,\ 0)$ を通る円の方程式を求めよ．

6.11　不等式が表す領域

✏ **不等式が表す領域**　不等式 $f(x,\ y) > 0$ ($<$, $\geqq$, $\leqq$) を満たす点 $(x,\ y)$ 全体をその**不等式が表す領域**という．特に $f(x,\ y) = 0$ を満たす点全体をその領域の**境界**という．
※不等号 $>$, $<$ のとき領域は**境界を含まず**，$\geqq$, $\leqq$ のとき領域は**境界を含む**．

✏ **1 次不等式が表す領域**　1 次不等式 $y > mx + b$ ($<$, $\geqq$, $\leqq$) が表す領域の境界は，直線 $y = mx + b$ であり，領域は境界 (直線) の上部または下部で示される．

$y > mx + b$

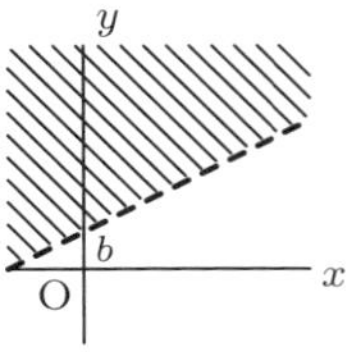

境界を含まない

$y \geqq mx + b$

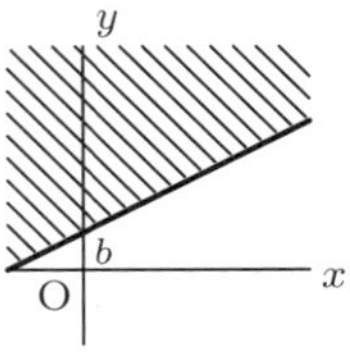

境界を含む

$y < mx + b$

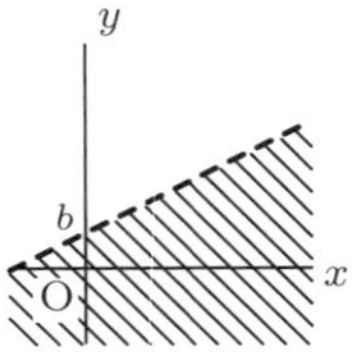

境界を含まない

$y \leqq mx + b$

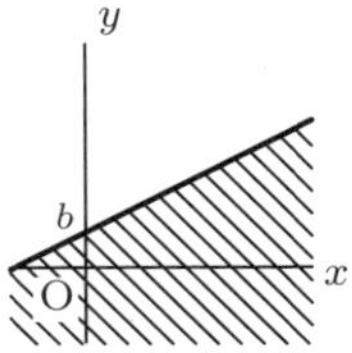

境界を含む

不等式 $x > a$ ($<$, $\geqq$, $\leqq$) が表す領域の境界は y 軸に平行な直線 $x = a$ であり，$y > b$ ($<$, $\geqq$, $\leqq$) が表す領域の境界は x 軸に平行な直線 $y = b$ である．領域は境界 (直線) の左部または右部，上部または下部で示される．$\geqq$, $\leqq$ のときは**境界を含む**．

$x > a$

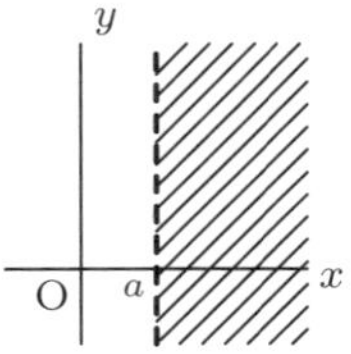

境界を含まない

$x < a$

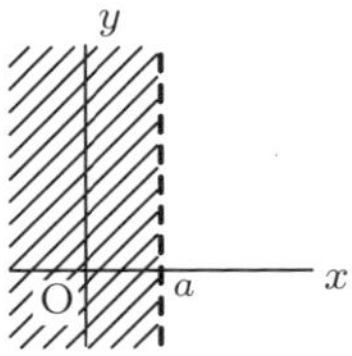

境界を含まない

$y > b$

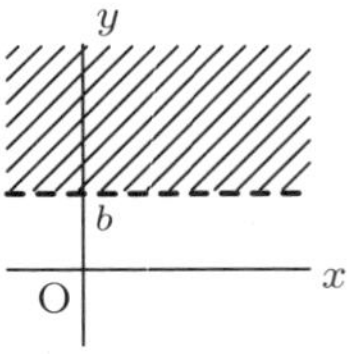

境界を含まない

$y < b$

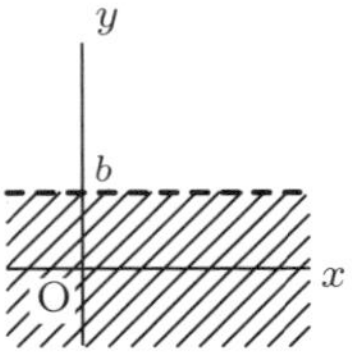

境界を含まない

✏ **2 次不等式が表す領域**　2 次不等式 $f(x,\ y) > 0$ ($<$, $\geqq$, $\leqq$) が表す領域の境界は，2 次曲線 $f(x,\ y) = 0$ であり，領域は境界 (2 次曲線) の内部または外部で示される．
$\geqq$, $\leqq$ のときは**境界を含む**．境界の 2 次曲線は標準形で考える．

円
$(x-a)^2 + (y-b)^2 > r^2$

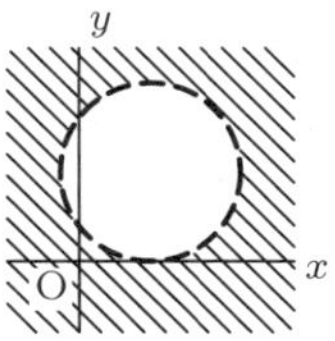

境界を含まない

円
$(x-a)^2 + (y-b)^2 < r^2$

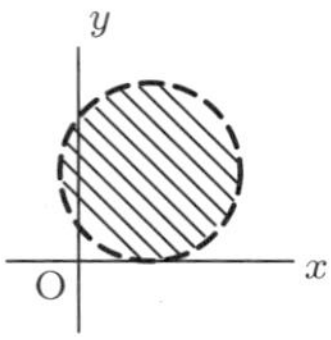

境界を含まない

だ円 (楕円)
$\frac{x^2}{a^2} + \frac{y^2}{b^2} > 1$

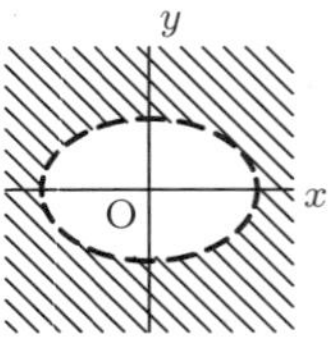

境界を含まない

だ円 (楕円)
$\frac{x^2}{a^2} + \frac{y^2}{b^2} < 1$

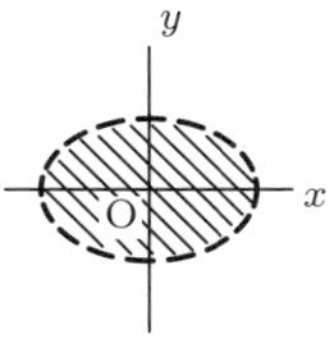

境界を含まない

双曲線

$\frac{x^2}{a^2} - \frac{y^2}{b^2} > 1$

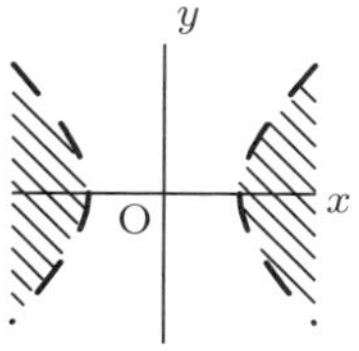

境界を含まない

双曲線

$\frac{x^2}{a^2} - \frac{y^2}{b^2} < 1$

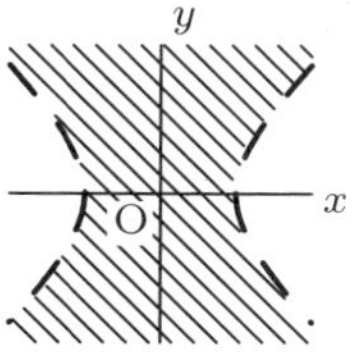

境界を含まない

双曲線

$\frac{x^2}{a^2} - \frac{y^2}{b^2} > -1$

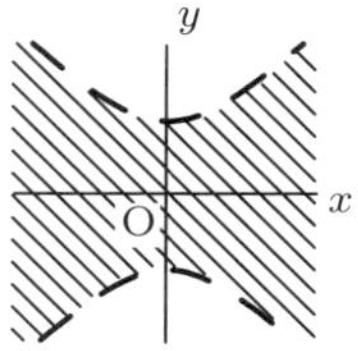

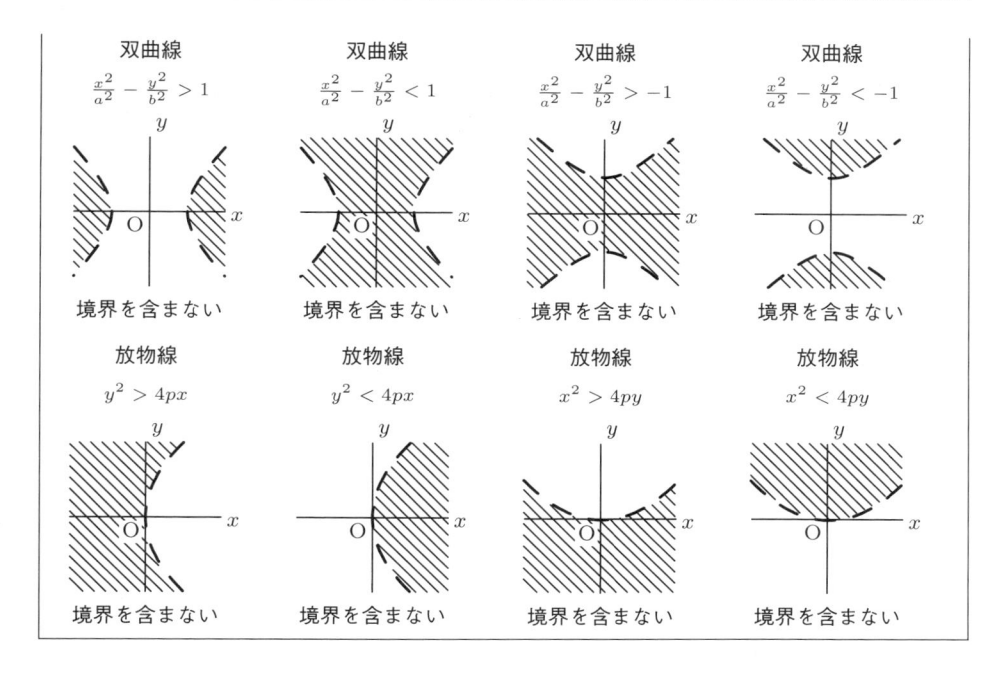

境界を含まない

双曲線

$\frac{x^2}{a^2} - \frac{y^2}{b^2} < -1$

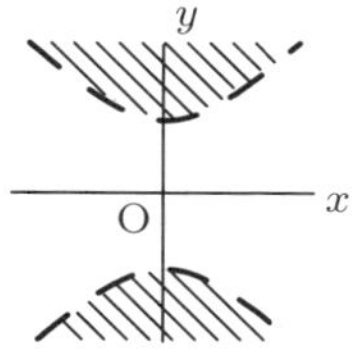

境界を含まない

放物線

$y^2 > 4px$

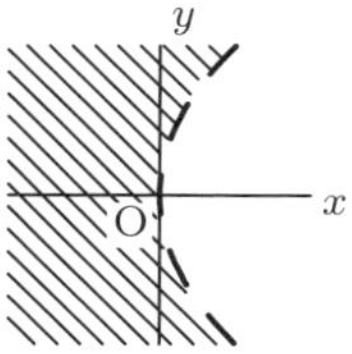

境界を含まない

放物線

$y^2 < 4px$

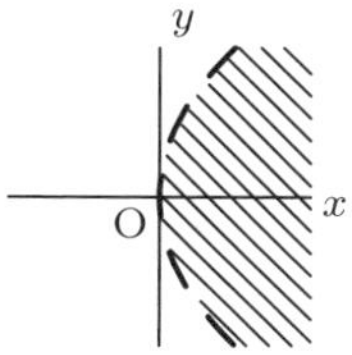

境界を含まない

放物線

$x^2 > 4py$

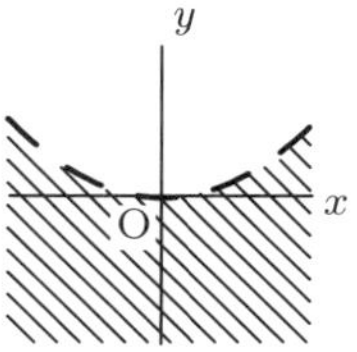

境界を含まない

放物線

$x^2 < 4py$

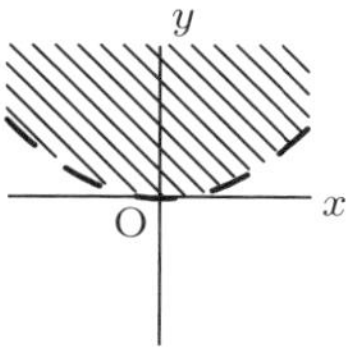

境界を含まない

例題 6.32 　　不等式が表す領域

次の不等式が表す領域を図示せよ．境界の図形の方程式も答えよ．

(1) $y < -2x + 1$ 　(2) $x^2 + y^2 \leqq 4$ 　(3) $\dfrac{x^2}{4} - \dfrac{y^2}{4} \geqq 1$

解答 (1) 境界は傾き -2，y 切片 1 の直線 $y = -2x + 1$ である．

(2) 境界は中心が原点 O(0, 0)，半径 2 の円 $x^2 + y^2 = 4$ である．

(3) 境界は x 軸との交点の x 座標が ± 2 の双曲線 $\dfrac{x^2}{4} - \dfrac{y^2}{4} = 1$ である．

(1)

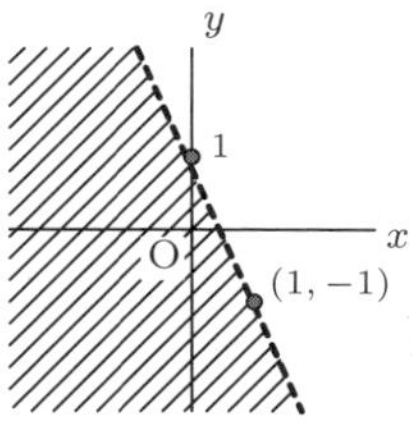

境界を含まない

(2)

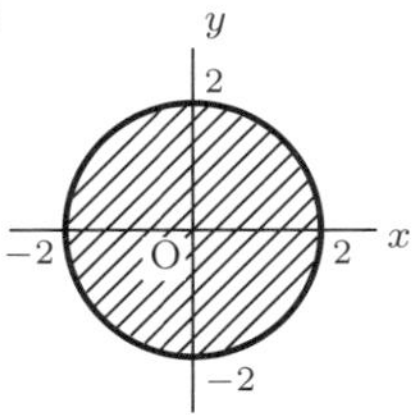

境界を含む

(3)

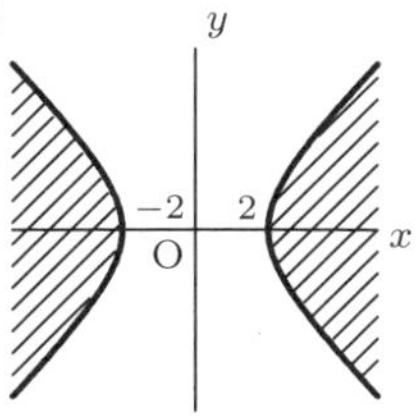

境界を含む

練習問題 6.11

1 次の不等式が表す領域を図示せよ．境界の図形の方程式も答えよ．

(1) $y \geqq 3x - 1$ 　(2) $\dfrac{x^2}{9} + \dfrac{y^2}{4} < 1$ 　(3) $\dfrac{x^2}{4} - \dfrac{y^2}{9} \leqq -1$

6.12 連立不等式が表す領域

✏ **連立不等式が表す**　連立不等式を満たす点 (x, y) 全体を，その**連立不等式が表す領域**といい，個々の不等式が表す領域の共通部分である．$\geqq$, $\leqq$ のときは**境界を含む**.

直線と直線

$$\begin{cases} y > m_1x + b_1 \\ y < m_2x + b_2 \end{cases}$$

直線と円

$$\begin{cases} y < m_1x + b_1 \\ (x - a_2)^2 + (y - b_2)^2 < {r_2}^2 \end{cases}$$

円と円

$$\begin{cases} (x - a_1)^2 + (y - b_1)^2 > {r_1}^2 \\ (x - a_2)^2 + (y - b_2)^2 < {r_2}^2 \end{cases}$$

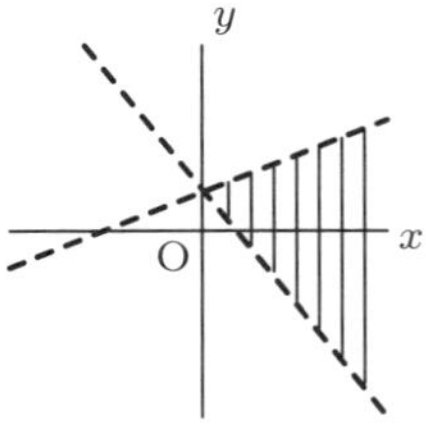

境界を含まない

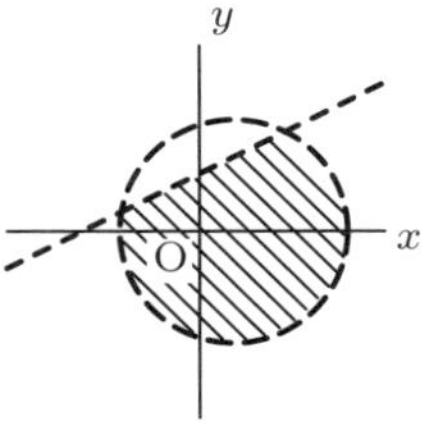

境界を含まない

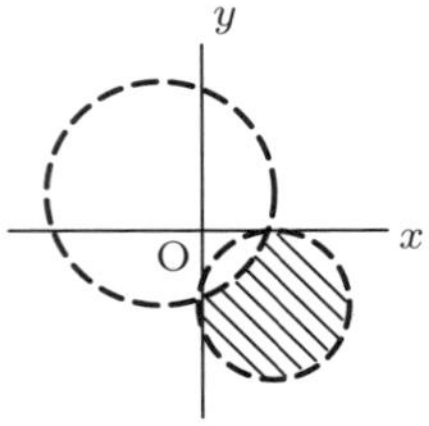

境界を含まない

✏ **特別な不等式が表す領域**　不等式 $(a_1x + b_1y + c_1)(a_2x + b_2y + c_2) > 0$ $(<, \geqq, \leqq)$ が表す領域は，次のように連立不等式が表す領域の和集合と考える．$\geqq$, $\leqq$ のときは**境界を含む**.

$$(a_1x + b_1y + c_1)(a_2x + b_2y + c_2) > 0$$

$$\Longleftrightarrow \begin{cases} a_1x + b_1y + c_1 > 0 \\ a_2x + b_2y + c_2 > 0 \end{cases} \text{または} \begin{cases} a_1x + b_1y + c_1 < 0 \\ a_2x + b_2y + c_2 < 0 \end{cases}$$

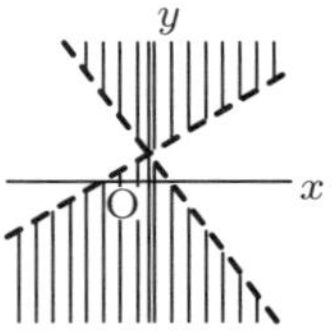

境界を含まない

$$(a_1x + b_1y + c_1)(a_2x + b_2y + c_2) < 0$$

$$\Longleftrightarrow \begin{cases} a_1x + b_1y + c_1 > 0 \\ a_2x + b_2y + c_2 < 0 \end{cases} \text{または} \begin{cases} a_1x + b_1y + c_1 < 0 \\ a_2x + b_2y + c_2 > 0 \end{cases}$$

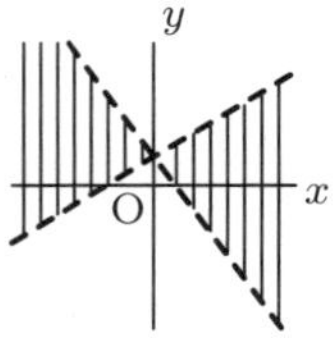

境界を含まない

例題 6.33　　連立不等式が表す領域

次の連立不等式が表す領域を図示せよ．

(1) $\begin{cases} y > -x + 1 \\ y < 2x + 1 \end{cases}$　　(2) $\begin{cases} y \geqq -2x + 1 \\ x^2 + y^2 \leqq 2 \end{cases}$

解答　(1) 境界は 2 直線 $y = -x + 1$, $y = 2x + 1$ で，領域の共通部分は図 (1) である．
(2) 境界は直線 $y = -2x + 1$ と円 $x^2 + y^2 = 2$ で，領域の共通部分は図 (2) である．

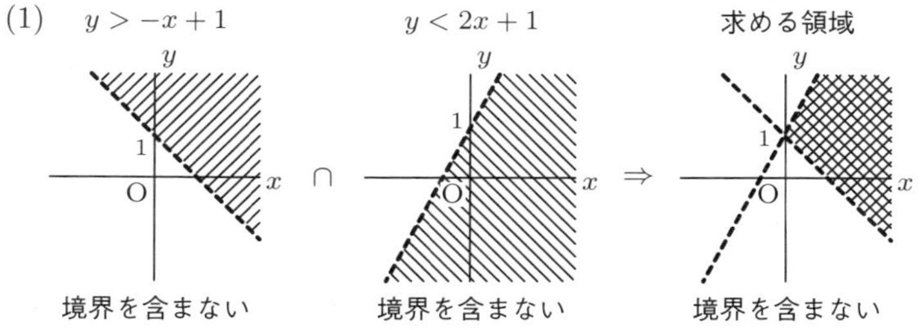

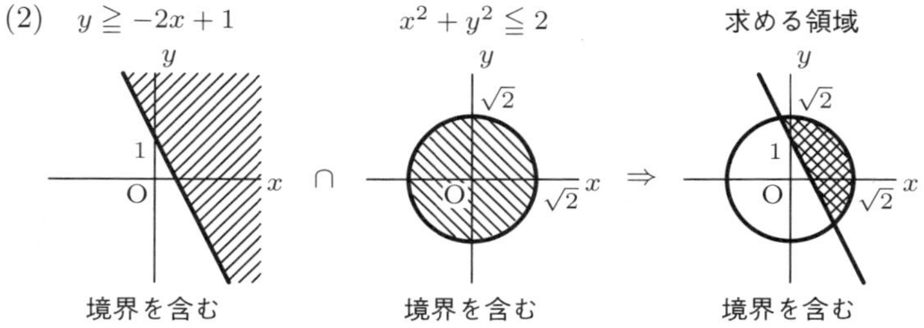

例題 6.34　特別な不等式が表す領域

不等式 $(x+y-1)(2x-y+1) \geqq 0$ が表す領域を図示せよ．

解答　求める領域は，次のような連立不等式①，②が表す領域の和集合である．

$$① \begin{cases} x+y-1 \geqq 0 \\ 2x-y+1 \geqq 0 \end{cases} \quad \text{または} \quad ② \begin{cases} x+y-1 \leqq 0 \\ 2x-y+1 \leqq 0 \end{cases}.$$

$$\text{つまり} \quad ① \begin{cases} y \geqq -x+1 \\ y \leqq 2x+1 \end{cases} \quad \text{または} \quad ② \begin{cases} y \leqq -x+1 \\ y \geqq 2x+1 \end{cases}.$$

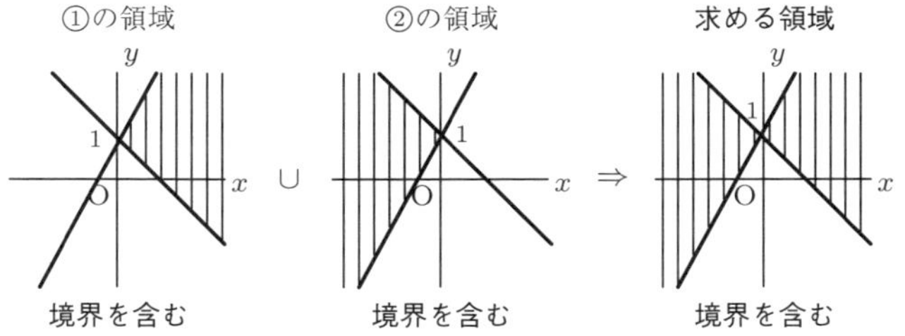

練習問題 6.12

1　次の連立不等式が表す領域を図示せよ．

(1) $\begin{cases} y \leqq x+1 \\ y \geqq -2x+2 \end{cases}$　　(2) $\begin{cases} y > 2x \\ (x+1)^2+(y-1)^2 < 4 \end{cases}$

2　不等式 $(2x+y-2)(2x-y-2) < 0$ が表す領域を図示せよ．

6.13 線形計画法

✏ **領域における最大値，最小値**　領域 D 上の点 (x, y) における 1 次式 $ax+by+c$ の最大値，最小値を求めるには，

① 1 次式の値を $ax+by+c=k$ とおいて，直線 $ax+by+c-k=0$ を考える．

② ①の直線が領域 D と共有点をもつ範囲で k の最大値，最小値を求める．

特に境界が円 (だ円) であり，その境界と内部を合わせた領域 D における 1 次式 $ax+by+c$ の最大値，最小値は，直線 $ax+by+c-k=0$ が境界の円 (だ円) と接する場合を調べればよい．

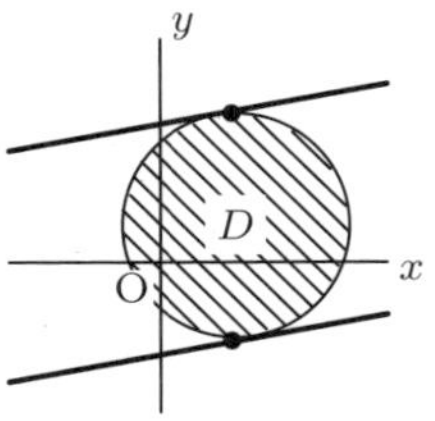

✏ **線形計画法**　**連立 1 次不等式**を満たす $x \geqq 0$, $y \geqq 0$ である点 (x, y) 全体からなる領域の境界は**多角形**であり，その境界および内部を合わせた領域 D における 1 次式 $ax+by+c$ の最大値，最小値を求める問題を**線形計画法**という．最大値，最小値を求めるには直線 $ax+by+c-k=0$ が境界の多角形の頂点を通る場合を調べればよい．

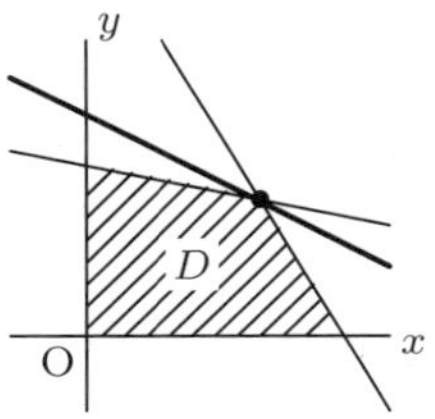

例題 6.35　**領域における最大値，最小値**

領域 $x^2+y^2 \leqq 4$ における 1 次式 $x+y$ の最大値，最小値を求めよ．

解答　$x+y=k$ とおくと $y=-x+k \cdots$ ①，つまり傾き -1，y 切片 k の直線を表す．
領域の境界は $x^2+y^2=4 \cdots$ ②，つまり原点 O 中心，半径 2 の円なので，領域は右図の斜線部分である．
この領域と直線①が共有点をもつ範囲で，y 切片 k が最大となるのは直線①がアの位置，最小となるのはイの位置にくるとき，つまり直線①と円②が接するときである．
①を②に代入して整理すると $2x^2-2kx+k^2-4=0 \cdots$ ③．
①と②が接するためには③の判別式 $D=0$ であればよいので
$D=-4k^2+32=0$．つまり $k=\pm 2\sqrt{2}$．
ゆえに最大値 $2\sqrt{2}$，最小値 $-2\sqrt{2}$ である．

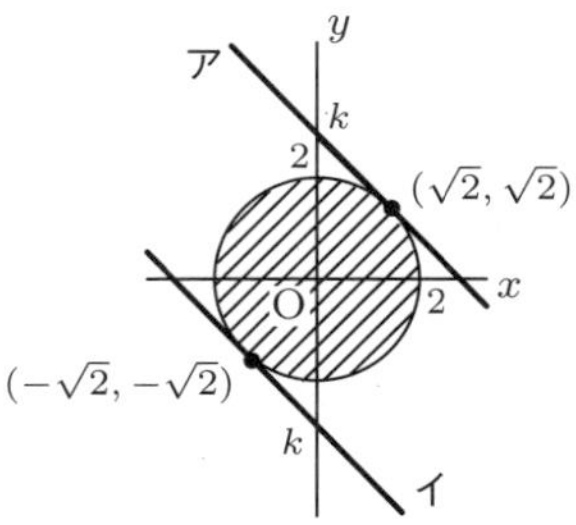

例題 6.36 線形計画法

領域 D : $x \geqq 0,\ y \geqq 0,\ x+2y \leqq 4,\ 3x+2y \leqq 8$ における 1 次式 $x+y$ の最大値を求めよ．

解答 $x+y=k$ とおくと $y=-x+k\cdots$①.
領域 D は右図の斜線部分であり，領域の境界は多角形である．この領域と直線①が共有点をもつ範囲で，y 切片 k が最大となるのは直線①が頂点 $\mathrm{P}(x_1,\ y_1)$ を通るときである．
点 P は 2 直線 $x+2y=4,\ 3x+2y=8$ の共有点なので，連立方程式を解いて $x_1=2,\ y_1=1$．ゆえに $k=x_1+y_1=3$．
したがって $x=2,\ y=1$ のとき最大値 3 である．

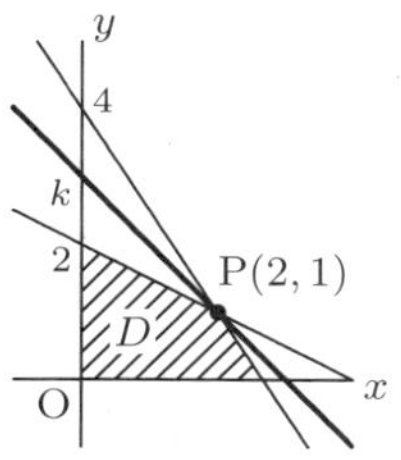

例題 6.37 線形計画法の応用

あるケーキ屋がケーキ A，B を作って売り出す．原材料 1,2 の量などは右表の通りである．純利益を最大にするには A，B をそれぞれ 1 日何個ずつ作ればよいか．そのときの純利益はいくらか．

	A	B	供給量
原材料 1	10 g	10 g	3 kg
原材料 2	10 g	30 g	5 kg
純利益	50 円	100 円	

解答 1 日に A を x 個, B を y 個ずつ作るとする．そのときの純利益を $50x+100y=k$ (円) とおくと $y=-\dfrac{1}{2}x+\dfrac{k}{100}\cdots$①，つまり傾き $-\dfrac{1}{2}$，y 切片 $\dfrac{k}{100}$ の直線を表す．
表より原材料 1 の制約条件は $10x+10y \leqq 3000$ (g)，また原材料 2 の制約条件は $10x+30y \leqq 5000$ (g) なので，作ることが可能な A，B の個数を表す領域は右図の斜線部分であり，領域の境界は多角形である．
この領域と直線①が共有点をもつ範囲で，y 切片 $\dfrac{k}{100}$ が最大となるのは①が頂点 $\mathrm{P}(x_1,\ y_1)$ を通るときである．

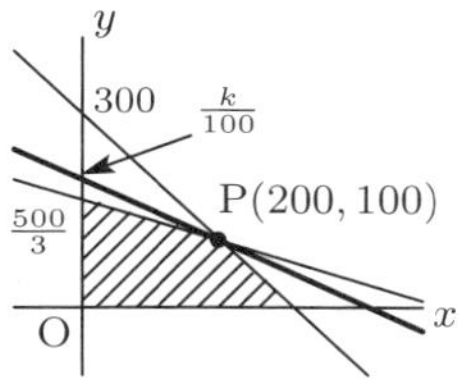

頂点 P は 2 直線 $10x+10y=3000,\ 10x+30y=5000$ の共有点なので，連立方程式を解いて $x_1=200,\ y_1=100$．ゆえに $k=50x_1+100y_1=10000+10000=20000$ (円)．
したがって A を 200 個，B を 100 個ずつ作れば，純利益は最大 20000 円である．

練習問題 6.13

1 領域 $(x-1)^2+y^2 \leqq 4$ における 1 次式 $2x+y$ の最大値，最小値を求めよ．

2 領域 D : $x \geqq 0,\ y \geqq 0,\ x+2y \leqq 5,\ 3x+2y \leqq 7$ における 1 次式 $x+y$ の最大値を求めよ．

6.14 図形の相似

✏ **図形の相似**　図形 F，F' の点どうしが 1 対 1 に対応し，対応する点 P と P$'$ を結ぶ直線がすべて 1 点 O で交わり，比 $\mathrm{OP}:\mathrm{OP'}=a:b$ が一定であるとき，図形 F と F' は**相似の位置にある**といい，点 O を**相似の中心**，比 $a:b$ を**相似比**という．
さらに F，F' は**相似**である，または**相似形**であるといい $F \backsim F'$ と表す．

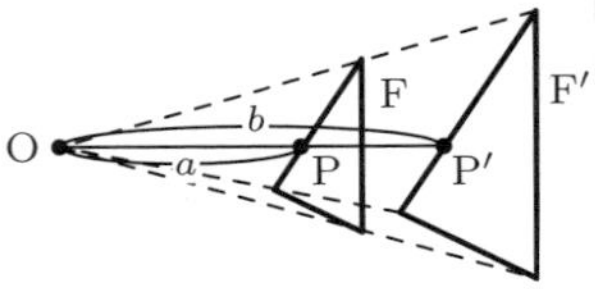

✏ **三角形の相似条件**　$\triangle\mathrm{ABC} \backsim \triangle\mathrm{A'B'C'}$ であるための必要十分条件は，次の条件のうち 1 つが成り立つことである．(**合同条件**は，相似比が 1 : 1 の特別な場合である．)

① 2 組の角が等しい．　$\angle\mathrm{B}=\angle\mathrm{B'}$，　$\angle\mathrm{C}=\angle\mathrm{C'}$．

② 2 組の辺の比とその間の角が等しい．

$$\angle\mathrm{B}=\angle\mathrm{B'},\quad \mathrm{AB}:\mathrm{A'B'}=\mathrm{BC}:\mathrm{B'C'}\quad (\,a:a'=b:b'\,).$$

③ 3 組の辺の比が等しい．

$$\mathrm{AB}:\mathrm{A'B'}=\mathrm{BC}:\mathrm{B'C'}=\mathrm{CA}:\mathrm{C'A'}\quad (\,a:a'=b:b'=c:c'\,).$$

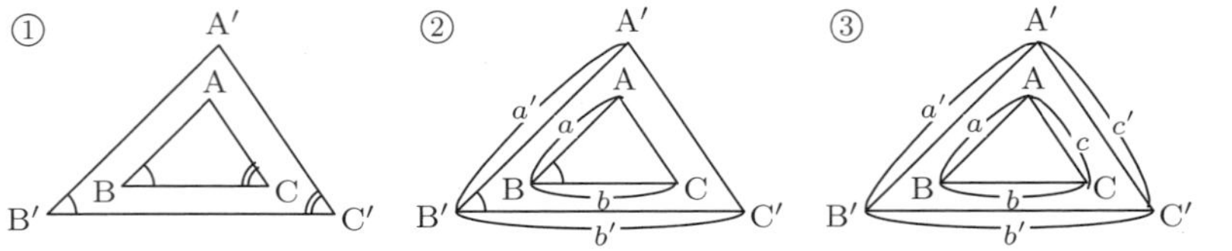

✏ **三角形の面積の比**　△ABC と △A′B′C′ の面積を S と S' とするとき，その面積比 $S:S'$ は，三角形の底辺の長さおよび高さの比に比例する．　$S:S'=a:b$

① 底辺の長さが等しいとき，面積比 $S:S'$ は高さの比に比例する．

② 高さが等しいとき，面積比 $S:S'$ は底辺の長さの比に比例する．

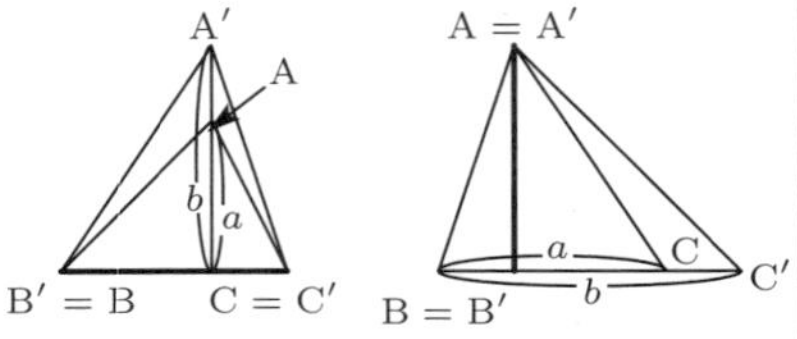

✏ **相似形の面積比と体積比**　図形 $F \backsim F'$ の相似比が $a:b$ であるとき，

(1) 面積比：$S:S'=a^2:b^2$　　(2) 体積比：$V:V'=a^3:b^3$

例題 6.38　　直角三角形の方べきの定理

∠A が直角のの直角三角形 ABC の頂点 A から斜辺 BC に垂線 AD をおろすとき，次の (1)，(2) が成り立つことを証明せよ．

(1)　$\mathrm{BA}^2=\mathrm{BC}\cdot\mathrm{BD}$，$\mathrm{CA}^2=\mathrm{CB}\cdot\mathrm{CD}$　　(2)　$\mathrm{AD}^2=\mathrm{BD}\cdot\mathrm{CD}$

解答 (1) $\triangle$BAC と $\triangle$BDA に注目すると，$\angle$B は共通，$\angle$BAC と $\angle$BDA はともに直角で等しいので，相似条件から $\triangle \mathrm{BAC} \backsim \triangle \mathrm{BDA}$.

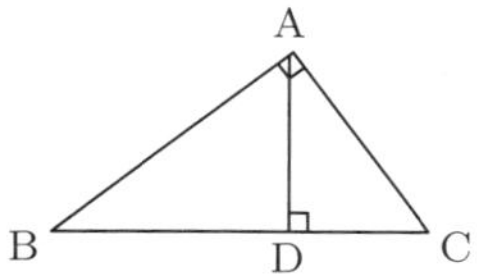

ゆえに対応する辺の長さの比は等しいので $\mathrm{BA} : \mathrm{BD} = \mathrm{BC} : \mathrm{BA}$. ゆえに $\mathrm{BA}^2 = \mathrm{BC} \cdot \mathrm{BD}$. また $\triangle$CAB と $\triangle$CDA に注目すると，$\angle$C は共通，$\angle$CAB と $\angle$CDA はともに直角で等しいので，相似条件から $\triangle \mathrm{CAB} \backsim \triangle \mathrm{CDA}$. ゆえに対応する辺の長さの比は等しいので $\mathrm{CA} : \mathrm{CD} = \mathrm{CB} : \mathrm{CA}$. ゆえに $\mathrm{CA}^2 = \mathrm{CB} \cdot \mathrm{CD}$.

(2) (1) の証明から $\triangle \mathrm{DBA} \backsim \triangle \mathrm{ABC} \backsim \triangle \mathrm{DCA}$. ゆえに対応する辺の長さの比は等しいので $\mathrm{AD} : \mathrm{BD} = \mathrm{CD} : \mathrm{AD}$. ゆえに $\mathrm{AD}^2 = \mathrm{BD} \cdot \mathrm{CD}$.

例題 6.39　三角形の面積の比

$\triangle$ABC と $\triangle$A′B′C′ について $\angle \mathrm{A} = \angle \mathrm{A}'$ であるとき，面積比は $\mathrm{AB} \cdot \mathrm{AC} : \mathrm{A'B'} \cdot \mathrm{A'C'}$ となることを証明せよ.

解答 $\triangle$ABC と $\triangle$A′B′C′ を $\angle$A と $\angle$A′ が重なるように配置して考える (下図). さらに補助線 B′C をひく. $\triangle$ABC と $\triangle$AB′C の面積を比較すると面積比は底辺 AB と AB′ の長さの比に等しい.
ゆえにその面積比に AC をかけると，

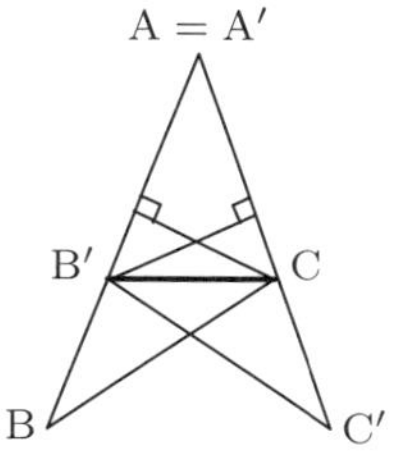

$$\triangle \mathrm{ABC} : \triangle \mathrm{AB'C} = \mathrm{AB} : \mathrm{AB'} = \mathrm{AB}{\cdot}\mathrm{AC} : \mathrm{AB'}{\cdot}\mathrm{AC} \cdots ①.$$

同様に $\triangle$AB′C と $\triangle$AB′C′ の面積を比較すると，面積比は底辺 AC と AC′ の長さの比に等しい. その面積比に AB′ をかけると，

$$\triangle \mathrm{AB'C} : \triangle \mathrm{AB'C'} = \mathrm{AC} : \mathrm{AC'} = \mathrm{AB'} \cdot \mathrm{AC} : \mathrm{AB'} \cdot \mathrm{AC'} \cdots ②.$$

$\triangle$AB′C′ と $\triangle$A′B′C′ は同じ三角形であることに注意して，①と②の比例式を比較すると，
$\triangle \mathrm{ABC} : \triangle \mathrm{A'B'C'} = \mathrm{AB} \cdot \mathrm{AC} : \mathrm{A'B'} \cdot \mathrm{A'C'}$.

例題 6.40　相似形の面積比

2 つの三角形 F と F' の相似比が 3 : 2 であるとき，その面積比を答えよ.

解答 面積比は相似比の 2 乗に比例するので，$S : S' = 3^2 : 2^2 = 9 : 4$ である.

練習問題 6.14

1 **例題 6.38 の直角三角形の方べきの定理**を利用して，$\angle$A が直角である直角三角形について**三平方の定理**$\mathrm{AB}^2 + \mathrm{AC}^2 = \mathrm{BC}^2$ を証明せよ.

2 $\triangle$ABC の辺 BC 上に点 D をとり，さらに AD 上に点 E をとれば，$\triangle$ABE と $\triangle$ACE の面積比が BD : DC であることを証明せよ.

3 2 つの三角すい F と F' の相似比が 2 : 5 であるとき，その体積比を答えよ.

6.15 三角形と円の性質

✏ **円の性質**　中心が O の円 O について，次のようないくつかの性質が成り立つ．

① 同じ弧に対する**円周角**は等しく，**中心角**の半分である．(半円の円周角は 90°)

② 同じ長さの弧に対する円周角は等しく，同じ円周角をもつ弧の長さは等しい．

③ △ABC が円 O に**内接**し，点 A における円 O の接線上で弦 AB に対して点 C の反対側に点 D をとるとき，∠C = ∠DAB.

④ 四角形が円に内接するとき，向かい合う角の和は 180° である．

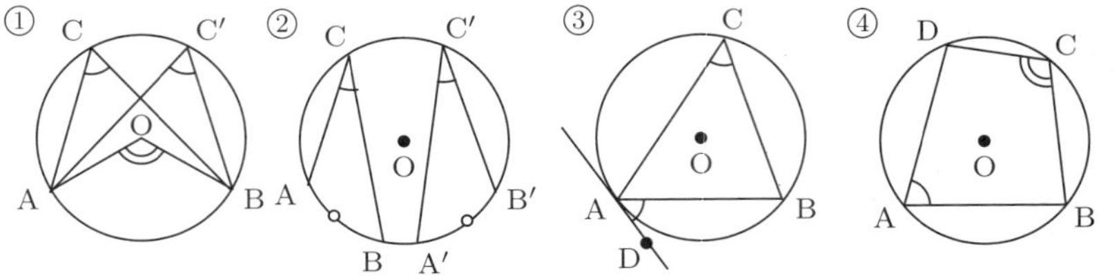

✏ **円に内接する四角形**　四角形 ABCD が次のどちらかの性質を満たせば，4 点 A, B, C, D は同一円周上にある (ABCD の**外接円**).

① 点 C と点 D が辺 AB に対して同じ側にあって，∠ACB = ∠ADB.

② 1 組の向かい合う角の和が 180° である．

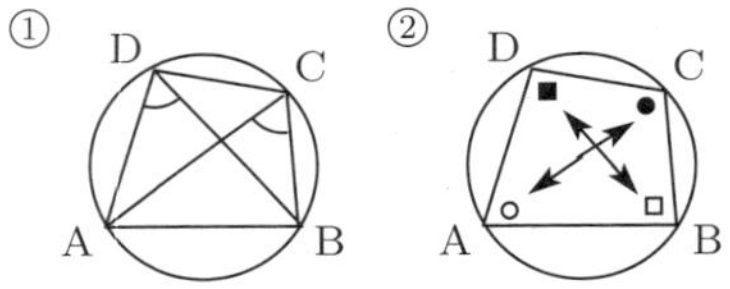

✏ **三角形の重心**　△ABC で各頂点と対辺の**中点**を結ぶ線分を**中線**といい，これら 3 本の中線は 1 点 G で交わる．この点 G を △ABC の**重心**という．重心 G は各中線を頂点側から 2 : 1 に内分する内分点と考えてもよい．(重心は，例えば三角形の板を 1 点で支えることのできる点を表し，応用の面で重要である．)

✏ **三角形の外心**　△ABC で 3 辺の各垂直二等分線は 1 点 O で交わる．この点 O を △ABC の**外心**という．外心 O は 3 頂点を通る円である**外接円**の中心でもある．

✏ **三角形の内心**　△ABC で 3 頂点の内角の各二等分線は 1 点 I で交わる．この点 I を △ABC の**内心**という．内心 I は 3 辺に接する円である**内接円**の中心でもある．

✏ **三角形の垂心**　△ABC で 3 頂点から対辺にひいた各垂線は 1 点 H で交わる．この点 H を △ABC の**垂心**という．

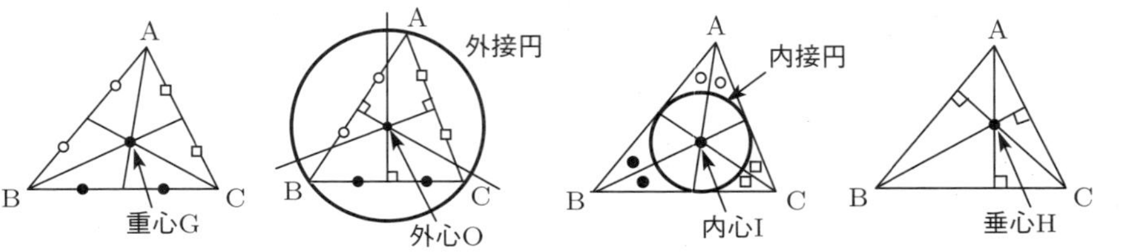

例題 6.41　　円の方べきの定理

点 P を通る 2 つの直線が，1 つは円 O と点 A, B で交わり，他の 1 つは点 C, D で交わるとき，$\mathrm{PA} \cdot \mathrm{PB} = \mathrm{PC} \cdot \mathrm{PD}$ が成り立つことを証明せよ．

解答　まず点 P が円 O の外部にある場合を示す．$\triangle\mathrm{PAD}$ と $\triangle\mathrm{PCB}$ を考えるとき，$\angle\mathrm{P}$ は共通で，$\angle\mathrm{ADC}$ と $\angle\mathrm{CBA}$ は同じ弧 AC に対する円周角なので $\angle\mathrm{ADC} = \angle\mathrm{CBA}$．ゆえに 2 組の角が等しいので相似条件より $\triangle\mathrm{PAD} \backsim \triangle\mathrm{PCB}$．

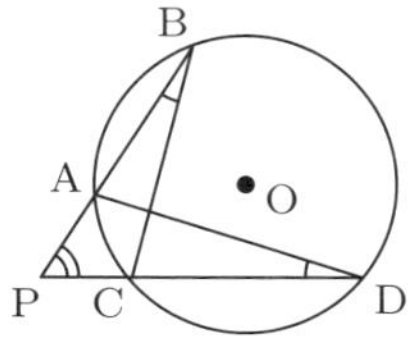

したがって対応する辺の比が等しいので $\mathrm{PA} : \mathrm{PD} = \mathrm{PC} : \mathrm{PB}$．ゆえに $\mathrm{PA} \cdot \mathrm{PB} = \mathrm{PC} \cdot \mathrm{PD}$．　次に点 P が円 O の内部にある場合を示す．$\triangle\mathrm{PDA}$ と $\triangle\mathrm{PBC}$ を考えるとき，$\angle\mathrm{APD}$ と $\angle\mathrm{CPB}$ は対頂角で等しく，$\angle\mathrm{PDA}$ と $\angle\mathrm{PBC}$ は同じ弧 AC に対する円周角なので $\angle\mathrm{PDA} = \angle\mathrm{PBC}$．

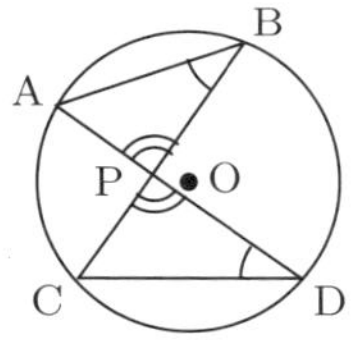

ゆえに 2 組の角が等しいので相似条件より $\triangle\mathrm{PDA} \backsim \triangle\mathrm{PBC}$．
したがって対応する辺の比が等しいので $\mathrm{PA} : \mathrm{PD} = \mathrm{PC} : \mathrm{PB}$．
ゆえに $\mathrm{PA} \cdot \mathrm{PB} = \mathrm{PC} \cdot \mathrm{PD}$．
※特に点 A と点 B が一致する場合，つまり 1 つの直線 PA が円 O の接線となるとき，
$\mathrm{PA}^2 = \mathrm{PC} \cdot \mathrm{PD}$ が成り立つ．

例題 6.42　　正三角形の性質

$\triangle\mathrm{ABC}$ の外心と内心が一致すれば，正三角形であることを証明せよ．

解答　外心 O と内心が一致するとする．外心 O は外接円の中心なので，AO, BO, CO は外接円の半径ですべて等しい．ゆえに $\triangle\mathrm{OAB}$ に注目すると $\mathrm{AO} = \mathrm{BO}$ なので二等辺三角形となり，底角が等しいので $\angle\mathrm{OAB} = \angle\mathrm{OBA}$．また外心 O と内心が一致するので AO は $\angle\mathrm{A}$ の二等分線，BO は $\angle\mathrm{B}$ の二等分線なので $\angle\mathrm{OAB} = \angle\mathrm{OAC}$, $\angle\mathrm{OBA} = \angle\mathrm{OBC}$．ゆえに $\angle\mathrm{OAC} = \angle\mathrm{OAB} = \angle\mathrm{OBA} = \angle\mathrm{OBC}$ となり，$\angle\mathrm{A} = \angle\mathrm{OAC} + \angle\mathrm{OAB} = \angle\mathrm{OBA} + \angle\mathrm{OBC} = \angle\mathrm{B}$．

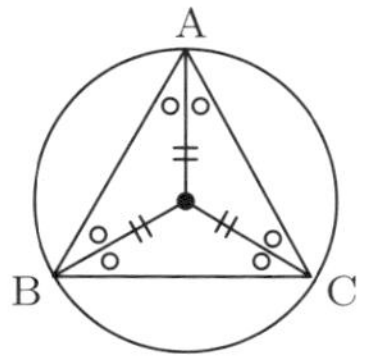

同様に $\triangle\mathrm{OBC}$ で考えて，$\angle\mathrm{B} = \angle\mathrm{C}$ となり，3 つの角が等しいので正三角形である．

練習問題 6.15

1　点 O を中心とする半径 2 の円の内部の点 P を通る弦 AB について，$\mathrm{PA} \cdot \mathrm{PB} = 1$ のとき，OP の長さを求めよ．

2　鋭角三角形 ABC の各頂点から対辺に垂線 AL, BM, CN をおろし，垂心を H とする．垂心 H は $\triangle\mathrm{LMN}$ の内心に一致することを証明せよ．

総合演習 6

6.1　2 点 $A(4,6)$，$B(-4,-2)$ を結ぶ線分 AB について，次の点の座標を求めよ．

(1)　中点　(2)　2 : 3 に内分する点　(3)　2 : 3 に外分する点

6.2　次の直線の方程式を求めよ．

(1)　点 $(3,4)$ を通り，傾き -2　　(2)　2 点 $(1,3)$，$(5,-2)$ を通る

(3)　点 $(2,3)$ を通り，直線 $2x+y+3=0$ に平行

(4)　点 $(1,-2)$ を通り，直線 $x+2y+3=0$ に垂直

(5)　2 直線 $2x+3y+7=0$，$3x-4y-15=0$ との交点を通り，y 切片が 3

6.3　次の円の方程式を求めよ．

(1)　中心が $(4,-2)$ で点 $(2,3)$ を通る

(2)　2 点 $(2,5)$，$(-3,-2)$ が直径の両端

(3)　3 点 $(4,0)$，$(0,8)$，$(-5,-7)$ を通る

(4)　円 $x^2+y^2-4x+6y-3=0$ と同じ中心をもち，直線 $4x+3y-12=0$ と接する

6.4　次の 2 次曲線の方程式を求めよ．

(1)　2 点 $F(4,0)$，$F'(-4,0)$ からの距離の和が 12 のだ円

(2)　2 点 $F(4,0)$，$F'(-4,0)$ からの距離の差が 4 の双曲線

(3)　2 焦点が $F(3,0)$，$F'(-3,0)$ で，点 $(-5,4)$ を通る双曲線

(4)　焦点 $F(5,0)$，準線 $g : x=-5$ の放物線

6.5　次の 2 次曲線の概形を描け．

(1)　円　$x^2+y^2-2x+4y=0$　　(2)　だ円　$x^2+5y^2=5$

(3)　だ円　$2x^2+3y^2=6$　　(4)　双曲線　$x^2-4y^2=1$

(5)　双曲線　$-x^2+2y^2=1$　　(6)　放物線　$y^2=12x$

6.6　次の 2 次曲線の指定された接点における接線の方程式を求めよ．

(1)　円 $(x-1)^2+(y-2)^2=4$　接点 $(2, 2+\sqrt{3})$

(2)　だ円 $\dfrac{x^2}{4}+\dfrac{y^2}{2}=1$　接点 $(\sqrt{2}, 1)$

(3)　双曲線 $\dfrac{x^2}{4}-\dfrac{y^2}{2}=1$　接点 $\left(3, \dfrac{\sqrt{10}}{2}\right)$

(4)　放物線 $y^2=12x$　接点 $(1, 2\sqrt{3})$

6.7 点 A(2,1)，B(4,6) について，線分 AB を 3 : 2 に内分する動点 $P(x,y)$ の軌跡の方程式を求めよ．

6.8 次の 3 直線が 1 点で交わるように定数 a の値を求めよ．

$$x+y-5=0, \quad x-2y+2a=0, \quad ax-3y+5=0$$

6.9 次の 2 つの曲線の共有点の個数と共有点の座標を求めよ．

(1) 直線 $2x+y-2=0$ と円 $x^2+y^2-x-4y+1=0$

(2) 2 つの円 $x^2+y^2-2x-2y=0$ と $x^2+y^2-4x+2y=0$

6.10 次の 2 つの曲線の共有点を通る円の方程式を求めよ．

(1) 直線 $y=x+2$ と円 $x^2+y^2=4$ の共有点を通り，半径 4

(2) 2 つの円 $x^2+y^2=9$，$x^2+y^2-8x=0$ の共有点と点 (4,6) を通る

6.11 点 (3,4) を通り放物線 $y^2=4x$ と交わる直線を引くとき，2 つの交点を A，B とする．そのとき放物線で切りとられる弦 AB の中点の軌跡を求めよ．

6.12 円 $x^2+y^2=5$ と直線 $x+2y=3$ の 2 つの交点を A，B とする．次の問に答えよ．

(1) 原点 O から直線までの距離を求めよ．

(2) 線分 AB の長さを求めよ．

6.13 次の不等式または連立不等式の表す領域を図示せよ．

(1) $2x+3y \leqq 1$ (2) $x^2+y^2-2x+2y-2 \leqq 0$

(3) $\begin{cases} y > x+2 \\ y < -2x+1 \end{cases}$ (4) $\begin{cases} y > x-1 \\ x^2+y^2 < 4 \end{cases}$

6.14 領域 $x^2+(y-2)^2 \leqq 4$ における 1 次式 $x+2y$ の最大値，最小値を求めよ．

6.15 ある食品メーカーで 2 種類の食品 A，B を 1 kg 作るために必要な原料，電力，労力，1 kg あたりの利益および 1 日あたりの供給能力は右の表の通りである．利益を最大にするには A，B をそれぞれ何 kg ずつ製造すればよいか．

	A	B	1 日供給量
原料	9 kg	4 kg	360 kg
電力	4 kWh	5 kWh	200 kWh
労力	3 人	10 人	300 人
利益	7 万円	12 万円	

6.16 （**トレミーの定理**）四角形 ABCD が円に内接すれば，$\mathrm{AB}\cdot\mathrm{CD}+\mathrm{BC}\cdot\mathrm{DA}=\mathrm{AC}\cdot\mathrm{BD}$ が成り立つことを証明せよ．

第 7 章　個数の処理

第 7 章の要点

・**場合の数**　あることがらについて，起こりうるすべての場合の個数を**場合の数**という．

・**樹形図**　規則的に定まることがらの個数や物の個数を数えたりするとき，右図のように過不足なく並べたものを**樹形図**という．樹形図を描くと数え間違いが少ない．

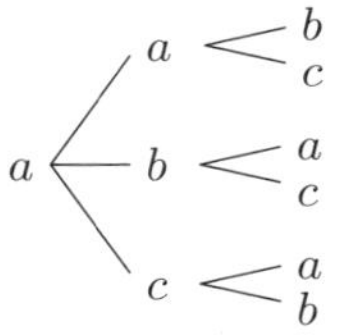

・**和の法則**　2 つのことがら A，B が同時に起こることはなく，A の起こる場合が m 通り，B の起こる場合が n 通りであるとき，A または B の起こる場合の数は全部で $m+n$ 通りである．

・**積の法則**　2 つのことがら A, B について，A の起こる場合が m 通りであり，そのそれぞれの場合に対して B の起こる場合が n 通りであるとき，A と B がともに起こる場合の数は $m \times n$ 通りである．

・**順列**　異なる n 個のものから異なる r 個をとり出して，順番をつけて 1 列に並べたものを**順列**といい，その総数を記号 ${}_n\mathrm{P}_r$ で表す．

$${}_n\mathrm{P}_r = \overbrace{n(n-1)(n-2)\cdots(n-r+1)}^{r\text{ 個}} \quad (n \geqq r)$$

・**階乗**　1 から n までの自然数の積を n の**階乗**といい，記号 $n!$ で表す．

$$n! = n(n-1)(n-2)\cdots 2\cdot 1, \qquad (\text{特に } 0! = 1 \text{ と決める})$$

順列の総数 ${}_n\mathrm{P}_r$ は階乗の記号を利用すると，${}_n\mathrm{P}_r = \dfrac{n!}{(n-r)!}$（特に ${}_n\mathrm{P}_n = n!$）．

・**重複順列**　異なる n 個のものから同じものをくり返しとることを許して r 個をとり出して，順番をつけて 1 列に並べたものを**重複順列**という．その総数は n^r である．

・**同じものを含む順列**　n 個のものの中に p 個の同じもの，q 個の他の同じもの，r 個の他の同じもの $\cdots$ があるとき，これらを並べた順列の総数を記号 ${}_n\mathrm{H}_{p,q,r,\ldots}$ で表す．

$${}_n\mathrm{H}_{p,q,r,\ldots} = \frac{n!}{p!\cdot q!\cdot r!\cdots} \quad (\, p+q+r+\cdots = n \,)$$

・**円順列**　異なる n 個のものを円形に並べたものを**円順列**といい，その総数は $(n-1)!$ である．

・**一般の円順列**　異なる n 個のものから r 個をとって円形に並べたものを**一般の円順列**といい，その総数は $\dfrac{{}_n\mathrm{P}_r}{r}$ である．

・**じゅず順列**　円順列で裏返してできる円順列は同じと考えるとき，それを**じゅず順列**といい，その総数は $\dfrac{(n-1)!}{2}$ $(n \geqq 3)$ である．

・**組合せ**　異なる n 個のものから選ぶ順番を考えずに r 個をとり出したものを，n 個のものから r 個をとり出す**組合せ**といい，その総数を記号 ${}_n\mathrm{C}_r$ または $\begin{pmatrix} n \\ r \end{pmatrix}$ で表す．

$$ {}_n\mathrm{C}_r = \frac{{}_n\mathrm{P}_r}{r!} = \frac{\overbrace{n(n-1)(n-2)\cdots(n-r+1)}^{r\ 個}}{r(r-1)(r-2)\cdots 1} \quad (n \geqq r) $$

特に ${}_n\mathrm{C}_1 = n$，${}_n\mathrm{C}_n = 1$，また ${}_n\mathrm{C}_0 = 1$ と定める．また，次の式が成り立つ．

$$ {}_n\mathrm{C}_r = \frac{n!}{r!\,(n-r)!} \quad (n \geqq r) $$

・**二項係数**　組合せの総数 ${}_n\mathrm{C}_r$ を，次の二項定理との関係で特に**二項係数**という．

・**二項係数の関係式**　二項係数は次の関係式を満たす．

$$ {}_n\mathrm{C}_r = {}_n\mathrm{C}_{n-r} \quad (0 \leqq r \leqq n), \qquad {}_n\mathrm{C}_r = {}_{n-1}\mathrm{C}_{r-1} + {}_{n-1}\mathrm{C}_r \quad (1 \leqq r \leqq n-1) \cdots (*) $$

・**二項定理**　$(a+b)^n$ は二項係数を使って次のように展開できる．

$$ \begin{aligned} (a+b)^n &= {}_n\mathrm{C}_0\, a^n + {}_n\mathrm{C}_1\, a^{n-1}b + {}_n\mathrm{C}_2\, a^{n-2}b^2 + \cdots \\ &\qquad + {}_n\mathrm{C}_r\, a^{n-r}b^r + \cdots + {}_n\mathrm{C}_{n-1}\, ab^{n-1} + {}_n\mathrm{C}_n\, b^n \\ &= a^n + n\,a^{n-1}b + \frac{n(n-1)}{2}\, a^{n-2}b^2 + \cdots \\ &\qquad + \frac{n(n-1)\cdots(n-r+1)}{r!}\, a^{n-r}b^r + \cdots + n\,ab^{n-1} + b^n. \end{aligned} $$

※二項定理の特徴は，展開式の各項 $a^{n-r}b^r$ の a と b の次数の和が $(n-r)+r=n$ と一定で，係数は ${}_n\mathrm{C}_r$ である．

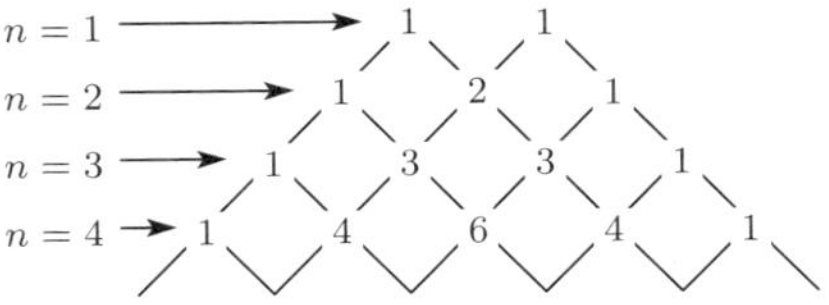

・**パスカルの三角形**　右図のように二項定理の展開式の各項の係数を三角形上に順番に並べたものを**パスカルの三角形**という．

この三角形は上の行から $(*)$ の関係式を利用して，同じ行の連続する 2 つの数の和を真下に記入することによって，順次作り上げることができる．

・**多項係数**　同じものを含む順列の総数 ${}_n\mathrm{H}_{p,q,r,\ldots}$(前ページ) を次の多項定理との関係で特に**多項係数**という．

・**多項定理 (3 文字の場合)**　$(a+b+c)^n$ は多項係数を使って次のように展開できる．

$$ (a+b+c)^n = {}_n\mathrm{H}_{p,q,r}\, a^p b^q c^r \text{ の和} \qquad \left({}_n\mathrm{H}_{p,q,r} = \frac{n!}{p!\,q!\,r!} \right) $$

※和は $n = p+q+r$ を満たす組 $(p,\ q,\ r)$ $(0 \leqq p,\ q,\ r \leqq n)$ すべてを考える．

※多項定理の特徴は，展開式の各項 $a^p b^q c^r$ の a, b, c の次数の和が $p+q+r=n$ と一定で，係数は ${}_n\mathrm{H}_{p,q,r}$ である．

7.1　場合の数と樹形図

✏ **場合の数**　あることがらについて，起こりうるすべての場合の個数を**場合の数**という．

✏ **樹形図**　規則的に定まることがらの個数や物の個数を数えたりするとき，右図のように過不足なく並べたものを**樹形図**という．樹形図を描くと数え間違いが少ない．

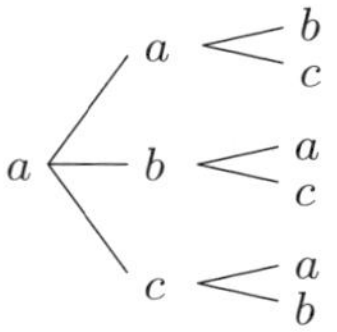

※場合の数を求めるとき，基本となる2つの方法がある．

✏ **和の法則**　2つのことがらA，Bが同時に起こることはなく，Aの起こる場合が m 通り，Bの起こる場合が n 通りであるAまたはBの起こる場合の数は全部で $m+n$ 通りである．

✏ **積の法則**　2つのことがらA，Bについて，Aの起こる場合が m 通りであり，そのそれぞれの場合に対してBの起こる場合が n 通りであるとき，AとBがともに起こる場合の数は $m\times n$ 通りである．

例題 7.1　場合の数と樹形図

a, a, b, c の4個の文字から，3個を並べてできる異なる文字列は何個あるか．

方針　樹形図を描いて個数を数える．

解答　1つずつ文字を選んで3つ並べるとき，1番左は a，b，c の3通り選べる．a を選んだ場合，2番目の文字として残りの文字から a，b，c の3通り選べる．b を選んだ場合，残りの文字から a，c の2通り選べる．さらに c を選んだ場合も同様に残りの文字から a，b の2通り選べる．同様に一番右も残りの文字から選んでいくと，右図のような樹形図が描ける．ゆえに順番に上から数えて，

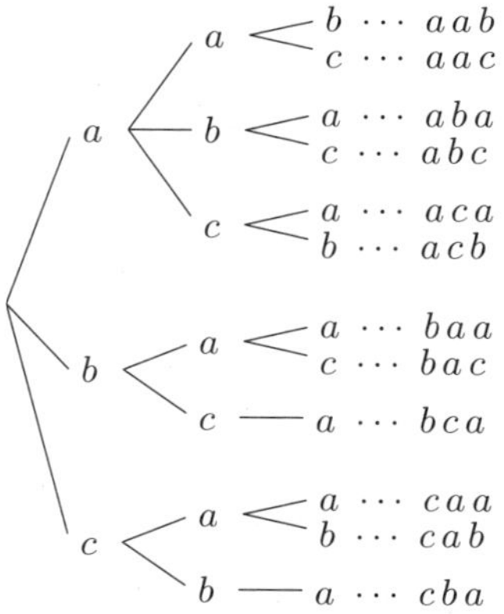

$$aab,\ aac,\ aba,\ abc,\ aca,\ acb,$$
$$baa,\ bac,\ bca,\ caa,\ cab,\ cba$$

の12個である．

例題 7.2　和の法則

大小2個のさいころを同時に投げて，出る目の数の和が4の倍数になる場合は何通りあるか．

解答 目の数の和は最大 12 なので，数の和が 4 の倍数になるのは，A：和が 4，B：和が 8，C：和が 12 に分けられる．それぞれの場合は

A

大	1	2	3
小	3	2	1

B

大	2	3	4	5	6
小	6	5	4	3	2

C

大	6
小	6

である．A，B，C は同時に起こることはないので，出る目の数の和が 4 の倍数となるのは，和の法則より合わせて $3 + 5 + 1 = 9$ 通りである．

例題 7.3 積の法則

家から駅まで A，B，C，D の 4 つの道がある．子どもを駅まで迎えに行くのに行きと帰りで異なる道を通ることにすれば，何通りの道の選び方があるか．

解答 行きの道の選び方は A，B，C，D の 4 通り．帰りは行きと違う道を通るので，帰りの道の選び方は行きにどの道を選んだとしても，行きに通った道を除いた残り 3 通り．
ゆえに積の法則より $4 \times 3 = 12$ 通りである．

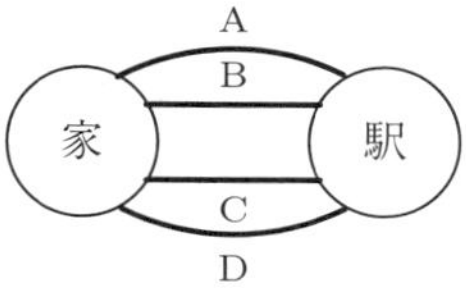

例題 7.4 約数の個数

$108 = 2^2 \cdot 3^3$ と素因数分解するとき，108 の正の約数の個数を調べよ．

解答 108 の素因数分解より，108 のすべての約数は $2^a \cdot 3^b$ の形に表せる．
ここで $a = 0,\ 1,\ 2,\ b = 0,\ 1,\ 2,\ 3$ であり，a，b のすべての組み合わせが約数と 1 対 1 に対応するので，積の法則より約数の個数は $3 \times 4 = 12$ 個である．

注意 上の解答で指数 a，b は必ず 0 から始まることに注意．

練習問題 7.1

1 1，2，2，3 の 4 つの数字を使ってできる 3 けたの奇数の個数を求めたい．樹形図を描いて求めよ．(同じ数字を何回使ってもよい)

2 0 から 8 までの数字が書かれたルーレットを 2 回まわす．出た数字の和が 4 の倍数になる数字の組み合わせは何通りあるか．

3 あるビルの最上階の展望台に上がるのに 3 台のエレベーターがある．展望台に上がって下ってくるのに使うエレベーターの選び方は何通りあるか．

(1) 上がりと下りで同じエレベーターを使ってもよい．

(2) 上がりと下りで違うエレベーターを使う．

4 $360 = 2^3 \cdot 3^2 \cdot 5$ と素因数分解するとき，360 の正の約数の個数を調べよ．

7.2 順列1

- **順列** 異なる n 個のものから異なる r 個をとり出して，順番をつけて1列に並べたものを，n 個のものから r 個をとり出す**順列**といい，その総数を記号 $_n\mathrm{P}_r$ で表す．

$$_n\mathrm{P}_r = \overbrace{n(n-1)(n-2)\cdots(n-r+1)}^{r \text{ 個}} \quad (n \geq r)$$

- **階乗** 1 から n までの自然数の積を n の**階乗**といい，記号 $n!$ で表す．

$$n! = n(n-1)(n-2)\cdots 2\cdot 1, \quad (\text{特に } 0! = 1 \text{ と決める})$$

順列の総数 $_n\mathrm{P}_r$ は階乗の記号を利用すると，

$$_n\mathrm{P}_r = \frac{n!}{(n-r)!}, \quad (\text{特に } _n\mathrm{P}_n = n!)$$

- **重複順列** 異なる n 個のものから，同じものをくり返しとることを許して r 個をとり出して，順番をつけて1列に並べたものを**重複順列**といい，その総数は n^r である．

例題 7.5 ─────── 順列

A, B, C, D の 4 個の文字から 3 文字を選んで，順番をつけて 1 列に並べてできる順列を書き並べよ．またその総数を答えよ．

解答 1番左は A, B, C, D の 4 通り選べる．A を選んだ場合 2 番目の文字として残りの文字から B, C, D の 3 通り選べる．B を選んだ場合最後の文字として残りの文字から C, D の 2 通り選べる．さらに 2 番目の文字として C を選んだ場合も同様にくり返し右図のような樹形図が描ける．ゆえに順番に書き並べて，

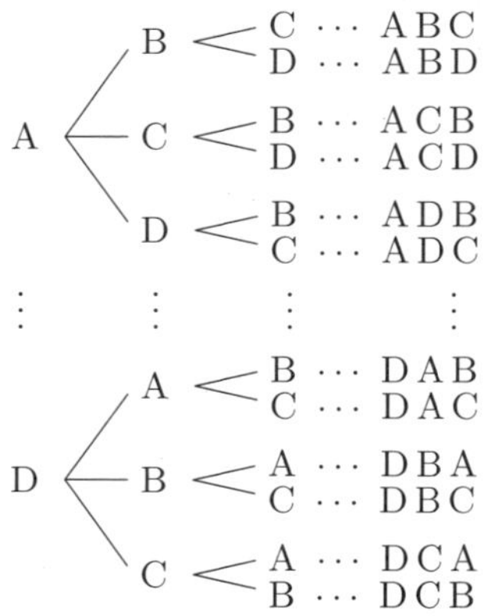

ABC, ABD, ACB, ACD, ADB, ADC,
BAC, BAD, BCA, BCD, BDA, BDC,
CAB, CAD, CBA, CBD, CDA, CDB,
DAB, DAC, DBA, DBC, DCA, DCB

である．その総数は $_4\mathrm{P}_3 = 4\cdot 3\cdot 2 = 24$ 個である．

$$A \begin{cases} B \begin{cases} C \cdots ABC \\ D \cdots ABD \end{cases} \\ C \begin{cases} B \cdots ACB \\ D \cdots ACD \end{cases} \\ D \begin{cases} B \cdots ADB \\ C \cdots ADC \end{cases} \end{cases}$$

$$\vdots \quad \vdots \quad \vdots \quad \vdots$$

$$D \begin{cases} A \begin{cases} B \cdots DAB \\ C \cdots DAC \end{cases} \\ B \begin{cases} A \cdots DBA \\ C \cdots DBC \end{cases} \\ C \begin{cases} A \cdots DCA \\ B \cdots DCB \end{cases} \end{cases}$$

例題 7.6 ─────── 順列の総数・階乗

$_6\mathrm{P}_3, \ _5\mathrm{P}_2, \ _4\mathrm{P}_4$ の値を求めよ．

解答 $_6\mathrm{P}_3 = \overbrace{6\cdot 5\cdot 4}^{3\text{ 個}} = 120.$ $\quad _5\mathrm{P}_2 = \overbrace{5\cdot 4}^{2\text{ 個}} = 20.$ $\quad _4\mathrm{P}_4 = 4! = 4\cdot 3\cdot 2\cdot 1 = 24.$

例題 7.7 順列の応用 1

0，1，2，3，4 の 5 つの数字から 4 つを選んで 4 けたの整数を作る．異なる整数は何個できるか．

方針 0 を千の位に選ぶと 4 けたの整数にならないことに注意する．

解答 千，百，十，一の位と順番をつけて 1 列に並べる．
千の位に 0 を選ぶと 4 けたの整数にならないので，千の位の選び方は 1 から 4 の 4 通り．
百，十，一の位は千の位を除いた残りの 4 つの数字のどれを選んでもよいので，4 つの数字から 3 つを選ぶ順列の総数 ${}_4\mathrm{P}_3 = 24$ 通り．
ゆえに求める個数は積の法則より $4 \times {}_4\mathrm{P}_3 = 4 \times 24 = 96$ 通りである．

例題 7.8 順列の応用 2

男 3 人，女 2 人が男女交互に並ぶとき，異なる並び方は何通りあるか．

解答 男女が交互に並ぶので，男女の人数の違いの関係から一番左に男が並ばなければならない．右図からどの位置にどの男が並んでもよいので
男 3 人の順列の総数を考えると ${}_3\mathrm{P}_3 = 3! = 6$ 通り．
男の並び方それぞれについて残りのどの位置に女が並んでもよいので，女 2 人の順列の総数を考えると ${}_2\mathrm{P}_2 = 2! = 2$ 通り．
ゆえに求める並び方の総数は，積の法則から $6 \times 2 = 12$ 通りである．

(男) [女] (男) [女] (男)

例題 7.9 重複順列

○，△，□の描かれた 3 枚のカードから，同じものをくり返し選ぶことを許して 4 枚を 1 列に並べるとき，異なる並べ方は何通りあるか．

解答 3 枚のカードから 4 枚選ぶ重複順列を考えて，その総数は $3^4 = 81$ 通りである．

練習問題 7.2

1 1, 2, 3, 4, 5 の 5 個の数字から 3 つ選んでできる異なる整数は何個あるか．

2 0，1，2，3，4 の 5 つの数字から 4 つを選んで 4 けたの偶数を作る．異なる偶数は何個できるか．

3 男 3 人，女 3 人が男女交互に並ぶとき，異なる並び方は何通りあるか．

4 1, 2, 3, 4 の 4 つの数字から，同じものをくり返し選ぶことを許して 3 けたの整数を作るとき，異なる整数は何個できるか．

7.3　順列 2

✏ **同じものを含む順列**　n 個のものの中に，p 個の同じもの，q 個の他の同じもの，r 個の他の同じもの $\cdots$ があるとき，これらを並べた順列の総数を記号 ${}_n\mathrm{H}_{p,q,r,\ldots}$ で表す．

$$ {}_n\mathrm{H}_{p,q,r,\ldots} = \frac{n!}{p!\cdot q!\cdot r!\cdots} \quad (\,p+q+r+\cdots=n\,) $$

✏ **円順列**　異なる n 個のものを円形に並べたものを**円順列**といい，その総数は $(n-1)!$ である．円順列では右図のように 1 つの円順列を回転させてできる円順列も同じ円順列であると考える．

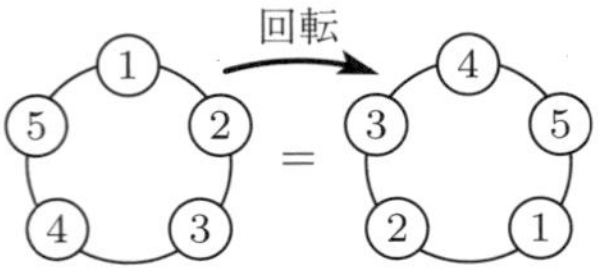

✏ **一般の円順列**　異なる n 個のものから r 個をとって円形に並べたものを**一般の円順列**といい，その総数は $\dfrac{{}_n\mathrm{P}_r}{r}$ である．

✏ **じゅず順列**　異なる n 個のものの円順列で，特に右図のように 1 つの円順列を裏返してできる円順列も同じ円順列であると考えるとき，それを**じゅず順列**といい，その総数は $\dfrac{(n-1)!}{2}$ $(n \geqq 3)$ である．

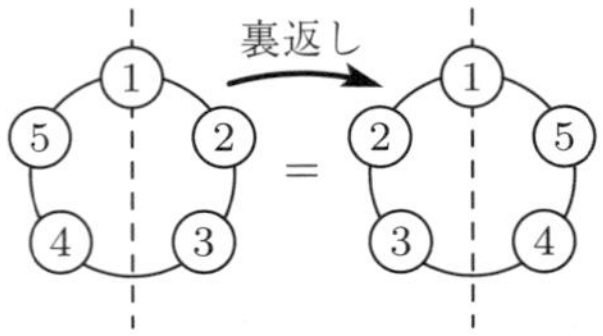

例題 7.10　同じものを含む順列

白色の球 3 個，赤色の球 2 個，黒色の球 1 個の合わせて 6 個の球を 1 列に並べるとき，異なる並べ方は何通りあるか．

解答　同じものを含む順列を考えると，白色の球 3 個，赤色の球 2 個，黒色の球 1 個よりその並び方の総数は，${}_6\mathrm{H}_{3,2,1} = \dfrac{6!}{3!\cdot 2!\cdot 1!} = \dfrac{6\cdot 5\cdot 4\cdot 3\cdot 2\cdot 1}{(3\cdot 2\cdot 1)\cdot(2\cdot 1)\cdot 1} = 60$ 通りである．

別解　p.*174* の**例題 7.18** に組合せを利用した別解がある．

例題 7.11　円順列

男 4 人，女 2 人の合わせて 6 人が手をつないで輪を作るとき，

(1) 男女の区別なく輪を作るとき，異なる輪は何通りできるか．

(2) 女 2 人が隣りどうしで手をつないで輪を作るとき，異なる輪は何通りできるか．

解答　(1) 6 人の円順列を考えると，並び方の総数は $(6-1)! = 5! = 120$ 通りである．

(2) 女 2 人をペアと考え 5 人の円順列を考えると，その並び方の総数は $(5-1)! = 4! = 24$

通り．並び方に対して女の位置を交代すると違う並び方になるので，それぞれ 2 通りの違う並び方が得られる．並び方の総数は $(5-1)! \times 2 = 24 \times 2 = 48$ 通りである．

例題 7.12 一般の円順列

7 色の球から 5 つを選んで円形に並べるとき，異なる並べ方は何通りあるか．

解答 一般の円順列として並べ方の総数は $\dfrac{{}_7P_5}{5} = \dfrac{7 \cdot 6 \cdot 5 \cdot 4 \cdot 3}{5} = 504$ 通りである．

例題 7.13 じゅず順列

7 つの球を円形に並べてひもを通しネックレスを作るとき，

(1) すべての球の色が異なるとき，ネックレスは何通りできるか．

(2) 2 つが同じ色で他の球の色が異なるとき，ネックレスは何通りできるか．

解答 (1) ネックレスは裏返しても同じ並び方と考えていいので，じゅず順列を考える．

並び方の総数は $\dfrac{(7-1)!}{2} = \dfrac{6!}{2} = \dfrac{6 \cdot 5 \cdot 4 \cdot 3 \cdot 2 \cdot 1}{2} = 360$ 通りである．

(2) 同じ色の球をとりあえず違う色の球と考えじゅず順列を考える．並び方の総数は (1) より 360 通り．

最初に違う色と考えた 2 つの球が同じ位置にある 2 つの並び方に対して，実際は同じ色なので同じ並び方である．

2 通りずつ同じ並び方があるのでその並び方の総数は $360 \div 2 = 180$ 通りである．

練習問題 7.3

1 赤色の旗 3 本，黄色の旗 3 本，青色の旗 2 本の合わせて 8 本の旗を 1 列に並べるとき，異なる並べ方は何通りあるか．

2 同じマークの数字 4 枚，絵札 2 枚のトランプを円形に並べる．

(1) 異なる並べ方は何通りあるか．

(2) 絵札 2 枚が対面にくるように並べる異なる並べ方は何通りあるか．

3 8 色の箱から 4 個選んで円形に並べるとき，異なる並べ方は何通りあるか．

4 8 個のピースを円形に並べてひもを通し腕輪を作るとき，

(1) すべてのピースの色が異なるとき，腕輪は何通りできるか．

(2) 3 つが同じ色で他のピースの色が異なるとき，腕輪は何通りできるか．

7.4 組合せ 1

✏ **組合せ**　異なる n 個のものから選ぶ順番を考えずに r 個をとり出したものを，n 個のものから r 個をとり出す**組合せ**といい，その総数を記号 ${}_n\mathrm{C}_r$ または $\binom{n}{r}$ で表す．

$${}_n\mathrm{C}_r = \frac{{}_n\mathrm{P}_r}{r\,!} = \frac{\overbrace{n(n-1)(n-2)\cdots(n-r+1)}^{r\text{ 個}}}{r(r-1)(r-2)\cdots 1} \quad (n \geqq r)$$

特に ${}_n\mathrm{C}_1 = n$，${}_n\mathrm{C}_n = 1$，また ${}_n\mathrm{C}_0 = 1$ と定める．

また，次の式が成り立つ．

$${}_n\mathrm{C}_r = \frac{n\,!}{r\,!\,(n-r)\,!} \quad (n \geqq r)$$

例題 7.14　組合せ

男 7 人，女 4 人の合わせて 11 人のグループから，

(1) 男女の区別なく 4 人の代表を選ぶ選び方は何通りあるか．

(2) 男 3 人，女 2 人からなる 5 人の代表を選ぶ選び方は何通りあるか．

解答　(1) 4 人の代表の選び方の総数は ${}_{11}\mathrm{C}_4 = \dfrac{11\cdot 10\cdot 9\cdot 8}{4\cdot 3\cdot 2\cdot 1} = 330$ 通りである．

(2) 男の代表 3 人を選ぶ選び方は ${}_7\mathrm{C}_3 = \dfrac{7\cdot 6\cdot 5}{3\cdot 2\cdot 1} = 35$ 通り．

またそれらの男の代表に対して，女の代表 2 人を選ぶ選び方は ${}_4\mathrm{C}_2 = \dfrac{4\cdot 3}{2\cdot 1} = 6$ 通り．

選び方の総数は ${}_7\mathrm{C}_3 \times {}_4\mathrm{C}_2 = 35 \times 6 = 210$ 通りである．

例題 7.15　組合せの総数

次の値を求めよ．

(1)　${}_6\mathrm{C}_3$　　(2)　${}_8\mathrm{C}_6$　　(3)　${}_5\mathrm{C}_1$

解答　(1) ${}_6\mathrm{C}_3 = \dfrac{6\cdot 5\cdot 4}{3\cdot 2\cdot 1} = 20$．(2) ${}_8\mathrm{C}_6 = \dfrac{8\cdot 7\cdot 6\cdot 5\cdot 4\cdot 3}{6\cdot 5\cdot 4\cdot 3\cdot 2\cdot 1} = 28$．(3) ${}_5\mathrm{C}_1 = 5$．

例題 7.16　組合せの応用 1

7 人の人がホウルに泊まる．部屋は 3 部屋 A, B, C を予約し，A は 3 人部屋，B, C はともに 2 人部屋である．

(1) 異なる部屋の割り振り何通りあるか．

(2) 泊まる部屋を区別しないとすると何通りあるか．

解答 (1) まず A に割り振る 3 人の選び方は ${}_7C_3 = \dfrac{7\cdot 6\cdot 5}{3\cdot 2\cdot 1} = 35$ 通り．次に残りの 4 人から B に割り振る 2 人の選び方は ${}_4C_2 = \dfrac{4\cdot 3}{2\cdot 1} = 6$ 通り．C に割り振る 2 人は残った 2 人で決まるので，選び方は考えなくてよい．

割り振りの選び方は ${}_7C_3 \times {}_4C_2 = 35 \times 6 = 210$ 通りである．

(2) 1 組の部屋の割り振りに対して，部屋の区別をしないので B と C の割り振りを交替しても同じ割り振りと考えられる．例えば B に a, b, C に c, d が泊まると割り振ったとき，B と C の割り振りを交替した B に c, d, C に a, b を割り振りしても同じ割り振りと考える．(B と C は部屋の人数が同じなので割り振りを交替できることに注意．)

ゆえに (1) の部屋の割り振りについて 2 組ずつ同じ割り振りがあると考えられるので，

$210 \div 2 = 105$ 通りである．

例題 7.17 組合せの応用 2

右図のように縦線 6 本と横線 4 本でできている方眼の中に，異なる長方形は何個あるか．

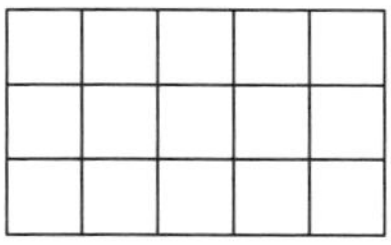

解答 1 つの長方形は，右図のように縦線 2 本 (A, B) と横線 2 本 (a, b) を指定すると，その交差する図形として指定できる．ゆえに長方形の選び方は，縦線 2 本と横線 2 本の選び方と考えればよい．つまり縦線 2 本の選び方は ${}_6C_2 = \dfrac{6\cdot 5}{2\cdot 1} = 15$ 通り．

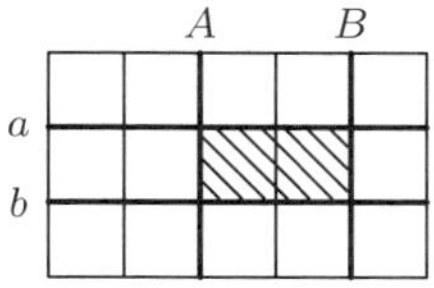

横線 2 本の選び方は ${}_4C_2 = \dfrac{4\cdot 3}{2\cdot 1} = 6$ 通り．

したがって ${}_6C_2 \times {}_4C_2 = 15 \times 6 = 90$ 個である．

練習問題 7.4

1 4 種類のみかん，3 種類のりんご，2 種類のなしがある．この中から

(1) 4 種類のくだものの選び方は何通りあるか．

(2) みかん 2 種類，りんご 2 種類，なし 1 種類の選び方は何通りあるか．

2 次の値を求めよ．

(1) ${}_5C_4$ (2) ${}_8C_3$ (3) ${}_7C_6$

3 9 種類のプレゼントを，A, B, C の 3 グループに分配する．

(1) A, B, C の各グループに 3 種類ずつ分配する方法は何通りあるか．

(2) グループを区別せず，単に 3 種類ずつ分配する方法は何通りあるか．

7.5 組合せ 2

✏ **二項係数**　組合せの総数 ${}_n\mathrm{C}_r$ を次の二項定理との関係で特に**二項係数**という．

✏ **二項係数の関係式**　二項係数は次の関係式を満たす．

$${}_n\mathrm{C}_r = {}_n\mathrm{C}_{n-r} \quad (0 \leqq r \leqq n), \qquad {}_n\mathrm{C}_r = {}_{n-1}\mathrm{C}_{r-1} + {}_{n-1}\mathrm{C}_r \quad (1 \leqq r \leqq n-1) \cdots (*)$$

✏ **二項定理**　$(a+b)^n$ は二項係数を使って次のように展開できる．

$$\begin{aligned}(a+b)^n &= {}_n\mathrm{C}_0\, a^n + {}_n\mathrm{C}_1\, a^{n-1}b + {}_n\mathrm{C}_2\, a^{n-2}b^2 + \cdots \\ &\qquad + {}_n\mathrm{C}_r\, a^{n-r}b^r + \cdots + {}_n\mathrm{C}_{n-1}\, ab^{n-1} + {}_n\mathrm{C}_n\, b^n \\ &= a^n + n\,a^{n-1}b + \frac{n(n-1)}{2}\,a^{n-2}b^2 + \cdots \\ &\qquad + \frac{n(n-1)\cdots(n-r+1)}{r\,!}\,a^{n-r}b^r + \cdots + n\,ab^{n-1} + b^n.\end{aligned}$$

※二項定理の特徴は，展開式の各項 $a^{n-r}b^r$ の a と b の次数の和が $(n-r)+r=n$ と一定で，係数は ${}_n\mathrm{C}_r$ である．

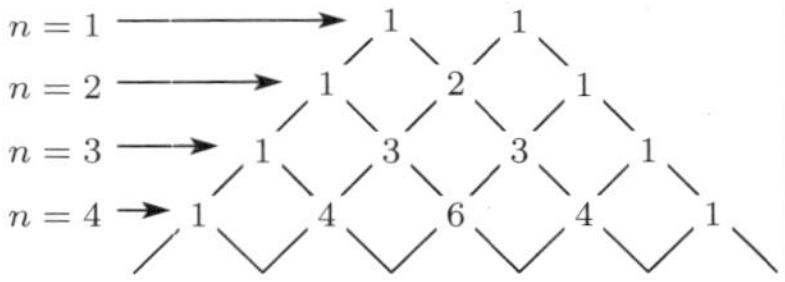

✏ **パスカルの三角形**　右図のように二項定理の展開式の各項の係数を三角形上に順番に並べたものを**パスカルの三角形**という．この三角形は上の行から $(*)$ の関係式を利用して，同じ行の連続する 2 つの数の和を真下に記入することによって順次作り上げることができる．

✏ **多項係数**　同じものを含む順列の総数 ${}_n\mathrm{H}_{p,q,r,\ldots}$(p.*170*) を次の多項定理との関係で，特に**多項係数**という．

✏ **多項定理 (3 文字の場合)**　$(a+b+c)^n$ は多項係数を使って次のように展開できる．

$$(a+b+c)^n = {}_n\mathrm{H}_{p,q,r}\, a^p b^q c^r \text{ の和} \qquad \left({}_n\mathrm{H}_{p,q,r} = \frac{n\,!}{p\,!\,q\,!\,r\,!} \right)$$

※和は $n=p+q+r$ を満たす組 $(p,\ q,\ r)$ $(0 \leqq p,\ q,\ r \leqq n)$ すべてを考える．

例題 7.18　　**同じものを含む順列**

白色の球 3 個，赤色の球 2 個，黒色の球 1 個の合わせて 6 個の球を 1 列に並べるとき，異なる並べ方は何通りあるか．

解答　6 個の球を 1 列に並べるときの球の位置を各色の球ごとに選んでいく．

まず白色の球 3 個の位置の選び方は ${}_6\mathrm{C}_3 = \dfrac{6\cdot5\cdot4}{3\cdot2\cdot1} = 20$ 通り．次に，残りの 3 か所の位置

から赤色の球 2 個の位置の選び方は ${}_3\mathrm{C}_2 = \dfrac{3 \cdot 2}{2 \cdot 1} = 3$ 通り．残りの 1 か所は黒色の球の位置で決まるので選ばなくてよい．並べ方は ${}_6\mathrm{C}_3 \times {}_3\mathrm{C}_2 = 20 \times 3 = 60$ 通りである．

別解 p.*170* の**例題 7.10 に同じものを含む順列の総数**を利用した別解がある．

例題 7.19 二項定理

次の式を二項定理を利用して展開せよ．

(1) $(a+b)^5$ (2) $(2x-3)^4$

解答 (1) $(a+b)^5 = a^5 + {}_5\mathrm{C}_1 a^4 b + {}_5\mathrm{C}_2 a^3 b^2 + {}_5\mathrm{C}_3 a^2 b^3 + {}_5\mathrm{C}_4 a b^4 + b^5$

$= a^5 + 5a^4 b + 10a^3 b^2 + 10a^2 b^3 + 5ab^4 + b^5.$

(2) $(2x-3)^4 = (2x)^4 + {}_4\mathrm{C}_1 \cdot (2x)^3 \cdot (-3) + {}_4\mathrm{C}_2 \cdot (2x)^2 \cdot (-3)^2 + {}_4\mathrm{C}_3 \cdot (2x) \cdot (-3)^3 + (-3)^4$

$= 16x^4 - 96x^3 + 216x^2 - 216x + 81.$

例題 7.20 二項定理・多項定理

(1) $\left(2x - \dfrac{1}{x}\right)^5$ の展開式の x^3 の係数を答えよ．

(2) $(x+y-z)^4$ の展開式の x^2yz の係数を答えよ．

解答 (1) $a = 2x$，$b = -\dfrac{1}{x}$ とおくと $\left(2x - \dfrac{1}{x}\right)^5 = (a+b)^5$ なので，展開式の一般項は ${}_5\mathrm{C}_r a^{5-r} b^r = (-1)^r 2^{5-r} {}_5\mathrm{C}_r x^{5-2r}$ である．x^3 の係数を求めるためには指数に注目して $5 - 2r = 3$，つまり $r = 1$．

ゆえに係数は $(-1)^r 2^{5-r} {}_5\mathrm{C}_r = (-1)^1 2^{5-1} {}_5\mathrm{C}_1 = (-1) \cdot 16 \cdot 5 = -80$ である．

(2) $a = x$，$b = y$，$c = -z$ とおくと $(x+y-z)^4 = (a+b+c)^4$ なので，展開式の一般項は ${}_4\mathrm{H}_{p,q,r} a^p b^q c^r = (-1)^r {}_4\mathrm{H}_{p,q,r} x^p y^q z^r$ である．x^2yz の係数を求めるためには指数に注目して $p = 2$，$q = 1$，$r = 1$ のときを考えればよい．

ゆえに係数は $(-1)^r {}_4\mathrm{H}_{p,q,r} = (-1)^1 {}_4\mathrm{H}_{2,1,1} = -12$ である．

練習問題 7.5

1 1, 1, 1, 1, 2, 2, 2, 3, 3 を 1 列に並べてできる数は何個できるか．

2 $(3x-1)^5$ を二項定理を利用して展開せよ．

3 (1) $\left(x - \dfrac{1}{x^2}\right)^6$ の x^3 の係数 (2) $(x-2y-z)^4$ の xyz^2 の係数

総合演習 7

7.1　A 市から B 市へ行くのに 3 本の道，B 市から C 市へ行くのに 2 本の道がある．

(1)　A 市から B 市を通って C 市へ行くのに何通りの方法があるか

(2)　A 市と C 市の間を B 市を通って往復する方法は何通りあるか

(3)　A 市と C 市の間を B 市を通って往復するのに，A 市と B 市および B 市と C 市のいずれの間も往路と復路では異なった道を通ることにすると，何通りの方法があるか

また別に A 市から C 市へ直接行くのに 2 本の道があるとすると，

(4)　A 市から C 市へ行くのに何通りの方法があるか

(5)　A 市と C 市の間を往復する方法は何通りあるか

(6)　A 市と C 市との間を往復するのに，往路と復路では異なった道を通ることにすると，何通りの方法があるか

7.2　1, 2, 3, 4, 5, 6 の 6 つの数字から 4 つを選んで，4 けたの整数を作るとき，

(1)　異なる整数は何個できるか　(2)　偶数は何個できるか

また 0, 1, 2, 3, 4, 5 の 6 つの数字から 4 つを選んで，4 けたの整数を作るとき，

(3)　異なる整数は何個できるか　(4)　奇数は何個できるか

(5)　4100 以上の整数は何個できるか

7.3　4 種類のトランプ (ダイヤ，ハート，クラブ，スペード) のカードのうち 1 から 4 までの数字のカードを使い，それらの中の 4 枚を 1 列に並べるとき，次の並べ方は何通りあるか．

(1)　すべて異なる　(2)　両端が赤色のカード

(3)　交互に赤色と黒色のカードが並ぶ　(4)　左から右へ数字が大きくなる

(5)　数字が左右対称になる　(6)　並べたカードの数字がすべて異なる

7.4　赤色の箱 2 個，黄色の箱 3 個，青色の箱 4 個の合わせて 9 個を 1 列に並べるとき，次の並べ方は何通りあるか．

(1)　すべて異なる　(2)　9 個のうち 6 個を選んで並べる

7.5　赤，黄，青，緑，白，黒，オレンジ，紫の 8 色の球を円形に並べるとき，次のような並べ方は何通りあるか．

(1)　すべて異なる　(2)　赤色と青色のペアが対面に並ぶ

(3)　1 つの並びを裏返しても同じと考える　(4)　8 個から 6 個を選んで並べる

7.6 硬貨 1 枚を 12 回連続して投げたとき，次のような場合の数を求めよ．

(1) 起こり得るすべての場合　(2) 6 枚が表の場合

(3) 少なくとも 8 枚が裏の場合

7.7 正八角形の 8 個の頂点から 3 個を選んで三角形を作るとき，次のような三角形は何通りできるか．

(1) すべて異なる　(2) 正八角形と 1 辺を共有する

(3) 正八角形と 2 辺を共有する　(4) 正八角形と辺を共有しない

7.8 5 個の球を 3 個の箱に分けていれるとき，次のような入れ方は何通りあるか．ただし球を入れない箱があってもよいとする．

(1) 球の色も箱も区別しない　(2) 球の色を区別するが箱は区別しない

(3) 球の色は区別しないが箱は区別する　(4) 球の色も箱も区別する

またすべての箱に最低 1 個の球を入れなければならないとすると，次のような入れ方は何通りあるか．

(5) 球の色も箱も区別しない　(6) 球の色を区別するが箱は区別しない

(7) 球の色は区別しないが箱は区別する　(8) 球の色も箱も区別する

7.9 次の式の展開式の (　) 内に指定された項の係数を答えよ．

(1) $\left(x-\dfrac{1}{x}\right)^5$　(x^3)　(2) $\left(3x-\dfrac{1}{x^2}\right)^6$　(x^3)

(3) $(x-y+z)^5$　(x^2y^2z)　(4) $(2x-y+3z)^4$　(xy^2z)

7.10 次の二項係数についての等式を証明せよ．

(1) ${}_n\mathrm{C}_0 - {}_n\mathrm{C}_1 + {}_n\mathrm{C}_2 - {}_n\mathrm{C}_3 + \cdots + (-1)^n {}_n\mathrm{C}_n = 0$

(2) ${}_n\mathrm{C}_0 + 2\cdot{}_n\mathrm{C}_1 + 2^2\cdot{}_n\mathrm{C}_2 + 2^3\cdot{}_n\mathrm{C}_3 + \cdots + 2^n\cdot{}_n\mathrm{C}_n = 3^n$

7.11 $(3x+1)^9$ の展開式の x の r 次の項の係数を a_r とする．

(1) a_r を r の式で表せ　(2) $a_r < a_{r+1}$ となる r の範囲を求めよ

(3) 係数のうち最大のものはいくらか

練習問題の解答

※問題の答えは太字で示した．

練習問題 1.1 .... (5p)

1 (1) 項は $3x$，$2x^4$，-5，x^3，$-7x^2$ で，各項の次数は左から 1，4，0，3，2 なので最大値は 4，次数は **4 次**である．
また降べきの順に整理すると $\boldsymbol{2x^4+x^3-7x^2+3x-5}$ である．

(2) 項は $4x^2y$，$-3y^2$，$-6xy^2$，$2x^3y$ で，各項の次数は左から 3，2，3，4 なので最大値は 4，次数は **4 次**である．
また x に着目した各項の次数は左から 2，0，1，3 なので，降べきの順に整理すると $\boldsymbol{2x^3y+4x^2y-6xy^2-3y^2}$ である．

2 (1) $A+B=(2x^2-xy+6xy^2-4y^3)+(2x^2-7xy+6xy^2-5y^3)$
$=(2x^2+2x^2)+(-xy-7xy)+(6xy^2+6xy^2)+(-4y^3-5y^3)$
$=\boldsymbol{4x^2-8xy+12xy^2-9y^3}$.

(2) $A-B=(2x^2-xy+6xy^2-4y^3)-(2x^2-7xy+6xy^2-5y^3)$
$=(2x^2-2x^2)+(-xy+7xy)+(6xy^2-6xy^2)+(-4y^3+5y^3)=\boldsymbol{6xy+y^3}$.

(3) $2A-3B=2(2x^2-xy+6xy^2-4y^3)-3(2x^2-7xy+6xy^2-5y^3)$
$=(4x^2-2xy+12xy^2-8y^3)-(6x^2-21xy+18xy^2-15y^3)$
$=(4x^2-6x^2)+(-2xy+21xy)+(12xy^2-18xy^2)+(-8y^3+15y^3)$
$=\boldsymbol{-2x^2+19xy-6xy^2+7y^3}$.

(4) $2B+3A=2(2x^2-7xy+6xy^2-5y^3)+3(2x^2-xy+6xy^2-4y^3)$
$=(4x^2-14xy+12xy^2-10y^3)+(6x^2-3xy+18xy^2-12y^3)$
$=(4x^2+6x^2)+(-14xy-3xy)+(12xy^2+18xy^2)+(-10y^3-12y^3)$
$=\boldsymbol{10x^2-17xy+30xy^2-22y^3}$.

3 (1)
$$\begin{array}{rrrrrr} & 2x^4 & -3x^3 & +x^2 & -5x & +1 \\ +) & x^4 & +x^3 & & -2x & -4 \\ \hline & \boldsymbol{3x^4} & \boldsymbol{-2x^3} & \boldsymbol{+x^2} & \boldsymbol{-7x} & \boldsymbol{-3} \end{array}$$

(2)
$$\begin{array}{rrrrrr} & 2x^4 & -3x^3 & +x^2 & -5x & +1 \\ -) & x^4 & +x^3 & & -2x & -4 \\ \hline & \boldsymbol{x^4} & \boldsymbol{-4x^3} & \boldsymbol{+x^2} & \boldsymbol{-3x} & \boldsymbol{+5} \end{array}$$

(3)
$$\begin{array}{rrrrrr} & x^4 & +x^3 & & -2x & -4 \\ -) & 2x^4 & -3x^3 & +x^2 & -5x & +1 \\ \hline & \boldsymbol{-x^4} & \boldsymbol{+4x^3} & \boldsymbol{-x^2} & \boldsymbol{+3x} & \boldsymbol{-5} \end{array}$$

練習問題 1.2 .... (7p)

1 (1) $4ab\times(-2a^2bc)=\boldsymbol{-8a^3b^2c}$. (2) $(-2x^2y)^3=(-2)^3\cdot(x^2)^3\cdot y^3=\boldsymbol{-8x^6y^3}$.

(3) $3xy(x^2yz)^4=3xy\cdot(x^2)^4\cdot y^4\cdot z^4=\boldsymbol{3x^9y^5z^4}$.

(4) $-2xy(xy^2+3x^2y)=(-2xy)\cdot xy^2+(-2xy)\cdot 3x^2y=\boldsymbol{-2x^2y^3-6x^3y^2}$.

(5) $(2a-3)(4a+2) = 8a^2+4a-12a-6 = \boldsymbol{8a^2-8a-6}.$

(6) $(x^2-3x+1)(x+5) = x^3+5x^2-3x^2-15x+x+5 = \boldsymbol{x^3+2x^2-14x+5}.$

(7) $(x^2+3x-1)(3x^2-x-5) = 3x^4-x^3-5x^2+9x^3-3x^2-15x-3x^2+x+5$
$= \boldsymbol{3x^4+8x^3-11x^2-14x+5}.$

(8) $(a^2+b^2)(a+b)(a-b) = (a^2+b^2)(a^2-b^2) = (a^2)^2-(b^2)^2 = \boldsymbol{a^4-b^4}.$

(9) $(x-y)(y-z)(z-x) = (xy-xz-y^2+yz)(z-x)$
$= xyz-x^2y-xz^2+x^2z-y^2z+xy^2+uz^2-xyz$
$= \boldsymbol{-x^2y-xz^2+x^2z-y^2z+xy^2+yz^2}.$

2 (1)

$$
\begin{array}{rrrrrrr}
 & & x^4 & +x^3 & +x^2 & +x & +1 \\
\times) & & & & & x & -1 \\
\hline
 & x^5 & +x^4 & +x^3 & +x^2 & +x & \\
 & & -x^4 & -x^3 & -x^2 & -x & -1 \\
\hline
 & \boldsymbol{x^5} & & & & & \boldsymbol{-1}
\end{array}
$$

(2)

$$
\begin{array}{rrrrrrrr}
 & & & x^4 & +x^3 & & & -1 \\
\times) & & & & & x^2 & & -5 \\
\hline
 & x^6 & +x^5 & & & & -x^2 & +5 \\
 & & & -5x^4 & -5x^3 & & & +5 \\
\hline
 & \boldsymbol{x^6} & \boldsymbol{+x^5} & \boldsymbol{-5x^4} & \boldsymbol{-5x^3} & & \boldsymbol{-x^2} & \boldsymbol{+5}
\end{array}
$$

練習問題 1.3 ………………………………………… (*9p*)

1 (1) $(2x+3)^2 = (2x)^2+2\cdot 2x\cdot 3+3^2 = \boldsymbol{4x^2+12x+9}.$

(2) $(x-5y)^2 = x^2-2\cdot x\cdot 5y+(5y)^2 = \boldsymbol{x^2-10xy+25y^2}.$

(3) $(2a+3b)(2a-3b) = (2a)^2-(3b)^2 = \boldsymbol{4a^2-9b^2}.$

(4) $(x-3)(x;4) = x^2+(-3+4)x+(-3)\cdot 4 = \boldsymbol{x^2+x-12}.$

(5) $(x+2y)(x+3y) = x^2+(2y+3y)x+2y\cdot 3y = \boldsymbol{x^2+5xy+6y^2}.$

(6) $(2x+1)(3x-5) = 2\cdot 3\cdot x^2+\{2\cdot(-5)+1\cdot 3\}x+1\cdot(-5) = \boldsymbol{6x^2-7x-5}.$

(7) $(3a-2b)(5a+3b) = 3\cdot 5\cdot a^2+\{3\cdot 3b+(-2b)\cdot 5\}a+(-2b)\cdot 3b = \boldsymbol{15a^2-ab-6b^2}.$

(8) $(4x-1)(3x-5) = 4\cdot 3\cdot x^2+\{4\cdot(-5)+(-1)\cdot 3\}x+(-1)\cdot(-5) = \boldsymbol{12x^2-23x+5}.$

(9) $(2a+3b)^3 = (2a)^3+3\cdot(2a)^2\cdot 3b+3\cdot 2a\cdot(3b)^2+(3b)^3$
$= \boldsymbol{8a^3+36a^2b+54ab^2+27b^3}.$

(10) $(5a-1)^3 = (5a)^3-3\cdot(5a)^2\cdot 1+3\cdot 5a\cdot 1^2-1^3 = \boldsymbol{125a^3-75a^2+15a-1}.$

(11) $(2x+3)(4x^2-6x+9) = (2x+3)\{(2x)^2-2x\cdot 3+3^2\} = (2x)^3+3^3 = \boldsymbol{8x^3+27}.$

(12) $(a-2b)(a^2+2ab+4b^2) = (a-2b)\{a^2+a\cdot 2b+(2b)^2\} = a^3-(2b)^3 = \boldsymbol{a^3-8b^3}.$

(13) **注** 次のようにかける項の組み合わせを考えると計算が少し楽になる.
$(x+1)(x+2)(x+3)(x+4) = (x+1)(x+4)(x+2)(x+3)$
$= \{x^2+(1+4)x+1\cdot 4\}\{x^2+(2+3)x+2\cdot 3\}$
$= (x^2+5x+4)(x^2+5x+6) = (x+5x)^2+(4+6)(x^2+5x)+4\cdot 6$
$= (x^2+5x)^2+10(x^2+5x)+24$
$= \{(x^2)^2+2\cdot x^2\cdot 5x+(5x)^2\}+10\cdot x^2+10\cdot 5x+24$
$= x^4+10x^3+25x^2+10x^2+50x+24 = \boldsymbol{x^4+10x^3+35x^2+50x+24}.$

練習問題 1.4 ……………………………………………… (11p)

1 (1) $(2x+y-3z)^2 = (2x)^2 + y^2 + (-3z)^2 + 2\cdot 2x\cdot y + 2\cdot y\cdot(-3z) + 2\cdot(-3z)\cdot 2x$
$= \boldsymbol{4x^2 + y^2 + 9z^2 + 4xy - 6yz - 12zx}.$

(2) $(a-1)(a+3)(a-5)$
$= a^3 + (-1+3-5)a^2 + \{(-1)\cdot 3 + 3\cdot(-5) + (-5)\cdot(-1)\}a + (-1)\cdot 3\cdot(-5)$
$= \boldsymbol{a^3 - 3a^2 - 13a + 15}.$

(3) $(x-3)^4 = \{(x-3)^2\}^2 = (x^2 - 2\cdot x\cdot 3 + 3^2)^2 = (x^2-6x+9)^2$
$= (x^2)^2 + (-6x)^2 + 9^2 + 2\cdot x^2\cdot(-6x) + 2\cdot(-6x)\cdot 9 + 2\cdot 9\cdot x^2$
$= x^4 + 36x^2 + 81 - 12x^3 - 108x + 18x^2 = \boldsymbol{x^4 - 12x^3 + 54x^2 - 108x + 81}.$

(4) $(a^2+ab+b^2)(a^2-ab+b^2) = (a^2+b^2+ab)(a^2+b^2-ab)$
$= (a^2+b^2)^2 - (ab)^2 = (a^2)^2 + 2\cdot a^2\cdot b^2 + (b^2)^2 - a^2b^2$
$= a^4 + 2a^2b^2 + b^4 - a^2b^2 = \boldsymbol{a^4 + a^2b^2 + b^4}.$

(5) $\dfrac{1}{2}\{(a-b)^2 + (b-c)^2 + (c-a)^2\}$
$= \dfrac{1}{2}\{(a^2 - 2\cdot a\cdot b + b^2) + (b^2 - 2\cdot b\cdot c + c^2) + (c^2 - 2\cdot c\cdot a + a^2)\}$
$= \dfrac{1}{2}(a^2 - 2ab + b^2 + b^2 - 2bc + c^2 + c^2 - 2ca + a^2)$
$= \dfrac{1}{2}(2a^2 + 2b^2 + 2c^2 - 2ab - 2bc - 2ca) = \boldsymbol{a^2 + b^2 + c^2 - ab - bc - ca}.$

練習問題 1.5 ……………………………………………… (13p)

1 (1) $5x^3y - 5xy^2 + 15xy = 5xy\cdot x^2 - 5xy\cdot y + 5xy\cdot 3 = \boldsymbol{5xy(x^2 - y + 3)}.$

(2) $x^3 - x^2y + xy - y^2 = x^2\cdot x - x^2\cdot y + y\cdot x - y\cdot y$
$= x^2(x-y) + y(x-y) = \boldsymbol{(x-y)(x^2+y)}.$

(3) $x^2 + 6xy + 9y^2 = x^2 + 2\cdot x\cdot 3y + (3y)^2 = \boldsymbol{(x+3y)^2}.$

(4) $4a^2 - 20ab + 25b^2 = (2a)^2 - 2\cdot 2a\cdot 5b + (5b)^2 = \boldsymbol{(2a-5b)^2}.$

(5) $4x^2 - 25 = (2x)^2 - 5^2 = \boldsymbol{(2x+5)(2x-5)}.$

(6) $a^2 - 2a - 8 = a^2 + (2 + (-4))a + 2\cdot(-4) = \boldsymbol{(a+2)(a-4)}.$

(7) $x^2 - x - 20 = x^2 + (4 + (-5))x + 4\cdot(-5) = \boldsymbol{(x+4)(x-5)}.$

(8) $x^2 + 3xy - 10y^2 = x^2 + ((-2y) + 5y)x + (-2y)\cdot 5y = \boldsymbol{(x-2y)(x+5y)}.$

(9) $2x^2 - x - 15 = \boldsymbol{(2x+3)(2x-5)}.$

$$\begin{array}{ccccc} 1 & \times & -3 & \longrightarrow & -6 \\ 2 & & 5 & \longrightarrow & 5 \\ \hline & & & & -1 \end{array}$$

(10) $3x^2 - xy - 4y^2 = \boldsymbol{(x+y)(3x-4y)}.$

$$\begin{array}{ccccc} 1 & \times & y & \longrightarrow & 3y \\ 3 & & -4y & \longrightarrow & -4y \\ \hline & & & & -y \end{array}$$

練習問題 1.6 ……………………………………… (15p)

1 (1) $x^3 + 9x^2 + 27x + 27 = x^3 + 3 \cdot x^2 \cdot 3 + 3 \cdot x \cdot 3^2 + 3^3 = \boldsymbol{(x+3)^3}$.

(2) $x^3 - 9x^2y + 27xy^2 - 27y^3 = x^3 - 3 \cdot x^2 \cdot 3y + 3 \cdot x \cdot (3y)^2 - (3y)^3 = \boldsymbol{(x-3y)^3}$.

(3) $a^3 + 27b^3 = a^3 + (3b)^3 = (a+3b)\{a^2 - a \cdot 3b + b^2\} = \boldsymbol{(a+3b)(a^2-3ab+b^2)}$.

(4) $27x^3 - 8y^3 = (3x)^3 - (2y)^3 = (3x-2y)\{(3x)^2 + 3x \cdot 2y + (2y)^2\}$
$= \boldsymbol{(3x-2y)(9x^2+6xy+4y^2)}$.

(5) $x^6 - 4x^3 - 5 = (x^3+1)(x^3-5) = \boldsymbol{(x+1)(x^2-x+1)(x^3-5)}$.

(6) $x^2 + 9y^2 + 4z^2 - 6xy + 12yz - 4zx$
$= x^2 + (-3y)^2 + (-2z)^2 + 2 \cdot x \cdot (-3y) + 2 \cdot (-3y) \cdot (-2z) + 2 \cdot (-2z) \cdot x$
$= \boldsymbol{(x-3y-2z)^2}$.

(7) $a^4 - 13a^2b^2 + 4b^4 = a^4 - 13a^2b^2 + 4b^4 + (3ab)^2 - (3ab)^2$
$= a^4 - 13a^2b^2 + 4b^4 + 9a^2b^2 - (3ab)^2 = a^4 - 4a^2b^2 + 4b^4 - (3ab)^2$
$= (a^2-2b^2)^2 - (3ab)^2 = \boldsymbol{(a^2-2b^2+3ab)(a^2-2b^2-3ab)}$.

(8) $3x^2 - y^2 - 2xy - x + 5y - 4 = 3x^2 + (-2y-1)x - y^2 + 5y - 4$
$= 3x^2 + (-2y-1)x - (y-1)(y-4)$
$= \boldsymbol{(x-y+1)(3x+y-4)}$.

$$\begin{array}{ccccc} 1 & \diagdown\!\!\!\!\diagup & -(y-1) & \longrightarrow & -3y+3 \\ 3 & & y-4 & \longrightarrow & y-4 \\ \hline & & & & -2y-1 \end{array}$$

練習問題 1.7 ……………………………………… (17p)

1 (1) $(x-1)(x+2)(x-3)(x+4) + 24 = \{(x-1)(x+2)\}\{(x-3)(x+4)\} + 24$
$= (x^2+x-2)(x^2+x-12) + 24$.
ここで $x^2 + 2 - 2 = X$ とおけば，与式 $= X(X-10) + 24 = X^2 - 10X + 24$
$= (X-4)(X-6) = (x^2+x-6)(x^2+x-8) = \boldsymbol{(x-2)(x+3)(x^2+x-8)}$.

(2) $a^6 - b^6 = (a^3)^2 - (b^3)^2 = (a^3+b^3)(a^3-b^3)$
$= (a+b)(a^2-ab+b^2)(a+b)(a^2+ab+b^2)$
$= \boldsymbol{(a+b)(a-b)(a^2-ab+b^2)(a^2+ab+b^2)}$.

(3) 公式 $x^3 + y^3 + z^3 - 3xyz = (x+y+z)(x^2+y^2+z^2-xy-yz-zx)$ を利用する．
$x = b-c$，$y = c-a$，$z = a-b$ とおくと $x+y+z = 0$ となるので，上の公式の右辺が 0．よって $x^3 + y^3 + z^3 = 3xyz$ となるので，与式 $= \boldsymbol{3(b-c)(c-a)(a-b)}$.

(4) $a^3(b-c) + b^3(c-a) + c^3(a-b) = a^3(b-c) + b^3c - ab^3 + ac^3 - bc^3$
$= a^3(b-c) + bc(b^2-c^2) - a(b^3-c^3) = (b-c)\{a^3 + bc(b+c) - a(b^2+bc+c^2)\}$
$= (b-c)\{b^2(c-a) + bc(c-a) - a(c^2-a^2)\} = (b-c)(c-a)\{b^2 + bc - a(c+a)\}$
$= (b-c)(c-a)\{c(b-a) + (b^2-a^2)\} = \boldsymbol{(b-c)(c-a)(b-a)(c+b+a)}$.

別解 与式を P とおく．すると P は a, b, c の 4 次の交代式であるから，交代式 $(a-b)(b-c)(c-a)$ で割り切れる．その商は 1 次の対称式なので，係数を k とおいて $P = k(a+b+c)(a-b)(b-c)(c-a)$．$a = 0$，$b = 1$，$c = 2$ を代入して $k = 1$ である．

練習問題 1.8 ……………………………… (19p)

1 (1)

$$
\begin{array}{rrrr}
 & 3x & -8 & \\
x+1\,\big) & 3x^2 & -5x & +2 \\
 & 3x^2 & +3x & \\
\hline
 & & -8x & +2 \\
 & & -8x & -8 \\
\hline
 & & & 10
\end{array}
$$

商 $3x-8$，余り 10.

(2)

$$
\begin{array}{rrrrr}
 & 3a^2 & +2a & +1 & \\
3a-2\,\big) & 9a^3 & & -a & +3 \\
 & 9a^3 & -6a^2 & & \\
\hline
 & & 6a^2 & -a & +3 \\
 & & 6a^2 & -4a & \\
\hline
 & & & 3a & +3 \\
 & & & 3a & -2 \\
\hline
 & & & & 5
\end{array}
$$

商 $3a^2+2a+1$，余り 5.

(3)

$$
\begin{array}{rrrrr}
 & x^2 & -2x & +3 & \\
2x-3\,\big) & 2x^3 & -7x^2 & +12x & -9 \\
 & 2x^3 & -3x^2 & & \\
\hline
 & & -4x^2 & +12x & -9 \\
 & & -4x^2 & +6x & \\
\hline
 & & & 6x & -9 \\
 & & & 6x & -9 \\
\hline
 & & & & 0
\end{array}
$$

商 x^2-2x+3，余り 0.

(4)

$$
\begin{array}{rrrrrr}
 & 2x^2 & +x & +2 & & \\
3x^2-x-1\,\big) & 6x^4 & +x^3 & +3x^2 & -x & +3 \\
 & 6x^4 & -2x^3 & -2x^2 & & \\
\hline
 & & 3x^3 & +5x^2 & -x & +3 \\
 & & 3x^3 & -x^2 & -x & \\
\hline
 & & & 6x^2 & & +3 \\
 & & & 6x^2 & -2x & -2 \\
\hline
 & & & & 2x & +5
\end{array}
$$

商 $2x^2+x+2$，余り $2x+5$.

2 除法の関係式から $2x^3-x^2+4x+5=B(2x+3)+(8x+2)$.
ゆえに $B(2x+3)=2x^3-x^2+4x+5-8x-2=2x^3-x^2-4x+3$.
したがって $B=(2x^3-x^2-4x+3)\div(2x+3)=$ **x^2-2x+1.**

3 (1)

$$
\begin{array}{r|rrrr}
 & 1 & -2 & 1 & 7 \\
6 & & 6 & 24 & 150 \\
\hline
 & 1 & 4 & 25 & \boxed{157}
\end{array}
$$

商 $x^2+4x+25$，余り 157.

(2)

$$
\begin{array}{r|rrrr}
 & 1 & & -3 & 1 \\
-2 & & -2 & 4 & -2 \\
\hline
 & 1 & -2 & 1 & \boxed{-1}
\end{array}
$$

商 x^2-2x+1，余り -1.

練習問題 1.9 ……………………………… (21p)

1 割られる整式を $P(x)$ とおく．剰余の定理より
(1) $P(-2)=2\cdot(-2)^3+(-2)^2-5=-16+4-5=-17$. **余り -17.**
(2) $P(-1)=3\cdot(-1)^4-2\cdot(-1)^3+(-1)^2-5\cdot(-1)+3=3+2+1+5+3=14$.
余り 14.

2 求める余りを $ax+b$ とおく．また $P(x)$ を 2 次式 x^2-x-2 で割ったときの商を $Q(x)$ とおくと，$x^2-x-2=(x+1)(x-2)$ に注意して，次の除法の関係式が成り立つ．

$P(x)=(x+1)(x-2)Q(x)+(ax+b)\cdots$①.

$x+1$ で割ったときの余りが -3 なので，剰余の定理より $P(-1)=-3$.
同様に $x-2$ で割ったときの余りが 3 なので，剰余の定理より $P(2)=3$.
①に $x=-1$ を代入して $P(-1)=-a+b=-3\cdots$②. ①に $x=2$ を代入して

$P(2) = 2a + b = 3 \cdots$③. ②と③を同時に満たす a, b として $a = 2$, $b = -1$ がとれるので，求める**余りは $\boldsymbol{2x - 1}$** である.

3 与えられた整式を $P(x)$ とおく.

(1) $P(3) = 162 - 171 + 6 + 3 = 0$ なので，因数定理より $x - 3$ で割り切れる.
実際に割って $P(x) = (x-3)(6x^2 - x - 1) = \boldsymbol{(x-3)(2x-1)(3x+1)}$.

(2) $P(-1) = 1 - 3 + 4 - 3 + 1 = 0$ なので，因数定理より $x + 1$ で割り切れる.
実際に割って商を $Q(x) = x^3 + 2x^2 + 2x + 1$ とおく.
$Q(-1) = -1 + 2 - 2 + 1 = 0$ なので因数定理よりまた $x + 1$ で割り切れる.
さらに実際に割って $P(x) = \boldsymbol{(x+1)^2(x^2+x+1)}$.

4 $x^2 + 2 - 2 = (x-1)(x+2)$ なので，条件より $x - 1$ と $x + 2$ の両方で割り切れる．ゆえに因数定理より $P(1) = P(-2) = 0$.

$P(1) = 2 \cdot 1^3 + a \cdot 1^2 + b \cdot 1 - 6 = a + b - 4 = 0 \cdots$①.

$P(-2) = 2 \cdot (-2)^3 + a \cdot (-2)^2 + b \cdot (-2) - 6 = 4a - 2b - 22 = 0 \cdots$②.

①より $a + b = 4$, ②より $2a - b = 11$ となり，これらを同時に満たす a, b として，
$\boldsymbol{a = 5}$, $\boldsymbol{b = -1}$ がとれる.

練習問題 1.10 ....(23p)

1 (1) 約数は $\boldsymbol{1}$, $\boldsymbol{a}$, $\boldsymbol{a^2}$, $\boldsymbol{b}$, $\boldsymbol{b^2}$, $\boldsymbol{b^3}$, $\boldsymbol{ab}$, $\boldsymbol{a^2b}$, $\boldsymbol{ab^2}$, $\boldsymbol{a^2b^2}$, $\boldsymbol{ab^3}$, $\boldsymbol{a^2b^3}$ である.
倍数は例えば c をかけて $\boldsymbol{a^2b^3c}$ である.

(2) 約数は $\boldsymbol{1}$, $\boldsymbol{x-1}$, $\boldsymbol{(x-1)^2}$, $\boldsymbol{x+2}$, $\boldsymbol{(x-1)(x+2)}$, $\boldsymbol{(x-1)^2(x+2)}$ である.
倍数は例えば z をかけて $\boldsymbol{(x-1)^2(x+2)z}$ である.

2 (1) 公約数は $\boldsymbol{1}$, $\boldsymbol{a}$, $\boldsymbol{b}$, $\boldsymbol{c}$, $\boldsymbol{ab}$, $\boldsymbol{bc}$, $\boldsymbol{ac}$, $\boldsymbol{abc}$ である.
公倍数は例えば 2 つをかけて $a^2bc \times abc^2 = \boldsymbol{a^3b^2c^3}$ である.

(2) 公約数は $\boldsymbol{1}$, $\boldsymbol{a}$, $\boldsymbol{x-2}$, $\boldsymbol{x+3}$, $\boldsymbol{(x-2)(x+3)}$ である.
公倍数は例えば 2 つをかけて $(x-1)(x-2)(x+3)^2 \times (x-2)^2(x+3)$
$= \boldsymbol{(x-1)(x-2)^3(x+3)^3}$ である.

3 (1) 最大公約数は $\boldsymbol{xyz+1)}$, 最小公倍数は $\boldsymbol{x^2y^2(z+1)^2}$ である.

(2) 最大公約数は $\boldsymbol{3(x+1)}$, 最小公倍数は $\boldsymbol{6(x+1)^2(x-2)(x+3)}$ である.

(3) $x^3 + 4x^2 - 3x - 18 = (x-2)(x+3)^2$, $x^2 + 2x - 3 = (x-1)(x+3)$,
$x^2 + x - 6 = (x-2)(x+3)$ なので，最大公約数は $\boldsymbol{x+3}$, 最小公倍数は
$\boldsymbol{(x-1)(x-2)(x+3)^2}$ である.

4 条件より $x - 3$ は $x^2 - 5x + 2a$ と $x^2 + bx - 12$ の公約数である．ゆえにともに $x - 3$ で割り切れるので，因数定理より $x = 3$ を代入すると値はともに 0 となる.
$x^2 - 5x + 2a = -6 + 2a = 0$ から $a = 3$. $x^2 + bx - 12 = 3b - 3 = 0$ から $b = 1$.
以上より $\boldsymbol{a = 3}$, $\boldsymbol{b = 1}$ である．これらを 2 つの式に代入して

$x^2 - 5x + 2a = x^2 - 5x + 6 = (x-2)(x-3)$.

$x^2 + bx - 12 = x^2 + x - 12 = (x-3)(x+4)$.

ゆえに最小公倍数は $\boldsymbol{(x-2)(x-3)(x+4)}$ である.

練習問題 1.11 ....(25p)

1 $\dfrac{x^3-13x-12}{x^2-x-12}=\dfrac{(x+1)(x+3)(x-4)}{(x+3)(x-4)}=\dfrac{x+1}{1}=\boldsymbol{x+1}.$

2 (1) $\dfrac{2x}{x^2-1}-\dfrac{1}{x+1}=\dfrac{2x}{(x+1)(x-1)}-\dfrac{1}{x+1}=\dfrac{2x-x+1}{(x+1)(x-1)}$

$=\dfrac{x+1}{(x+1)(x-1)}=\boldsymbol{\dfrac{1}{x-1}}.$

(2) $\dfrac{x}{x^2+x-6}+\dfrac{x+3}{x^2-3x+2}=\dfrac{x}{(x-2)(x+3)}+\dfrac{x+3}{(x-1)(x-2)}$

$=\dfrac{x^2-x+x^2+6x+9}{(x-1)(x-2)(x+3)}=\boldsymbol{\dfrac{2x^2+5x+9}{(x-1)(x-2)(x+3)}}.$

(3) $\dfrac{2a}{a+b}+\dfrac{2b}{a-b}-\dfrac{a^2+b^2}{a^2-b^2}=\dfrac{2a}{a+b}+\dfrac{2b}{a-b}-\dfrac{a^2+b^2}{(a+b)(a-b)}$

$=\dfrac{2a^2-2ab+2ab+2b^2-a^2-b^2}{(a+b)(a-b)}=\boldsymbol{\dfrac{a^2+b^2}{(a+b)(a-b)}}.$

練習問題 1.12 ....(27p)

1 (1) $\dfrac{x^2+2x-3}{x^2-2x}\times\dfrac{x^3-2x^2}{x-1}=\dfrac{(x-1)(x+3)}{x(x-2)}\times\dfrac{x^2(x-2)}{x-1}=\boldsymbol{x(x+3)}.$

(2) $\dfrac{x+1}{x-3}\div\dfrac{x^2-x-2}{x^2-4x+3}\times\dfrac{x-2}{x^2+3x-4}$

$=\dfrac{x+1}{x-3}\times\dfrac{(x-1)(x-3)}{(x+1)(x-2)}\times\dfrac{x-2}{(x-1)(x+4)}=\boldsymbol{\dfrac{1}{x+4}}.$

2 (1) $2x^2+x-3$ を $x-2$ で割って商 $2x+5$，余り 7 なので，

$\dfrac{2x^2+x-3}{x-2}=\boldsymbol{2x+5+\dfrac{7}{x-2}}.$

(2) x^3+x^2-2x+1 を x^2-2x+1 で割って商 $x+3$，余り $3x-2$ なので，

$\dfrac{x^3+x^2-2x+1}{x^2-2x+1}=\boldsymbol{x+3+\dfrac{3x-2}{x^2-2x+1}}.$

3

(1) $\dfrac{x-\dfrac{1}{x}}{x+\dfrac{1}{x}}=\dfrac{\left(x-\dfrac{1}{x}\right)\times x}{\left(x+\dfrac{1}{x}\right)\times x}=\boldsymbol{\dfrac{x^2-1}{x^2+1}}.$

(2) $\dfrac{1}{x+\dfrac{1}{x-\dfrac{1}{x}}}=\dfrac{1}{x+\dfrac{1\times x}{\left(x-\dfrac{1}{x}\right)\times x}}=\dfrac{1}{x+\dfrac{x}{x^2-1}}=\dfrac{1}{\dfrac{x(x^2-1)+x}{x^2-1}}$

$=\dfrac{1}{\dfrac{x^3-\cancel{x}+\cancel{x}}{x^2-1}}=\dfrac{1}{\dfrac{x^3}{x^2-1}}=\dfrac{1\times(x^2-1)}{\dfrac{x^3}{x^2-1}\times(x^2-1)}=\boldsymbol{\dfrac{x^2-1}{x^3}}.$

練習問題 1.13 .... (29p)

1 (1) $\dfrac{8-x}{x^2-x-2}=\dfrac{8-x}{(x-2)(x+2)}=\dfrac{A}{x-2}+\dfrac{B}{x+1}$ とおく．

$$与式=\frac{A(x+1)+B(x-2)}{(x-2)(x+1)}=\frac{(A+B)x+(A-2B)}{(x-2)(x+1)}.$$

左辺と分子の係数を比較して $A+B=-1$，$A-2B=8$.

これらを満たす A，B として，$A=2$，$B=-3$ がとれる．ゆえに

$$\frac{8-x}{x^2-x-2}=\frac{2}{x-2}+\frac{-3}{x+1}=\boldsymbol{\frac{2}{x-2}-\frac{3}{x+1}}.$$

(2) $\dfrac{3x^2+3x+2}{x^3+x}=\dfrac{A}{x}+\dfrac{Bx+C}{x^2+1}$ とおく．

$$与式=\frac{A(x^2+1)+(Bx+C)x}{x(x^2+1)}=\frac{(A+B)x^2+Cx+A}{x(x^2+1)}.$$

左辺と分子の係数を比較して，$A+B=3$，$C=3$，$A=2$.

これらを満たす A，B，C として，$A=2$，$B=1$，$C=3$ がとれる．ゆえに

$$\frac{3x^2+3x+2}{x^3+x}=\boldsymbol{\frac{2}{x}+\frac{x+3}{x^2+1}}.$$

(3) $\dfrac{3x^2+5x-2}{x^3+x^2-x-1}=\dfrac{3x^2+5x-2}{(x-1)(x+1)^2}=\dfrac{A}{x-1}+\dfrac{B}{x+1}+\dfrac{C}{(x+1)^2}$ とおく．

$$与式=\frac{A(x+1)^2+B(x-1)(x+1)+C(x-1)}{(x-1)(x+1)^2}$$
$$=\frac{(A+B)x^2+(2A+C)x+(A-B-C)}{(x-1)(x+1)^2}.$$

左辺と分子の係数を比較して，$A+B=3$，$2A+C=5$，$A-B-C=-2$.

これらを満たす A，B，C として，$A=1$，$B=2$，$C=3$ がとれる．ゆえに

$$\frac{3x^2+5x-2}{x^3+x^2-x-1}=\boldsymbol{\frac{1}{x-1}+\frac{2}{x+1}+\frac{3}{(x+1)^2}}.$$

練習問題 1.14 .... (31p)

1 23 を 99 で割ると，右のように途中で同じ余り 23 が出てくるので，循環節は 23 である．

ゆえに $\dfrac{23}{99}=0.\underline{23}2323\cdots=\boldsymbol{0.\dot{2}\dot{3}}$.

```
      0.23    余り
   ──────
99 ) 23
      0
   ──────
     23 0     ← 23
     19 8
   ──────
      3 20
      2 97
   ──────
        23    ← 23
```

2 $a>b$ とすると $a-b>0$. $a>0$，$b>0$ より $ab>0$ なので，

$\dfrac{1}{a}-\dfrac{1}{b}=\dfrac{b-a}{ab}=-\dfrac{a-b}{ab}<0$. ゆえに $\dfrac{1}{a}<\dfrac{1}{b}$. 逆に $\dfrac{1}{a}<\dfrac{1}{b}$ とすると $\dfrac{1}{a}-\dfrac{1}{b}=\dfrac{b-a}{ab}<0$.
ここで $a>0$, $b>0$ より $ab>0$ なので $b-a<0$. ゆえに $b<a$, つまり $a>b$ である.

3 (1) $|2-1|-|2+3|=|1|-|5|=1-5=\mathbf{-4}$.

(2) $|-5-1|-|-5+3|=|-6|-|-2|=6-2=\mathbf{4}$.

4 $a>0$ より $-a<0$ なので $|-a|=-(-a)=a=5$. ゆえに $\boldsymbol{a=5}$ である.
また $a>0$, $b>0$ より $ab>0$ なので $|ab|=ab=10$. $a=5$ なので $b=2$.
ゆえに $\boldsymbol{b=2}$ である.

5 $\mathrm{PQ}=|5-(-4)|=|9|=\mathbf{9}$.

練習問題 1.15 ……………………………………………(*33p*)

1 (1) $\dfrac{\sqrt{7}+\sqrt{2}}{\sqrt{7}-\sqrt{2}}=\dfrac{(\sqrt{7}+\sqrt{2})^2}{(\sqrt{7}-\sqrt{2})(\sqrt{7}+\sqrt{2})}=\dfrac{7+2\sqrt{14}+2}{7-2}=\boldsymbol{\dfrac{9+2\sqrt{14}}{5}}$.

(2) $\dfrac{\sqrt{5}-\sqrt{3}}{\sqrt{5}+\sqrt{3}}+\dfrac{\sqrt{5}+\sqrt{3}}{\sqrt{5}-\sqrt{3}}=\dfrac{(\sqrt{5}-\sqrt{3})^2+(\sqrt{5}+\sqrt{3})^2}{(\sqrt{5}+\sqrt{3})(\sqrt{5}-\sqrt{3})}$

$=\dfrac{5-2\sqrt{15}+3+5+2\sqrt{15}+3}{5-3}=\dfrac{8-2\sqrt{15}+8+2\sqrt{15}}{2}=\mathbf{8}$.

(3) $\dfrac{\sqrt{5}+\sqrt{3}+\sqrt{2}}{\sqrt{5}+\sqrt{3}-\sqrt{2}}=\dfrac{(\sqrt{5}+\sqrt{3}+\sqrt{2})^2}{(\sqrt{5}+\sqrt{3}-\sqrt{2})(\sqrt{5}+\sqrt{3}+\sqrt{2})}$

$=\dfrac{5+3+2+2\sqrt{15}+2\sqrt{6}+2\sqrt{10}}{(\sqrt{5}+\sqrt{3})^2-(\sqrt{2})^2}=\dfrac{10+2\sqrt{15}+2\sqrt{6}+2\sqrt{10}}{5+2\sqrt{15}+3-2}$

$=\dfrac{10+2\sqrt{15}+2\sqrt{6}+2\sqrt{10}}{6+2\sqrt{15}}=\dfrac{5+\sqrt{15}+\sqrt{6}+\sqrt{10}}{3+\sqrt{15}}$

$=\dfrac{(5+\sqrt{15}+\sqrt{6}+\sqrt{10})(3-\sqrt{15})}{(3+\sqrt{15})(3-\sqrt{15})}$

$=\dfrac{15-5\sqrt{15}+3\sqrt{15}-15+3\sqrt{6}-\sqrt{90}+3\sqrt{10}-\sqrt{150}}{9-15}$

$=\dfrac{-2(\sqrt{6}+\sqrt{15})}{-6}=\boldsymbol{\dfrac{\sqrt{6}+\sqrt{15}}{3}}$.

2 $x+y=\dfrac{\sqrt{2}-\sqrt{3}}{\sqrt{2}+\sqrt{3}}+\dfrac{\sqrt{2}+\sqrt{3}}{\sqrt{2}-\sqrt{3}}=\dfrac{(\sqrt{2}-\sqrt{3})^2+(\sqrt{2}+\sqrt{3})^2}{(\sqrt{2}+\sqrt{3})(\sqrt{2}-\sqrt{3})}$

$=\dfrac{2-2\sqrt{6}+3+2+2\sqrt{6}+3}{2-3}=\dfrac{10}{-1}=-10$,

$xy=\left(\dfrac{\sqrt{2}-\sqrt{3}}{\sqrt{2}+\sqrt{3}}\right)\left(\dfrac{\sqrt{2}+\sqrt{3}}{\sqrt{2}-\sqrt{3}}\right)=1$ なので,

(1) $x^2+y^2=(x+y)^2-2xy=(-10)^2-2\cdot 1=\mathbf{98}$.

(2) $3x^2-2xy+3y^2=3(x^2+y^2)-2xy=3\cdot 98-2\cdot 1=\mathbf{292}$.

(3) $x^4+y^4=(x^2)^2+(y^2)^2=(x^2+y^2)^2-2(xy)^2=98^2-2\cdot 1^2=\mathbf{9602}$.

練習問題 1.16 ……(35p)

1 $x-y=ab-a^2-b^2=-(a^2+b^2-ab)=-\left\{\left(a-\frac{b}{2}\right)^2+\frac{3}{4}b^2\right\}\leqq 0$,

$x+y=ab+a^2+b^2=\left(a+\frac{b}{2}\right)^2+\frac{3}{4}b^2\geqq 0$ なので,

$\sqrt{(x-y)^2}+\sqrt{(x+y)^2}=-(x-y)+(x+y)=2y=\mathbf{2(a^2+b^2)}$.

2 (1) $a+b=8$, $ab=15$ となる a, b として $a=3$, $b=5$ がとれるので,

$\sqrt{8+2\sqrt{15}}=\sqrt{3+5+2\sqrt{3}\sqrt{5}}=\sqrt{(\sqrt{3}+\sqrt{5})^2}=\mathbf{\sqrt{3}+\sqrt{5}}$.

(2) $\sqrt{18-\sqrt{128}}=\sqrt{18-2\sqrt{32}}$ なので, $a+b=18$, $ab=32$ となる a, b として $a=16$, $b=2$ がとれるので,

$\sqrt{18-2\sqrt{32}}=\sqrt{16+2-2\sqrt{16}\sqrt{2}}=\sqrt{(\sqrt{16}-\sqrt{2})^2}=\sqrt{16}-\sqrt{2}=\mathbf{4-\sqrt{2}}$.

3 (1) $x+2$, $x-3$ の正負をそれぞれ考えると,

$$|x+2|=\begin{cases}x+2 & (x\geqq -2)\\ -(x+2) & (x<-2)\end{cases},\quad |x-3|=\begin{cases}x-3 & (x\geqq 3)\\ -(x-3) & (x<3)\end{cases}$$

なので, $x\geqq 3$ のとき $x+2+x-3=2x-1=7$ から $x=4$,

$-2\leqq x<3$ のとき $x+2-(x-3)=5=7$ となり解は無い.

また $x<-2$ のとき $-(x+2)-(x-3)=-2x+1=7$ から $x=-3$.

ゆえに解は $x=-3,\ 4$.

(2) $x-1$, $x+4$ の正負をそれぞれ考えると,

$$|x-1|=\begin{cases}x-1 & (x\geqq 1)\\ -(x-1) & (x<1)\end{cases},\quad |x+4|=\begin{cases}x+4 & (x\geqq -4)\\ -(x+4) & (x<-4)\end{cases}$$

なので, $x\geqq 1$ のとき $2(x-1)-3(x+4)=-x-14=6$ から $x=-20$,

$-4\leqq x<1$ のとき $-2(x-1)-3(x+4)=-5x-10=6$ から $x=-\frac{16}{5}$.

また $x<-4$ のとき $-2(x-1)+3(x+4)=x+14=6$ から $x=-8$.

ゆえに解は $x=-20,\ -\frac{16}{5},\ -8$.

練習問題 1.17 ……(37p)

1 整理して $(x^2-x-2)+(x^2+3x+2)i=0$ なので, $x^2-x-2=(x+1)(x-2)=0$ より $x=-1,\ 2$. また $x^2+3x+2=(x+1)(x+2)=0$ より $x=-1,\ -2$.

ゆえに共通な x は $x=-1$ である.

2 (1) $\frac{\sqrt{9}-\sqrt{-2}}{\sqrt{9}+\sqrt{-2}}=\frac{3-\sqrt{2}\,i}{3+\sqrt{2}\,i}=\frac{(3-\sqrt{2}\,i)^2}{(3+\sqrt{2}\,i)(3-\sqrt{2}\,i)}=\frac{9-6\sqrt{2}\,i+2\,i^2}{9-2\,i^2}$

$=\frac{9-6\sqrt{2}\,i-2}{9+2}=\mathbf{\frac{7}{11}-\frac{6\sqrt{2}}{11}\,i}$.

(2) $1+\frac{2}{i}-\frac{2}{i^2}+\frac{3}{i^3}=1+\frac{2\,i}{i^2}+2+\frac{3}{i^2\cdot i}=1-2\,i+2-\frac{3}{i}$

$=1-2\,i+2+3\,i=\mathbf{3+i}$.

(3) $\dfrac{4+i}{2-3i}-\dfrac{i}{2+3i}=\dfrac{(4+i)(2+3i)-i(2-3i)}{(2-3i)(2+3i)}$

$=\dfrac{8+12i+2i+3i^2-2i+3i^2}{4-9i^2}=\dfrac{5+14i-3-2i}{13}=\mathbf{\dfrac{2}{13}+\dfrac{12}{13}}\boldsymbol{i}.$

(4) $(1-i)(1+i)(2-i)^2=(1-i^2)(2-i)^2=2(2-i)^2=2(4-2i+i^2)$

$=2(3-2i)=\mathbf{6-4}\boldsymbol{i}.$

練習問題 1.18 ....(39p)

1 (1) 左辺 − 右辺 $=a^2(b-c)+b^2(c-a)+c^2(a-b)-\{-(b-c)(c-a)(a-b)\}$

$=a^2(b-c)+b^2(c-a)+c^2(a-b)+(b-c)(c-a)(a-b)$

$=a^2b-a^2c+b^2c-ab^2+ac^2-bc^2+abc-a^2b-ac^2+a^2c-b^2c+ab^2+bc^2-abc$

$=0.$ ゆえに 左辺 − 右辺 $=0$ なので等式が成り立つ.

(2) $x+y=1$ より $y=1-x$ なので，左辺と右辺にそれぞれ代入して，

左辺 $=x^2+y=x^2+1-x=x^2-x+1,$

右辺 $=y^2+x=(1-x)^2+x=1-2x+x^2+x=x^2-x+1.$

ゆえに 左辺 = 右辺 なので等式が成り立つ.

2 (1) $a\geqq 0$，$b\geqq 0$ より 左辺 $=\sqrt{a}+\sqrt{b}\geqq 0$，右辺 $=\sqrt{a+b}\geqq 0$ なので，両辺を 2 乗した不等式 $(\sqrt{a}+\sqrt{b})^2\geqq(\sqrt{a+b})^2$ を証明すればよい.

左辺 − 右辺 $=(\sqrt{a}+\sqrt{b})^2-(\sqrt{a+b})^2=(\sqrt{a})^2+2\sqrt{a}\sqrt{b}+(\sqrt{b})^2-(a+b)^2$

$=a+2\sqrt{ab}+b-a-b=2\sqrt{ab}\geqq 0.$

ゆえに 左辺 − 右辺 $\geqq 0$ となり不等式が成り立つ.

また等号が成り立つのは 左辺 − 右辺 $=2\sqrt{ab}=0$ のときなので $ab=0$.

ゆえに a または b が 0 のときに限り等号が成り立つ.

(2) $a>0$，$b>0$ より $ab>0$ に注意して，

左辺 − 右辺 $=(a+b)\left(\dfrac{1}{a}+\dfrac{1}{b}\right)-4=(a+b)\left(\dfrac{a+b}{ab}\right)-4$

$=\dfrac{(a+b)^2}{ab}-4=\dfrac{(a+b)^2-4ab}{ab}=\dfrac{a^2-2ab+b^2}{ab}=\dfrac{(a-b)^2}{ab}\geqq 0.$

ゆえに 左辺 − 右辺 $\geqq 0$ となり不等式が成り立つ.

また等号が成り立つのは 左辺 − 右辺 $=\dfrac{(a-b)^2}{ab}=0$ のときなので $a-b=0$.

ゆえに $a=b$ のときに限り等号が成り立つ.

3 $a:b=c:d$ より $\dfrac{a}{b}=\dfrac{c}{d}=k$ (比例定数) とおくと，$a=bk$，$c=dk$.

左辺 $=(a^2+b^2)(c^2+d^2)=\{(bk)^2+b^2\}\{(dk)^2+d^2\}$

$=(b^2k^2+b^2)(d^2k^2+d^2)=b^2d^2(k^2+1),$

右辺 $=(ac+bd)^2=(bk\cdot dk+bd)^2=(bdk^2+bd)^2=b^2d^2(k^2+1).$

ゆえに 左辺 = 右辺 となり等号が成り立つ.

練習問題 2.1 ……………………………………………… (45p)

1 x の代わりに $x-(-2)=x+2$，y の代わりに $y-(-1)=y+1$ を代入すると，

(1) $y+1=5(x+2)-1$．ゆえに $\boldsymbol{y=5x+8}$．

(2) $y+1=2(x+2)^2-(x+2)$．ゆえに $\boldsymbol{y=2x^2+7x+5}$．

(3) $y+1=\dfrac{3}{x+2}$．ゆえに $\boldsymbol{y=-\dfrac{x-1}{x+2}}$．

2 (1) $y=-3x=f(x)$ とおくと，$f(-x)=-3\cdot(-x)=3x=-(-3x)=-f(x)$ なので，グラフは原点について対称である．

(2) $y=x^4+2=f(x)$ とおくと，$f(-x)=(-x)^4+2=x^4+2=f(x)$ なので，グラフは y 軸について対称である．

(3) $y=-\dfrac{2}{x}=f(x)$ とおくと，$f(-x)=-\dfrac{2}{-x}=\dfrac{2}{x}=-\left(-\dfrac{2}{x}\right)=-f(x)$ なので，グラフは原点について対称である．

練習問題 2.2 ……………………………………………… (47p)

1 (1) $y=0$ のとき $x=\dfrac{1}{4}$．　(2) $y=0$ のとき $x=\dfrac{9}{4}$．　(3) $y=0$ のとき $x=\dfrac{4}{3}$．

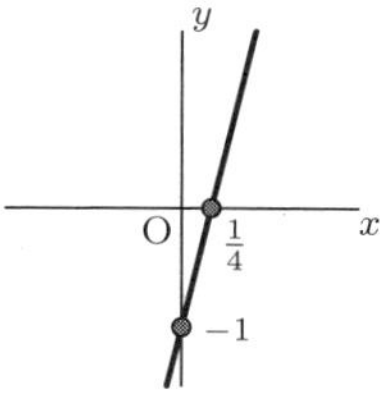

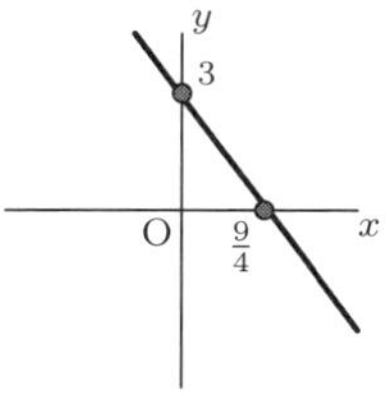

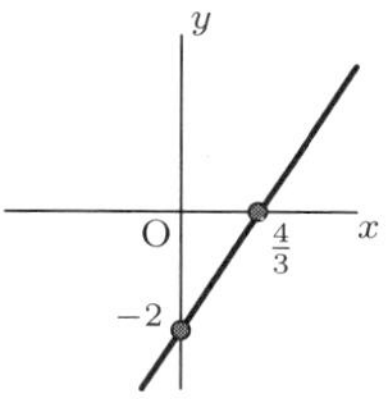

2 (1) $3x<2$．ゆえに $\boldsymbol{x<\dfrac{2}{3}}$．

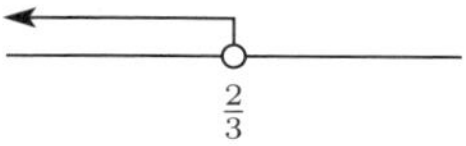

(2) $3x-5x>4$．$-2x>4$．ゆえに $\boldsymbol{x<-2}$．

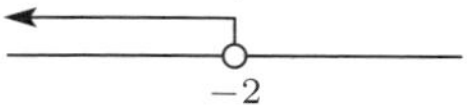

(3) $2x-7x\leqq-4-1$．$-5x\leqq-5$．ゆえに $\boldsymbol{x\geqq1}$．

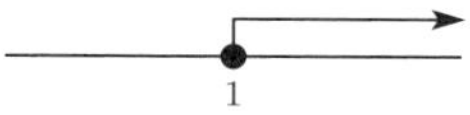

3 $x=-5$ のとき，$y=\dfrac{4}{7}\times(-5)+\dfrac{1}{2}=-\dfrac{33}{14}$．$x=7$ のとき，$y=\dfrac{4}{7}\times7+\dfrac{1}{2}=\dfrac{9}{2}$．

ゆえに $\boldsymbol{x=7}$ **のとき最大値** $\boldsymbol{\dfrac{9}{2}}$，$\boldsymbol{x=-5}$ **のとき最小値** $\boldsymbol{-\dfrac{33}{14}}$ である．

練習問題 2.3 ………………………………………… (49p)

1 (1)

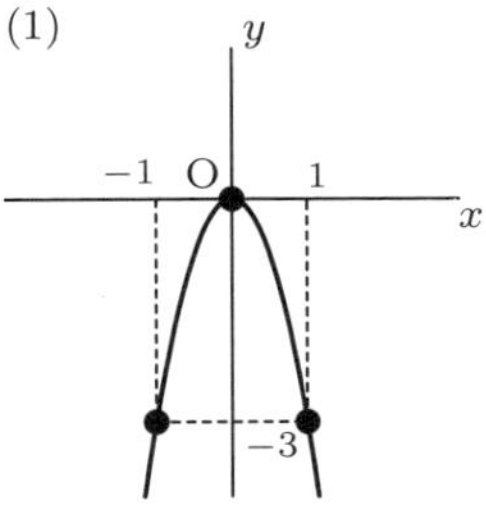

(2)

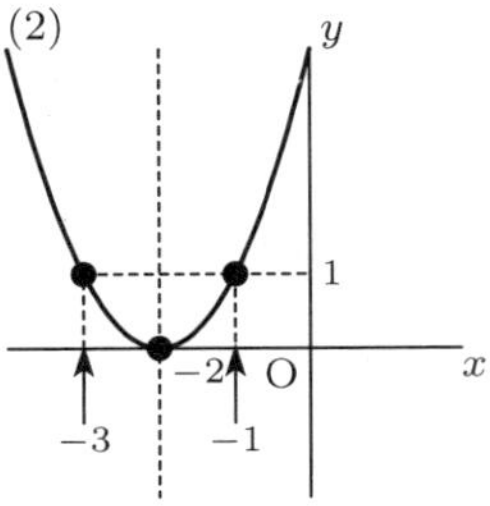

(3)

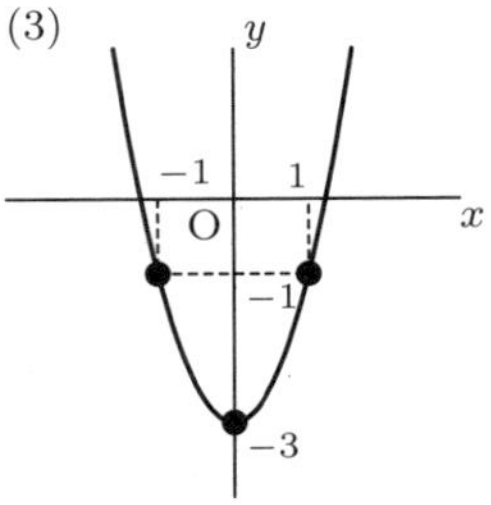

(4)

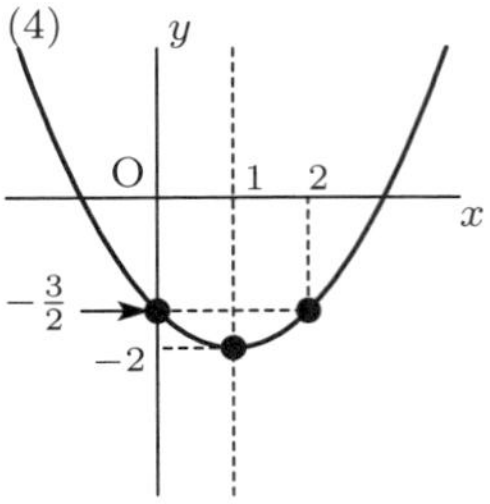

(5)

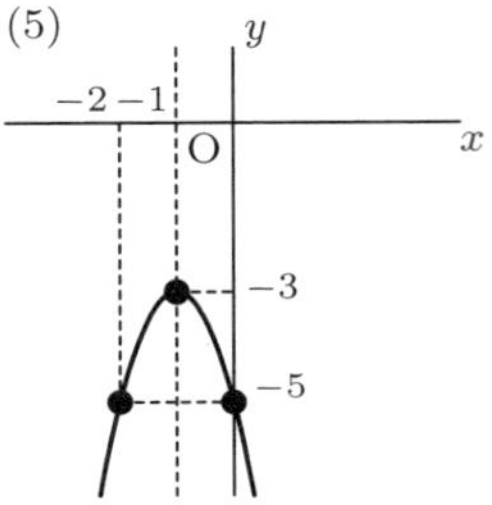

(6) $y=(x+2)^2-3$

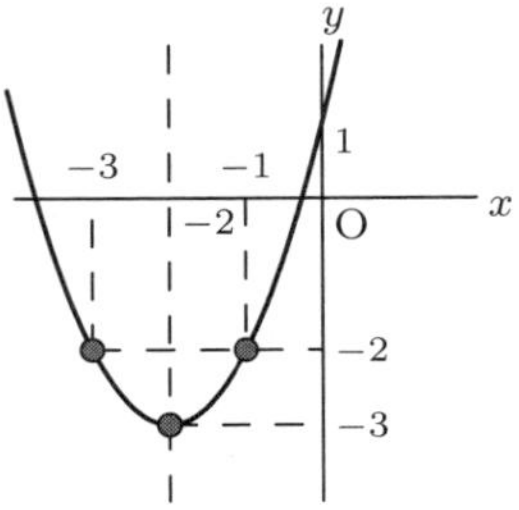

(7) $y=-3(x-1)^2-2$

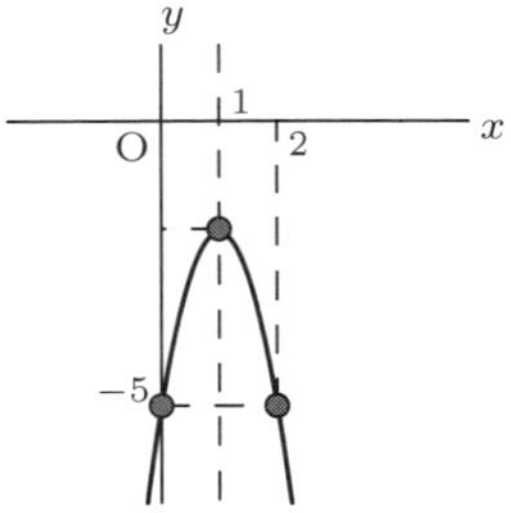

練習問題 2.4 ………………………………………… (51p)

1 (1) $y=a(x+1)^2+2$ とおく．点 $(2,-7)$ を通るので $-7=a(2+1)^2+2=9a+2$ より $a=-1$．ゆえに $\boldsymbol{y=-(x+1)^2+2}$.

(2) $y=a(x-\alpha)^2$ とおく．点 $(-2,-8)$ を通るので $-8=a(-2-\alpha)^2$，点 $(4,-2)$ を通るので $-2=a(4-\alpha)^2$．これらの比をとって $4=\dfrac{(-2-\alpha)^2}{(4-\alpha)^2}$，つまり $4(-2-\alpha)^2=(4-\alpha)^2$.

整理して $3\alpha^2-36\alpha+60=3(\alpha-2)(\alpha-10)=0$ から $\alpha=2,\ 10$.

$\alpha=2$ のとき $-2=a(4-2)^2=4a$ から $a=-\dfrac{1}{2}$,

$\alpha=10$ のとき $-2=a(4-10)^2=36a$ から $a=-\dfrac{1}{18}$.

ゆえに $\boldsymbol{y=-\dfrac{1}{2}(x-2)^2}$，$\boldsymbol{y=-\dfrac{1}{18}(x-10)^2}$.

(3) $y=ax^2+bx+c$ とおく．点 $(-3,-6)$ を通るので $-6=9a-3b+c$，点 $(-1,2)$ を通るので $2=a-b+c$，点 $(0,0)$ を通るので $0=c$.

ゆえに $a=-2$, $b=-4$, $c=0$ なので, $\boldsymbol{y=-2x^2-4x}$.

(4) $y=a(x+2)(x-3)$ とおく．点 $(0,-4)$ を通るので $-4=a(0+2)(0-3)=-6a$ から $a=\frac{2}{3}$. ゆえに $\boldsymbol{\frac{2}{3}(x+2)(x-3)}$.

練習問題 2.5 ………… (53p)

1 (1) グラフは下に凸 $(a=2>0)$ なので**最大値なし**．また頂点の座標は $(-1,\ -3)$ なので, $x=-1$ のとき**最小値** $\boldsymbol{y=-3}$ である．

(2) グラフは上に凸 $(a=-3<0)$ なので**最小値なし**．また頂点の座標は $(2,\ -5)$ なので, $x=2$ のとき**最大値** $\boldsymbol{y=5}$ である．

2 グラフの頂点の座標は $(1,\ -2)$ である．

(1) 範囲の両端の $x=-1,\ 2$ での y の値を求めると $y=2$, $y=-1$.
範囲が頂点の x 座標 1 を含むので, 頂点の y 座標 -2 と 2, -1 との大小関係を比べて, $x=-1$ のとき**最大値** $\boldsymbol{y=2}$, $x=-2$ のとき**最小値** $\boldsymbol{y=-2}$.

(2) 範囲の両端の $x=-3,\ 0$ での y の値を求めると $y=14$, $y=-1$. 範囲は頂点の x 座標 1 を含まないので, 14 と -1 の大小関係を比べて, $x=-3$ のとき**最大値** $\boldsymbol{y=14}$, $x=0$ のとき**最小値** $\boldsymbol{y=-1}$.

3 作る 2 つの正方形の 1 辺の長さをそれぞれ x, y, また 2 つの正方形の面積の和を S とおく．
周囲の長さの和が 40 cm なので $4x+4y=40$, つまり $x+y=10$ より $y=10-x\cdots$①.
$S=x^2+y^2$ なので①を代入して $S=x^2+(10-x)^2=2x^2-20x+100$.
そこで 2 次関数 $S=2x^2-20x+100$ を考える．
2 つの正方形が作れるためには $0<x<40\cdots$② の範囲で S の最小値を考えればよい．頂点の座標は $(5,\ 50)$, グラフは下に凸 $(a=2>0)$, 頂点の x 座標 5 は範囲②に含まれるので頂点で最小値をとる．ゆえに $x=5$ のとき最小値 $S=50$ である．
①より $y=5$ なので $x=y=5$ となり, 1 辺の長さ 5 cm の 2 つの正方形を作ればよい．
ゆえに**針金を半分に切ればよい**．

練習問題 2.6 ………… (55p)

1 (1) $x^2+x-6=(x+3)(x-2)=0$. ゆえに $\boldsymbol{x=-3,\ 2}$.

(2) $6x^2+x-2=(3x+2)(2x-1)=0$. ゆえに $\boldsymbol{x=-\frac{2}{3},\ \frac{1}{2}}$.

(3) $9x^2-6x+1=(3x-1)^2=0$. ゆえに $\boldsymbol{x=\frac{1}{3}}$ **(2 重解)**.

(4) 解の公式より $x=\dfrac{-(-1)\pm\sqrt{(-1)^2-4\cdot 2\cdot 3}}{2\cdot 2}=\boldsymbol{\dfrac{1\pm\sqrt{23}\,i}{4}}$.

2 (1) $D=(-5)^2-4\cdot 2\cdot 3=1>0$ なので, **異なる 2 つの実数解をもつ**.

(2) $D=3^2-4\cdot(-1)\cdot(-3)=-3<0$ なので, **異なる 2 つの虚数解をもつ**.

3 解と係数の関係より $\alpha+\beta=\frac{3}{2}$, $\alpha\beta=\frac{1}{2}$.

(1) $\alpha^2+\beta^2=(\alpha+\beta)^2-2\alpha\beta=\left(\dfrac{3}{2}\right)^2-2\cdot\dfrac{1}{2}=\mathbf{\dfrac{5}{4}}.$

(2) (1) の結果を利用して，$\dfrac{\beta}{\alpha}+\dfrac{\alpha}{\beta}=\dfrac{\beta^2+\alpha^2}{\alpha\beta}=\dfrac{\frac{5}{4}}{\frac{1}{2}}=\mathbf{\dfrac{5}{2}}.$

(3) (1) の結果を利用して，$(\alpha-\beta)^2=\alpha^2+\beta^2-2\alpha\beta=\dfrac{5}{4}-2\cdot\dfrac{1}{2}=\mathbf{\dfrac{1}{4}}.$

(4) $\alpha^3+\beta^3=(\alpha+\beta)^3-3\alpha\beta(\alpha+\beta)=\left(\dfrac{3}{2}\right)^3-3\cdot\dfrac{1}{2}\cdot\dfrac{3}{2}=\mathbf{\dfrac{9}{8}}.$

練習問題 2.7 .... (*57p*)

1 (1) $2x^2-4x-1=0$ を解くと $x=\dfrac{2\pm\sqrt{6}}{2}$ なので，因数分解すると

与式 $=2\left(x-\dfrac{2+\sqrt{6}}{2}\right)\left(x-\dfrac{2-\sqrt{6}}{2}\right)=\boldsymbol{\dfrac{1}{2}(2x-2-\sqrt{6})(2x-2+\sqrt{6})}.$

(2) $3x^2-2x+1=0$ を解くと $x=\dfrac{1\pm\sqrt{2}\,i}{3}$ なので，因数分解すると

与式 $=3\left(x-\dfrac{1+\sqrt{2}\,i}{3}\right)\left(x-\dfrac{1-\sqrt{2}\,i}{3}\right)=\boldsymbol{\dfrac{1}{3}(3x-1-\sqrt{2}\,i)(3x-1+\sqrt{2}\,i)}.$

2 解と係数の関係より $\alpha+\beta=\dfrac{1}{2}$，$\alpha\beta=-\dfrac{1}{2}$.

(1) 和 $(\alpha-1)+(\beta-1)=\alpha+\beta-2=\dfrac{1}{2}-2=-\dfrac{3}{2}$,

積 $(\alpha-1)(\beta-1)=\alpha\beta-(\alpha+\beta)+1=-\dfrac{1}{2}-\dfrac{1}{2}+1=0$

なので，求める 2 次方程式は $x^2-\left(-\dfrac{3}{2}\right)x+0=x^2+\dfrac{3}{2}x=0.$

ゆえに $\boldsymbol{2x^2+3x=0}.$

(2) 和 $\alpha\beta+(\alpha^2+\beta^2)=(\alpha+\beta)^2-\alpha\beta=\left(\dfrac{1}{2}\right)^2-\left(-\dfrac{1}{2}\right)=\dfrac{3}{4}$,

積 $\alpha\beta(\alpha^2+\beta^2)=\alpha\beta(\alpha+\beta)^2-2(\alpha\beta)^2=\left(-\dfrac{1}{2}\right)\cdot\left(\dfrac{1}{2}\right)^2-2\cdot\left(-\dfrac{1}{2}\right)^2=-\dfrac{5}{8}$

なので，求める 2 次方程式は $x^2-\dfrac{3}{4}x-\dfrac{5}{8}=0$. ゆえに $\boldsymbol{8x^2-6x-5=0}.$

3 (1) $3x^2+5x-2=0$ を解いて，$3x^2+5x-2=(x+2)(3x-1)=0$ なので　$x=-2,\ \dfrac{1}{3}.$

ゆえに x 軸との交点は $\boldsymbol{(-2,\ 0)}$，$\boldsymbol{\left(\dfrac{1}{3},\ 0\right)}$ の **2** つである.

(2) $2x^2-3x+2=0$ の判別式 D の符号を考えると $D=-7<0$ なので，

$\boldsymbol{x}$ 軸との交点をもたない.

練習問題 2.8 ……………………………………………… (59p)

1 (1) $y = x^2 + x - 6$ とおくと不等式の条件は $y > 0 \cdots$①.
$x^2 + x - 6 = (x+3)(x-2) = 0$ より x 軸との交点の x 座標は $x = -3,\ 2$.
ゆえに①より求める解は $\boldsymbol{x < -3,\ 2 < x}$ である.

(2) $y = 6x^2 - x - 2$ とおくと不等式の条件は $y < 0 \cdots$①.
$6x^2 - x - 2 = (2x+1)(3x-2) = 0$ より x 軸との交点の x 座標は $x = -\dfrac{1}{2},\ \dfrac{2}{3}$.
ゆえに①より求める解は $\boldsymbol{-\dfrac{1}{2} < x < \dfrac{2}{3}}$ である.

(3) $y = 9x^2 - 6x + 1$ とおくと不等式の条件は $y \geqq 0 \cdots$①.
$9x^2 - 6x + 1 = (3x-1)^2 = 0$ より x 軸との交点の x 座標は $x = \dfrac{1}{3}$ (2 重解).
ゆえに①より求める解は**すべての実数** $\boldsymbol{x}$ である.

(4) $-x^2 - 4x - 4 > 0$ の両辺に -1 をかけて $x^2 + 4x + 4 < 0$. $y = x^2 + 4x + 4$ とおくと不等式の条件は $y < 0 \cdots$①.
$x^2 + 4x + 4 = (x+2)^2 = 0$ より, x 軸との交点の x 座標は $x = -2$ (2 重解).
ゆえに①より**解はない**.

(5) $y = x^2 - 5x + 7$ とおくと不等式の条件は $y > 0 \cdots$①.
判別式 $D = -3 < 0$ なので, x 軸との交点をもたない.
ゆえに①より求める解は**すべての実数** $\boldsymbol{x}$ である.

(6) $-x^2 - 3x - 5 \geqq 0$ の両辺に -1 をかけて $2x^2 + 3x + 5 \leqq 0$. $y = 2x^2 + 3x + 5$ とおくと不等式の条件は $y \leqq 0 \cdots$①.
判別式 $D = -31 < 0$ なので x 軸との交点をもたない. ゆえに①より**解はない**.

2 $y = x^2 + kx + k + 2 = 0$ の実数解の個数が x 軸との交点の個数を表すので, 判別式 D の符号を調べればよい.
$D = k^2 - 4k - 8$ なので, $D = 0$ を解くと $k = \dfrac{4 \pm \sqrt{48}}{2} = 2 \pm 2\sqrt{3}$.
ゆえに $D = 0$ つまり $\boldsymbol{k = 2 \pm 2\sqrt{3}}$ **のとき** $\boldsymbol{x}$ **軸との交点の個数は 1 個**(接する),
$D > 0$ つまり $\boldsymbol{k < 2 - 2\sqrt{3},\ 2 + 2\sqrt{3} < k}$ **のとき 2 個**,
$D < 0$ つまり $\boldsymbol{2 - 2\sqrt{3} < k < 2 + 2\sqrt{3}}$ **のとき 0 個**(交点をもたない) である.

3 与えられた 2 次不等式がすべての実数 x について成り立つためには, 不等号の向き「>」より $3m > 0$, 判別式 $D < 0$ であればよい.
$3m > 0$ より $m > 0 \cdots$①. $D = 144 - 12m^2 - 12m = -12(m+4)(m-3) < 0$ より $(m+4)(m-3) > 0$, つまり $m < -4,\ 3 < m$. ゆえに①より $m > 0$ でなければならないので求める m の値の範囲は $\boldsymbol{m > 3}$ である.

練習問題 2.9 ……………………………………………… (61p)

1 (1) 連立方程式 $y = x^2,\ y = -x^2 + 4x$ を解く.
$x^2 = -x^2 + 4x$ より $2x^2 - 4x = 2x(x-2) = 0$ なので $x = 0,\ 2$.
$x = 0$ のとき $y = 0$, $x = 2$ のとき $y = 4$. ゆえに交点の座標は **(0, 0), (2, 4)**.

(2) 連立方程式 $y = x^2 - 4x + 4,\ 2x - y = 1$ を解く.

$2x-(x^2-4x+4)=1$ より $-x^2+6x-5=-(x-1)(x-5)=0$ なので
$x=1,\ 5.$ $x=1$ のとき $y=1$，$x=5$ のとき $y=9.$
ゆえに交点の座標は **(1, 1)，(5, 9)**.

2 求める接線の方程式を $y=ax+b$ とおくと，点 (0, 2) を通るので $b=2.$
ゆえに $y=ax+2\cdots$①．$y=-2x^2$ と①より y を消去して $ax+2=-2x^2$，
つまり $2x^2+ax+2=0\cdots$②．
放物線と接線は接するので判別式 $D=0$ であればよい．
したがって $D=a^2-16=(a+4)(a-4)=0$．ゆえに $a=\pm4$ である．
①に代入して接線の方程式は $\boldsymbol{y=4x+2}$ と $\boldsymbol{y=-4x+2}$ の 2 つである．
$a=\pm4$ を②に代入して $2x^2\pm4x+2=2(x\pm1)^2=0$ より $x=\pm1$ なので，
$y=-2\cdot(\pm1)^2=-2$．ゆえに接点の座標は **(±1, −2)** である．

練習問題 2.10 ……………………………………………(63p)

1

(1) $y=\begin{cases}x^2+x-1 & (x\leqq-1,\ 1\leqq x)\\ -x^2+x+1 & (-1<x<1)\end{cases}$

(2) 右グラフより $x=\dfrac{1}{2}$ のとき最大値 $y=\dfrac{5}{4}$，
$x=-1$ のとき最小値 $y=-1$ である．

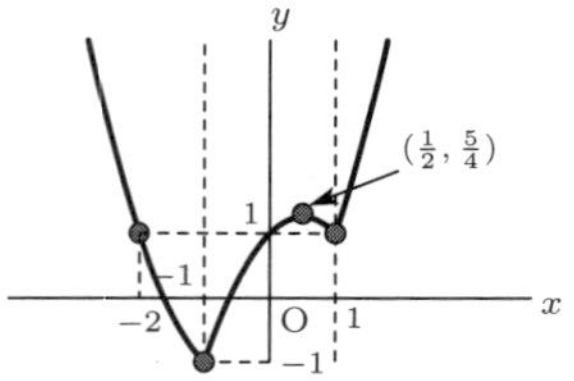

2 (1) $f(x)=0$ の判別式を D とする．
$D=a^2-16\geqq0$ とすると $a\leqq-4,\ 4\leqq a\cdots$①．
$f(1)=1-a+4>0$ とすると $p<5\cdots$②．
軸の位置を考えると $\dfrac{a}{2}>1$ なので $a>2\cdots$③．
①，②，③を同時に満たす範囲は $\boldsymbol{4\leqq a<5}$
である．

(2) $f(1)=1-a+4<0$ とすると $\boldsymbol{a>5}$ である．

(1)

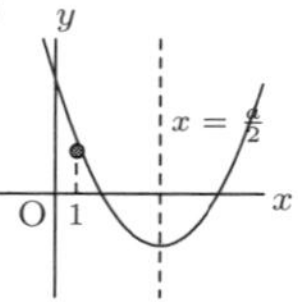

(2)

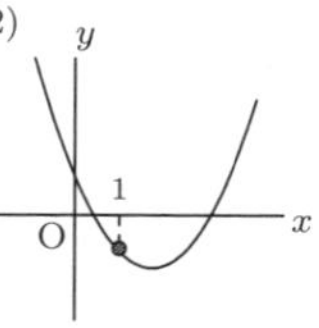

練習問題 2.11 ……………………………………………(65p)

1

(1) $\begin{cases}3x+1>4x-3 & \cdots① \\ 4x-2<5x+1 & \cdots②\end{cases}$ とおく．

①より $-x>-4$ なので①の解は $x<4\cdots$③．
②より $-x<3$ なので②の解は $x>-3\cdots$④．
ゆえに③と④の共通範囲は $\boldsymbol{-3<x<4}$.

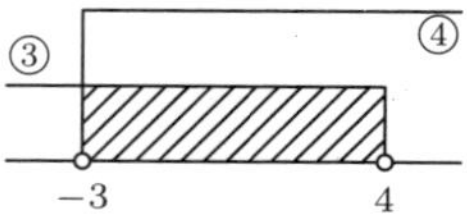

(2) $\begin{cases} x^2+x-6<0 & \cdots① \\ x^2+x-2 \geqq 0 & \cdots② \end{cases}$ とおく．

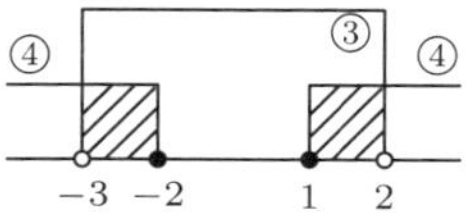

①より $(x-2)(x+3)<0$ なので①の解は
$-3<x<2 \cdots$③．

②より $(x-1)(x+2) \geqq 0$ なので②の解は $x \leqq -2$，$1 \leqq x \cdots$④．
ゆえに③と④の共通範囲は $\boldsymbol{-3<x \leqq -2}$，$\boldsymbol{1 \leqq x<2}$．

(3) すべての辺から 3 をひいて $-1<5x \leqq 6$．ゆえに $\boldsymbol{-\frac{1}{5}<x \leqq \frac{6}{5}}$．

(4) 連立不等式に直して $\begin{cases} 3x+2<x^2+2x & \cdots① \\ x^2+2x \leqq -2x+5 & \cdots② \end{cases}$

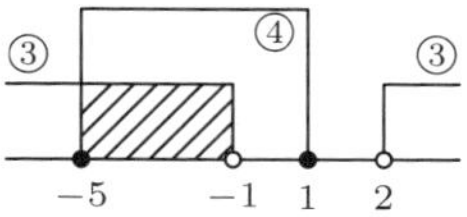

とおく．
①より $x^2-x-2=(x+1)(x-2)>0$ なので①の解は $x<-1$，$2<x \cdots$③．
②より $x^2+4x-5=(x-1)(x+5) \leqq 0$ なので②の解は $-5 \leqq x \leqq 1 \cdots$④．
ゆえに③と④の共通範囲は $\boldsymbol{-5 \leqq x<1}$．

2 (1) 連立不等式に直して $-7<4x+3<7$ とおく．$-10<4x<4$．ゆえに $\boldsymbol{-\frac{5}{2}<x<1}$．

(2) 2 つの不等式に直して $3x-1 \leqq -2 \cdots$①，$3x-1 \geqq 2 \cdots$② とおく．

①より $3x \leqq -1$ なので①の解は $x \leqq -\frac{1}{3} \cdots$③．

②より $3x \geqq 3$ なので②の解は $x \geqq 1 \cdots$①．

ゆえに解は③または④なので $\boldsymbol{x \leqq -\frac{1}{3}}$，$\boldsymbol{x \geqq 1}$．

練習問題 2.12 ……………………………………………… *(67p)*

1 (1) $P(x)=x^3+2x^2-5x-6$ とおく．$P(-1)=0$ から因数定理により $x+1$ で割り切れる．実際に割って，商は x^2+x-6 なので因数分解すると
$P(x)=(x+1)(x^2+x-6)=(x+1)(x-2)(x+3)$．
ゆえに $P(x)=0$ とおくと解は $\boldsymbol{x=-3}$，$\boldsymbol{-1}$，$\boldsymbol{2}$．

(2) $P(x)=x^4+2x^3-x^2+4x+12$ とおく．$P(-2)=0$ から因数定理により $x+2$ で割り切れる．実際に割って，商は $Q(x)=x^3-x+6$ なので $Q(-2)=0$ から因数定理により $x+2$ で割り切れる．実際に割って，商は x^2-2x+3 なので因数分解すると
$P(x)=(x+2)^2(x^2-2x+3)$．
ゆえに $P(x)=0$ とおくと解は $\boldsymbol{x=-2}$ **(2 重解)**，$\boldsymbol{1 \pm \sqrt{2}\,i}$．

2 (1) $P(x)=x^3+x^2-6x$ とおいて因数分解すると $x^3+x^2-6x=x(x-2)(x+3)$ なので，因数は x，$x-2$，$x+3$ である．また $P(x)=0$ を解くと，境は $x=-3$，0，2 である．以上より右下の符号表を作ると，不等式 $P(x)<0$ より $P(x)$ の符号を判断して，
解は $\boldsymbol{x<-3}$，$\boldsymbol{0<x<2}$．

(2) $P(x) = x^4 + 4x^3 + 27$ とおいて因数分解すると

$x^4 + 4x^3 + 27 = (x+3)^2(x^2 - 2x + 3)$

なので，因数は $(x+3)^2$，$x^2 - 2x + 3$ である．すべての実数 x について $(x+3)^2 \geqq 0$．$x^2 - 2x + 3 = 0$ の判別式 $D = -8 < 0$ なのですべての実数 x について $x^2 - 2x + 3 > 0$．

ゆえにすべての実数 x について $P(x) \geqq 0$ となり，解は**すべての実数 x**.

(1) の符号表

因数	$\cdots$	-3	$\cdots$	0	$\cdots$	2	$\cdots$
x	$-$	$-$	$-$	0	$+$	$+$	$+$
$x-2$	$-$	$-$	$-$	$-$	$-$	0	$+$
$x+3$	$-$	0	$+$	$+$	$+$	$+$	$+$
$P(x)$	$-$	0	$+$	0	$-$	0	$+$

練習問題 3.1 .... (73p)

1 (1) $A = \{\mathbf{3, 6, 9, 12, \cdots}\}$.

(2) $B = \{\mathbf{1, 3, 5, 15}\}$.

(3) $C = \{\boldsymbol{x} \mid -\sqrt{3} \leqq \boldsymbol{x} \leqq \sqrt{3}\}$.

2 ϕ，$\{1\}$，$\{2\}$，$\{4\}$，$\{8\}$，$\{1, 2\}$，$\{1, 4\}$，$\{1, 8\}$，$\{2, 4\}$，$\{2, 8\}$，$\{4, 8\}$，$\{1, 2, 4\}$，$\{1, 2, 8\}$，$\{1, 4, 8\}$，$\{2, 4, 8\}$，$\{1, 2, 4, 8\}$.

3 (1) 3 と 4 の最小公倍数は 12 なので，$A \cap B$ は 12 の倍数の集合である．
ゆえに $A \cap B = \{\mathbf{12, 24, 36, 48, 60, 72, 84, 96}\}$.

(2) $B \cup C = \{\mathbf{4, 6, 8, 12, 16, 18, 20, 24, 28, 30, 32, 36, 40, 42, 44, 48, 52, 54, 56, 60, 64, 66, 68, 72, 76, 78, 80, 84, 88, 90, 92, 96, 100}\}$.

(3) 3 と 4 と 6 の最小公倍数は 12 なので，$A \cap B \cap C$ は 12 の倍数の集合，
(1) と同じなので，$A \cap B \cap C = \{\mathbf{12, 24, 36, 48, 60, 72, 84, 96}\}$.

(4) $B \cup C$ は (2) よりわかっているので，この集合の要素の中で 3 の倍数であるものを考えればよい．
$A \cap (B \cup C) = \{\mathbf{6, 12, 18, 24, 30, 36, 42, 48, 54, 60, 66, 72, 78, 84, 90, 96}\}$.

練習問題 3.2 .... (75p)

1 (1) 1 から 30 までの偶数で，4 の倍数でないものは，
$\overline{A} = \{\mathbf{2, 6, 10, 14, 18, 22, 26, 30}\}$.

(2) 18 の約数は 1, 2, 3, 6, 9, 18 なので，1 から 30 までの偶数で 18 の約数でないものは，
$\overline{B} = \{\mathbf{4, 8, 10, 12, 14, 16, 20, 22, 24, 26, 28, 30}\}$.

2 (1) ド・モルガンの法則より $\overline{A} \cap \overline{B} = \overline{A \cup B}$．$A \cup B$ は 3 または 5 の倍数の集合なのでそれ以外のものは，
$\overline{A} \cap \overline{B} = \{\mathbf{1, 2, 4, 7, 8, 11, 13, 14, 16, 17, 19}\}$.

(2) ド・モルガンの法則より $\overline{A} \cup \overline{B} = \overline{A \cap B}$．$A \cap B$ は 3 と 5 の最小公倍数 15 の倍数の集合なのでそれ以外のものは，
$\overline{A} \cup \overline{B} = \{\mathbf{1, 2, 3, 4, 5, 6, 7, 8, 9, 10, 11, 12, 13, 14, 16, 17, 18, 19, 20}\}$.

(3) ド・モルガンの法則より $A \cup \overline{A \cup B} = A \cup (\overline{A} \cap \overline{B})$．$\overline{A} \cap \overline{B}$ は (1) よりわかっているので，それらに A の要素である 3 の倍数をつけ加えて，
$A \cup \overline{A \cup B} = \mathbf{\{1,\ 2,\ 3,\ 4,\ 6,\ 7,\ 8,\ 9,\ 11,\ 12,\ 13,\ 14,\ 16,\ 17,\ 18,\ 19\}}$．

3 全体集合を U，運動部に入っている学生の集合を A，文化部に入っている学生の集合を B とすると，$n(U) = 52$，$n(A) = 35$，$n(B) = 23$，$n(\overline{A \cup B}) = 10$．

(1) 運動部または文化部に入っている学生の集合は $A \cup B$ なので，
$n(A \cup B) = n(U) - n(\overline{A \cup B}) = 52 - 10 = 42$ (人)．
運動部にも文化部にも入っている学生の集合は $A \cap B$ なので，
$n(A \cap B) = n(A) + n(B) - n(A \cup B) = 35 + 23 - 42 =$ **16 (人)**．

(2) 運動部だけに入っている学生の集合は $A \cap \overline{B}$ なので，(1) の結果を利用して
$n(A \cap \overline{B}) = n(A) - n(A \cap B) = 35 - 16 =$ **19 (人)**．

練習問題 3.3 ………………………………………… (77p)

1 (1) **偽**．($x^2 = y^2$ ならば $x = \pm 1$ なので，$x = y$ とは限らない)
(2) **真**．($a = -b$ の両辺を 2 乗すると，$a^2 = b^2$ である)

2 命題 p の真偽値は偽，q は真なので，
(1) $\overline{p}$：**「5 は奇数である」．真．**

(2) $p \vee q$：**「5 は偶数であるまたは円周率 π は無理数である」．真．**

(3) $p \wedge \overline{q}$：**「5 は偶数であるかつ円周率 π は有理数である」．偽．**

(4) $\overline{p} \wedge \overline{q}$：**「5 は奇数であるかつ円周率 π は有理数である」．偽．**

3 逆：**「$x^2 + y^2 = 1$ ならば $x + y = 1$」．偽．**
(反例：$x = 0$，$y = -1$ のとき $x^2 + y^2 = 1$ であるが $x + y = -1$ となるので)
裏：**「$x + y \neq 1$ ならば $x^2 + y^2 \neq 1$」．偽．**
(反例：$x = 0$，$y = -1$ のとき $x + y = -1$ であるが $x^2 + y^2 = 1$ となるので)
対偶：**「$x^2 + y^2 \neq 1$ ならば $x + y \neq 1$」．偽．**
(反例：$x = 2$，$y = -1$ のとき $x^2 + y^2 = 5$ であるが $x + y = 1$ となるので)

練習問題 3.4 ………………………………………… (79p)

1 (1) p：「$ab > 0$」，q：「$a > 0$ かつ $b > 0$」とおく．
$a < 0$ かつ $b < 0$ でも $ab > 0$ となるので $p \Longrightarrow q$ は偽．
また $q \Longrightarrow p$ は真なので，p は q であるための**必要条件**．

(2) p：「$a = b = 0$」，q：「$a^2 + b^2 = 0$」とおく．
$p \Longrightarrow q$ は真，また $a = 1$，$b = i$ (虚数単位) のとき $a^2 + b^2 = 0$ であるが $a \neq 0$，$b \neq 0$ なので $q \Longrightarrow p$ は偽．ゆえに p は q であるための**十分条件**．

(3) p：「正三角形」，q：「角の大きさがすべて等しい」とおく．
正三角形の角の大きさは 60° ですべて等しいので $p \Longrightarrow q$ は真，
また，すべての角の大きさが等しい三角形の内角の和は 180° よりすべて等しく 60° なので正三角形．ゆえに $q \Longrightarrow p$ も真．したがって p は q であるための**必要十分条件**．

2 「n^2 が奇数ならば n も奇数である」の対偶は「n が偶数ならば n^2 も偶数である」．
もとの命題と対偶は真偽値が一致するので，対偶を証明すればよい．
n を偶数とすると $n = 2m$ とおけるので，$n^2 = (2m)^2 = 2(2m^2)$ より n^2 も偶数である．
ゆえに対偶が証明された．

3 $a^2 + b^2$ を奇数と仮定する．結論を否定して a も b も偶数とすると $a = 2m$，$b = 2m$ とおける．そのとき $a^2 + b^2 = (2m)^2 + (2n)^2 = 2(2m^2 + 2n^2)$ より $a^2 + b^2$ も偶数となって仮定と矛盾する．ゆえに背理法によりもとの命題は真である．

練習問題 4.1 .... *(85p)*

1

(1)

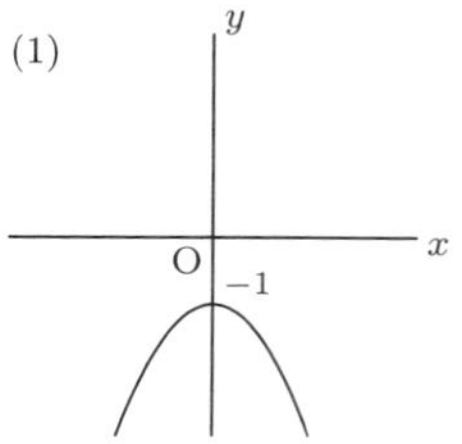

(2)

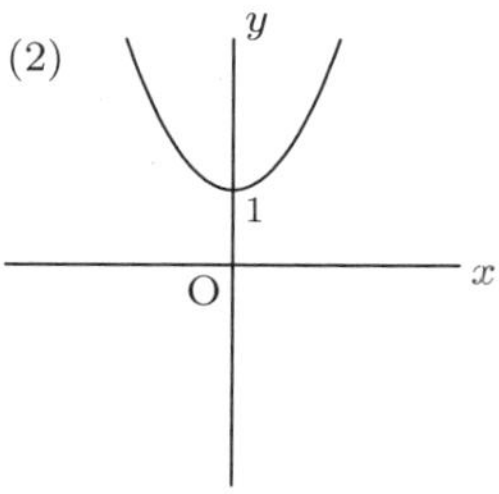

(3)

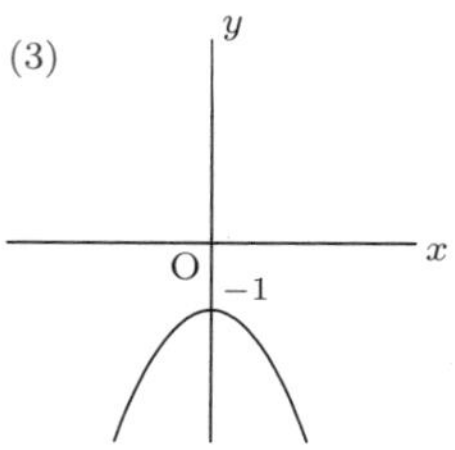

(4)

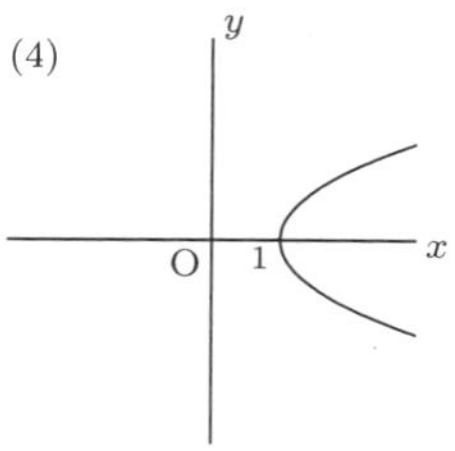

2 (1) $g(f(x)) = 3\{f(x)\}^2 - 2f(x) = 3(2x-1)^2 - 2(2x-1) = \boldsymbol{12x^2 - 16x + 5}$.

(2) $f(g(x)) = 2g(x) - 1 = 2(3x^2 - 2x) - 1 = \boldsymbol{6x^2 - 4x - 1}$.

(3) $f(g(f(x))) = 2g(f(x)) - 1 = 2(12x^2 - 16x + 5) - 1 = \boldsymbol{24x^2 - 32x + 9}$.

練習問題 4.2 .... *(87p)*

1

(1)

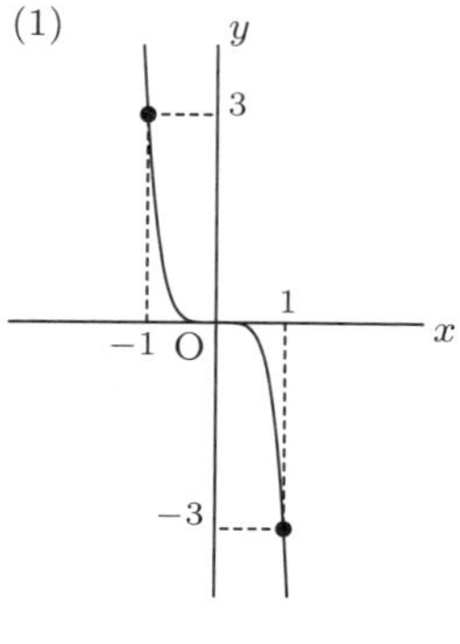

(2)

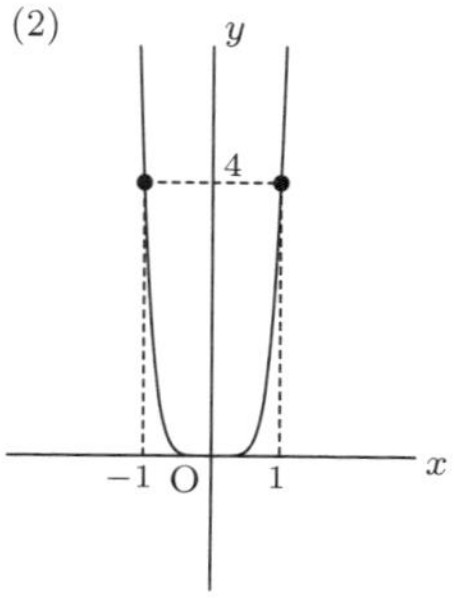

2 (1) $y = 2x^5 - \dfrac{3}{x^3} = f(x)$ とおくと，$f(-x) = -2x^5 + \dfrac{3}{x^3} = -\left(2x^5 - \dfrac{3}{x^3}\right) = -f(x)$ なので**奇関数**.

(2) $y = x^2(x^3 - 2) = f(x)$ とおくと，$f(-x) = x^2(-x^3 - 2) = -x^2(x^3 + 2) \neq f(x)$. また $f(-x) \neq -f(x)$ でもあるので，**偶関数でも奇関数でもない**.

(3) $y = \dfrac{x^2}{x^4 - 2} = f(x)$ とおくと，$f(-x) = \dfrac{x^2}{x^4 - 2} = f(x)$ なので**偶関数**.

練習問題 4.3 .... (89p)

1 $y = \dfrac{3x + 7}{x + 2} = \dfrac{1}{x + 2} + 3$ より，$y = \dfrac{1}{x}$ のグラフを x 軸方向に -2，y 軸方向に 3 だけ平行移動したグラフを描けばよい．
また漸近線は $\boldsymbol{x = -2}$，$\boldsymbol{y = 3}$ である．

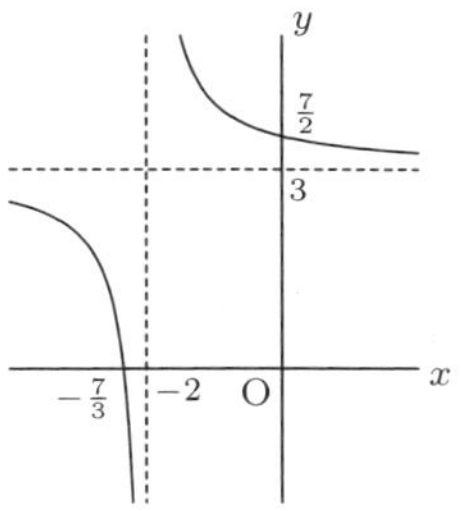

2 (1) 分母を払って $2x + 2(x - 2) = x(x - 2)$ なので $x^2 - 6x + 4 = 0$. ゆえに $x = \boldsymbol{3 \pm \sqrt{5}}$.
これらの x はもとの方程式の分母を 0 としないので求める解である．

(2) 分母を払って $8 + x(x - 2) = 2(x + 2)$ なので $x^2 - 4x + 4 = (x - 2)^2 = 0$.
ゆえに $x = 2$. この x はもとの方程式の分母を 0 とするので，**求める解はない**.

練習問題 4.4 .... (91p)

1 (1) $x + 1 \geqq 0$ より定義域は $\boldsymbol{x \geqq -1}$.
$y = -\sqrt{x - (-1)}$.

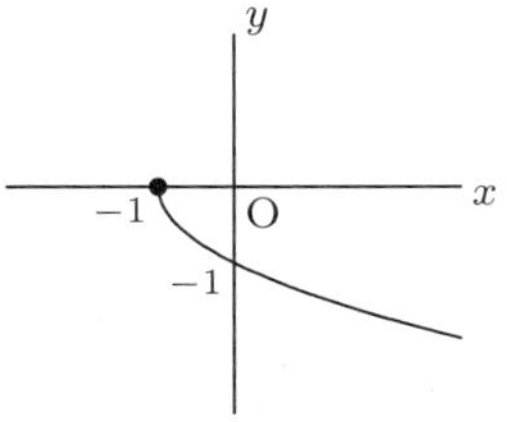

(2) $4x - 2 \geqq 0$ より定義域は $\boldsymbol{x \geqq \dfrac{1}{2}}$.
$y = 2\sqrt{x - \dfrac{1}{2}} - 3$.

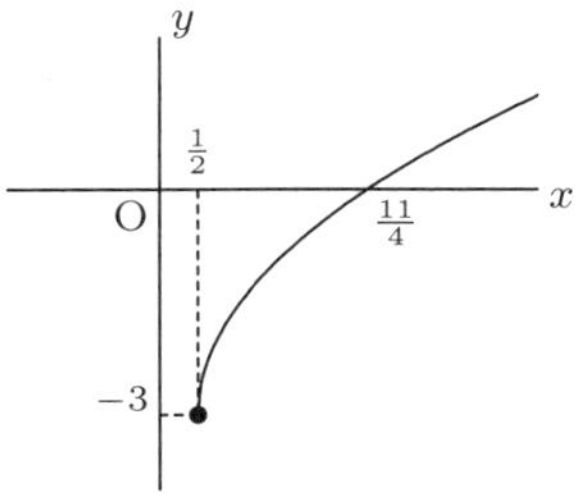

2 (1) 両辺を 2 乗して $x + 1 = (5 - x)^2$ なので $x^2 - 11x + 24 = (x - 3)(x - 8) = 0$.
ゆえに $x = 3$，8. $x + 1 \geqq 0$ より $x \geqq -1$ でなければならないので，解は $x = \boldsymbol{3}$，$\boldsymbol{8}$.

(2) 両辺を 2 乗して $x - 3 = (\sqrt{x} - 1)^2$ なので $2\sqrt{x} = 4$. ゆえに $x = 4$.
$x - 3 \geqq 0$ より $x \geqq 3$ または $x \geqq 0$ でなければならないので，解は $x = \boldsymbol{4}$.

練習問題 4.5 ……………………………………………… (93p)

1 (1) $\sqrt{\ }$ 内が 0 以上なので $x+1 \geqq 0$，つまり $x \geqq -1$．また $0 \leqq \sqrt{x+1} < 3-x$ より
$3-x>0$，つまり $x<3$ なので，合わせて $-1 \leqq x < 3 \cdots$①.
両辺を 2 乗して $x+1<(3-x)^2 = x^2-6x+9$ なので $x^2-7x+8>0$,
ゆえに $x < \dfrac{7-\sqrt{17}}{2}$，$\dfrac{7+\sqrt{17}}{2} < x \cdots$②.
したがって①と②の共通部分をとって解は $\boldsymbol{-1 \leqq x < \dfrac{7-\sqrt{17}}{2}}$.

(2) $\sqrt{\ }$ 内が 0 以上なので $3-x \geqq 0$，つまり $x \leqq 3$.
$x<2$ のとき 右辺 $=x-2<0$，左辺 $=\sqrt{3-x} \geqq 0$ より不等式が成り立つ.
$2 \leqq x \leqq 3$ のとき両辺を 2 乗して $3-x>(x-2)^2 = x^2-4x+4$ なので $x^2-3x+1<0$.
ゆえに $2 \leqq x < \dfrac{3+\sqrt{5}}{2}$．合わせて解は $\boldsymbol{x < \dfrac{3+\sqrt{5}}{2}}$.

2 (1) $\dfrac{4}{x-2}+3-\dfrac{1}{x+1} = \dfrac{3x^2}{(x-2)(x+1)} < 0$.
$x=0$ のとき 左辺 $=0<0$ なので不等式は成り立たない.
$x \neq 0$ のとき分子 $3x^2>0$ なので分母 $(x-2)(x+2)<0$ でなければならない．ゆえに
$-1<x<2 \quad (x \neq 0)$．したがって解は $\boldsymbol{-1<x<0,\ 0<x<2}$.

(2) 分母 $x^2-x+1 = \left(x-\dfrac{1}{2}\right)^2 + \dfrac{3}{4} > 0$ であるから，両辺に x^2-x+1 をかけて
$5-7x < 2(x^2-x+1)$，つまり $2x^2+5x-3>0$.
$(x+3)(2x-1)>0$ なので解は $\boldsymbol{x<-3,\ \dfrac{1}{2}<x}$.

3 $\sqrt{\ }$ 内が 0 以上なので $x+4 \geqq 0$，つまり $x \geqq -4$．また分母が 0 で定義されないので
$3-x \neq 0$ つまり $x \neq 3$．したがって $x \geqq -4\ (x \neq 3)$.
$x>3$ のとき $3-x<0$ より 左辺 $=\sqrt{x+4}>0$，右辺 $=\dfrac{6}{3-x}<0$ なので成り立つ.
$-4 \leqq x < 3$ のとき $3-x>0$ なので $x+4 > \dfrac{36}{(3-x)^2}$.
整理して $(x+4)(x^2-6x+9)-36 = x(x+3)(x-5) > 0$.
ゆえに $-3<x<0$, $5<x$．$-4 \leqq x < 3$ なので $-3<x<0$.
以上より解は $\boldsymbol{-3<x<0,\ 3<x}$.

練習問題 4.6 ……………………………………………… (95p)

1 (1) $x^4=81$ とおくと $x^4-81=(x^2+9)(x+3)(x-3)=0$.
ゆえに 81 の 4 乗根は $\boldsymbol{\pm 3,\ \pm 3i}$ (i は虚数単位).

(2) $\sqrt[5]{7776} = \sqrt[5]{32}\sqrt[5]{243} = \sqrt[5]{2^5}\sqrt[5]{3^5} = 2 \cdot 3 = \boldsymbol{6}$.

(3) $\dfrac{\sqrt[3]{3}}{\sqrt[3]{24}} = \sqrt[3]{\dfrac{3}{24}} = \sqrt[3]{\dfrac{1}{8}} = \dfrac{1}{\sqrt[3]{8}} = \dfrac{1}{\sqrt[3]{2^3}} = \boldsymbol{\dfrac{1}{2}}$.

2 (1) $\sqrt[3]{a} \times \sqrt{a} \div \sqrt[3]{a^2} = a^{\frac{1}{3}} \times a^{\frac{1}{2}} \div a^{\frac{2}{3}} = a^{\frac{1}{3}} \times a^{\frac{1}{2}} \times a^{-\frac{3}{3}} = \boldsymbol{a^{\frac{1}{6}}}.$

(2) $\left(a^{-\frac{2}{3}}\right)^{\frac{1}{2}} \times a^{\frac{1}{6}} = a^{-\frac{1}{3}} \times a^{\frac{1}{6}} = \boldsymbol{a^{-\frac{1}{6}}}.$

(3) $\left(\dfrac{\sqrt{a}}{\sqrt[3]{a}}\right)^4 = \left(\dfrac{a^{\frac{1}{2}}}{a^{\frac{1}{3}}}\right)^4 = \dfrac{a^2}{a^{\frac{4}{3}}} = a^2 \times a^{-\frac{4}{3}} = \boldsymbol{a^{\frac{2}{3}}}.$

3 (1) $2^{\frac{3}{2}}$, $3^{\frac{2}{3}}$, $4^{\frac{1}{6}} \to (2^{\frac{3}{2}})^6$, $(3^{\frac{2}{3}})^6$, $(4^{\frac{1}{6}})^6 \to 2^9$, 3^4, $4^1 \to 512$, 81, 4.

ゆえに $4 < 81 < 512$，つまり $\boldsymbol{4^{\frac{1}{6}} < 3^{\frac{2}{3}} < 2^{\frac{3}{2}}}$.

(2) 底は $5 > 1$ で同じなので指数を比較して $\dfrac{4}{5} < \dfrac{4}{3}$. ゆえに $\boldsymbol{5^{\frac{4}{5}} < 5^{\frac{4}{3}}}$.

(3) 底は $0.5 < 1$ で同じなので指数を比較して $\dfrac{5}{3} < \dfrac{7}{2}$.

底は 1 より小さいので不等号が逆になって $\boldsymbol{0.5^{\frac{7}{2}} < 0.5^{\frac{5}{3}}}$.

練習問題 4.7 .... (97p)

1

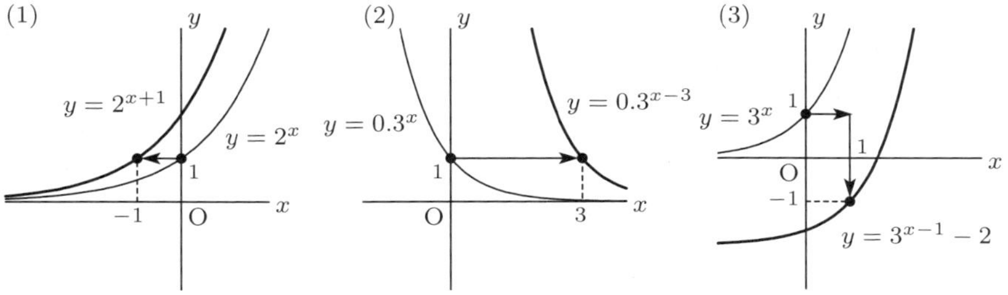

2 (1) $(3^x)^2 - 25 \cdot 3^x - 54 = 0$.

$3^x = X$ とおくと $X^2 - 25X - 54 = (X+2)(X-27) = 0$ より $X = -2$, 27.

ゆえに $3^x = -2$, 27. ここで $3^x > 0$ より -2 は不適.

ゆえに $3^x = 27 = 3^3$ なので解は $x = \mathbf{3}$.

(2) $(2^x)^2 = 16 \cdot 2^x - 64$.

$2^x = X$ とおくと $X^2 - 16X + 64 = (X-8)^2 = 0$ より $X = 8$.

ゆえに $2^x = 8 = 2^3$ なので，解は $x = \mathbf{3}$.

3 (1) $(2^x)^2 - 6 \cdot 2^x + 8 < 0$. $2^x = X$ とおくと $X^2 - 6X + 8 = (X-2)(X-3) < 0$ より $2 < X = 2^x < 4 = 2^2$. 指数を比較して解は $\boldsymbol{1 < x < 2}$.

(2) $8 \cdot \left(\left(\dfrac{1}{2}\right)^x\right)^2 + 7 \cdot \left(\dfrac{1}{2}\right)^x < 1$.　　$\left(\dfrac{1}{2}\right)^x = X$ とおくと

$8X^2 + 7X - 1 = (X+1)(8X-1) < 0$ より $-1 < X = \left(\dfrac{1}{2}\right)^x < \dfrac{1}{8}$,

$\left(\dfrac{1}{2}\right)^x > 0$ より $0 < \left(\dfrac{1}{2}\right)^x < \dfrac{1}{8} = \left(\dfrac{1}{2}\right)^3$.

底 $\dfrac{1}{2} < 1$ より指数の不等号は逆になることに注意すると，指数を比較して解は $\boldsymbol{x > 3}$.

練習問題 4.8 ………………………………………… (99p)

1 (1) $\log_2\sqrt{10}-\log_2\dfrac{\sqrt{5}}{4}=\log_2\sqrt{2}+\log_2\sqrt{5}-\log_2\sqrt{5}+\log_2 4$

$=\log_2 2^{\frac{1}{2}}+\log_2 2^2=\dfrac{1}{2}\log_2 2+2\log_2 2=\dfrac{1}{2}+2=\boldsymbol{\dfrac{5}{2}}.$

(2) $\log_3\dfrac{18}{49}-3\log_3\dfrac{18}{7}+\log_3\dfrac{4}{21}$

$=\log_3 18-\log_3 49-3\log_3 18+3\log_3 7+\log_3 4-\log_3 21$

$=-2\log_3 18-\log_3 7^2+3\log_3 7-\log_3 2^2-\log_3 3-\log_3 7$

$=-2\log_3 2-2\log_3 9-2\log_3 7+3\log_3 7-2\log_3 2-1-\log_3 7$

$=-4\log_3 2-2\log_3 3^2-1=-4\log_3 2-4\log_3 3-1$

$=\boldsymbol{-4\log_3 2-5}.$

(3) $\log_2 9\log_3 5\log_{25} 7=\log_2 3^2\cdot\dfrac{\log_2 5}{\log_2 3}\cdot\dfrac{\log_2 7}{\log_2 25}=2\log_2 3\cdot\dfrac{\log_2 5}{\log_2 3}\cdot\dfrac{\log_2 7}{\log_2 5^2}$

$=2\log_2 5\cdot\dfrac{\log_2 7}{2\log_2 5}=\boldsymbol{\log_2 7}.$

2 (1) 常用対数表より $\log 3.68=\mathbf{0.5658}.$

(2) 常用対数表より $\log 2.51=0.3997$ なので，$\log 0.000251=\log(2.51\times 10^{-4})$

$=\log 2.51+\log 10^{-4}=0.3997-4=\mathbf{-3.6003}.$

(3) 常用対数表より $\log 4.87=0.6875$ なので，$\log 48700=\log(4.87\times 10^4)$

$=\log 4.87+\log 10^4=0.6875+4=\mathbf{4.6875}.$

3 (1) 常用対数表より $\log 3=0.4771$ なので，

$\log 3^{20}=20\log 3=20\times 0.4771=9.5420.$ ゆえに $9<\log 3^{20}<10.$

指数の関係に直して $10^9<3^{20}<10^{10}$ なので，3^{20} は **10 けた**の数である．

(2) 常用対数表より $\log 2=0.3010$ なので，

$\log\left(\dfrac{1}{2}\right)^{10}=\log 2^{-10}=-10\log 2=-10\times 0.3010=-3.010.$

ゆえに $-3>\log\left(\dfrac{1}{2}\right)^{10}>-4.$

指数の関係に直して $10^{-3}>\left(\dfrac{1}{2}\right)^{10}>10^{-4}$ なので，$\left(\dfrac{1}{2}\right)^{10}$ で小数点以下初めて 0 以外の数字が現れるのは**第 4 位**である．

練習問題 4.9 .... (101p)

1 (1)

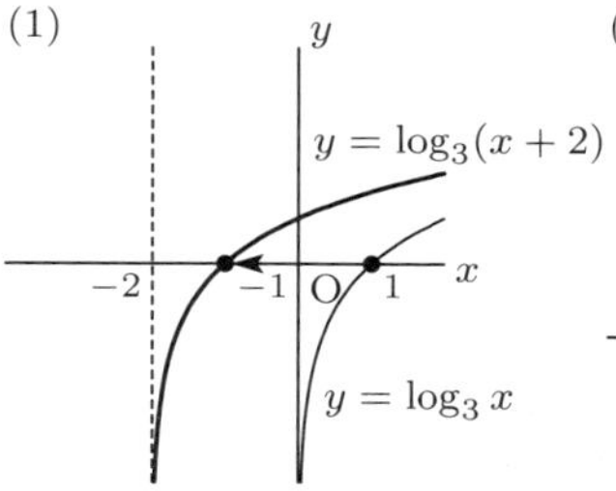

(2)

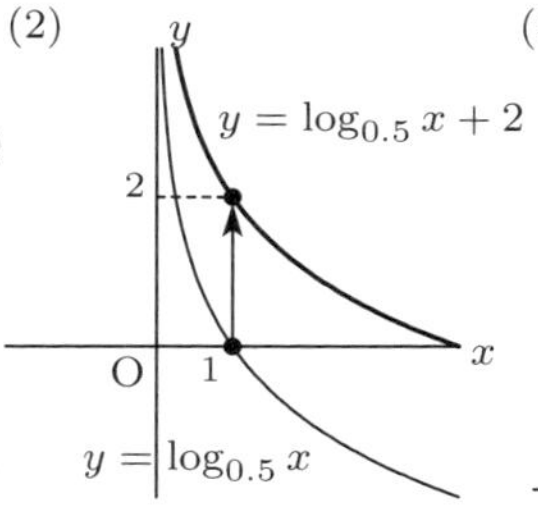

(3) $y = \log_2 4x + 1$
$= \log_2 x + 3$

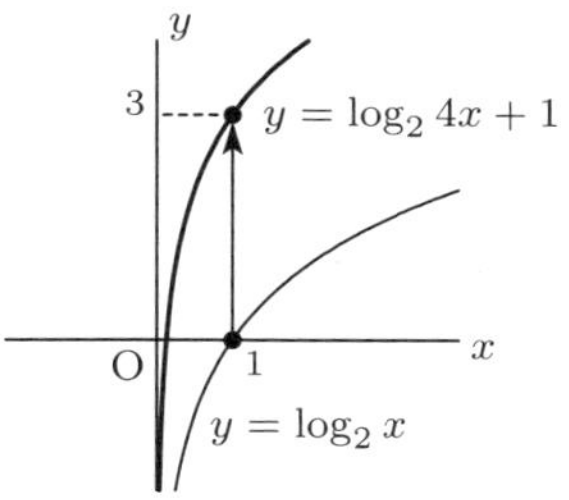

2 (1) $\log_2(x-1)(x+2) = \log_2 2^2$ なので，真数を比較して $(x-1)(x+2) = 4$，
つまり $x^2 + x - 6 = (x+3)(x-2) = 0$．ゆえに $x = -3,\ 2$．真数条件より $x - 1 > 0$
かつ $x + 2 > 0$ なので $x > 1$ でなければならないので -3 は不適．ゆえに解は $x = \mathbf{2}$.

(2) $\log_4(x-4) < \dfrac{1}{2}$ なので，指数の関係に直して $2 = 4^{\frac{1}{2}} < x - 4$．ゆえに $x > 6$．
真数条件より $x - 4 > 0$ なので $x > 4$ でなければならないので，解は $\boldsymbol{x > 6}$.

3 底を 3 とする対数の値を比較する．

$\log_3 9^{\frac{1}{3}} = \log_3 (3^2)^{\frac{1}{3}} = \log_3 3^{\frac{2}{3}} = \dfrac{2}{3}\log_3 3 = \dfrac{2}{3}$.

$\log_3(\sqrt{3})^5 = \log_3(3^{\frac{1}{2}})^5 = \log_3 3^{\frac{5}{2}} = \dfrac{5}{2}\log_3 3 = \dfrac{5}{2}$.

$\log_3\left(\dfrac{1}{3}\right)^{\frac{2}{5}} = \log_3(3^{-1})^{\frac{2}{5}} = \log_3 3^{-\frac{2}{5}} = -\dfrac{2}{5}\log_3 3 = -\dfrac{2}{5}$.

ゆえに $-\dfrac{2}{5} < \dfrac{2}{3} < \dfrac{5}{2}$ なので，求める大小関係は $\boldsymbol{\left(\dfrac{1}{3}\right)^{\frac{2}{5}} < 9^{\frac{1}{3}} < (\sqrt{3})^5}$.

練習問題 5.1 .... (109p)

1 (1) $550^\circ = 190^\circ + 360^\circ = \mathbf{190^\circ + 360^\circ \times 1}$.

(2) $4230^\circ = 270^\circ + 3960^\circ = \mathbf{270^\circ + 360^\circ \times 11}$.

(3) $-3945^\circ = 15^\circ - 3960^\circ = \mathbf{15^\circ + 360^\circ \times (-11)}$.

2 (1) $85^\circ = 85 \times 1^\circ = 85 \times \dfrac{\pi}{180} = \boldsymbol{\dfrac{17}{36}\pi}$.

(2) $1290^\circ = 1290 \times 1^\circ = 1290 \times \dfrac{\pi}{180} = \boldsymbol{\dfrac{43}{6}\pi}$.

(3) $\dfrac{7}{4}\pi = \dfrac{7}{4} \times 180^\circ = \mathbf{315^\circ}$.　　(4) $-\dfrac{12}{5}\pi = -\dfrac{12}{5} \times 180^\circ = \mathbf{-432^\circ}$.

3 $150^\circ = 150 \times 1^\circ = \dfrac{5}{6}\pi$ なので，公式より弧 $l = 4 \times \dfrac{5}{6}\pi = \boldsymbol{\dfrac{10}{3}\pi}$ cm,

また面積 $S = \dfrac{1}{2} \times 4^2 \times \dfrac{5}{6}\pi = \boldsymbol{\dfrac{20}{3}\pi}$ cm^2.

練習問題 5.2 ………………………………………… *(111p)*

1 三角関数表を用いて，

(1) $\sin 42^\circ = \mathbf{0.6691}$. $\cos 42^\circ = \mathbf{0.7431}$. $\tan 42^\circ = \mathbf{0.9004}$.

(2) $\sin 81^\circ = \mathbf{0.9877}$. $\cos 81^\circ = \mathbf{0.1564}$. $\tan 81^\circ = \mathbf{6.3138}$.

(3) $\dfrac{\pi}{9} = \dfrac{1}{9} \times 180^\circ = 20^\circ$ なので，

$\sin 20^\circ = \mathbf{0.3420}$. $\cos 20^\circ = \mathbf{0.9397}$. $\tan 20^\circ = \mathbf{0.3640}$.

(4) $\dfrac{7}{18}\pi = \dfrac{7}{18} \times 180^\circ = 70^\circ$ なので，

$\sin 70^\circ = \mathbf{0.9397}$. $\cos 70^\circ = \mathbf{0.3420}$. $\tan 70^\circ = \mathbf{2.7475}$.

2 木の高さを h m とすると，与えられた条件から $\tan 25^\circ = \dfrac{h}{20}$ なので $h = 20 \tan 25^\circ$.

三角関数表より $\tan 25^\circ = 0.4663$ なので，$h = 20 \times 0.4663 = 9.326$ m. ゆえに木の高さはおよそ **9.3 m** である.

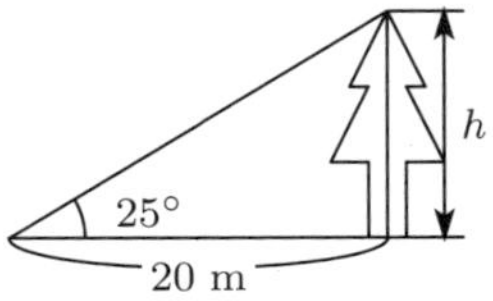

3 $\dfrac{1}{\cos^2 \alpha} = 1 + \tan^2 \alpha = 1 + (2\sqrt{2})^2 = 9$ より $\cos^2 \alpha = \dfrac{1}{9}$. $\cos \alpha > 0$ より $\cos \alpha = \sqrt{\dfrac{1}{9}} = \mathbf{\dfrac{1}{3}}$.

また $\sin^2 \alpha = 1 - \cos^2 \alpha = 1 - \dfrac{1}{9} = \dfrac{8}{9}$. $\sin \alpha > 0$ より $\sin \alpha = \sqrt{\dfrac{8}{9}} = \mathbf{\dfrac{2\sqrt{2}}{3}}$.

練習問題 5.3 ………………………………………… *(113p)*

1 $\sin 225^\circ = \sin(180^\circ + 45^\circ) = -\sin 45^\circ = \mathbf{-\dfrac{\sqrt{2}}{2}}$.

$\cos 225^\circ = \cos(180^\circ + 45^\circ) = -\cos 45^\circ = \mathbf{-\dfrac{\sqrt{2}}{2}}$.

$\tan 225^\circ = \tan(180^\circ + 45^\circ) = \tan 45^\circ = \mathbf{1}$.

2 三角関数表より

$\sin 561^\circ = \sin(201^\circ + 360^\circ) = \sin 201^\circ = \sin(21^\circ + 180^\circ) = -\sin 21^\circ = \mathbf{-0.3584}$.

$\cos(-205^\circ) = \cos(155^\circ - 360^\circ) = \cos 155^\circ = \cos(65^\circ + 90^\circ) = -\sin 65^\circ = \mathbf{-0.9063}$.

3 $\dfrac{1}{\cos^2 \theta} = 1 + \tan^2 \theta = 1 + (\sqrt{15})^2 = 16$ なので $\cos^2 \theta = \dfrac{1}{16}$.

θ は第 3 象限の角なので $\cos \theta < 0$ より $\cos \theta = -\sqrt{\dfrac{1}{16}} = \mathbf{-\dfrac{1}{4}}$.

また $\tan \theta = \dfrac{\sin \theta}{\cos \theta}$ より $\sin \theta = \cos \theta \tan \theta = -\dfrac{1}{4} \times \sqrt{15} = \mathbf{-\dfrac{\sqrt{15}}{4}}$.

4 左辺 $= \dfrac{\cos \theta}{1 + \sin \theta} + \dfrac{1 + \sin \theta}{\cos \theta} = \dfrac{\cos^2 \theta + (1 + \sin \theta)^2}{(1 + \sin \theta)\cos \theta} = \dfrac{\cos^2 \theta + 1 + 2\sin \theta + \sin^2 \theta}{(1 + \sin \theta)\cos \theta}$

$= \dfrac{2 + 2\sin \theta}{(1 + \sin \theta)\cos \theta} = \dfrac{2(1 + \sin \theta)}{(1 + \sin \theta)\cos \theta} = \dfrac{2}{\cos \theta} =$ 右辺.

練習問題 5.4 ………………………………………… (*115p*)

1 (1)

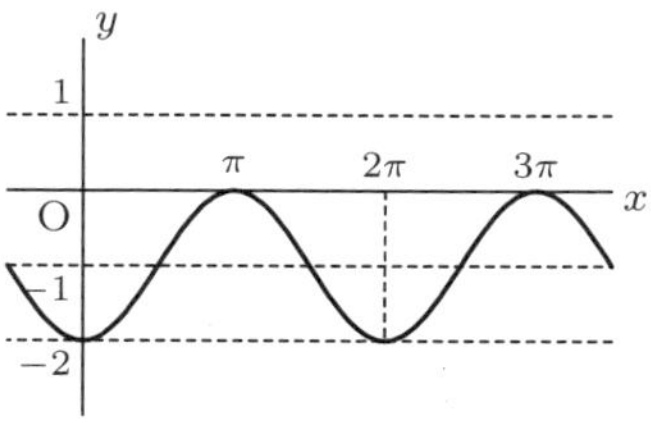

(2)

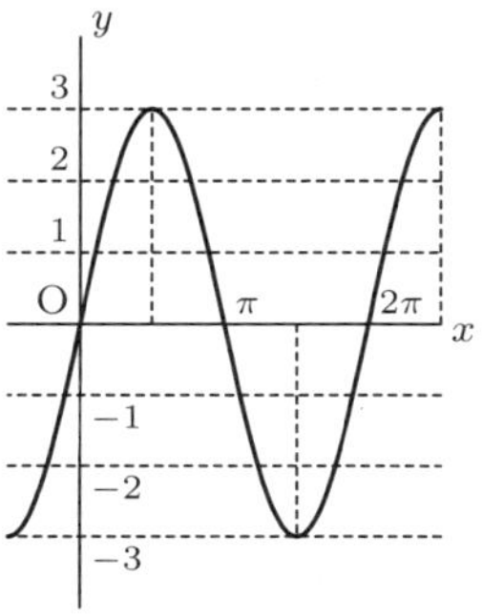

(3)

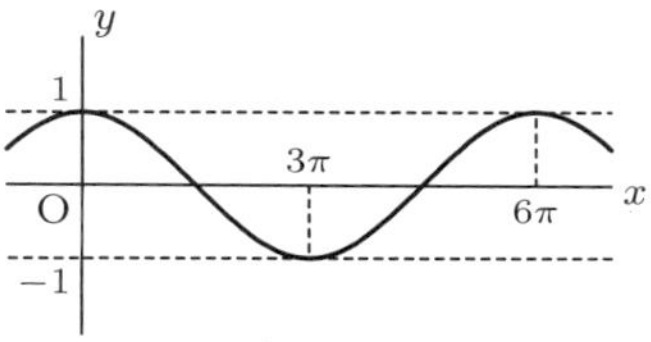

練習問題 5.5 ………………………………………… (*117p*)

1 (1) $\cos x = -\dfrac{1}{2}$ なので，$0 \leqq x < 2\pi$ より $x = \boldsymbol{\dfrac{2}{3}\pi,\ \dfrac{4}{3}\pi.}$

(2) $\sin 2x = \dfrac{\sqrt{3}}{2}$. $0 \leqq x < 2\pi$ より $0 \leqq 2x < 4\pi$ なので $2x = \dfrac{\pi}{3},\ \dfrac{2}{3}\pi,\ \dfrac{7}{3}\pi,\ \dfrac{8}{3}\pi.$

ゆえに $x = \boldsymbol{\dfrac{\pi}{6},\ \dfrac{\pi}{3},\ \dfrac{7}{6}\pi,\ \dfrac{4}{3}\pi.}$

(3) $\tan\left(x - \dfrac{\pi}{3}\right) = \sqrt{3}$. $0 \leqq x < 2\pi$ より $-\dfrac{\pi}{3} \leqq x - \dfrac{\pi}{3} < \dfrac{5}{3}\pi$ なので $x - \dfrac{\pi}{3} = \dfrac{\pi}{3},\ \dfrac{4}{3}\pi.$

ゆえに $x = \boldsymbol{\dfrac{2}{3}\pi,\ \dfrac{5}{3}\pi.}$

(4) $\cos^2 x = \dfrac{1}{4}$ より $\cos x = \pm\sqrt{\dfrac{1}{4}} = \pm\dfrac{1}{2}$. $0 \leqq x < 2\pi$ より $x = \boldsymbol{\dfrac{\pi}{3},\ \dfrac{2}{3}\pi,\ \dfrac{4}{3}\pi,\ \dfrac{5}{3}\pi.}$

(5) $\sin x = X$ とおくと $2X^2 - 5X - 3 = (2X+1)(X-3) = 0$. ゆえに $X = -\dfrac{1}{2},\ 3,$

つまり $\sin x = -\dfrac{1}{2},\ 3$. $|\sin x| \leqq 1$ より 3 は不適なので $\sin x = -\dfrac{1}{2}$.

ゆえに $0 \leqq x < 2\pi$ より $x = \boldsymbol{\dfrac{7}{6}\pi,\ \dfrac{11}{6}\pi.}$

2 (1) 左辺 $= \tan^2 x - \sin^2 x = \tan^2 x - (\cos x \tan x)^2 = \tan^2 x - \cos^2 x \tan^2 x$

$= (1 - \cos^2 x)\tan^2 x = \sin^2 x \tan^2 x =$ 右辺.

(2) 左辺 $= \dfrac{\sin^2 x}{1 - \cos x} = \dfrac{1 - \cos^2 x}{1 - \cos x} = \dfrac{(1 + \cos x)(1 - \cos x)}{1 - \cos x} = 1 + \cos x =$ 右辺

練習問題 5.6 .... (119p)

1 (1) $\sin x \geqq \dfrac{1}{2}$ なので，$0 \leqq x < 2\pi$ より $\boldsymbol{\dfrac{\pi}{6} \leqq x \leqq \dfrac{5}{6}\pi}$.

(2) $\cos 2x < \dfrac{\sqrt{3}}{2}$.

$0 \leqq x < 2\pi$ より $0 \leqq 2x < 4\pi$ なので $\dfrac{\pi}{6} < 2x < \dfrac{11}{6}\pi$，$\dfrac{13}{6}\pi < 2x < \dfrac{23}{6}\pi$.

ゆえに $\boldsymbol{\dfrac{\pi}{12} < x < \dfrac{11}{12}\pi}$，$\boldsymbol{\dfrac{13}{12}\pi < x < \dfrac{23}{12}\pi}$.

(3) $\tan\left(x - \dfrac{\pi}{3}\right) > 1$．$0 \leqq x < 2\pi$ より $-\dfrac{\pi}{3} \leqq x - \dfrac{\pi}{3} < \dfrac{5}{3}\pi$ なので，$\dfrac{\pi}{4} < x - \dfrac{\pi}{3} < \dfrac{\pi}{2}$，$\dfrac{5}{4}\pi < x - \dfrac{\pi}{3} < \dfrac{3}{2}\pi$．ゆえに $\boldsymbol{\dfrac{7}{12}\pi < x < \dfrac{5}{6}\pi}$，$\boldsymbol{\dfrac{19}{12}\pi < x < \dfrac{11}{6}\pi}$.

(4) $\cos x = X$ とおくと，$2X^2 - 7X + 3 = (2X-1)(X-3) < 0$ なので
$\dfrac{1}{2} < X = \cos x < 3$，　ゆえに $|\cos x| \leqq 1$ なので $\dfrac{1}{2} < \cos x \leqq 1$.

ゆえに $0 \leqq x < 2\pi$ より $\boldsymbol{0 \leqq x < \dfrac{\pi}{3}}$，$\boldsymbol{\dfrac{5}{3}\pi < x < 2\pi}$.

練習問題 5.7 .... (121p)

1 (1) $\cos 75^\circ = \cos(45^\circ + 30^\circ) = \cos 45^\circ \cos 30^\circ - \sin 45^\circ \sin 30^\circ$

$= \dfrac{\sqrt{2}}{2} \cdot \dfrac{\sqrt{3}}{2} - \dfrac{\sqrt{2}}{2} \cdot \dfrac{1}{2} = \boldsymbol{\dfrac{\sqrt{6} - \sqrt{2}}{4}}$.

(2) $\sin 15^\circ = \sin(60^\circ - 45^\circ) = \sin 60^\circ \cos 45^\circ - \cos 60^\circ \sin 45^\circ$

$= \dfrac{\sqrt{3}}{2} \cdot \dfrac{\sqrt{2}}{2} - \dfrac{1}{2} \cdot \dfrac{\sqrt{3}}{2} = \boldsymbol{\dfrac{\sqrt{6} - \sqrt{2}}{4}}$.

(3) $\tan 75^\circ = \tan(45^\circ + 30^\circ) = \dfrac{\tan 45^\circ + \tan 30^\circ}{1 - \tan 45^\circ \tan 30^\circ} = \dfrac{1 + \dfrac{1}{\sqrt{3}}}{1 - 1 \cdot \dfrac{1}{\sqrt{3}}}$

$= \dfrac{\sqrt{3}+1}{\sqrt{3}-1} = \boldsymbol{2 + \sqrt{3}}$.

2 (1) $\sin 45^\circ \sin 15^\circ = -\dfrac{1}{2}(\cos 60^\circ - \cos 30^\circ) = -\dfrac{1}{2}\left(\dfrac{1}{2} - \dfrac{\sqrt{3}}{2}\right) = \boldsymbol{\dfrac{\sqrt{3} - 1}{4}}$.

(2) $\cos 75^\circ \cos 15^\circ = \dfrac{1}{2}(\cos 90^\circ + \cos 60^\circ) = \dfrac{1}{2}\left(0 + \dfrac{1}{2}\right) = \boldsymbol{\dfrac{1}{4}}$.

(3) $\sin 75^\circ; \sin 15^\circ = 2\sin\dfrac{75^\circ + 15^\circ}{2}\cos\dfrac{75^\circ - 15^\circ}{2} = 2\sin 45^\circ \cos 30^\circ$

$= 2 \cdot \dfrac{\sqrt{2}}{2} \cdot \dfrac{\sqrt{3}}{2} = \boldsymbol{\dfrac{\sqrt{6}}{2}}$.

3 $\sin 5^\circ + \sin 125^\circ - \sin 115^\circ = \sin 5^\circ + (\sin 125^\circ - \sin 115^\circ)$

$= \sin 5^\circ + 2\cos\dfrac{125^\circ + 115^\circ}{2}\sin\dfrac{125^\circ - 115^\circ}{2} = \sin 5^\circ + 2\cos 120^\circ \sin 5^\circ$

$= \sin 5^\circ + 2 \times \left(-\dfrac{1}{2}\right)\sin 5^\circ = \sin 5^\circ - \sin 5^\circ = \boldsymbol{0}$.

練習問題 5.8 .... (*123p*)

1 (1) $\cos 2\theta = 2\cos^2\theta - 1 = 2\cdot\left(-\dfrac{4}{5}\right)^2 - 1 = \dfrac{32}{25} - 1 = \boldsymbol{\dfrac{7}{25}}$.

(2) $\tan^2\theta = \dfrac{1}{\cos^2\theta} - 1 = \dfrac{1}{\left(-\dfrac{4}{5}\right)^2} - 1 = \dfrac{1}{\dfrac{16}{25}} - 1 = \dfrac{25}{16} - 1 = \dfrac{9}{16}$.

$\pi < \theta < \dfrac{3}{2}\pi$ より $\tan\theta > 0$ なので，$\tan\theta = \sqrt{\dfrac{9}{16}} = \dfrac{3}{4}$.

ゆえに $\tan 3\theta = \dfrac{3\tan\theta - \tan^3\theta}{1 - 3\tan^3\theta} = \dfrac{3\cdot\dfrac{3}{4} - \left(\dfrac{3}{4}\right)^3}{1 - 3\cdot\left(\dfrac{3}{4}\right)^3} = \dfrac{\dfrac{9}{4} - \dfrac{27}{64}}{1 - \dfrac{81}{64}} = \boldsymbol{-\dfrac{117}{17}}$.

(3) $\sin^2\dfrac{\theta}{2} = \dfrac{1 - \cos\theta}{2} = \dfrac{1 - \left(-\dfrac{4}{5}\right)}{2} = \dfrac{9}{10}$. $\pi < \theta < \dfrac{3}{2}\pi$ より $\dfrac{\pi}{2} < \dfrac{\theta}{2} < \dfrac{3}{4}\pi$ なので

$\sin\dfrac{\theta}{2} > 0$. ゆえに $\sin\dfrac{\theta}{2} = \sqrt{\dfrac{9}{10}} = \boldsymbol{\dfrac{3\sqrt{10}}{10}}$.

2 $r = \sqrt{(\sqrt{3})^2 + 1^2} = \sqrt{4} = 2$.

$\cos\alpha = \dfrac{\sqrt{3}}{2}$，$\sin\alpha = \dfrac{1}{2}$ とおくと $\alpha = \dfrac{\pi}{6}$ なので，$\sqrt{3}\sin\theta + \cos\theta = \boldsymbol{2\sin\left(\theta + \dfrac{\pi}{6}\right)}$.

また $\sin\beta = \dfrac{\sqrt{3}}{2}$，$\cos\beta = \dfrac{1}{2}$ とおくと $\beta = \dfrac{\pi}{3}$ なので，$\sqrt{3}\sin\theta + \cos\theta = \boldsymbol{2\cos\left(\theta - \dfrac{\pi}{3}\right)}$.

3 (1) $r = \sqrt{1^2 + (-1)^2} = \sqrt{2}$.

$\cos\alpha = \dfrac{1}{\sqrt{2}}$，$\sin\alpha = -\dfrac{1}{\sqrt{2}}$ とおくと $\alpha = -\dfrac{\pi}{4}$ なので，合成公式より

$\sin x - \cos x = \sqrt{2}\sin\left(x - \dfrac{\pi}{4}\right) = 1$. ゆえに $\sin\left(x - \dfrac{\pi}{4}\right) = \dfrac{1}{\sqrt{2}}$.

$0 \leqq x < 2\pi$ より $-\dfrac{\pi}{4} \leqq x - \dfrac{\pi}{4} < \dfrac{7}{4}\pi$ なので，この範囲で式を満たすのは

$x - \dfrac{\pi}{4} = \dfrac{\pi}{4}$，$\dfrac{3}{4}\pi$. つまり $x = \boldsymbol{\dfrac{\pi}{2}}$**，**$\boldsymbol{\pi}$.

(2) $r = \sqrt{(\sqrt{3})^2 + (-1)^2} = 2$.

$\cos\alpha = \dfrac{\sqrt{3}}{2}$，$\sin\alpha = -\dfrac{1}{2}$ とおくと $\alpha = -\dfrac{\pi}{6}$ なので，合成公式より

$\sqrt{3}\sin x - \cos x = 2\sin\left(x - \dfrac{\pi}{6}\right) \geqq 1$. ゆえに $\sin\left(x - \dfrac{\pi}{6}\right) \geqq \dfrac{1}{2}$.

$0 \leqq x < 2\pi$ より $-\dfrac{\pi}{6} \leqq x - \dfrac{\pi}{6} < \dfrac{11}{6}\pi$ なので，この範囲で式を満たすのは

$\dfrac{\pi}{6} \leqq x - \dfrac{\pi}{6} \leqq \dfrac{5}{6}\pi$. つまり $\boldsymbol{\dfrac{\pi}{3} \leqq x \leqq \pi}$.

練習問題 5.9 .... (125p)

1 (1) $S=\dfrac{1}{2}\cdot 3\cdot 6\cdot\sin 45^\circ=\dfrac{1}{2}\cdot 3\cdot 6\cdot\dfrac{\sqrt{2}}{2}=\boldsymbol{\dfrac{9\sqrt{2}}{2}}.$

(2) ヘロンの公式より $s=\dfrac{5+3+6}{2}=7$ とおくと，

$S=\sqrt{s(s-5)(s-3)(s-6)}=\sqrt{7\cdot 2\cdot 4\cdot 1}=\boldsymbol{2\sqrt{14}}.$

2 (1) $A=180^\circ-(60^\circ+45^\circ)=\mathbf{75^\circ}.$
$\sin A=\sin 75^\circ=\sin(45^\circ+30^\circ)=\sin 45^\circ\cos 30^\circ+\cos 45^\circ\sin 30^\circ$

$=\dfrac{\sqrt{2}}{2}\cdot\dfrac{\sqrt{3}}{2}+\dfrac{\sqrt{2}}{2}\cdot\dfrac{1}{2}=\dfrac{\sqrt{6}+\sqrt{2}}{4}$ なので，正弦定理より

$2R=\dfrac{a}{\sin A}=\dfrac{12}{\sqrt{6}+\sqrt{2}}=3(\sqrt{6}-\sqrt{2})$．ゆえに $R=\boldsymbol{\dfrac{3(\sqrt{6}-\sqrt{2})}{2}}.$

また正弦定理より $b=2R\sin B=3(\sqrt{6}-\sqrt{2})\cdot\dfrac{\sqrt{3}}{2}=\boldsymbol{\dfrac{3(\sqrt{6}-\sqrt{2})}{2}}.$

同じく正弦定理より $c=2R\sin C=3(\sqrt{6}-\sqrt{2})\cdot\dfrac{\sqrt{2}}{2}=\boldsymbol{3(\sqrt{3}-1)}.$

また面積 S は，$S=\dfrac{1}{2}ab\sin C=\dfrac{1}{2}\cdot 3\cdot\dfrac{3(\sqrt{2}-\sqrt{6})}{2}\cdot\dfrac{\sqrt{2}}{2}=\boldsymbol{\dfrac{27-9\sqrt{3}}{4}}.$

(2) 余弦定理より $\cos A=\dfrac{b^2+c^2-a^2}{2bc}=\dfrac{(\sqrt{6})^2+(\sqrt{3}-1)^2-2^2}{2\cdot\sqrt{6}\cdot(\sqrt{3}-1)}=\dfrac{1}{\sqrt{2}}$ なので，

$0<A<180^\circ$ より $A=\mathbf{45^\circ}.$

余弦定理より $\cos B=\dfrac{c^2+a^2-b^2}{2ca}=\dfrac{(\sqrt{3}-1)^2+2^2-(\sqrt{6})^2}{2\cdot(\sqrt{3}-1)\cdot 2}=-\dfrac{1}{2}$ なので，

$0<B<180^\circ$ より $B=\mathbf{120^\circ}.$

ゆえに $C=180^\circ-(45^\circ+120^\circ)=\mathbf{15^\circ}.$

また正弦定理より $2R=\dfrac{a}{\sin A}=\dfrac{2}{\frac{\sqrt{2}}{2}}=2\sqrt{2}$ なので，$R=\boldsymbol{\sqrt{2}}.$

さらに面積 S は，$S=\dfrac{1}{2}bc\sin A=\dfrac{1}{2}\cdot\sqrt{6}\cdot(\sqrt{3}-1)\cdot\dfrac{\sqrt{2}}{2}=\boldsymbol{\dfrac{3-\sqrt{3}}{2}}.$

3 (1) 正弦定理より $\dfrac{a}{\sin A}=\dfrac{b}{\sin B}=2R$ なので，$\sin A=\dfrac{a}{2R}$，$\sin B=\dfrac{b}{2R}.$

両辺に代入すると $a\cdot\dfrac{a}{2R}=b\cdot\dfrac{b}{2R}$ なので $a^2=b^2.$

$a>0$，$b>0$ より $a=b$．ゆえに **BC = CA の二等辺三角形**.

(2) 余弦定理より $\cos A=\dfrac{b^2+c^2-a^2}{2bc}$，$\cos B=\dfrac{c^2+a^2-b^2}{2ca}$，$\cos C=\dfrac{a^2+b^2-c^2}{2ab}$

なので，両辺に代入して $a\cdot\dfrac{b^2+c^2-a^2}{2bc}+b\cdot\dfrac{c^2+a^2-b^2}{2ca}=c\cdot\dfrac{a^2+b^2-c^2}{2ab}.$

両辺を整理すると $a^2(b^2+c^2-a^2)+b^2(c^2+a^2-b^2)=c^2(a^2+b^2-c^2).$
さらに整理して $a^4+b^4-2a^2b^2-c^4=(a^2-b^2+c^2)(a^2-b^2-c^2)=0.$

ゆえに $a^2-b^2+c^2=0$ または $a^2-b^2-c^2=0$ なので，$a^2+c^2=b^2$ または $a^2=b^2+c^2$．ゆえにこれらの式を満たすのは，三平方の定理より**角 A または角 B が直角の直角三角形**．

練習問題 5.10 ……………………………………………(*127p*)

1 (1) $|z|=\sqrt{(\sqrt{2})^2+(\sqrt{2})^2}=2$．$\cos\theta=\dfrac{\sqrt{2}}{2}$，$\sin\theta=\dfrac{\sqrt{2}}{2}$ とおくと $\theta=\dfrac{\pi}{4}$ なので，

$z=\boldsymbol{2\left(\cos\dfrac{\pi}{4}+i\sin\dfrac{\pi}{4}\right)}$．

(2) $|z|=\sqrt{(2\sqrt{3})^2+(-2)^2}=4$．$\cos\theta=\dfrac{\sqrt{3}}{2}$，$\sin\theta=-\dfrac{1}{2}$ とおくと $\theta=\dfrac{11}{6}\pi$ なので，

$z=\boldsymbol{4\left(\cos\dfrac{11}{6}\pi+i\sin\dfrac{11}{6}\pi\right)}$．

(3) $|z|=\sqrt{(-1)^2+(\sqrt{3})^2}=2$．$\cos\theta=-\dfrac{1}{2}$，$\sin\theta=\dfrac{\sqrt{3}}{2}$ とおくと $\theta=\dfrac{2}{3}\pi$

なので，$z=\boldsymbol{2\left(\cos\dfrac{2}{3}\pi+i\sin\dfrac{2}{3}\pi\right)}$．

2 $|z|=\sqrt{0^2+(\sqrt{3})^2}=\sqrt{3}$．$\cos\theta=\dfrac{0}{\sqrt{3}}=0$，$\sin\theta=\dfrac{\sqrt{3}}{\sqrt{3}}=1$ なので $\theta=\dfrac{\pi}{2}$．

ゆえに z を極形式で表すと $z=\sqrt{3}\left(\cos\dfrac{\pi}{2}+i\sin\dfrac{\pi}{2}\right)$．

$|w|=\sqrt{2^2+(-2)^2}=2\sqrt{2}$．$\cos\theta=\dfrac{2}{2\sqrt{2}}=\dfrac{1}{\sqrt{2}}$，$\sin\theta=\dfrac{-2}{2\sqrt{2}}=-\dfrac{1}{\sqrt{2}}$ なので $\theta=\dfrac{7}{4}\pi$．

ゆえに w を極形式で表すと $w=2\sqrt{2}\left(\cos\dfrac{7}{4}\pi+i\sin\dfrac{7}{4}\pi\right)$．ゆえに

$$zw=\sqrt{3}\cdot2\sqrt{2}\left\{\cos\left(\frac{\pi}{2}+\frac{7}{4}\pi\right)+i\sin\left(\frac{\pi}{2}+\frac{7}{4}\pi\right)\right\}$$

$$=2\sqrt{6}\left(\cos\frac{9}{4}\pi+i\sin\frac{9}{4}\pi\right)=\boldsymbol{2\sqrt{6}\left(\cos\frac{\pi}{4}+i\sin\frac{\pi}{4}\right)}.$$ また

$$\frac{z}{w}=\frac{\sqrt{3}}{2\sqrt{2}}\left\{\cos\left(\frac{\pi}{2}-\frac{7}{4}\pi\right)+i\sin\left(\frac{\pi}{2}-\frac{7}{4}\pi\right)\right\}$$

$$=\frac{\sqrt{6}}{4}\left\{\cos\left(-\frac{5}{4}\pi\right)i\sin\left(-\frac{5}{4}\pi\right)\right\}=\boldsymbol{\frac{\sqrt{6}}{4}\left(\cos\frac{3}{4}\pi+i\sin\frac{3}{4}\pi\right)}.$$

3 $|z|=\sqrt{(\sqrt{3})^2+1^2}=2$．$\cos\theta=\dfrac{\sqrt{3}}{2}$，$\sin\theta=\dfrac{1}{2}$ とおくと $\theta=\dfrac{\pi}{6}$ なので，

z を極形式で表すと $z=2\left(\cos\dfrac{\pi}{6}+i\sin\dfrac{\pi}{6}\right)$．ゆえに

$$z^6=\left\{2\left(\cos\frac{\pi}{6}+i\sin\frac{\pi}{6}\right)\right\}^6$$
$$=2^6\left\{\cos\left(6\cdot\frac{\pi}{6}\right)+i\sin\left(6\cdot\frac{\pi}{6}\right)\right\}=2^6\times(\cos\pi+i\sin\pi)=2^6\cdot(-1)=\boldsymbol{-64}.$$

練習問題 6.1 ……………………………………………… (133p)

1 (1) $\mathrm{PQ} = |-3-4| = |-7| = \mathbf{7}.$

(2) $\mathrm{PQ} = \sqrt{(5-2)^2+(-2-3)^2} = \sqrt{3^2+(-5)^2} = \boldsymbol{\sqrt{34}}.$

2 $P(x) = \dfrac{3\cdot(-3)+2\cdot 5}{2+3} = \dfrac{\mathbf{1}}{\mathbf{5}}.$ $Q(x) = \dfrac{3\cdot(-3)-2\cdot 5}{2-3} = \mathbf{19}.$ $R(x) = \dfrac{-3+5}{2} = \mathbf{1}.$

3 $P(x,y) = \left(\dfrac{3\cdot 2+2\cdot(-3)}{2+3},\ \dfrac{3\cdot(-4)+2\cdot 6}{2+3}\right) = \mathbf{(0,\ 0)}.$

$Q(x,y) = \left(\dfrac{3\cdot 2-2\cdot(-3)}{2-3},\ \dfrac{3\cdot(-4)-2\cdot 6}{2-3}\right) = \mathbf{(-12,\ 24)}.$

$R(x,y) = \left(\dfrac{2+(-3)}{2},\ \dfrac{-4+6}{2}\right) = \left(\boldsymbol{-\dfrac{1}{2},\ 1}\right).$

練習問題 6.2 ……………………………………………… (135p)

1 (1)

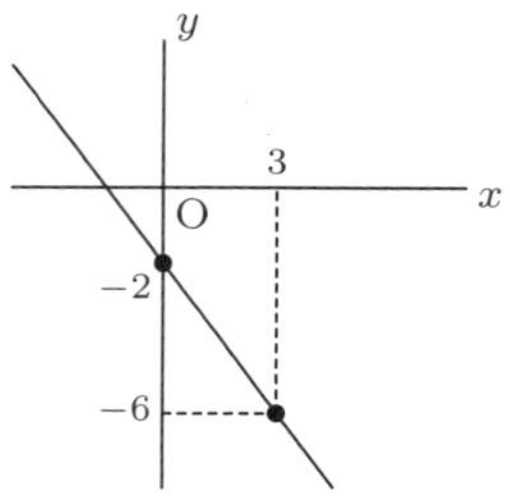

(2) $y = \dfrac{2}{3}x + \dfrac{5}{3}$

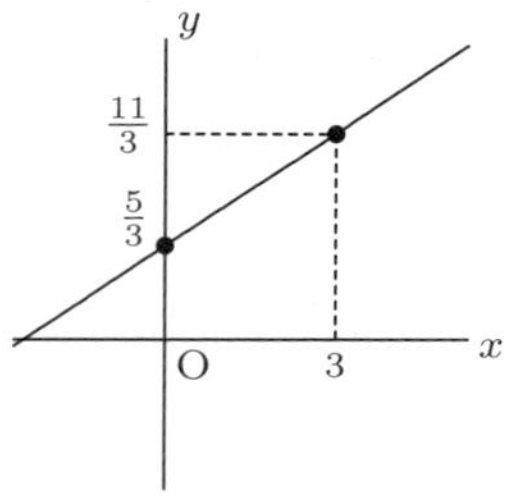

2 (1) 傾きが -3 で点 $(-2, 3)$ を通るので，公式より

$y-3 = -3\{x-(-2)\}$. ゆえに $\boldsymbol{y = -3x-3}.$

(2) 2 点 $(-1, 4)$, $(3, 5)$ を通るので，公式より

$y-4 = \dfrac{5-4}{3-(-1)}\{x-(-1)\}$. ゆえに $\boldsymbol{y = \dfrac{1}{4}x + \dfrac{17}{4}}.$

3 (1) 平行な直線の傾きは $y = 4x+3$ と平行なので 4. さらに点 $(1, -2)$ を通るので公式より

$y-(-2) = 4(x-1)$. ゆえに平行な直線は $\boldsymbol{y = 4x-6}.$

垂直な直線の傾きを m とおくと $4m = -1$，つまり $m = -\dfrac{1}{4}.$

さらに点 $(1, -2)$ を通るので公式より $y-(-2) = -\dfrac{1}{4}(x-1).$

ゆえに垂直な直線は $\boldsymbol{y = -\dfrac{1}{4}x - \dfrac{7}{4}}.$

(2) $2x-3y+5=0$ と平行なので，平行な直線を $2x-3y+c=0$ とおける.

点 $(1, -2)$ を通るので $c=-8$. ゆえに平行な直線は $\boldsymbol{2x-3y-8=0}.$

垂直な直線を $ax+by+c=0$ とおくと $2a-3b=0$，つまり $a = \dfrac{3}{2}b.$

また点 $(1, -2)$ を通るので $a-2b+c=0$. そこで $a = \dfrac{3}{2}b$ をさらに代入すると $c = \dfrac{1}{2}b.$

ゆえに $a=\dfrac{3}{2}b$, $c=\dfrac{1}{2}b$ を代入して $\dfrac{3}{2}bx+by+\dfrac{1}{2}b=0$.

ゆえに垂直な直線は $\boldsymbol{3x+2y+1=0}$.

練習問題 6.3 .... (*137p*)

1 (1) 中心 C$(-2,\ 1)$, 半径 3 なので, $\{x-(-2)\}^2+(y-1)^2=3^2$.
ゆえに $\boldsymbol{(x+2)^2+(y-1)^2=9}$.

(2) 求める円の方程式を $x^2+y^2+lx+my+n=0\cdots$① とおく.
点 A$(0,\ 0)$ を通るので, ①に $x=0$, $y=0$ を代入して $n=0\cdots$②.
点 B$(0,\ 1)$ を通るので, ①に $x=0$, $y=1$ を代入して $1+m+n=0$.
②より $n=0$ なので $m=-1\cdots$③.
点 C$(2,\ 2)$ を通るので, ①に $x=2$, $y=2$ を代入すると $8+2l+2m+n=0$.
②より $n=0$, ③より $m=-1$ なので $l=-3\cdots$④.
②, ③, ④を①に代入して円の方程式は $\boldsymbol{x^2+y^2-3x-y=0}$.

2 (1) $\{x-(-2)\}^2+\{y-(-3)\}^2=5^2$ なので, **中心 C$(-2,\ -3)$, 半径 $r=5$**.

(2) $(x+1)^2+(y-3)^2-4=0$. $\{(x-(-1)\}^2+(y-3)^2=2^2$ なので,
中心 C$(-1,\ 3)$, 半径 $r=2$.

3 標準形に変形すると $(x-2)^2+(y+3)^2=2$.
接点 $(3,\ -2)$ なので $(3-2)(x-2)+(-2+3)(y+3)=2$.
ゆえに接線の方程式は $\boldsymbol{x+y=1}$.

練習問題 6.4 .... (*139p*)

1 (1) 動点を P(x,y) とおくと, 条件 $\mathrm{AP}^2+\mathrm{BP}^2=20$ より
$\left(\sqrt{(x-(-3))^2+y^2}\right)^2+\left(\sqrt{(x-3)^2+y^2}\right)^2=(x+3)^2+y^2+(x-3)^2+y^2$
$=2x^2+2y^2+18=20$
なので, 軌跡の方程式は円 $\boldsymbol{x^2+y^2=1}$.

(2) 円 $x^2+y^2=6$ 上の動点 Q の座標を Q$(a,\ b)$ とおくと, $a^2+b^2=6\cdots$①.
線分 AQ を $2:1$ に内分する内分点 P(x,y) の座標は,
$(x,\ y)=\left(\dfrac{2a+1\cdot 4}{2+1},\ \dfrac{2b+1\cdot 0}{2+1}\right)=\left(\dfrac{2a+4}{3},\ \dfrac{2b}{3}\right)$.
各座標を比較して $x=\dfrac{2a+4}{3}$, $y=\dfrac{2b}{3}$. ゆえに $a=\dfrac{3x-4}{2}$, $b=\dfrac{3}{2}y$.
これを①に代入して $\left(\dfrac{3x-4}{2}\right)^2+\left(\dfrac{3}{2}y\right)^2=6$.
ゆえに軌跡の方程式は円 $\boldsymbol{\left(x-\dfrac{4}{3}\right)^2+y^2=\dfrac{8}{3}}$.

(3) 動点を P(x,y) とおくと, 条件 AP $=$ BP より
$\sqrt{(x-(-2))^2+(y-1)^2}=\sqrt{(x-4)^2+(y-3)^2}$.

両辺を 2 乗して $(x+2)^2+(y-1)^2=(x-4)^2+(y-3)^2$.

整理して軌跡の方程式は**線分 AB の垂直二等分線** $\boldsymbol{3x+y=5}$.

別解 動点 P の軌跡は線分 AB の垂直二等分線である．
AB の中点の座標は $(1,\ 2)\cdots$①．また線分 AB の傾きは $\dfrac{1}{3}$ で，垂直二等分線は AB に垂直なので傾きは -3．点①を通る．よって $y-2=-3(x-1)$.
つまり求める軌跡の方程式は $\boldsymbol{3x+y=5}$.

(4) 動点を $\mathrm{P}(x,y)$ とおく．条件 $\mathrm{AP}=3\mathrm{BP}$ より $\sqrt{(x-(-2))^2+y^2}=3\sqrt{(x-2)^2+y^2}$.

両辺を 2 乗して $(x+2)^2+y^2=9\{(x-2)^2+y^2\}$.

整理して軌跡の方程式は**円** $\boldsymbol{\left(x-\dfrac{5}{2}\right)^2+y^2=\dfrac{9}{4}}$.

別解 動点 P の軌跡はアポロニウスの円である．線分 AB を $3:1$ に内分する内分点の座標は $(1,\ 0)$，外分する外分点の座標は $(4,\ 0)$．これらの 2 点がアポロニウスの円の直径の両端である．ゆえに円の中心は直径の中点なので $\left(\dfrac{5}{2},\ 0\right)$.

また半径は直径の半分なので $\dfrac{1}{2}\sqrt{(4-1)^2+(0-0)^2}=\dfrac{3}{2}$.

ゆえに軌跡の方程式は**アポロニウスの円** $\boldsymbol{\left(x-\dfrac{5}{2}\right)^2+y^2=\dfrac{9}{4}}$.

練習問題 6.5 .... (141p)

1 (1) $\dfrac{x^2}{4^2}+\dfrac{y^2}{3^2}=1$.

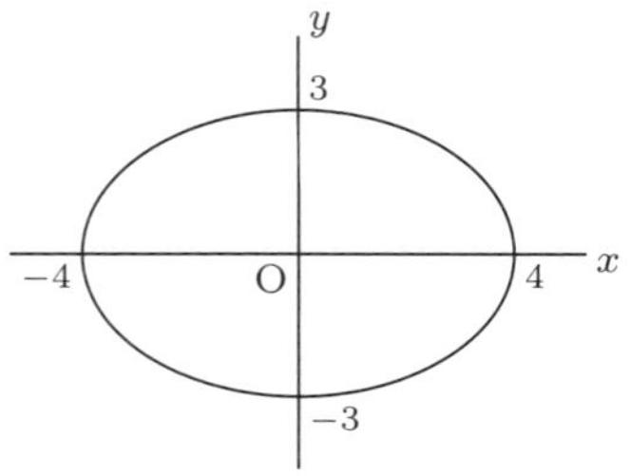

$c=\sqrt{4^2-3^2}=\sqrt{7}$ より
$\mathrm{F}(\sqrt{7},\ 0)$，$\mathrm{F}'(-\sqrt{7},\ 0)$.

(2) $\dfrac{x^2}{(\sqrt{3})^2}+\dfrac{y^2}{2^2}=1$.

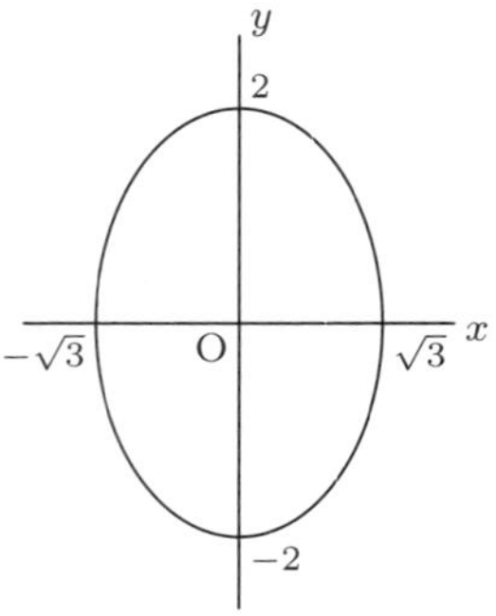

$c=\sqrt{2^2-(\sqrt{3})^2}=1$ より
$\mathrm{F}(0,\ 1)$，$\mathrm{F}'(0,\ -1)$.

2 (1) 焦点の x 座標の値より $c=2$．条件 $\mathrm{FP}+\mathrm{F}'\mathrm{P}=12=2a$ より $a=6$.

ゆえに $b=\sqrt{a^2-c^2}=\sqrt{32}$．ゆえに $\dfrac{x^2}{6^2}+\dfrac{y^2}{(\sqrt{32})^2}=1$.

つまり軌跡の方程式は**だ円** $\boldsymbol{\dfrac{x^2}{36}+\dfrac{y^2}{32}=1}$.

(2) 焦点の y 座標の値より $c=3$．条件 $\mathrm{FP}+\mathrm{F}'\mathrm{P}=18=2b$ より $b=9$.

ゆえに $a=\sqrt{b^2-c^2}=\sqrt{72}$. ゆえに $\dfrac{x^2}{(\sqrt{72})^2}+\dfrac{y^2}{9^2}=1$.

つまり軌跡の方程式はだ円 $\boldsymbol{\dfrac{x^2}{72}+\dfrac{y^2}{81}=1}$.

3 だ円の方程式より $a^2=4$, $b^2=9$. また接線の方程式を変形して $b^2x_1x+a^2y_1y=a^2b^2$ なので，接点の座標 $x_1=1$, $y_1=\dfrac{3\sqrt{3}}{2}$ を代入して，$9\cdot1\cdot x+4\cdot\dfrac{3\sqrt{3}}{2}\cdot y=4\cdot9$, つまり $9x+6\sqrt{3}y=36$. ゆえに接線の方程式は $\boldsymbol{3x+2\sqrt{3}y=12}$.

練習問題 6.6 .... (*143p*)

1 (1) $\dfrac{x^2}{4^2}-\dfrac{y^2}{3^2}=1$.

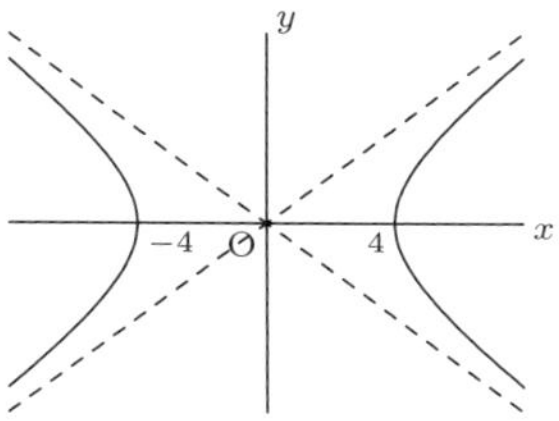

漸近線 $y=\pm\dfrac{3}{4}x$.

$c=\sqrt{4^2+3^2}=5$ より

F(5, 0), F′(−5, 0).

(2) $\dfrac{x^2}{(\sqrt{3})^2}-\dfrac{y^2}{2^2}=-1$.

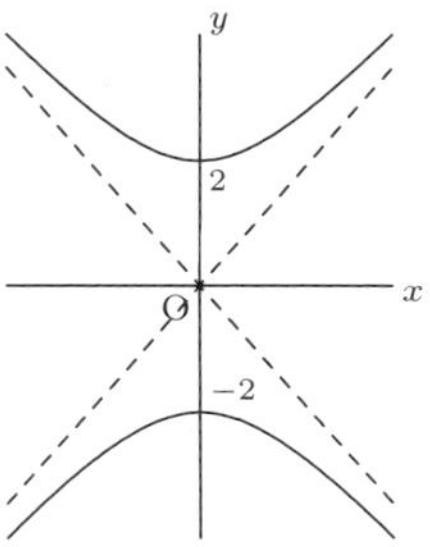

漸近線 $y=\pm\dfrac{2\sqrt{3}}{3}x$.

$c=\sqrt{(\sqrt{3})^2+2^2}=\sqrt{7}$ より

$F(0,\ \sqrt{7})$, $F'(0,\ -\sqrt{7})$.

2 (1) 焦点の x 座標の値より $c=6$. 条件 $|FP-F'P|=10=2a$ より $a=5$.

ゆえに $b=\sqrt{6^2-5^2}=\sqrt{11}$. ゆえに $\dfrac{x^2}{5^2}-\dfrac{y^2}{(\sqrt{11})^2}=1$.

つまり軌跡の方程式は**双曲線** $\boldsymbol{\dfrac{x^2}{25}-\dfrac{y^2}{11}=1}$.

(2) 焦点の y 座標の値より $c=4$. 条件 $|FP-F'P|=6=2b$ より $b=3$.

ゆえに $a=\sqrt{4^2-3^2}=\sqrt{7}$. ゆえに $\dfrac{x^2}{(\sqrt{7})^2}-\dfrac{y^2}{3^2}=-1$.

つまり軌跡の方程式は**双曲線** $\boldsymbol{\dfrac{x^2}{7}-\dfrac{y^2}{9}=-1}$.

3 標準形と比較して $a^2=4$, $b^2=9$.
また接線の方程式を変形して $b^2x_1x-a^2y_1y=-a^2b^2$ なので，
接点の座標 $x_1=2$, $y_1=3\sqrt{2}$ を代入して，$9\cdot2\cdot x-4\cdot3\sqrt{2}\cdot y=-4\cdot9$,
つまり $18x-12\sqrt{2}y=-36$. ゆえに接線の方程式は $\boldsymbol{3x-2\sqrt{2}y=-6}$.

練習問題 6.7 .... (*145p*)

1 (1) $y^2=4\cdot2\cdot x$　　(2) $y^2=4\cdot\left(-\dfrac{3}{2}\right)\cdot x$　　(3) $x^2=4\cdot\left(-\dfrac{3}{4}\right)\cdot y$

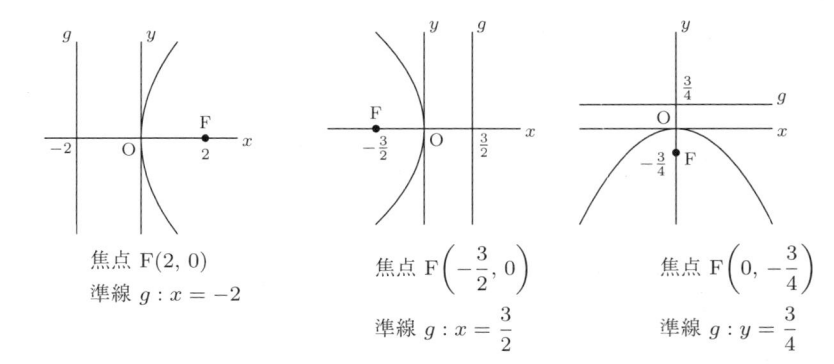

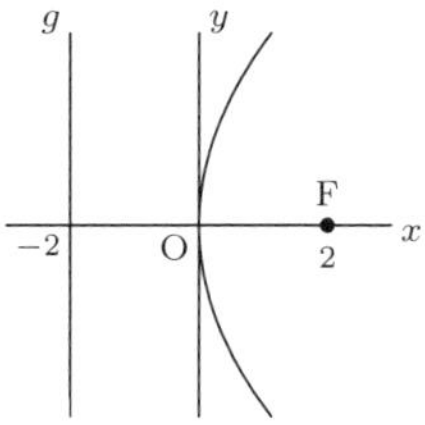

焦点 F(2, 0)
準線 $g : x = -2$

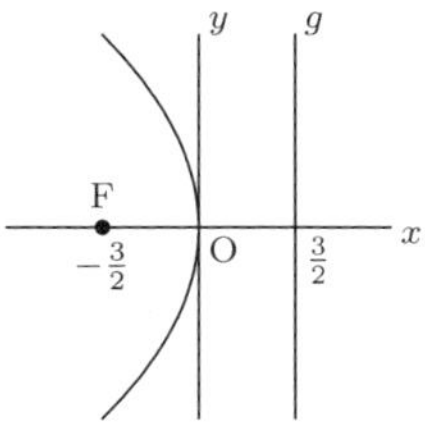

焦点 $F\left(-\frac{3}{2}, 0\right)$
準線 $g : x = \frac{3}{2}$

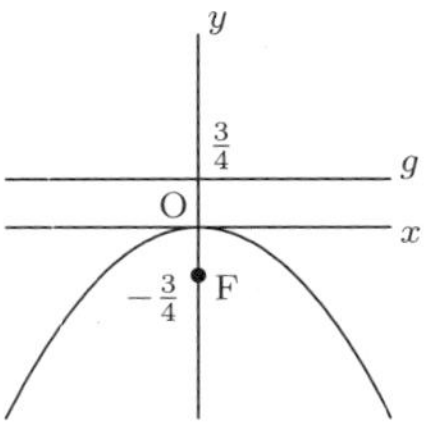

焦点 $F\left(0, -\frac{3}{4}\right)$
準線 $g : y = \frac{3}{4}$

2 (1) 焦点 F(−2, 0) より $p = -2$ なので，$y^2 = 4 \cdot (-2)x = -8x$.
つまり放物線の方程式は $\boldsymbol{y^2 = -8x}$.

(2) 焦点 F(0, 3) より $p = 3$ なので，$x^2 = 4 \cdot 3y = 12y$.
つまり放物線の方程式は $\boldsymbol{x^2 = 12y}$.

3 $y^2 = 4 \cdot (-2)x$ より標準形と比較して $p = -2$.
接点の座標 $x_1 = -2$，$y_1 = -4$ を接線の公式に代入して $-4y = 2 \cdot (-2) \cdot (x - 2)$.
ゆえに $4x - 4y = 8$，つまり接線の方程式は $\boldsymbol{x - y = 2}$.

練習問題 6.8 ……………………………………………… (147p)

1 (1) $\dfrac{(x-(-2))^2}{2} + \dfrac{(y-1)^2}{3} = 1$. 整理して $\boldsymbol{3x^2 + 2y^2 + 12x - 4y + 8 = 0}$.

(2) $\dfrac{(x-(-2))^2}{4} - \dfrac{(y-1)^2}{9} = -1$. 整理して $\boldsymbol{9x^2 - 4y^2 + 36x + 8y + 68 = 0}$.

(3) $(x-(-2))^2 = 4(y-1)$. 整理して $\boldsymbol{x^2 + 4x - 4y + 8 = 0}$.

2 (1) $5(x^2 + 2x) + 4(y^2 - 4y) + 1 = 0$. $5(x+1)^2 + 4(y-2)^2 = 20$.
$\dfrac{(x+1)^2}{4} + \dfrac{(y-2)^2}{5} = 1$. ゆえに，だ円の標準形 $\boldsymbol{\dfrac{x^2}{4} + \dfrac{y^2}{5} = 1}$ を
$\boldsymbol{x}$ 軸方向に $\boldsymbol{-1}$，$\boldsymbol{y}$ 軸方向に 2 だけ平行移動したもの.

(2) $8(x^2 - 4x) - 9(y^2 - 2y) - 49 = 0$. $8(x-2)^2 - 9(y-1)^2 = 72$.
$\dfrac{(x-2)^2}{9} - \dfrac{(y-1)^2}{8} = 1$. ゆえに，双曲線の標準形 $\boldsymbol{\dfrac{x^2}{9} - \dfrac{y^2}{8} = 1}$ を
$\boldsymbol{x}$ 軸方向に 2，$\boldsymbol{y}$ 軸方向に 1 だけ　平行移動したもの.

(3) $3(x^2 - 6x) - 4y + 7 = 0$. $3(x-3)^2 = 4(y+5)$. $(x-3)^2 = \dfrac{4}{3}(y+5)$. ゆえに，
放物線の標準形 $\boldsymbol{x^2 = \dfrac{4}{3}y}$ を $\boldsymbol{x}$ 軸方向に 3，$\boldsymbol{y}$ 軸方向に $\boldsymbol{-5}$ だけ
平行移動したもの.

練習問題 6.9 .... (149p)

1 連立方程式を解く．$3x-5=y=-4x+2$ より $x=1$．$y=3x-5$ に代入すると $y=-2$．ゆえに共有点は $\mathbf{(1,\ -2)}$．

2 $x-y-1=0\cdots$① と $x^2+y^2+2x-2y-7=0\cdots$② との連立方程式を解く．
①より $y=x-1\cdots$③ を②に代入して，

$$x^2+(x-1)^2+2x-2(x-1)-7=2(x^2-x-2)=2(x+1)(x-2)=0.$$

ゆえに $x=-1,\ 2$．これらを③に代入して $x=-1$ のとき $y=-2$，$x=2$ のとき $y=1$ なので，共有点は **2 つ**，その座標は $\mathbf{(-1,\ -2),\ (2,\ 1)}$．

3 公式より $h=\dfrac{|2\cdot 1+6-3|}{\sqrt{2^2+1^2}}=\dfrac{|5|}{\sqrt{5}}=\boldsymbol{\sqrt{5}}$．

4 $(x+1)^2+(y-1)^2=4$ より円の中心 $\mathrm{C}(-1,\ 1)$，半径 $r=2$ である．中心 C と直線 $x-y=k$ との距離 h は $h=\dfrac{|-1-1-k|}{\sqrt{1^2+(-1)^2}}=\dfrac{|k+2|}{\sqrt{2}}$ なので，$|k+2|=\sqrt{2}\,h$．
ゆえに $|k+2|=\sqrt{2}\,h<\sqrt{2}\,r=2\sqrt{2}$，つまり $\boldsymbol{-2\sqrt{2}-2<k<2\sqrt{2}-2}$ のとき共有点 **2 つ**，同様に $|k+2|=2\sqrt{2}$，つまり $\boldsymbol{k=\pm 2\sqrt{2}-2}$ のとき共有点 **1 つ**(接する)，さらに $|k+2|>2\sqrt{2}$ のとき，つまり $\boldsymbol{k<-2\sqrt{2}-2,\ k>2\sqrt{2}-2}$ のとき**共有点をもたない**．

練習問題 6.10 .... (151p)

1 求める接線の方程式を $y=mx\cdots$① とおく．
$(x-8)^2+y^2=16$ より円の中心 $\mathrm{C}(8,0)$，半径 $r=4$ である．
また中心 C から接線①までの距離 h は，$h=\dfrac{|m\cdot 8-0|}{\sqrt{m^2+(-1)^2}}=\dfrac{8|m|}{\sqrt{m^2+1}}$．
接線①は円に接するので，半径 $r=4$ より $h=r$ とおくと $\dfrac{8|m|}{\sqrt{m^2+1}}=4$，
つまり $8|m|=4\sqrt{m^2+1}$．両辺を 2 乗して $64m^2=16(m^2+1)$．
ゆえに整理して $m^2=\dfrac{1}{3}$，$m=\pm\dfrac{\sqrt{3}}{3}$．①より接線の方程式は $\boldsymbol{y=\pm\dfrac{\sqrt{3}}{3}x}$．
また接点 Q までの距離 OQ は，$\mathrm{OQ}=\sqrt{(0-8)^2+0^2-16}=\boldsymbol{4\sqrt{3}}$．

別解 求める接線の方程式を $y=mx\cdots$① とおく．
①を円の方程式 $(x-8)^2+y^2=16$ に代入して $(x-8)^2+(mx)^2=16$，
整理して $(m^2+1)x^2-16x+48=0\cdots$②．
直線①は接線なので円との共有点は 1 つ，つまり接するので方程式②は 2 重解をもつはずである．ゆえに判別式 $D=(-16)^2-4(m^2+1)\cdot 48=-192m^2+64=0$，
ゆえに $m^2=\dfrac{1}{3}$，$m=\pm\dfrac{\sqrt{3}}{3}$，つまり①より接線の方程式は $\boldsymbol{y=\pm\dfrac{\sqrt{3}}{3}x}$．
また接点 Q までの距離 OQ は，$\mathrm{OQ}=\sqrt{(0-8)^2+0^2-16}=\boldsymbol{4\sqrt{3}}$．

2 極線の公式より $(3-2)(x-2)+(4+1)(y+1)=4$．
ゆえに整理して極線の方程式は $\boldsymbol{x+5y=1}$．

3　円の方程式を $(x^2+y^2+4x-2y+1)+k(x-y+1)=0\cdots$① とおく．
点 $(-3,\,1)$ を通るので $-3-3k=0$．ゆえに $k=-1$．
①に代入して $(x^2+y^2+4x-2y+1)-(x-y+1)=x^2+y^2+3x-y=0$．
つまり円の方程式は $\boldsymbol{x^2+y^2+3x-y=0}$．

4　円の方程式を $(x^2+y^2+2x-3)+k(x^2+y^2+4x-2y+1)=0\cdots$① とおく．
$k=-1$ を①に代入して $-2x+2y-4=0$．求める直線の方程式は $\boldsymbol{x-y+2=0}$．
また円は原点 O(0, 0) を通るので $-3+k=0$．ゆえに $k=3$．
再び①に代入して，$4x^2+4y^2+14x-6y=0$．
ゆえに求める円の方程式は $\boldsymbol{2x^2+2y^2+7x-3y=0}$．

練習問題 6.11 ……………………………………………… *(153p)*

1　(1) 直線 $y=3x-1$．　(2) だ円 $\dfrac{x^2}{9}+\dfrac{y^2}{4}=1$．　(3) 双曲線 $\dfrac{x^2}{4}-\dfrac{y^2}{9}=1$．

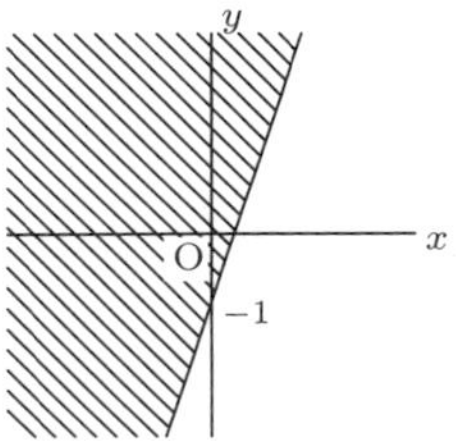

境界を含む．

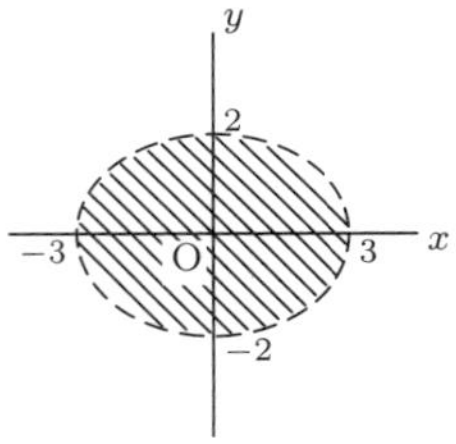

境界を含まない．

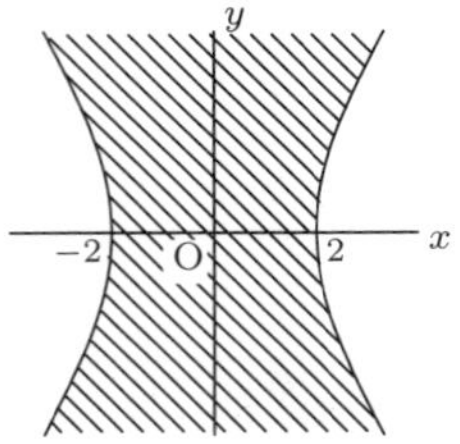

境界を含む．

練習問題 6.12 ……………………………………………… *(155p)*

1　(1)

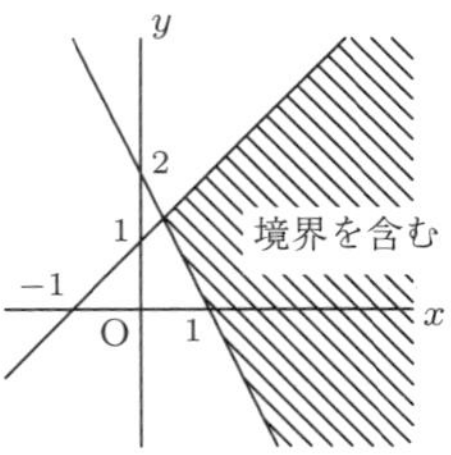

(2)

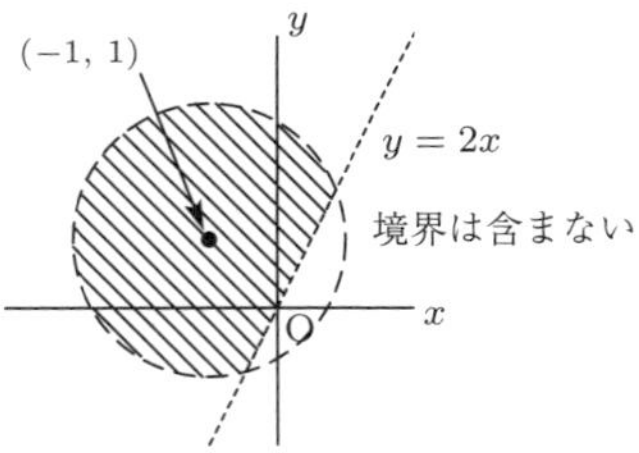

2

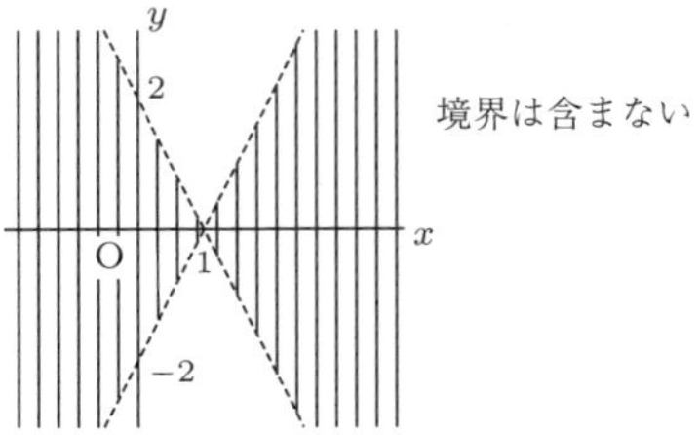

練習問題6.13 .... (157p)

1 $2x+y=k$ とおくと，$y=-2x+k\cdots$①.
領域 $(x-1)^2+y^2 \leqq 4$ の境界の円と直線①との交点の座標は，
①を境界の方程式に代入して $(x-1)^2+(-2x+k)^2=4$.
整理して $5x^2+(-2-4k)x+k^2-3=0\cdots$②.
最大値および最小値は，右図のように直線①が境界の円と接する場合にもつので，式②が2重解をもつ場合，つまり判別式 $D=0$ の場合なので，

$$D=(-2-4k)^2-4\cdot5\cdot(k^2-3)=-4(k^2-4k-16)=0.$$

ゆえに $k^2-4k-16=0$ を解いて $k=2\pm2\sqrt{5}$.
つまり最大値は $\mathbf{2+2\sqrt{5}}$，最小値は $\mathbf{2-2\sqrt{5}}$.

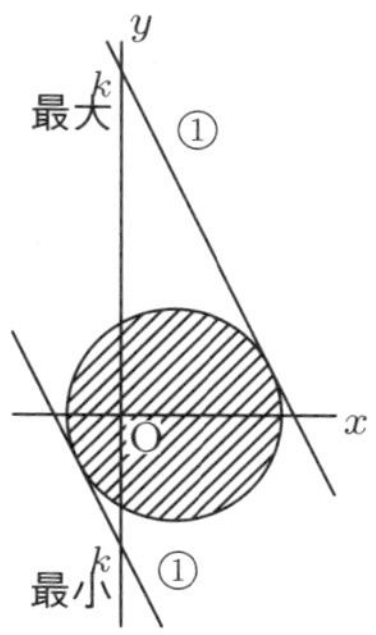

2 $x+y=k$ とおくと $y=-x+k\cdots$①.
領域 D は右図の斜線部分であり，領域の境界は多角形である.
この領域と直線①が共有点をもつ範囲で y 切片 k が最大となるのは，直線①が点Pを通るときである．点Pは2直線 $x+2y=5\cdots$② と $3x+2y=7\cdots$③ との交点なので，②と③の連立方程式を解いて $x=1$，$y=2$.
つまり点P(1, 2)．そのとき $k=1+2=3$ なので，
$\boldsymbol{x=1}$，$\boldsymbol{y=2}$ **のとき最大値3**.

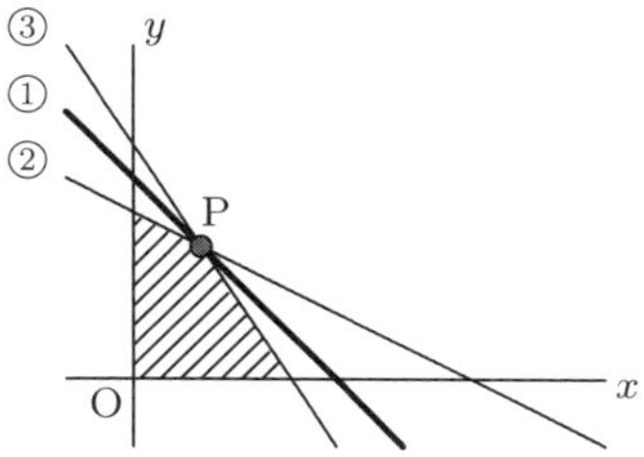

練習問題6.14 .... (159p)

1 右図のように頂点Aから斜辺BCに垂線ADをおろすとき，
BC = BD + CD $\cdots$①．ここで直角三角形の方べきの定理より
AB = BA = BC · BD，AC =CA = CB · CD なので，①より

$$\mathrm{AB}^2+\mathrm{AC}^2=\mathrm{BC}\cdot\mathrm{BD}+\mathrm{CB}\cdot\mathrm{CD}=\mathrm{BC}(\mathrm{BD}+\mathrm{CD})$$
$$=\mathrm{BC}\cdot\mathrm{BC}=\mathrm{BC}^2.$$

ゆえに三平方の定理 $\mathrm{AB}^2+\mathrm{AC}^2=\mathrm{BC}^2$ が成り立つ.

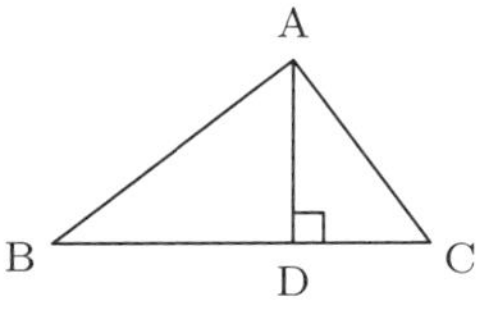

2 △ABD と △ACD の面積をそれぞれ S_1，S_2 とし，△ABE と △ACE の面積をそれぞれ S_3，S_4 とする．△ABD と △ACD において，高さが等しいのでその面積比は底辺 BD と CD の長さの比に等しい.
ゆえに $S_1:S_2=\mathrm{BD}:\mathrm{CD}\cdots$①.
また △ABD と △ABE において，高さが等しいので
その面積比は底辺 AD と AE の長さの比に等しい.
ゆえに $S_1:S_3=\mathrm{AD}:\mathrm{AE}$，つまり $S_1=\dfrac{\mathrm{AD}}{\mathrm{AE}}S_3\cdots$②.

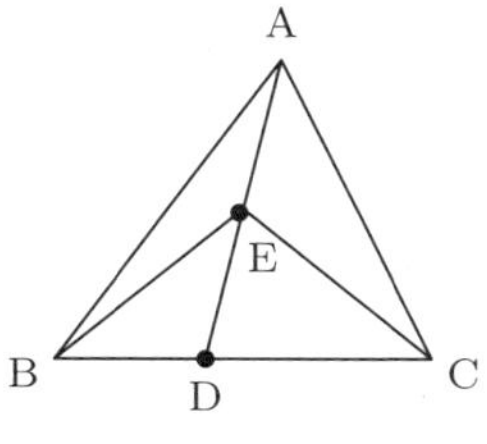

同様に △ACD と △ACE において高さが等しいので，その面積比は底辺 AD と AE の長さ

の比に等しい．ゆえに $S_2 : S_4 = \mathrm{AD} : \mathrm{AE}$，つまり $S_2 = \dfrac{\mathrm{AD}}{\mathrm{AE}} S_4 \cdots$③．ゆえに②と③を①に代入すると，$\mathrm{BD} : \mathrm{CD} = S_1 : S_2 = \dfrac{\mathrm{AD}}{\mathrm{AE}} S_3 : \dfrac{\mathrm{AD}}{\mathrm{AE}} S_4 = S_3 : S_4$ となり，主張が成り立つ．

3 立体図形の体積比は相似比の 3 乗となるので，三角すい F と F′ の相似比 2 : 5 より，F の体積 V と F′ の体積 V' の比は，$V : V' = 2^3 : 5^3 =$ **8 : 125**.

練習問題 6.15 .... *(161p)*

1 右図のようにこの円 O の直径 CD で点 P を通るものを考える．
$\mathrm{PC} = \mathrm{OC} - \mathrm{OP}$，$\mathrm{PD} = \mathrm{OD} + \mathrm{OP}$，$\mathrm{OC} = \mathrm{OD}$ に注意して，円の方べきの定理 (**例題 198**) より

$$\mathrm{PA} \cdot \mathrm{PB} = \mathrm{PC} \cdot \mathrm{PD} = (\mathrm{OC} - \mathrm{OP})(\mathrm{OD} + \mathrm{OP})$$
$$= (\mathrm{OD} - \mathrm{OP})(\mathrm{OD} + \mathrm{OP}) = \mathrm{OD}^2 - \mathrm{OP}^2$$
$$= 2^2 - \mathrm{OP}^2 = 4 - \mathrm{OP}^2.$$

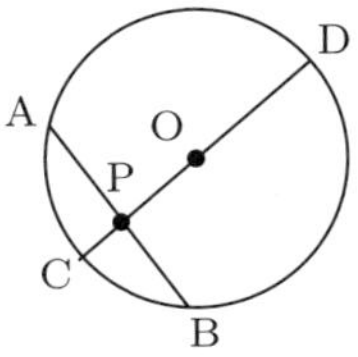

ゆえに $\mathrm{PA}\cdot\mathrm{PB} = 1$ より $4 - \mathrm{OP}^2 = 1$，つまり $\mathrm{OP}^2 = 4 - 1 = 3$.
$\mathrm{OP} > 0$ より $\mathrm{OP} = \boldsymbol{\sqrt{3}}$.

2 四角形 HNBL で $\angle\mathrm{HNB} = \angle\mathrm{BLH} = 90°$ なので $\angle\mathrm{HNB} + \angle\mathrm{BLH} = 180°$.
ゆえに 1 組の向かい合う角の大きさの和が 180° なので，四角形 HNBL は円に内接する．
そこで外接円を考えると $\angle\mathrm{HBN}$ と $\angle\mathrm{HLN}$ は同じ弧 HN の円周角なので等しい．
ゆえに $\angle\mathrm{HBN} = \angle\mathrm{HLN} \cdots$①．
四角形 HLCM で $\angle\mathrm{HLC} = \angle\mathrm{CMH} = 90°$ なので $\angle\mathrm{HLC} + \angle\mathrm{CMH} = 180°$.
ゆえに 1 組の向かい合う角の大きさの和が 180° なので，四角形 HLCM は円に内接する．
そこで外接円を考えると $\angle\mathrm{HLM}$ と $\angle\mathrm{HCM}$ は同じ弧 HM の円周角なので等しい．
ゆえに $\angle\mathrm{HLM} = \angle\mathrm{HCM} \cdots$②．
また直角三角形 ABM において $\angle\mathrm{HBN} = \angle\mathrm{MBN} = 90° - \angle\mathrm{A}$．さらに直角三角形 ACN において $\angle\mathrm{HCM} = \angle\mathrm{NCA} = 90° - \angle\mathrm{A}$ なので，$\angle\mathrm{HBN} = \angle\mathrm{HCM} \cdots$③．
ゆえに①，②，③より $\angle\mathrm{HLN} = \angle\mathrm{HBN} = \angle\mathrm{HCM} = \angle\mathrm{HLM}$ となり，線分 AL は $\triangle\mathrm{LMN}$ の $\angle\mathrm{NLM}$ の 2 等分線となる．

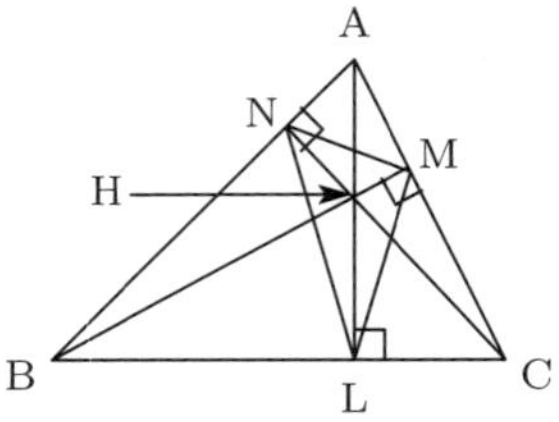

同様にして線分 CN は $\angle\mathrm{MNL}$ の 2 等分線，線分 BM は $\angle\mathrm{LMN}$ の 2 等分線となり，それらの交点である垂心 H は $\triangle\mathrm{LMN}$ の内心に等しい．

練習問題 7.1 .... *(167p)*

1 奇数となるための条件は一の位が奇数，つまり 1 か 3 なので，樹形図を描くと

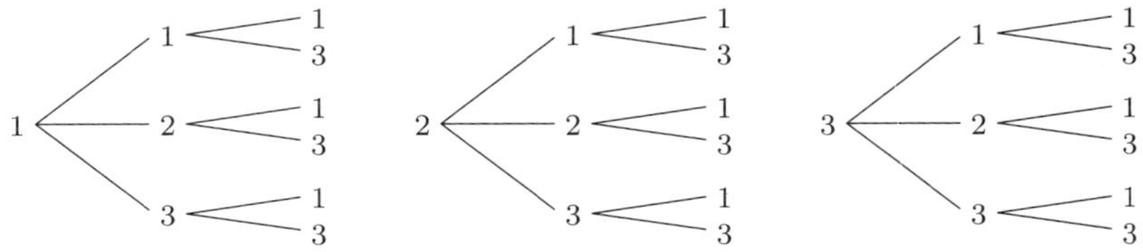

ゆえに 3 けたの奇数の個数は **18 個**.

2 ルーレットを回して 1 回目に出た数字を a, 2 回目に出た数字を b とおく．出る数字の和は最大 16 なので，4 の倍数となるのは A:和が 0, B:和が 4, C:和が 8, D:和が 12, E:和が 16 に分けられる．ゆえにそれぞれの場合を表にすると，

A

a	0
b	0

B

a	0	1	2	3	4
b	4	3	2	1	0

C

a	0	1	2	3	4	5	6	7	8
b	8	7	6	5	4	3	2	1	0

D

a	4	5	6	7	8
b	8	7	6	5	4

E

a	8
b	8

A, B, C, D, E は同時に起こることはないので，出る数字の和が 4 の倍数となるのは，和の法則より合わせて **21 通り**.

3 (1) 上りのエレベーターの選び方は 3 通り，そのそれぞれの選び方に対して下りのエレベーターも 3 種類からどれを選んでもよいので，積の法則より選び方は $3 \times 3 =$ **9 通り**.

(2) 上りのエレベーターの選び方は 3 通り，そのそれぞれの選び方に対して下りのエレベーターは上りとは別の 2 種類から選ばなければならないので，積の法則より選び方は $3 \times 2 =$ **6 通り**.

4 360 の素因数分解より，360 のすべての約数は $2^a \cdot 3^b \cdot 5^c$ の形に表せる．
ここで $a = 0$, 1, 2, 3, $b = 0$, 1, 2, $c = 0$, 1 であり，a, b, c のすべての組み合わせが約数と 1 対 1 に対応するので，積の法則より約数の個数は $4 \times 3 \times 2 =$ **24 個**.

練習問題 7.2 .... (*169p*)

1 5 個の数字から 3 個を選んで，百，十，一の位の順に 1 列に並べて 3 けたの整数を作ればよいので，選び方の総数は ${}_5\mathrm{P}_3 = 5 \cdot 4 \cdot 3 =$ **60 個**.

2 5 個の数字から 4 個を選んで，千，百，十，一の位と順に 1 列に並べて 4 けたの整数を作ればよい．千の位に 0 を選ぶと 4 けたの整数にならないので，千の位の数字の選び方は 1 から 4 の 4 通り．また偶数を作らなければならないので，一の位は 0, 2, 4 のどれかを選ぶ．このようにうまく選べたとき，百，十の位の数字は残った 3 個の数字から 2 個を自由に選べるので，それぞれの場合について百，十の位の選び方は ${}_3\mathrm{P}_2 = 3 \cdot 2 = 6$ 通りずつある．
そこで千の位に 2 または 4 を選んだとき，一の位は 0, 4, または 0, 2 の 2 通りしか選べないので，このとき作れる偶数の個数はそれぞれ $1 \cdot 6 \cdot 2 = 12$ 通りずつ，また千の位に 1 または 3 を選んだとき，一の位は 0, 2, 4 の 3 通りが選べるので，このとき作れる偶数の個数はそれぞれ $1 \cdot 6 \cdot 3 = 18$ 通りずつある．
以上より合わせて作れる 4 けたの偶数の個数は $12 + 12 + 18 + 18 =$ **60 個**.

3 男女が交互に 1 列に並ぶので，一番左に男がくる場合と女がくる場合に分けて考える．男が一番左にくる場合，男 3 人の並ぶ順番は ${}_3\mathrm{P}_3 = 3! = 6$ 通り，また女 3 人の並ぶ順番も ${}_3\mathrm{P}_3 = 3! = 6$ 通りあるので，積の法則より $6 \cdot 6 = 36$ 通りある．

同様にして女が一番左にくる場合，女 3 人の並ぶ順番は ${}_3\mathrm{P}_3 = 3! = 6$ 通り，また男 3 人の並ぶ順番も ${}_3\mathrm{P}_3 = 3! = 6$ 通りあるので，積の法則より $6 \cdot 6 = 36$ 通りある．
ゆえに合わせて，男女が交互に 1 列に並ぶ並び方は $36 + 36 = \mathbf{72}$ **通り**ある．

4 同じものをくり返して選んでよいので，4 つの数字から 3 つの数字を選ぶ重複順列を考える．その総数は $4^3 = \mathbf{64}$ **個**である．

練習問題 7.3 ……………………………………………… (171p)

1 同じ色の旗を含む 8 本の旗の並べ方なので同じものを含む順列を考えると，赤色の旗 3 本，黄色の旗 3 本，青色の旗 2 本なので，${}_8\mathrm{H}_{3,3,2} = \dfrac{8!}{3!\,3!\,2!} = \mathbf{560}$ **通り**．

2 (1) 6 枚のトランプの円順列を考えればよいので，その並べ方の総数は $(6-1)! = 5! = \mathbf{120}$ **通り**である．

(2) 絵札 2 枚を 1 組のペアと考え数字 4 枚，絵札 1 枚の 5 枚の円順列を考えると，その並べ方の総数は $(5-1)! = 4! = 24$ 通り．それぞれの並べ方に対して絵札 2 枚を，1 枚はその位置に，もう 1 枚はその対面において考えると，絵札 2 枚のおき方は 2 通りずつあるので，並べ方の総数は $24 \cdot 2 = \mathbf{48}$ **通り**である．

3 8 色の箱から 4 個を選んで円形に並べるので一般の円順列を考える．
ゆえに並び方の総数は $\dfrac{{}_8\mathrm{P}_4}{4} = \dfrac{8 \cdot 7 \cdot 6 \cdot 5}{4} = \mathbf{420}$ **通り**である．

4 (1) 腕輪は裏返しても同じ並び方と考えてよいので，すべてのピースの色が異なるから 8 個のピースのじゅず順列を考える．
ゆえに，並び方の総数は $\dfrac{(81)!}{2} = \dfrac{7!}{2} = \mathbf{2520}$ **通り**である．

(2) 同じ色のピースをとりあえず違う色のピースと考えて，8 個のピースのじゅず順列を考えると，その並び方の総数は (1) より 2520 通りである．最初に違う色と考えた 3 個のピースの配置の 1 つに注目すると，その配置のピースの位置は変えず色だけ取り替えるとき，その取り替え方は ${}_3\mathrm{P}_3 = 3! = 6$ 通りあるので，6 通りの配置が実際には同じ配置を表すと考えてよい．
ゆえに異なるピースの並べ方は $2520 \div 6 = \mathbf{420}$ **通り**である．

練習問題 7.4 ……………………………………………… (173p)

1 (1) 単に全部で 9 種類のくだものから 4 種類のくだものを選ぶと考えればよいので，その選び方は ${}_9\mathrm{C}_4 = \dfrac{9 \cdot 8 \cdot 7 \cdot 6}{4 \cdot 3 \cdot 2 \cdot 1} = \mathbf{126}$ **通り**である．

(2) 4 種類のみかんから 2 種類，3 種類のりんごから 2 種類，2 種類のなしから 1 種類，順に選んでいくと考えればよいので，積の法則より
${}_4\mathrm{C}_2 \cdot {}_3\mathrm{C}_2 \cdot {}_2\mathrm{C}_1 = \dfrac{4 \cdot 3}{2 \cdot 1} \times \dfrac{3 \cdot 2}{2 \cdot 1} \times \dfrac{2}{1} = \mathbf{36}$ **通り**である．

2 (1) ${}_5\mathrm{C}_4 = \dfrac{5\cdot4\cdot3\cdot2}{4\cdot3\cdot2\cdot1} = \mathbf{5}.$ (2) ${}_8\mathrm{C}_3 = \dfrac{8\cdot7\cdot6}{3\cdot2\cdot1} = \mathbf{56}.$ (3) ${}_7\mathrm{C}_6 = \dfrac{7\cdot6\cdot5\cdot4\cdot3\cdot2}{6\cdot5\cdot4\cdot3\cdot2\cdot1} = \mathbf{7}.$

3 (1) A のグループに分配するプレゼントは 9 種類から 3 種類を選べばよいので，その選び方は ${}_9\mathrm{C}_3 = \dfrac{9\cdot8\cdot7}{3\cdot2\cdot1} = 84$ 通り．

次に B のグループに分配するプレゼントは残りの 6 種類から 3 種類を選べばよいので，その選び方は ${}_6\mathrm{C}_3 = \dfrac{6\cdot5\cdot4}{3\cdot2\cdot1} = 20$ 通り．

C のグループに分配するプレゼントは残りの 3 種類で決定なので，積の法則より
分配方法は $84\times20\times1 = \mathbf{1680}$ **通り**である．

(2) (1) よりグループを区別したとき，プレゼントの分配方法は 1680 通りである．グループを区別しないとすると，それらの 1 つの分配方法に対してグループ名を互いに付け替えても同じ分配と考えられるので，A，B，C，3 つのグループ名の付け替え方の数
${}_3\mathrm{P}_3 = 3! = 6$ 通りだけ同じ分配方法がある．
ゆえに求める分配方法は $1680\div6 = \mathbf{280}$ **通り**である．

練習問題 7.5 ……(*175p*)

1 9 個の数字を 1 列に並べるとき，その数字の並べる位置を順に選んでいく．

1 は 4 個あるので 9 ヶ所の位置から 4 ヶ所選ぶ選び方は ${}_9\mathrm{C}_4 = \dfrac{9\cdot8\cdot7\cdot6}{4\cdot3\cdot2\cdot1} = 126$ 通り．

2 は 3 個あるので残りの 5 ヶ所の位置から 3 ヶ所選ぶ選び方は ${}_5\mathrm{C}_3 = \dfrac{5\cdot4\cdot3}{3\cdot2\cdot1} = 10$ 通り．

最後に 3 は残りの 2 ヶ所に当てはめればよいので，積の法則より並べてできる数は

$126\times10 = \mathbf{1260}$ **通り**である．

2 二項定理より

$$\begin{aligned}(3x-1)^5 &= (3x)^5 + 5\cdot(3x)^4\cdot(-1) + \frac{5\cdot4}{2\cdot1}\cdot(3x)^3\cdot(-1)^2\\ &\quad + \frac{5\cdot4\cdot3}{3\cdot2\cdot1}\cdot(3x)^2\cdot(-1)^3 + 5\cdot(3x)\cdot(-1)^4 + (-1)^5\\ &= \boldsymbol{243x^5 - 405x^4 + 270x^3 - 90x^2 + 15x - 1.}\end{aligned}$$

3 (1) 展開式の一般項は ${}_6\mathrm{C}_r x^{6-r}\cdot\left(-\dfrac{1}{x^2}\right)^r = (-1)^r{}_6\mathrm{C}_r x^{6-3r}\cdots$① なので，

x^3 と指数を比較して $6-3r=3$ とおくと $r=1$．
①の係数に代入して求める係数は $(-1)^r{}_6\mathrm{C}_r = (-1)^1{}_6\mathrm{C}_1 = \mathbf{-6}.$

(2) 展開式の一般項は ${}_4\mathrm{H}_{p,q,r}x^a(-2y)^q(-z)^c = (-2)^b(-1)^c{}_4\mathrm{H}_{p,q,r}x^ay^bz^c\cdots$①

なので，xyz^2 と指数を比較して $a=b=1$，$c=2$ とおくと，①の係数に代入して，

求める係数は $(-2)^1(-1)^2{}_4\mathrm{H}_{1,1,2} = (-2)\cdot\dfrac{4!}{1!1!2!} = \mathbf{-24}.$

総合演習の解答

※問題の答えは太字で示した．

総合演習 1 ……………………………………………………(40p)

1.1 (1) 与式 $= (x^2+1+x)(x^2+1-x) = (x^2+1)^2 - x^2 = x^4+2x^2+1-x^2$
$= \mathbf{x^4+x^2+1}.$

(2) 与式 $= (a+2b+(-3))^2$
$= a^2+(2b)^2+(-3)^2+2\cdot a\cdot(2b)+2\cdot(2b)\cdot(-3)+2\cdot(-3)\cdot a$
$= a^2+4b^2+9+4ab-12b-6a = \mathbf{a^2+4b^2+4ab-6a-12b+9}.$

(3) 与式 $= (x^2-y^2)(x^4+x^2y^2+y^4-2x^2y^2)$
$= (x^2-y^2)(x^4+x^2y^2+y^4)-(x^2-y^2)\cdot 2x^2y^2 = (x^2)^3-(y^2)^3-x^2\cdot 2x^2y^2+y^2\cdot 2x^2y^2$
$= \mathbf{x^6-y^6-2x^4y^2+2x^2y^4}.$

(4) 与式 $= (a+2)(a-4)(a+3)(a-5) = (a^2-2a-8)(a^2-2a-15)$
$= (a^2-2a)^2-23(a^2-2a)+120 = a^4-4a^3+4a^2-23a^2+46a+120$
$= \mathbf{a^4-4a^3-19a^2+46a+120}.$

(5) 与式 $= \{(a+b)^2-c^2\}\{(a-b)^2-c^2\}$
$= (a+b)^2(a-b)^2-(a+b)^2c^2-(a-b)^2c^2+c^4$
$= \{(a+b)(a-b)\}^2-(a^2+2ab+b^2)c^2-(a^2-2ab+b^2)c^2+c^4$
$= (a^2-b^2)^2-a^2c^2-2abc^2-b^2c^2-a^2c^2+2abc^2-b^2c^2+c^4$
$= a^4-2a^2b^2+b^4-2a^2c^2-2b^2c^2+c^4 = \mathbf{a^4+b^4+c^4-2a^2b^2-2b^2c^2-2c^2a^2}.$

1.2 (1) 与式 $= x^2(x+2y)-9(x+2y) = (x^2-9)(x+2y) = \mathbf{(x+3)(x-3)(x+2y)}.$

(2) 与式 $= 2(9a^2-4b^2) = 2\{(3a)^2-(2b)^2\} = \mathbf{2(3a+2b)(3a-2b)}.$

(3) 与式 $= x^4-4x^2y^2+4y^4-9x^2y^2 = (x^2-2y^2)^2-(3xy)^2$
$= (x^2-2y^2+3xy)(x^2-2y^2-3xy) = \mathbf{(x^2+3xy-2y^2)(x^2-3xy-2y^2)}.$

(4) 与式 $= a^2b^2-a^2-b^2+1-4ab = (ab)^2-2ab+1-(a^2+2ab+b^2)$
$= (ab+1)^2-(a+b)^2 = \{(ab-1)+(a+b)\}\{(ab-1)-(a+b)\}$
$= \mathbf{(ab+a+b-1)(ab-a-b-1)}.$

1.3

(1)

$$
\begin{array}{r|llll}
 & x^2 & -3x & +2 & \\ \hline
x^2+2x-1 & x^4 & -x^3 & -5x^2 & +7x \; -2 \\
 & x^4 & +2x^3 & -x^2 & \\ \hline
 & & -3x^3 & -4x^2 & +7x \\
 & & -3x^3 & -6x^2 & +3x \\ \hline
 & & & 2x^2 & +4x \; -2 \\
 & & & 2x^2 & +4x \; -2 \\ \hline
 & & & & \quad 0
\end{array}
$$

商 x^2-3x+2，余り 0.

(2)

$$
\begin{array}{r|llllll}
 & x^4 & -x^3 & & & +x & -1 \\ \hline
3x-2 & 3x^5 & -5x^4 & +2x^3 & +3x^2 & -5x & +5 \\
 & 3x^5 & -2x^4 & & & & \\ \hline
 & & -3x^4 & +2x^3 & & & \\
 & & -3x^4 & +2x^3 & & & \\ \hline
 & & & & 3x^2 & -5x & \\
 & & & & 3x^2 & -2x & \\ \hline
 & & & & & -3x & +5 \\
 & & & & & -3x & +2 \\ \hline
 & & & & & & 3
\end{array}
$$

商 x^4-x^3+x+1，余り 3.

(3)

$$
\begin{array}{r|rrrrr|r}
 & 1 & 2 & -1 & -1 & 3 & -1 \\
-3 & & -3 & 3 & -6 & 21 & -72 \\ \hline
 & 1 & -1 & 2 & -7 & 24 & -73
\end{array}
$$

商 $x^4-x^3+2x^2-7x+24$，余り -73.

1.4　ある整式を A とおくと，除法の関係式より
$A=(x^2-1)(x^2+x-1)+(x-1)=x^4+x^3-2x^2$．ゆえに A を x^2+1 で割ると
$(x^4+x^3-2x^2)\div(x^2+1)=$ **商 x^2+x-3，余り $-x+3$.**

1.5　(1) 分子を分母で割って商 $3x+2$，余り 9 なので，

$$\frac{3x^2-4x+5}{x-2}=\boldsymbol{3x+2+\frac{9}{x-2}}.$$

(2) 分子を分母で割って商 $3x+8$，余り $2x-21$ なので，

$$\frac{3x^3+2x^2-5x+3}{x^2-2x+3}=\boldsymbol{3x+8+\frac{2x-21}{x^2-2x+3}}.$$

1.6　2 次の整式を $(x+1)A$，3 次の整式を $(x+1)B$ とおく．
ここで A は 1 次式，B は 2 次式で A と B は互いに素であるとする．
$x^5-3x^4-x^3+5x^2-4x-6=(x+1)A\cdot(x+1)B=(x+1)^2AB$ なので，

$$
\begin{aligned}
AB&=(x^5-3x^4-x^3+5x^2-4x-6)\div(x+1)^2\\
&=x^3-5x^2+8x-6=(x-3)(x^2-2x+2).
\end{aligned}
$$

ゆえに A と B の次数を考えて $A=x-3$，$B=x^2-2x+2$ となり，
求める整式は $(x+1)A=\boldsymbol{x^2-2x-3}$ と $(x+1)B=\boldsymbol{x^3-x^2+2}$ である．

1.7　(1) 与式 $=\dfrac{(x+y-z)(x-y+z)}{(x-y+z)(x-y-z)}=\boldsymbol{\dfrac{x+y-z}{x-y-z}}.$

(2) 与式 $=\dfrac{a^2(a+3)-(a+3)}{a^3(a+1)+(a+1)(a-2)}=\dfrac{(a+3)(a^2-1)}{(a+1)(a^3+a-2)}$

$$=\frac{(a+3)(a+1)(a-1)}{(a+1)(a-1)(a^2+a+2)}=\boldsymbol{\frac{a+3}{a^2+a+2}}.$$

1.8　(1) 与式 $= \dfrac{7zw^2}{12x^2y} \times \dfrac{8xw}{21yz^2} \times \dfrac{9y^3z}{w^2} = \dfrac{7zw^2 \cdot 8xw \cdot 9y^3z}{12x^2y \cdot 21yz^2 \cdot w^2} = \boldsymbol{\dfrac{2yw}{x}}.$

(2) 与式 $= \dfrac{(a-1)(2a+3)}{(a+1)(a-3)} \div \dfrac{(a+1)(2a+3)}{(a-1)(a-3)} \times \dfrac{(a+1)(a^2-a+1)}{(a-1)(a^2+a+1)}$

$= \dfrac{(a-1)(2a+3)}{(a+1)(a-3)} \times \dfrac{(a-1)(a-3)}{(a+1)(2a+3)} \times \dfrac{(a+1)(a^2-a+1)}{(a-1)(a^2+a+1)}$

$= \boldsymbol{\dfrac{(a-1)(a^2-a+1)}{(a+1)(a^2+a+1)}}.$

(3) 与式 $= \dfrac{(x+2)(x+3)+x(x+3)+x(x+1)}{x(x+1)(x+2)(x+3)}$

$= \dfrac{3x^2+9x+6}{x(x+1)(x+2)(x+3)} = \dfrac{3(x+1)(x+2)}{x(x+1)(x+2)(x+3)} = \boldsymbol{\dfrac{3}{x(x+3)}}.$

(4) 与式 $= -\dfrac{a}{(a-b)(c-a)} - \dfrac{b}{(b-c)(a-b)} - \dfrac{c}{(c-a)(b-c)}$

$= \dfrac{-a(b-c)-b(c-a)-c(a-b)}{(a-b)(b-c)(c-a)} = \dfrac{-ab+ac-bc+ab-ac+bc}{(a-b)(b-c)(c-a)}$

$= \dfrac{0}{(a-b)(b-c)(c-a)} = \mathbf{0}.$

1.9　(1) 与式を次のようにおくと,

$\dfrac{A}{x} + \dfrac{B}{x+1} + \dfrac{C}{x-1} = \dfrac{A(x+1)(x-1)+Bx(x-1)+Cx(x+1)}{x(x+1)(x-1)}$

$= \dfrac{(A+B+C)x^2+(-B+C)x-A}{x(x+1)(x-1)}.$

与式と分子の各項の係数を比較して, $A+B+C=6$, $-B+C=1$, $-A=-1$ を解くと $A=1$, $B=2$, $C=3$ なので, 部分分数分解は

$\dfrac{6x^2+x-1}{x(x+1)(x-1)} = \boldsymbol{\dfrac{1}{x} + \dfrac{2}{x+1} + \dfrac{3}{x-1}}.$

(2) 与式を次のようにおくと,

$\dfrac{A}{x-1} + \dfrac{B}{(x-1)^2} + \dfrac{C}{x+2} = \dfrac{A(x-1)(x+2)+B(x+2)+C(x-1)^2}{(x-1)^2(x+2)}$

$= \dfrac{(A+C)x^2+(A+B-2C)x+(-2A+2B+C)}{(x-1)^2(x+2)}.$

与式と分子の各項の係数を比較して, $A+C=3$, $A+B-2C=-2$, $-2A+2B+C=2$ を解くと $A=1$, $B=1$, $C=2$ なので, 部分分数分解は

$\dfrac{3x^2-2x+2}{(x-1)^2(x+2)} = \boldsymbol{\dfrac{1}{x-1} + \dfrac{1}{(x-1)^2} + \dfrac{2}{x+2}}.$

1.10　$x^2-2x-3=(x+1)(x-3)$ であり, 整式 $P(x)$ を x^2-2x-3 で割ったときの商を $Q(x)$, 余りを $ax+b$ とおくと, 除法の関係式より

$P(x)=(x+1)(x-3)Q(x)+ax+b \cdots$ ①.

剰余の定理より $x+1$ で割ると余りが -2 なので $P(-1)=-2$, また $x-3$ で割ると余りが 10 なので $P(3)=10$ である.

①式に代入して $P(-1)=-a+b=-2$, $P(3)=3a+b=10$ なので, 連立方程式

$-a+b=-2$, $3a+b=10$ を解いて $a=3$, $b=1$ である．
ゆえに求める余りは $ax+b=\mathbf{3x+1}$ である．

1.11　$|x-\sqrt{2}| \leqq 10$ より $-10 \leqq x-\sqrt{2} \leqq 10$ なので $-10+\sqrt{2} \leqq x \leqq 10+\sqrt{2}$.
つまり $-8.586 \leqq x \leqq 11.414$ なので，x は整数より $-8 \leqq x \leqq 11$.
この範囲の整数は -8, -7, ..., 10, 11 の合計 **20 個**である．

1.12　(1) 与式 $=\sqrt{25\cdot 2}-\sqrt{16\cdot 2}+\sqrt{9\cdot 2}=5\sqrt{2}-4\sqrt{2}+3\sqrt{2}=\mathbf{4\sqrt{2}}.$

(2) 与式 $=(\sqrt{3}\cdot\sqrt{5}+\sqrt{3})(\sqrt{2}\cdot\sqrt{5}-\sqrt{2})=\sqrt{3}(\sqrt{5}+1)\cdot\sqrt{2}(\sqrt{5}-1)$
$=\sqrt{6}(5-1)=\mathbf{4\sqrt{6}}.$

(3) 与式 $=\dfrac{(\sqrt{6}-\sqrt{2})^2}{(\sqrt{6}+\sqrt{2})(\sqrt{6}-\sqrt{2})}=\dfrac{6-2\sqrt{12}+2}{6-2}=\dfrac{4-\sqrt{12}}{2}=\dfrac{4-2\sqrt{3}}{2}=2-\sqrt{3}.$

(4) 与式 $=\dfrac{1}{\sqrt{5}+\sqrt{3}}+\dfrac{1}{\sqrt{7}+\sqrt{5}}+\dfrac{1}{3+\sqrt{7}}$

$=\dfrac{\sqrt{5}-\sqrt{3}}{(\sqrt{5}+\sqrt{3})(\sqrt{5}-\sqrt{3})}+\dfrac{\sqrt{7}-\sqrt{5}}{(\sqrt{7}+\sqrt{5})(\sqrt{7}-\sqrt{5})}+\dfrac{3-\sqrt{7}}{(3+\sqrt{7})(3-\sqrt{7})}$

$=\dfrac{\sqrt{5}-\sqrt{3}}{5-3}+\dfrac{\sqrt{7}-\sqrt{5}}{7-5}+\dfrac{3-\sqrt{7}}{9-7}=\dfrac{\sqrt{5}-\sqrt{3}}{2}+\dfrac{\sqrt{7}-\sqrt{5}}{2}+\dfrac{3-\sqrt{7}}{2}$

$=\dfrac{\sqrt{5}-\sqrt{3}+\sqrt{7}-\sqrt{5}+3-\sqrt{7}}{2}=\mathbf{\dfrac{3-\sqrt{3}}{2}}.$

1.13　(1) 与式 $=\sqrt{\dfrac{5+2\sqrt{6}}{2}}=\dfrac{\sqrt{5+2\sqrt{6}}}{\sqrt{2}}=\dfrac{\sqrt{2+3+2\sqrt{2}\sqrt{3}}}{\sqrt{2}}$

$=\dfrac{\sqrt{2}+\sqrt{3}}{\sqrt{2}}=\dfrac{\sqrt{2}(\sqrt{2}+\sqrt{3})}{2}=\mathbf{\dfrac{2+\sqrt{6}}{2}}.$

(2) 与式 $=\sqrt{\dfrac{7-2\sqrt{10}}{3}}=\dfrac{\sqrt{7-2\sqrt{10}}}{\sqrt{3}}=\dfrac{\sqrt{5+2-2\sqrt{5}\sqrt{2}}}{\sqrt{3}}$

$=\dfrac{\sqrt{5}-\sqrt{2}}{\sqrt{3}}=\dfrac{\sqrt{3}(\sqrt{5}-\sqrt{2})}{3}=\mathbf{\dfrac{\sqrt{15}-\sqrt{6}}{3}}.$

1.14　(1) 与式 $=3^3-3\cdot 3^2\cdot 2i+3\cdot 3\cdot(2i)^2-(2i)^3=27-54i+36i^2-8i^3$
$=27-54i-36+8i=\mathbf{-9-46i}.$

(2) 与式 $=(i+1)(i+4)(i+2)(i+3)=(i^2+5i+4)(i^2+5i+6)$
$=(-1+5i+4)(-1+5i+6)=(5i+3)(5i+5)=(5i)^2+8\cdot 5i+15$
$=25i^2+40i+15=-25+40i+15=\mathbf{-10+40i}.$

(3) 与式 $=1+\dfrac{1}{i}+\dfrac{1}{-1}+\dfrac{1}{i^2\cdot i}=1+\dfrac{1}{i}-1-\dfrac{1}{i}=\mathbf{0}.$

(4) 与式 $=\dfrac{(2-i)(3-2i)}{(3+2i)(3-2i)}=\dfrac{6-4i-3i+2i^2}{9-4i^2}=\dfrac{6-4i-3i-2}{9+4}$

$=\dfrac{4-7i}{13}=\mathbf{\dfrac{4}{13}-\dfrac{7}{13}i}.$

(5) 与式 $=\left\{\dfrac{(1-3i)(1-3i)}{(1+3i)(1-3i)}-\dfrac{(1+3i)(1+3i)}{(1-3i)(1+3i)}\right\}\times\dfrac{(2+i)(2+i)}{(2-i)(2+i)}$

$$= \left\{ \frac{(1-3\,i)^2}{1-9\,i^2} - \frac{(1+3\,i)^2}{1-9\,i^2} \right\} \times \frac{(2+i)^2}{4-i^2}$$

$$= \left(\frac{1-6\,i+9\,i^2}{1+9} - \frac{1+6\,i+9\,i^2}{1+9} \right) \times \frac{4+4\,i+i^2}{4+1}$$

$$= \left(\frac{1-6\,i-9}{10} - \frac{1+6\,i-9}{10} \right) \times \frac{4+4\,i-1}{5}$$

$$= -\frac{12\,i}{10} \times \frac{3+4\,i}{5} = -\frac{6\,i}{5} \times \frac{3+4\,i}{5} = -\frac{6\,i(3+4\,i)}{25} = -\frac{18\,i+24\,i^2}{25}$$

$$= -\frac{18\,i-24}{25} = \mathbf{\frac{24}{25} - \frac{18}{25}\,\boldsymbol{i}}.$$

1.15 (1) 右辺を展開して

右辺 $= ax^2 - 2ax + a + bx - b + c = ax^2 + (-2a+b)x + (a-b+c)$.

両辺の係数をそれぞれ比較して $a = 2$，$-5 = -2a + b$，$3 = a - b + c$ なので，これらの連立方程式を解くと $\boldsymbol{a = 2}$，$\boldsymbol{b = -1}$，$\boldsymbol{c = 0}$ である．

(2) 両辺を展開する．

左辺 $= x^2(x+2) - a(x-1) - b = x^3 + 2x^2 - ax + a - b$.

右辺 $= c(x-1)^3 + d(x-1)^2 + 3x - 4$

$= cx^3 - 3cx^2 + 3cx - c + dx^2 - 2dx + d + 3x - 4$

$= cx^3 + (-3c+d)x^2 + (3c-2d+3)x + (-c+d-4)$.

両辺の係数をそれぞれ比較して $1 = c$，$2 = -3c + d$，$-a = 3c - 2d + 3$，$a - b = -c + d - 4$ なので，これらの連立方程式を解くと $\boldsymbol{a = 4}$，$\boldsymbol{b = 4}$，$\boldsymbol{c = 1}$，$\boldsymbol{d = 5}$ である．

1.16 (1) 左辺 $= \dfrac{a}{(a-b)(a-c)} + \dfrac{b}{(b-c)(b-a)} + \dfrac{c}{(c-a)(c-b)}$

$$= \frac{a}{(a-b)(a-c)} - \frac{b}{(b-c)(a-b)} + \frac{c}{(a-c)(b-c)}$$

$$= \frac{a(b-c) - b(a-c) + c(a-b)}{(a-b)(b-c)(c-a)} = \frac{ab - ac - ba + bc + ca - cb}{(a-b)(b-c)(a-c)}$$

$$= \frac{0}{(a-b)(b-c)(a-c)} = 0 = \text{右辺}.$$

(2) $x + y + z = 0$ より $z = -(x+y)$ なのでそれぞれの辺に代入すると，

$$x^2 - yz = x^2 - y \cdot \{-(x+y)\} = x^2 + y(x+y) = x^2 + xy + y^2.$$

$$y^2 - zx = y^2 - \{-(x+y)\} \cdot x = y^2 + (x+y)x = y^2 + x^2 + xy.$$

$$z^2 - xy = \{-(x+y)\}^2 - xy = (x+y)^2 - xy = x^2 + xy + y^2.$$

ゆえにすべての辺が等しくなるので等式が成り立つ．

1.17 $x : y : z = a : b : c$ より $\dfrac{x}{a} = \dfrac{y}{b} = \dfrac{z}{c} = k$ (比例定数) とおくと，

$x = ka$，$y = kb$，$z = kc$ なので，両辺に代入して

左辺 $= \dfrac{(x+y+z)^2}{(a+b+c)^2} = \dfrac{(ka+kb+kc)^2}{(a+b+c)^2} = \dfrac{k^2(a+b+c)^2}{(a+b+c)^2} = k^2$.

右辺 $= \dfrac{xy+yz+zx}{ab+bc+ca} = \dfrac{ka \cdot kb + kb \cdot kc + kc \cdot ka}{ab+bc+ca} = \dfrac{k^2(ab+bc+ca)}{ab+bc+ca} = k^2$.

ゆえに左辺と右辺がともに k^2 で等しくなるので等式が成り立つ.

1.18 (1) 左辺 − 右辺 $= a^2x^2 + a^2y^2 + b^2x^2 + b^2y^2 - \{(ax)^2 + 2 \cdot ax \cdot by + (by)^2\}$
$= a^2x^2 + a^2y^2 + b^2x^2 + b^2y^2 - a^2x^2 - 2axby - b^2y^2$
$= a^2y^2 - 2axby + b^2x^2 = (ay)^2 - 2 \cdot ay \cdot bx + (bx)^2 = (ay - bx)^2 \geqq 0$.
ゆえに不等式が成り立つ.

(2) 両辺に 3 をかけて $3(a^2 + b^2 + c^2) \geqq (a + b + c)^2$ を示せばよい.
左辺 − 右辺 $= 3a^2 + 3b^2 + 3c^2 - (a^2 + b^2 + c^2 + 2ab + 2bc + 2ca)$
$= 2a^2 + 2b^2 + 2c^2 - 2ab - 2bc - 2ca$
$= (a^2 - 2ab + b^2) + (b^2 - 2bc + c^2) + (c^2 - 2ca + a^2)$
$= (a - b)^2 + (b - c)^2 + (c - a)^2 \geqq 0$.
ゆえに不等式が成り立つ.

(3) $a^4 + b^4 - 2a^2b^2 = (a^2 - b^2)^2 \geqq 0$ より $a^4 + b^4 \geqq 2a^2b^2$,
$c^4 + d^4 - 2c^2d^2 = (c^2 - d^2)^2 \geqq 0$ より $c^4 + d^4 \geqq 2c^2d^2$ に注意すると,
左辺 − 右辺 $\geqq 2a^2b^2 + 2c^2d^2 - 4abcd = 2(a^2b^2 + c^2d^2 - 2abcd)$
$= 2\{(ab)^2 + (cd)^2 - 2 \cdot ab \cdot cd\} = 2(ab - cd)^2 \geqq 0$.
ゆえに不等式が成り立つ.

総合演習 2 .... (68p)

2.1 (1) $y = (x + 2)^2 - 5$ なので, 頂点は $(-2, -5)$ で下に凸, y 軸との交点は -1.

(2) $y = -(x - 1)^2 + 3$ なので, 頂点は $(1, 3)$ で上に凸, y 軸との交点は 2.

(3) $y = 2(x + 1)^2 - 3$ なので, 頂点は $(-1, -3)$ で下に凸, y 軸との交点は -1.

(4) $y = 6\left(x + \dfrac{1}{12}\right)^2 - \dfrac{25}{24}$ なので, 頂点は $\left(-\dfrac{1}{12}, -\dfrac{25}{24}\right)$ で下に凸, y 軸との交点は -1.

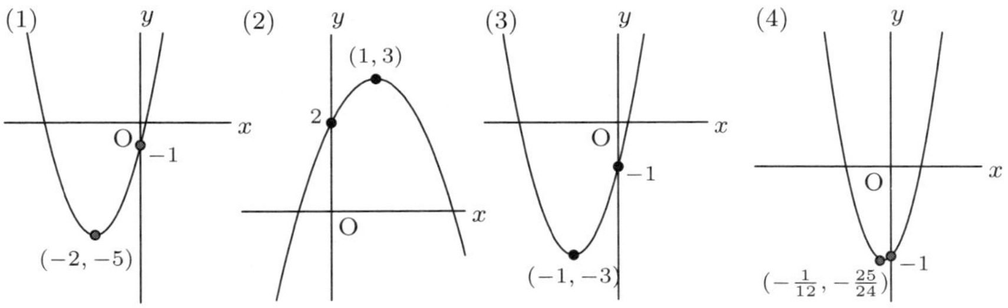

2.2 (1) $y = a(x - 2)^2 - 1$ とおくと, 点 $(0, 3)$ を通るので代入して
$3 = a(0 - 2)^2 - 1 = 4a - 1$. ゆえに $a = 1$ なので $\boldsymbol{y = (x - 2)^2 - 1}$.

(2) $y = a(x + 1)^2 + q$ とおくと,
点 $(1, -5)$ を通るので代入して $-5 = a(1 + 1)^2 + q = 4a + q \cdots$ ①.
また点 $(-2, 1)$ を通るので代入して $1 = a(-2 + 1)^2 + q = a + q \cdots$ ②.
ゆえに①, ②より連立方程式を解いて $a = -2$, $q = 3$ なので $\boldsymbol{y = -2(x + 1)^2 + 3}$.

(3) $y=3(x-(-2))^2+3=3(x+2)^2+3$．ゆえに $\boldsymbol{y=3(x+2)^2+3}$.

(4) $y=ax^2+bx+c$ とおくと，
点 $(1,3)$ を通るので代入して $3=a\cdot 1^2+b\cdot 1+c=a+b+c\cdots$①.
また点 $(-1,1)$ を通るので代入して $1=a\cdot(-1)^2+b\cdot(-1)+c=a-b+c\cdots$②.
さらに点 $(2,-2)$ を通るので代入して $-2=a\cdot 2^2+b\cdot 2+c=4a+2b+c\cdots$③.
ゆえに①，②，③より連立方程式を解いて $a=-2$，$b=1$，$c=4$ なので
$\boldsymbol{y=-2x^2+x+4}$.

2.3　(1) $y=(x-2)^2-3$ より，頂点は $(2,-3)$ で下に凸なので，
最大値なし，$x=2$ のとき**最小値** $\boldsymbol{y=-3}$.

(2) $y=-(x+1)^2+5$ より，頂点は $(-1,5)$ で上に凸なので，
$x=-1$ のとき**最大値** $\boldsymbol{y=5}$，**最小値**なし.

(3) $y=6\left(x-\dfrac{1}{12}\right)^2-\dfrac{49}{24}$ より，頂点は $\left(\dfrac{1}{12},-\dfrac{49}{24}\right)$ で下に凸なので，
最大値なし，$x=\dfrac{1}{12}$ のとき**最小値** $\boldsymbol{y=-\dfrac{49}{24}}$.

(4) $y=-\left(x-\dfrac{3}{2}\right)^2+\dfrac{49}{4}$ より，頂点は $\left(\dfrac{3}{2},\dfrac{49}{4}\right)$ で上に凸なので，
$x=\dfrac{3}{2}$ のとき**最大値** $\boldsymbol{y=\dfrac{49}{4}}$，**最小値**なし.

2.4　(1) $y=(x-2)^2+1$ より頂点は $(2,1)$ で $x=2$ のとき $y=1$.
$x=-1$ のとき $y=10$，$x=3$ のとき $y=2$ なので y の値を比較して，
$x=-1$ のとき**最大値** $\boldsymbol{y=10}$，$x=2$ のとき**最小値** $\boldsymbol{y=1}$.

(2) $y=-(x+1)^2-3$ より頂点は $(-1,-3)$ で $x=-1$ のとき $y=-3$.
$x=-2$ のとき $y=-4$，$x=1$ のとき $y=-7$ なので y の値を比較して，
$x=-1$ のとき**最大値** $\boldsymbol{y=-3}$，$x=1$ のとき**最小値** $\boldsymbol{y=-7}$.

(3) $y=(x-2)^2-2$ より頂点は $(2,-2)$ で，$x=2$ のとき $y=-2$.
しかし頂点の x 座標は指定された範囲に含まれないので考えなくてよい.
$x=-2$ のとき $y=14$，$x=0$ のとき $y=2$ なので，y の値を比較して，
$x=-2$ のとき**最大値** $\boldsymbol{y=14}$，$x=0$ のとき**最小値** $\boldsymbol{y=2}$.

(4) $y=-2(x-1)^2+5$ より頂点は $(1,5)$ で，$x=1$ のとき $y=5$.
しかし頂点の x 座標は指定された範囲に含まれないので考えなくてよい.
$x=2$ のとき $y=3$，$x=4$ のとき $y=-13$ なので，y の値を比較して，
$x=2$ のとき**最大値** $\boldsymbol{y=3}$，$x=4$ のとき**最小値** $\boldsymbol{y=-13}$.

2.5　頂点を (p,q) とおく．指定された平行移動を行うと頂点は $(p-3,q+2)$ に移るので $p-3=-2$，$q+2=4$，つまり $p=1$，$q=2$ である.

ここで $y=x^2+ax+b$ の頂点は $p=-\dfrac{a}{2}$，$q=-\dfrac{a^2-4b}{4}$ なので代入して，

$-\dfrac{a}{2}=1$ より $\boldsymbol{a=-2}$，$-\dfrac{a^2-4b}{4}=2$ より $a^2-4b=-8$，つまり $\boldsymbol{b=3}$.

2.6　(1) $xy=k$ とおくと，$2x+y=4$ より $y=4-2x$ なので代入して，

$k = x(4-2x) = 4x - 2x^2 = -2(x-1)^2 + 2.$
ゆえに頂点は $(1,2)$ で上に凸なので，$x=1$ のとき最大値をもつ．
$x=1$ のとき $y=2$ なので，$\boldsymbol{x=1}$，$\boldsymbol{y=2}$ のとき**最大値 2** である．

(2) $2x^2+3y^2=k$ とおくと，$x-2y=5$ より $x=5+2y$ なので代入して，

$$k = 2(5+2y)^2 + 3y^2 = 11y^2 + 40y + 50 = 11\left(y + \frac{20}{11}\right)^2 + \frac{150}{11}.$$

ゆえに頂点は $\left(-\dfrac{20}{11}, \dfrac{150}{11}\right)$ で下に凸なので $y = -\dfrac{20}{11}$ のとき最小値をもつ．

$y = -\dfrac{20}{11}$ のとき $x = \dfrac{15}{11}$ なので，$\boldsymbol{x = -\dfrac{20}{11}}$，$\boldsymbol{y = \dfrac{15}{11}}$ のとき**最小値 $\boldsymbol{\dfrac{150}{11}}$**．

(3) $x-2y=k$ とおくと，$2x^2+y=3x$ より $y=3x-2x^2$ なので代入して，

$$k = x - 2(3x-2x^2) = 4x^2 - 5x = 4\left(x - \frac{5}{8}\right)^2 - \frac{25}{16}.$$

ゆえに頂点は $\left(\dfrac{5}{8}, -\dfrac{25}{16}\right)$ で下に凸なので，$x = \dfrac{5}{8}$ で最小値をもつ．

$x = \dfrac{5}{8}$ のとき $y = \dfrac{35}{32}$ なので，$\boldsymbol{x = \dfrac{5}{8}}$，$\boldsymbol{y = \dfrac{35}{32}}$ のとき**最小値 $\boldsymbol{-\dfrac{25}{16}}$**．

2.7　$x^2+3y^2=1$ より $y^2 = \dfrac{1-x^2}{3} \cdots$①．
$y^2 \geqq 0$ より $1-x^2 \geqq 0$，つまり $-1 \leqq x \leqq 1 \cdots$②．

①を z に代入して $z = 3x + 2y^2 = 3x + 2\cdot\dfrac{1-x^2}{3} = -\dfrac{2}{3}\left(x - \dfrac{9}{4}\right)^2 + \dfrac{97}{24}.$

②の範囲で上式の最大値，最小値を考えると，$\boldsymbol{x=1}$，$\boldsymbol{y=0}$ で**最大値 3**，
$\boldsymbol{x=-1}$，$\boldsymbol{y=0}$ で**最小値 -3**．

2.8　2 つの正方形の 1 辺の長さをそれぞれ x，y とおくと，周の長さの和が 100 cm なので
$4x+4y=100$，つまり $x+y=25$，$y=25-x \cdots$① である．
2 つの正方形の面積比が 1 : 2 なので $x^2 : y^2 = 1 : 2$，つまり $2x^2 = y^2$ である．
ゆえに①を代入すると $2x^2 = (25-x)^2$，$x^2+50x-625=0$ である．
これを解いて $x = -25 \pm 25\sqrt{2}$ であるが，$x>0$ なので $x = 25(\sqrt{2}-1)$ である．
また①より $y = 25(2-\sqrt{2})$ なので，1 辺の長さをそれぞれ $\boldsymbol{25(\sqrt{2}-1)}$ **cm**，
$\boldsymbol{25(2-\sqrt{2})}$ **cm** とすればよい．

2.9　直角をはさむ 2 辺の長さをそれぞれ x，y とおくと，斜辺の長さは三平方の定理より $\sqrt{x^2+y^2}$ で表される．2 乗して $l = x^2+y^2 \cdots$① とおくとき l が最小になる場合を考えればよい．
2 辺の長さの和が一定なので a とおくと $x+y=a$，つまり $y=a-x$ なので①に代入すると $l = x^2 + (a-x)^2 = 2x^2 - 2ax + a^2 = 2\left(x - \dfrac{a}{2}\right)^2 + \dfrac{a^2}{2}$．よって，頂点は $\left(\dfrac{a}{2}, \dfrac{a^2}{2}\right)$ で下に凸である．ゆえに $x = \dfrac{a}{2}$ で最小値をもつ．

ここで $x = \dfrac{a}{2}$ のとき $y = \dfrac{a}{2}$ なので $x=y$ となり，斜辺の長さが最小になるのは**直角二等辺三角形**の場合である．

2.10　(1) $x^2+2x-3=(x+3)(x-1)=0$ より $\boldsymbol{x=-3,\ 1}$．

(2) $6x^2+x-2=(2x-1)(3x+2)=0$ より $\boldsymbol{x=-\frac{2}{3},\ \frac{1}{2}}$.

(3) 解の公式より $x=\dfrac{-(-2)\pm\sqrt{(-2)^2-4\times2\times(-1)}}{2\times2}=\boldsymbol{\dfrac{1\pm\sqrt{3}}{2}}$.

(4) 解の公式より $x=\dfrac{-4\pm\sqrt{4^2-4\times1\times9}}{2\times1}=\boldsymbol{-2\pm\sqrt{5}\,i}$.

(5) $50x^2-20x+2=2(5x-1)^2=0$ より $\boldsymbol{x=\frac{1}{5}}$ (2 重解)

(6) 一方に項を集めると $3x^2-x+5=0$ となるので，解の公式より

$x=\dfrac{-(-1)\pm\sqrt{(-1)^2-4\times3\times5}}{2\times3}=\boldsymbol{\dfrac{1\pm\sqrt{59}\,i}{6}}$.

2.11　(1) $D=4^2-4\times1\times(2a-1)=4(5-2a)\geqq0$ より $\boldsymbol{a\leqq\frac{5}{2}}$.

(2) $D=(-4a)^2-4\times2\times(3a-1)=8(a-1)(2a-1)\geqq0$ より $\boldsymbol{a\leqq\frac{1}{2},\ 1\leqq a}$.

2.12　(1) $D=(2m)^2-4\times1\times(-m)=4m(m+1)=0$ より $\boldsymbol{m=-1,\ 0}$.

(2) $D=(m+3)^2-4\times1\times m^2=-3(m+1)(m-3)=0$ より $\boldsymbol{m=-1,\ 3}$.

2.13　解と係数の関係より $\alpha+\beta=-\dfrac{-2}{2}=1$，$\alpha\beta=\dfrac{-1}{2}=-\dfrac{1}{2}$.

(1) $\alpha^2+\beta^2=(\alpha+\beta)^2-2\alpha\beta=1^2-2\times\left(-\dfrac{1}{2}\right)=\boldsymbol{2}$.

(2) $\alpha^3+\beta^3=(\alpha+\beta)^3-3\alpha\beta(\alpha+\beta)=1^3-3\times\left(-\dfrac{1}{2}\right)\times1=\boldsymbol{\dfrac{5}{2}}$.

(3) $\alpha^4+\beta^4=(\alpha^2)^2+(\beta^2)^2=(\alpha^2+\beta^2)^2-2\alpha^2\beta^2=(\alpha^2+\beta^2)^2-2(\alpha\beta)^2$

$=2^2-2\times\left(-\dfrac{1}{2}\right)^2=\boldsymbol{\dfrac{7}{2}}$.

(4) $\alpha^5+\beta^5=(\alpha+\beta)^5-5\alpha\beta(\alpha^3+\beta^3)-10\alpha^2\beta^2(\alpha+\beta)$

$=1^5-5\times\left(-\dfrac{1}{2}\right)\times\dfrac{5}{2}-10\times\left(-\dfrac{1}{2}\right)^2\times1=\boldsymbol{\dfrac{19}{4}}$.

(5) $\dfrac{\beta}{\alpha}+\dfrac{\alpha}{\beta}=\dfrac{\beta+\alpha}{\alpha\beta}=\dfrac{2}{-\frac{1}{2}}=\boldsymbol{-4}$.

(6) $(\alpha-\beta)^2=\alpha^2+\beta^2-2\alpha\beta=2-2\times\left(-\dfrac{1}{2}\right)=\boldsymbol{3}$.

(7) $\dfrac{\beta}{\alpha+2}+\dfrac{\alpha}{\beta+2}=\dfrac{\beta(\beta+2)+\alpha(\alpha+2)}{(\alpha+2)(\beta+2)}=\dfrac{\alpha^2+\beta^2+2(\alpha+\beta)}{\alpha\beta+2(\alpha+\beta)+4}$

$=\dfrac{2+2\times1}{-\frac{1}{2}+2\times1+4}=\boldsymbol{\dfrac{8}{11}}$.

2.14　解と係数の関係より $\alpha+\beta=-\dfrac{-3}{2}=\dfrac{3}{2}$，$\alpha\beta=\dfrac{-4}{2}=-2$ なので，

(1) 和：$(3\alpha-1)+(3\beta-1)=3(\alpha+\beta)-2=3\times\dfrac{3}{2}-2=\dfrac{5}{2}$,

積：$(3\alpha-1)(3\beta-1)=9\alpha\beta-3(\alpha+\beta)+1=9\times(-2)-3\times\dfrac{3}{2}+1=-\dfrac{43}{2}$.

ゆえに求める 2 次方程式は $x^2-\dfrac{5}{2}x-\dfrac{43}{2}=0$，つまり $\boldsymbol{2x^2-5x-43=0}$.

(2) 和：$\dfrac{1}{\alpha}+\dfrac{1}{\beta}=\dfrac{\beta+\alpha}{\alpha\beta}=\dfrac{\frac{3}{2}}{-2}=-\dfrac{3}{4}$，積：$\dfrac{1}{\alpha}\times\dfrac{1}{\beta}=\dfrac{1}{\alpha\beta}=\dfrac{1}{-2}=-\dfrac{1}{2}$.

ゆえに求める 2 次方程式は $x^2-\left(-\dfrac{3}{4}\right)x-\dfrac{1}{2}=x^2+\dfrac{3}{4}x-\dfrac{1}{2}=0$,

つまり $\boldsymbol{4x^2+3x-2=0}$.

(3) 和：$\alpha^3+\beta^3=(\alpha+\beta)^3-3\alpha\beta(\alpha+\beta)=\left(\dfrac{3}{2}\right)^3-3\times(-2)\times\dfrac{3}{2}=\dfrac{99}{8}$,

積：$\alpha^3\beta^3=(\alpha\beta)^3=(-2)^3=-8$.

ゆえに求める 2 次方程式は $x^2-\dfrac{99}{8}x-8=0$，つまり $\boldsymbol{8x^2-99x-64=0}$.

2.15 (1) y を消去して $-2x^2+6x-5=-3x+2$，つまり $2x^2-9x+7=0$.
この 2 次方程式の実数解が共有点の x 座標を与える.

$2x^2-9x+7=(x-1)(2x-7)=0$ より $x=1,\ \dfrac{7}{2}$.

$x=1$ のとき $y=-1$，$x=\dfrac{7}{2}$ のとき $y=-\dfrac{17}{2}$ なので,

共有点は $\boldsymbol{(1,\ -1)}$，$\boldsymbol{\left(\dfrac{7}{2},\ -\dfrac{17}{2}\right)}$.

(2) y を消去して $x^2-4x+1=-x^2+2x+1$，つまり $2x^2-6x=0$.
この 2 次方程式の実数解が共有点の x 座標を与える．$2x^2-6x=2x(x-3)=0$ より
$x=0, 3$．$x=0$ のとき $y=1$，$x=3$ のとき $y=-2$ なので,
共有点は $\boldsymbol{(0,\ 1)}$，$\boldsymbol{(3,\ -2)}$.

2.16 y を消去して $x^2+1=ma$，つまり $x^2-mx+1=0$．この 2 次方程式の実数解が共有点の x 座標を与えるので 2 つの実数解をもつ，つまり判別式 $D>0$ であればよい.
ゆえに $D=(-m)^2-4\times1\times1=m^2-4=(m+2)(m-2)>0$ とおくと $\boldsymbol{m<-2}$,
$\boldsymbol{2<m}$.

2.17 (1) $P(x)=2x^3+7x^2+4x-4$ とおくと,
$P(-2)=2\times(-2)^3+7\times(-2)^2+4\times(-2)-4=0$ なので $P(x)$ を $x+2$ で割って,
$P(x)=(x+2)(2x^2+3x-2)=(x+2)^2(2x-1)=0$.

ゆえに $\boldsymbol{x=-2}$ (2 重解)，$\boldsymbol{\dfrac{1}{2}}$.

(2) $P(x)=x^4+3x^3-3x^2-7x+6$ とおくと,
$P(1)=1^4+3\times1^3-3\times1^2-7\times1+6=0$ なので $P(x)$ を $x-1$ で割って,
$P(x)=(x-1)(x^3+4x^2+x-6)$.
さらに $Q(x)=x^3+4x^2+x-6$ とおくと，$Q(1)=1^3+4\times1^2+1-6=0$ なので
$Q(x)$ をまた $x-1$ で割って，$Q(x)=(x-1)(x^2+5x+6)=(x-1)(x+2)(x+3)$.
ゆえにこれらを合わせて $P(x)=(x-1)^2(x+2)(x+3)=0$.
ゆえに $\boldsymbol{x=1}$ (2 重解)，$\boldsymbol{-2}$，$\boldsymbol{-3}$.

2.18 (1) $4x-7x<2+1$，$-3x<3$．ゆえに $\boldsymbol{x>-1}$．

(2) $x^2+x-12=(x-3)(x+4)\geqq 0$．ゆえに $\boldsymbol{x\leqq -4}$，$\boldsymbol{3\leqq x}$．

(3) $x^2-4x+4=(x-2)^2\geqq 0$．ゆえに**すべての実数** $\boldsymbol{x}$．

(4) $x^3-3x^2+4=(x+1)8x-2)^2\leqq 0$．すべての x について $(x-2)^2\geqq 0$ なので，両辺を $(x-2)^2$ で割って $x+1\leqq 0$．ゆえに $\boldsymbol{x\leqq -1}$．

(5) $2x-3x\leqq -2-1$，$-x\leqq -3$．ゆえに $x\geqq 3\cdots$①．

また $6x^2-7x-10=(x-2)(6x+5)\leqq 0$．ゆえに $-\dfrac{5}{6}\leqq x\leqq 2\cdots$②．

ゆえに①と②より共通部分はないので**解はなし**．

(6) $2x^2-4x-5\leqq 0$．$2x^2-4x-5=0$ の解を解の公式から求めると

$x=\dfrac{2\pm\sqrt{14}}{2}$ なので，$\dfrac{2-\sqrt{14}}{2}\leqq x\leqq\dfrac{2+\sqrt{14}}{2}\cdots$①．

また $3x^2-7x-10<0$．$3x^2-7x-10=0$ の解を解の公式から求めると

$x=-1$，$\dfrac{10}{3}$ なので，$-1<x<\dfrac{10}{3}\cdots$②．

ゆえに①と②の共通部分は $\boldsymbol{\dfrac{2-\sqrt{14}}{2}\leqq x\leqq\dfrac{2+\sqrt{14}}{2}}$．

2.19 (1) $ax^3+bx^2+cx+d=0$ の両辺を a で割ると $x^3+\dfrac{b}{a}x^2+\dfrac{c}{a}x+\dfrac{d}{a}=0\cdots$①．

α，β，γ は上の方程式の 3 つの解なので，上の方程式の左辺は $(x-\alpha)(x-\beta)(x-\gamma)$ と因数分解できる．これを展開すると $x^3-(\alpha+\beta+\gamma)x^2+(\alpha\beta+\beta\gamma+\gamma\alpha)x-\alpha\beta\gamma\cdots$②．

ゆえに 2 つの式①と②の係数を比較して，$-(\alpha+\beta+\gamma)=\dfrac{b}{a}$，$\alpha\beta+\beta\gamma+\gamma\alpha=\dfrac{c}{a}$，

$-\alpha\beta\gamma=\dfrac{d}{a}$ となるので，3 次方程式の解と係数の関係が成り立つ．

(2) 3 つの解を α，β，γ とおくとき，例えば α と β の差が 4 とすると $\beta=\alpha+4$．
これを解と係数の関係に代入して，$4=\alpha+\beta+\gamma=\alpha+(\alpha+4)+\gamma=2\alpha+\gamma+4$
なので $2\alpha+\gamma=0$，つまり $\gamma=-2\alpha$．さらにこれを解と係数の関係に代入して，
$-4=\alpha\beta+\beta\gamma+\gamma\alpha=\alpha(\alpha+4)+(\alpha+4)(-2\alpha)+(-2\alpha)\alpha=-3\alpha^2-4\alpha$．

つまり $3\alpha^2+4\alpha-4=(\alpha+2)(3\alpha-2)=0$．ゆえに $\alpha=-2$，$\dfrac{2}{3}$．

ゆえに $\alpha=-2$ のとき $\beta=-2+4=2$，$\gamma=-2\times(-2)=4$．
さらに解と係数の関係に代入して $-m=\alpha\beta\gamma=(-2)\times 2\times 4=-16$ なので $m=16$．
また $\alpha=\dfrac{2}{3}$ のとき $\beta=\dfrac{2}{3}+4=\dfrac{14}{3}$，$\gamma=-2\times\dfrac{2}{3}=-\dfrac{4}{3}$．

さらに解と係数の関係に代入して $-m=\alpha\beta\gamma=\dfrac{2}{3}\times\dfrac{14}{3}\times\left(-\dfrac{4}{3}\right)=-\dfrac{112}{27}$ なので

$m=\dfrac{112}{27}$．

以上より解は $\boldsymbol{-2}$，$\boldsymbol{2}$，$\boldsymbol{4}$，$\boldsymbol{m=16}$，または $\boldsymbol{\dfrac{2}{3}}$，$\boldsymbol{\dfrac{14}{3}}$，$\boldsymbol{-\dfrac{4}{3}}$，$\boldsymbol{m=\dfrac{112}{27}}$．

総合演習 3 ……………………………………(80p)

3.1 $A = \{50, 55, 60, 65, 70, 75, 80, 85, 90\}$, $B = \{50, 60, 70, 80, 90\}$,
$C = \{54, 60, 66, 72, 78, 84, 90\}$ である．

(1) $A \supset B$ なので，$A \cap B = B = \boldsymbol{\{50, 60, 70, 80, 90\}}$.

(2) $A \cap C = \boldsymbol{\{60, 90\}}$. ($A \cap C$ は 5 と 6 の最小公倍数 30 の倍数)

(3) $A \cap \overline{B} = \boldsymbol{\{55, 65, 75, 85\}}$.

(4) $A \supset B$ なので $A \cup B = A$ より，
$\overline{A \cup B} = \overline{A} = \boldsymbol{\{51, 52, 53, 54, 56, 57, 58, 59, 61, 62, 63, 64, 66, 67, 68, 69, 71, 72, 73, 74, 76, 77, 78, 79, 81, 82, 83, 84, 86, 87, 88, 89\}}$

(5) ド・モルガンの法則より
$\overline{A} \cap \overline{C} = \overline{A \cup C} = \boldsymbol{\{51, 52, 53, 56, 57, 58, 59, 61, 62, 63, 64, 67, 68, 69, 71, 73, 74, 76, 77, 79, 81, 82, 83, 86, 87, 88, 89\}}$.

3.2 (1) $A = A \cap B \subset B$ なので $\boldsymbol{A \subset B}$.

(2) $B \subset A \cup B = A$ なので $\boldsymbol{A \supset B}$.

(3) $A \supset A \cap B = A \cup B \supset B$ より $A \supset B$，また $B \supset A \cap B = A \cup B \supset A$ より $B \supset A$ なので，$A \subset B$ かつ $A \supset B$ となり $\boldsymbol{A = B}$.

3.3 右図を参考にして，

(1) $A \cap B = \boldsymbol{\{x \mid -1 < x < 3\}}$.

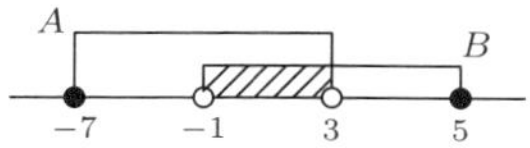

(2) $\overline{A} = \boldsymbol{\{x \mid x < -7,\ 3 \leqq x\}}$.

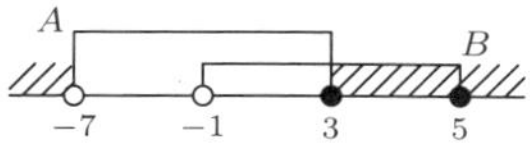

(3) $\overline{A} \cup \overline{B} = \boldsymbol{\{x \mid x \leqq -1,\ 3 \leqq x\}}$

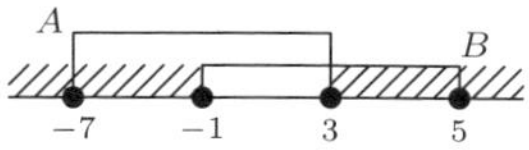

(4) $\overline{A \cup B} = \boldsymbol{\{x \mid x < -7,\ 5 < x\}}$

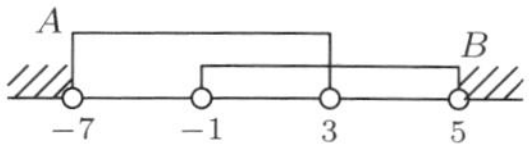

(5) $A \cap \overline{B} = \boldsymbol{\{x \mid -7 \leqq x \leqq -1\}}$

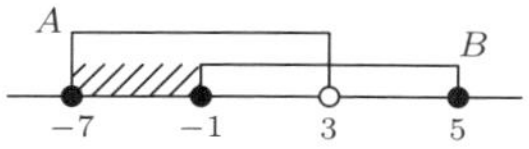

3.4 整理すると $n(U) = 40$, $n(A) = 13$, $n(B) = 16$, $n(C) = 17$, $n(\overline{A \cup B \cup C}) = 6$, $n(A \cap B) = 3$, $n(B \cap C) = 4$, $n(A \cup C) = 24$ である．

(1) $n(A \cup B \cup C) = n(U) - n(\overline{A \cup B \cup C}) = 40 - 6 = \boldsymbol{34}$ 人.

(2) $n(A \cup B) = n(A) + n(B) - n(A \cap B) = 13 + 16 - 3 = \boldsymbol{26}$ 人.

(3) $n(A \cap C) = n(A) + n(C) - n(A \cup C) = 13 + 17 - 24 = \boldsymbol{6}$ 人.

(4) $n(A \cap B \cap C) = n((A \cap B) \cap C) = n(A \cap B) + n(C) - n((A \cap B) \cup C)$
$= n(A \cap B) + n(C) - n((A \cup C) \cap (B \cup C))$
$= n(A \cap B) + n(C) - \{n(A \cup C) + n(B \cup C) - n((A \cup C) \cup (B \cup C))\}$
$= n(A \cap B) + n(C) - n(A \cup C) - n(B \cup C) + n(A \cup B \cup C)$
$= n(A \cap B) + n(C) - n(A \cup C) - \{n(B) + n(C) - n(B \cap C)\} + n(A \cup B \cup C)$

$= n(A \cap B) - n(A \cup C) - n(B) + n(B \cap C) + n(A \cup B \cup C)$

$= 3 - 24 - 16 + 4 + 34 =$ **1 人**.

※ (4) は次の関係式を使っても同じ値がでる.

$n(A \cup B \cup C) = n(A) + n(B) + n(C) - n(A \cap B) - n(B \cap C) - n(C \cap A) + n(A \cap B \cap C)$

3.5 (1) $200 \div 2 = 100$ より $\boldsymbol{n(A) = 100}$ **個**. $200 \div 3 = 66.6...$ より $\boldsymbol{n(B) = 66}$ **個**.
$200 \div 5 = 40$ より $\boldsymbol{n(C) = 40}$ **個**.

(2) $A \cap B$ は 2 の倍数かつ 3 の倍数の集合なので 6 の倍数の集合. ゆえに $200 \div 6 = 33.3...$ より $\boldsymbol{n(A \cap B) = 33}$ **個**. 同様に $B \cap C$ は 15 の倍数の集合.
ゆえに $200 \div 15 = 13.3...$ より $\boldsymbol{n(B \cap C) = 13}$ **個**. 同様に $C \cap A$ は 10 の倍数の集合.
ゆえに $200 \div 10 = 20$ より $\boldsymbol{n(C \cap A) = 20}$ **個**.

(3) $A \cap B \cap C$ は 2 の倍数かつ 3 の倍数かつ 5 の倍数の集合なので, 最小公倍数の 30 の倍数の集合. ゆえに $200 \div 30 = 6.6...$ より $\boldsymbol{n(A \cap B \cap C) = 6}$ **個**.

(4) $n(A \cup B \cup C) = n((A \cup B) \cup C) = n(A \cup B) + n(C) - n((A \cup B) \cap C)$

$= \{n(A) + n(B) - n(A \cap B)\} + n(C) - n((A \cap C) \cup (B \cap C))$

$= n(A) + n(B) - n(A \cap B) + n(C) - \{n(A \cap C) + n(B \cap C) - n((A \cap C) \cap (B \cap C))\}$

$= n(A) + n(B) - n(A \cap B) + n(C) - n(A \cap C) - n(B \cap C) + n(A \cap B \cap C)$

$= 100 + 66 - 33 + 40 - 20 - 13 + 6 =$ 146 **個**.

3.6 (1) **真**.

(2) **偽**. (反例: ひし形も対角線は垂直に交わる).

(3) **真**.

(4) **偽**. (反例: 大きさの異なる相似な三角形も 3 つの角の大きさがそれぞれ等しい).

3.7 (1) もと :「$a > b$ ならば $a^2 > b^2$ である」**偽**. (反例: $a = 1$, $b = -2$)
逆 :「$a^2 > b^2$ ならば $a > b$ である」**偽**. (反例: $a = -2$, $b = 1$)
裏 :「$a \leqq b$ ならば $a^2 \leqq b^2$ である」**偽**. (反例: $a = -2$, $b = 1$)
対偶 :「$a^2 \leqq b^2$ ならば $a \leqq b$ である」**偽**. (反例: $a = 1$, $b = -2$)

(2) もと :「$ab = 0$ ならば $a = 0$ または $b = 0$ である」**真**.
逆 :「$a = 0$ または $b = 0$ ならば $ab = 0$ である」**真**.
裏 :「$ab \neq 0$ ならば $a \neq 0$ かつ $b \neq 0$ である」**真**.
対偶 :「$a \neq 0$ かつ $b \neq 0$ ならば $ab \neq 0$ である」**真**.

(3) もと :「$|ab| = 1$ ならば $|a| = |b| = 1$ である」**偽**. (反例 : $a = 0.5$, $b = 2$)
逆 :「$|a| = |b| = 1$ ならば $|ab| = 1$ である」**真**.
裏 :「$|ab| \neq 1$ ならば $|a| \neq 1$ または $|b| \neq 1$ である」**真**.
対偶 :「$|a| \neq 1$ または $|b| \neq 1$ ならば $|ab| \neq 1$ である」**偽**.
(反例 : $a = 0.5$, $b = 2$)

(4) もと :「三角形 ABC について, AB = AC ならば ∠B = ∠C である」**真**.
逆 :「三角形 ABC について, ∠B = ∠C ならば AB = AC である」**真**.
裏 :「三角形 ABC について, AB ≠ AC ならば ∠B ≠ ∠C である」**真**.
対偶 :「三角形 ABC について, ∠B ≠ ∠C ならば AB ≠ AC である」**真**.

3.8 (1)「$x = y$ ならば $x^2 = y^2$ である」は真.「$x^2 = y^2$ ならば $x = y$ である」は偽.

ゆえに**十分条件**である．

(2)「$a+b$ と ab がともに実数であるならば a と b もともに実数である」は偽．
「a と b はともに実数であるならば $a+b$ と ab もともに実数である」は真．
ゆえに**必要条件**である．

(3)「整数 a と b がともに偶数であるならば ab も偶数である」は真．
「ab が偶数であるならば整数 a と b も偶数である」は偽．ゆえに**十分条件**である．

(4)「対応する 3 辺の長さがそれぞれ等しいならば，2 つの三角形は合同である」は真．「2 つの三角形は合同であるならば，対応する 3 辺の長さがそれぞれ等しい」も真．
ゆえに**必要十分条件**である．

3.9 (1) 両辺を 2 乗して 左辺 $= |a+b|^2 = (a+b)^2 = a^2+2ab+b^2$,
右辺 $= (|a|+|b|)^2 = |a|^2+2|a||b|+|b|^2 = a^2+2|ab|+b^2$ なので，
$a^2+2ab+b^2 = a^2+2|ab|+b^2$．ゆえに $2ab = 2|ab|$，つまり $ab = |ab|$．
これが成り立つには $ab > 0$，つまり a または b が 0 か，a と b が同符号であればよい．
また逆に a または b が 0，または a と b が同符号のとき明らかに $|a+b| = |a|+|b|$ が成り立つ．ゆえに必要十分条件は $\boldsymbol{a}$ **または** $\boldsymbol{b}$ **が** $\boldsymbol{0}$，**または** $\boldsymbol{a}$ **と** $\boldsymbol{b}$ **が同符号**である．

(2) a と b が実数であるとき，$a^2+b^2=0$ とすると $0 = a^2+b^2 \geqq a^2 \geqq 0$ なので $a^2=0$．
ゆえに $a=0$．また同様に $0 = a^2+b^2 \geqq b^2 \geqq 0$ なので $b^2=0$．ゆえに $b=0$．
つまり $a=b=0$ である．
逆に $a=b=0$ とすると明らかに $a^2+b^2 = 0^2+0^2 = 0$ なので，必要十分条件は
$\boldsymbol{a=b=0}$ である．

3.10 整数 a，b について，命題「a^2+b^2 が 5 の倍数でないならば，a または b も 5 の倍数でない」を証明する．
対偶を考えると「a と b が 5 の倍数とすると，a^2+b^2 も 5 の倍数である」となる．命題と対偶の真偽値は一致するので対偶が成り立つことを示せばよい．そこで a と b が 5 の倍数とすると，$a=5m$，$b=5n$ とおける．ゆえに a^2+b^2 に代入すると $a^2+b^2 = (5m)^2+(5n)^2 = 5\cdot 5m^2+5\cdot 5n^2 = 5(5m^2+5n^2)$ なので，a^2+b^2 も 5 の倍数である．ゆえに対偶が成り立つので，もとの命題も成り立つ．

3.11 整数 a，b について a^2+b^2 が奇数と仮定する．結論「a と b の一方は偶数，一方は奇数である」を否定して「a と b がともに偶数，またはともに奇数である」とする．
a と b がともに偶数とすると $a=2m$，$b=2n$ とおける．a^2+b^2 に代入して $a^2+b^2 = (2m)^2+(2n)^2 = 2\cdot 2m^2+2\cdot 2n^2 = 2(2m^2+2n^2)$ なので，a^2+b^2 は偶数となり，仮定と矛盾する．
また a と b がともに奇数とすると $a=2m+1$，$b=2n+1$ とおける．a^2+b^2 に代入して $a^2+b^2 = (2m+1)^2+(2n+1)^2 = 4m^2+4m+1+4n^2+4n+1 = 4m^2+4m+4n^2+4n+2 = 2(2m^2+2m+2n^2+2n+1)$ なので，a^2+b^2 は偶数となり，同じく仮定と矛盾する．
ゆえに背理法によりもとの命題が成り立つ．

3.12 (1) $\sqrt{5}$ が有理数とすると，$\sqrt{5} = \dfrac{b}{a}$ と既約分数で表すことができる．ここで a と b は 0 でない整数で互いに素である．ゆえに $a\sqrt{5} = b$．

両辺を 2 乗して $5a^2 = b^2$ なので，b^2 は 5 で割り切れるので b も 5 で割り切れる．
つまり b は 5 の倍数なので，$b = 5m$ とおいて $5a^2 = (5m)^2 = 25m^2$，両辺を 5 で割って $a^2 = 5m^2$．今度は a^2 が 5 で割り切れるので a も 5 で割り切れる．つまり a も 5 の倍数．ゆえに a も b も 5 の倍数となり，a と b が互いに素である　ことに矛盾する．
ゆえに背理法により $\sqrt{5}$ が有理数はまちがいで，$\sqrt{5}$ は無理数である．

(2) $\sqrt{3}+\sqrt{5}$ を有理数 a とする，つまり $\sqrt{3}+\sqrt{5} = a$ とおくと $\sqrt{3} = a - \sqrt{5}$．両辺を 2 乗して $3 = a^2 - 2\sqrt{5}a + 5$．ゆえに $\sqrt{5} = \dfrac{a^2+2}{2a}$．左辺は無理数，右辺は有理数となるので矛盾する．ゆえに背理法により $\sqrt{3}+\sqrt{5}$ は有理数であるはまちがいで，$\sqrt{3}+\sqrt{5}$ は無理数である．

3.13 整数 a，b，c について $a^2 + b^2 = c^2$ とする．
結論「a または b のうち少なくとも 1 つは 3 の倍数である」を否定して，「a，b とも 3 の倍数でない」と仮定する．
a は 3 の倍数でないので 3 で割ったときの余りに注目すると，$a = 3m+1$ または $a = 3m+2$ とおける．同様に b も 3 の倍数でないので 3 で割ったときの余りに注目すると，$b = 3n+1$ または $b = 3n+2$ とおける．
そこでそれぞれの場合について a^2+b^2 を考えると，

$$a^2+b^2 = (3m+1)^2 + (3n+1)^2 = 3(3m^2+2m+3n^2+2n)+2,$$
$$a^2+b^2 = (3m+2)^2 + (3n+1)^2 = 3(3m^2+4m+3n^2+2n+1)+2,$$
$$a^2+b^2 = (3m+1)^2 + (3n+2)^2 = 3(3m^2+2m+3n^2+4n+1)+2,$$
$$a^2+b^2 = (3m+2)^2 + (3n+2)^2 = 3(3m^2+4m+3n^2+4n+2)+2.$$

ゆえにいづれの場合も $a^2+b^2 = 3k+2$ と表せる．
また c も 3 で割ったときの余りに注目すると，$c = 3m$ または $c = 3m+1$ または $c = 3m+2$ とおける．そこでそれぞれの場合について c^2 を考えると，

$$c^2 = (3m)^2 = 3\cdot(3m^2),\ c^2 = (3m+1)^2 = 3(3m^2+2m)+1,$$
$$c^2 = (3m+2)^2 = 3(3m^2+4m+1)+1$$

である．ゆえに，いづれの場合も $3k$ または $3k+1$ と表せる．ここで $a^2+b^2 = c^2$ より a^2+b^2 と c^2 の表し方は同じでなければならないが，異なるので背理法により仮定は間違いで，a または b のうち少なくとも 1 つは 3 の倍数である．

3.14 (1) a，b を有理数とするとき $a + b\sqrt{3} = 0$ とする．もし $b \neq 0$ とすると $\sqrt{3} = -\dfrac{a}{b}$．
a，b は有理数なので右辺は有理数となるが，左辺の $\sqrt{3}$ は無理数なので矛盾する．
ゆえに $b = 0$ でなければならない．ゆえに $a = 0$ でなければならない．

(2) $(2+\sqrt{3})x - (1-2\sqrt{3})y = 1 + 8\sqrt{3}$ を $\sqrt{3}$ について整理して，

$$(2x - y - 1) + (x + 2y - 8)\sqrt{3} = 0.$$

ゆえに (1) の結果より $2x - y - 1 = 0$，$x + 2y - 8 = 0$ でなければならない．
これらの連立方程式を解いて $\boldsymbol{x = 2}$，$\boldsymbol{y = 3}$．

総合演習 4 ……………………………………………………(*102p*)

4.1 (1) $x \geqq \dfrac{2}{3} \Rightarrow y = 3x - 2$, $x < \dfrac{2}{3} \Rightarrow y = -3x + 2$.

(2) $x \leqq -\dfrac{1}{2}$, $1 \leqq x \Rightarrow y = 2x^2 - x - 1$, $-\dfrac{1}{2} < x < 1 \Rightarrow y = -2x^2 + x - 1$.

(3) $x < -2 \Rightarrow y = -3x - 1$, $-2 \leqq x < \dfrac{1}{2} \Rightarrow y = -x + 3$, $x \geqq \dfrac{1}{2} \Rightarrow y = 3x + 1$.

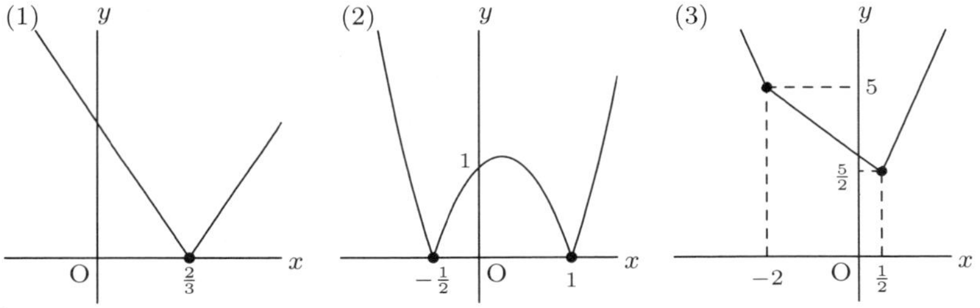

4.2

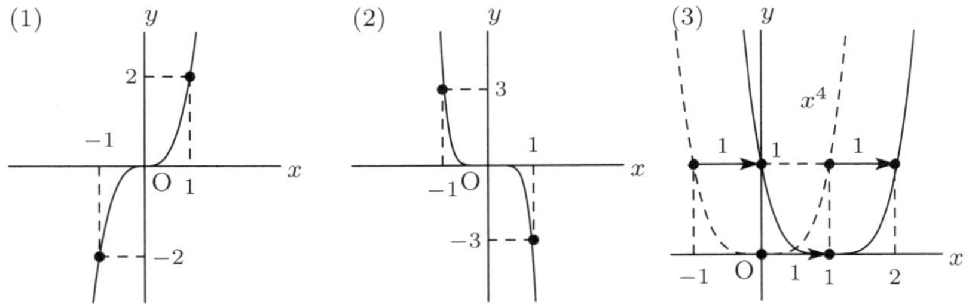

4.3 (1) $y = \dfrac{2}{x-1} + 2$　　(2) $y = \dfrac{-1}{x+2} - 3$　　(3) $y = \dfrac{2}{x-2} + 1$

漸近線：$x = 1$, $y = 2$　　漸近線：$x = -2$, $y = -3$　　漸近線：$x = 2$, $y = 1$

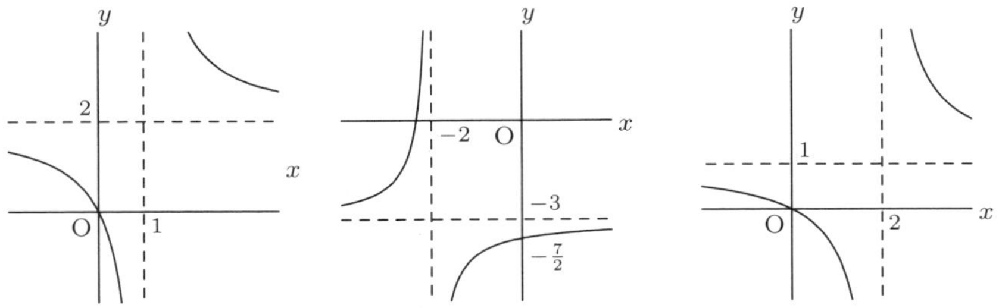

4.4 (1) $\dfrac{1}{x-3} + \dfrac{1}{x} = \dfrac{1}{2}$.

両辺の分母を払って $2x + 2(x-3) = x(x-3)$.

つまり $x^2 - 7x + 6 = (x-1)(x-6) = 0$. ゆえに $x = 1, 6$.

これらは分母を 0 としないので解は $\boldsymbol{x = 1, 6}$.

(2) $\dfrac{x-4}{(x-1)(x+2)} - \dfrac{x-6}{(x+2)(x-2)} = \dfrac{1}{x-1}$.
両辺の分母を払って $(x-2)(x-4)-(x-1)(x-6)=(x+2)(x-2)$.
つまり $x^2-x-6=(x+2)(x-3)=0$. ゆえに $x=-2,\ 3$.
-2 は分母を 0 とするので不適なので，解は $\boldsymbol{x=3}$.

(3) $\dfrac{2x}{(x-1)(x-2)} + \dfrac{1}{(x-3)(x-2)} = \dfrac{4x}{(x-1)(x-3)}$.
両辺の分母を払って $2x(x-3)+(x-1)=4x(x-2)$.
つまり $2x^2-3x+1=(x-1)(2x-1)=0$. ゆえに $x=1,\ \dfrac{1}{2}$.
$x=1$ は分母を 0 とするので不適なので，解は $\boldsymbol{x=\dfrac{1}{2}}$.

4.5
(1) 定義域：$x \geqq 1$　(2) 定義域：$x \geqq -2$　(3) 定義域：$x \leqq 3$

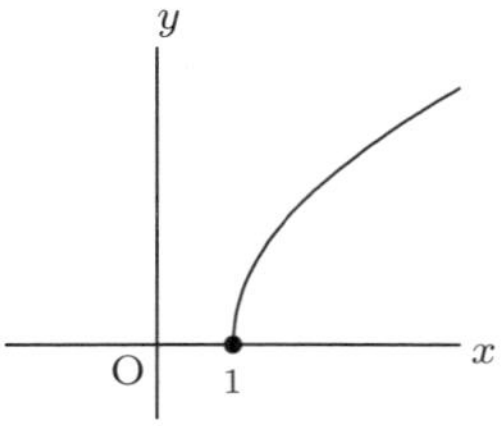

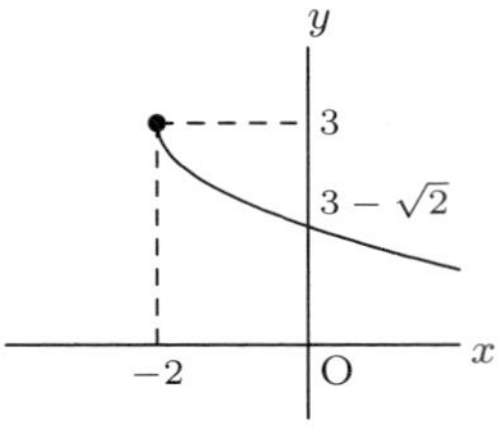

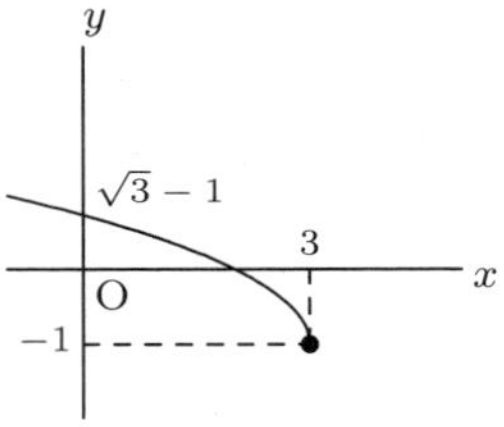

4.6 (1) 両辺を 2 乗して $x+7=(x+1)^2=x^2+2x+1$.
つまり $x^2+x-6=(x-2)(x+3)=0$. ゆえに $x=-3,\ 2$.
定義域の条件より $x+7 \geqq 0$，つまり $x \geqq -7$ でなければならないので，解は
$\boldsymbol{x=-3,\ 2}$.

(2) 両辺を 2 乗して $x^2-4=(x-2)^2=x^2-4x+4$.
つまり $2x^2+4x-8=2(x^2+2x-4)=0$. 解の公式より $x=-1\pm\sqrt{5}$. 定義域の条件より $x^2-4 \geqq 0$，つまり $x \leqq -2,\ 2 \leqq x$ でなければならないので，$-1+\sqrt{5}$ は不適.
ゆえに解は $\boldsymbol{x=-1-\sqrt{5}}$.

(3) $\sqrt{x}=\sqrt{x+2}+1$ と変形して，両辺を 2 乗して $x=x+2+2\sqrt{x+2}+1$.
つまり $2\sqrt{x+2}=-3$. さらに両辺を 2 乗して $4(x+2)=9$. つまり $x=\dfrac{1}{4}$.
定義域の条件より $x \geqq 0$ なので，解は $\boldsymbol{x=\dfrac{1}{4}}$.

4.7 (1) $y=x$ のグラフと $y=\sqrt{x+2}$ のグラフを描くと，右図のようになる．2 つのグラフの交点を求めるために，$x=\sqrt{x+2}$ とおいてこの方程式を解くと，$x=-1,\ 2$. -1 は不適なので $x=2$. ゆえにグラフより不等式を満たす範囲は $\boldsymbol{-2 \leqq x < 2}$.

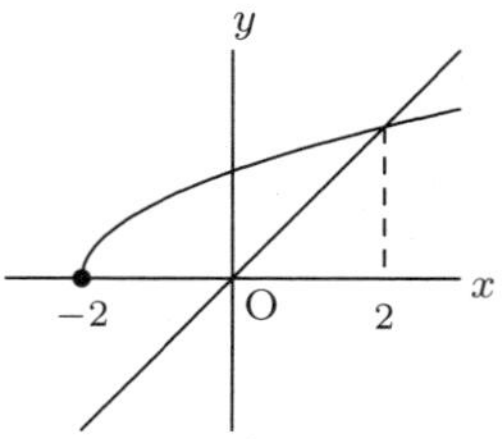

(2) $y = \sqrt{2x+7}$ のグラフと $y = x + 2$ のグラフを描くと，右図のようになる．2 つのグラフの交点を求めるために，$\sqrt{2x+7} = x + 2$ とおいてこの方程式を解くと，$x = -3,\ 1$．-3 は不適なので $x = 1$．ゆえにグラフより不等式を満たす範囲は $\boldsymbol{x \geqq 1}$．

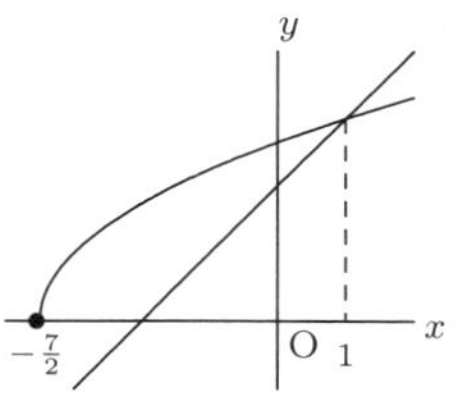

4.8 (1) $x < -2,\ 2 < x$ のとき $x^2 - 4 = (x+2)(x-2) > 0$ なので，両辺にかけて $x + 2 > 2(x-2)$．つまり $x < 6$．
ゆえに共通部分を考えると $\boldsymbol{x < -2,\ 2 < x < 6}$．

(2) $-2 < x < 2$ のとき $x^2 - 4 = (x+2)(x-2) < 0$ なので，両辺にかけて $x + 2 < 2(x-2)$．つまり $x > 6$．ゆえに共通部分を考えると**解はなし**．

(3) (1) と (2) の結果より解は $\boldsymbol{x < -2,\ 2 < x < 6}$．

4.9 (1) 分母 $x - 1 > 0$ とすると $x > 1$．両辺に $x - 1 > 0$ をかけて $4 > (x-1)(x+2)$．
つまり $x^2 + x - 6 = (x-2)(x+3) < 0$ なので $-3 < x < 2$．
共通部分をとると $1 < x < 2$．また分母 $x - 1 < 0$ とすると $x < 1$．
このとき両辺に $x - 1 < 0$ をかけて $4 < (x-1)(x+2)$．
つまり $x^2 + x - 6 = (x-2)(x+3) > 0$ なので $x < -3,\ 2 < x$．
同様に共通部分をとると $x < -3$．以上より解は $\boldsymbol{x < -3,\ 1 < x < 2}$．

(2) 分母の積 $(x-1)(x+3) > 0$ とすると $x < -3,\ 1 < x$．
このとき両辺に $(x-1)(x+3) > 0$ をかけて $2(x+3) < x - 1$．
つまり $x < -7$ なので共通部分をとると $x < -7$．
また分母の積 $(x-1)(x+3) < 0$ とすると $-3 < x < 1$．
このとき両辺に $(x-1)(x+3) < 0$ をかけて $2(x+3) > x - 1$．
つまり $x > -7$ なので共通部分をとると $-3 < x < 1$．
以上より解は $\boldsymbol{x < -7,\ -3 < x < 1}$．

4.10 (1) $\sqrt{21} \times \sqrt[4]{7} \times \sqrt[4]{63} = \sqrt{3} \times \sqrt{7} \times \sqrt[4]{7} \times \sqrt[4]{3^2} \times \sqrt[4]{7}$
$= 3^{\frac{1}{2}} \times 7^{\frac{1}{2}} \times 7^{\frac{1}{4}} \times 3^{\frac{1}{2}} \times 7^{\frac{1}{4}} = 3^1 \times 7^1 = 3 \times 7 = \mathbf{21}$．

(2) $\sqrt[3]{81} + 2 \cdot \sqrt[6]{9} - 3 \cdot \sqrt[9]{27} = \sqrt[3]{3^4} + 2 \cdot \sqrt[6]{3^2} - 3 \cdot \sqrt[9]{3^3}$
$= 3^{\frac{4}{3}} + 2 \cdot 3^{\frac{1}{3}} - 3 \cdot 3^{\frac{1}{3}} = (3 + 2 - 3) \cdot 3^{\frac{1}{3}} = 2 \cdot 3^{\frac{1}{3}} = \boldsymbol{2\sqrt[3]{3}}$．

(3) $4^2 \times 64 \div 4^3 \div \dfrac{1}{4} = (2^2)^2 \times 2^6 \div (2^2)^3 \div 2^{-2} = 2^4 \times 2^6 \times 2^{-6} \times 2^2$
$= 2^6 = \mathbf{64}$．

(4) $(x^4)^{\frac{1}{3}} \times (x^2y^2)^{\frac{1}{3}} \div y^{-\frac{1}{3}} = x^{\frac{4}{3}} \times x^{\frac{2}{3}} \times y^{\frac{2}{3}} \times y^{\frac{1}{3}} = \boldsymbol{x^2 y}$．

4.11　(1) 漸近線：x 軸　　(2) 漸近線：$y=1$　　(3) 漸近線：$y=-2$

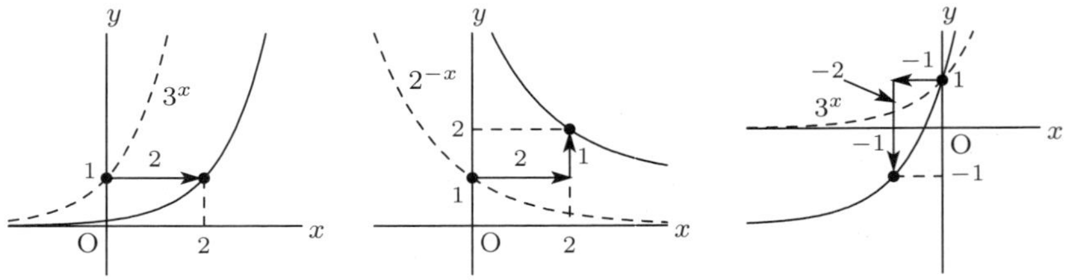

4.12　(1) $(3^x)^2+6\cdot 3^x-27=0$．$X=3^x$ とおくと $X^2+6X-27=(X-3)(X+9)=0$．ゆえに $3^x=X=-9,\ 3$．ここで $3^x>0$ なので $3^x=3=3^1$．ゆえに $\boldsymbol{x=1}$．

(2) $(2^x)^2-16\cdot 2^x+64=0$．$X=2^x$ とおくと $X^2-16X+64=(X-8)^2=0$．ゆえに $2^x=X=8=2^3$．ゆえに $\boldsymbol{x=3}$．

(3) $3^{3x-1}>(3^2)^{2x+1}=3^{4x+2}$．指数を比較して $3x-1>4x+2$．ゆえに $\boldsymbol{x<-3}$．

(4) $(2^x)^2+2^x-6\leqq 0$．$X=2^x$ とおくと $X^2+X-6=(X+3)(X-2)\leqq 0$．ゆえに $-3\leqq X=2^x\leqq 2$．ここで $2^x>0$ なので $0<2^x\leqq 2^1$．ゆえに $\boldsymbol{x\leqq 1}$．

4.13　(1) $\log_3 3^{-2}+\log_3\sqrt[4]{3}-\log_3 9=-2+\log_3 3^{\frac{1}{4}}-\log_3 3^2=-2+\dfrac{1}{4}-2=\boldsymbol{-\dfrac{15}{4}}$．

(2) $\log 100-\log 50+\log 5=\log 10^2-\log 5\times 10+\log 5=2-\log 5-\log 10+\log 5$
$=2-1=\boldsymbol{1}$．

(3) $\dfrac{1}{2}\log_2 5-\log_2\dfrac{\sqrt{5}}{2}+\log_2 16=\dfrac{1}{2}\log_2 5-\log_2 5^{\frac{1}{2}}+\log_2 2+\log_2 2^4$
$=\dfrac{1}{2}\log_2 5-\log_2 5+1+4=\boldsymbol{5}$．

(4) $\log_2 27\log_3\dfrac{1}{4}\log_4 8=\dfrac{\log 3^3}{\log 2}\cdot\dfrac{\log 2^{-2}}{\log 3}\cdot\dfrac{\log 2^3}{\log 2^2}=\dfrac{3\log 3}{\log 2}\cdot\dfrac{-2\log 2}{\log 3}\cdot\dfrac{3\log 2}{2\log 2}$
$=3\times(-2)\times\dfrac{3}{2}=\boldsymbol{-9}$．

4.14　(1) 漸近線：$x=1$　　(2) 漸近線：$x=-1$　　(3) 漸近線：y 軸

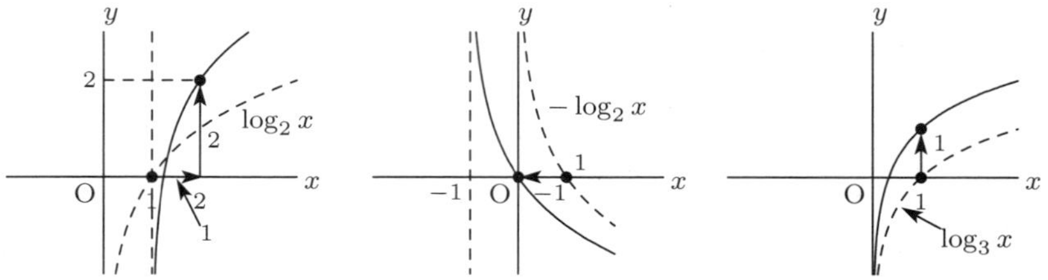

4.15　(1) $\log\dfrac{x+2}{x}=\log 3$．ゆえに真数を比較して $\dfrac{x+2}{x}=3$．つまり $x+2=3x$．ゆえに $x=1$．ここで真数条件は $x>0$ なので，解は $\boldsymbol{x=1}$．

(2) $\log_2(3x+1)(3x-1)=\log_2 8x$．ゆえに真数を比較して $(3x+1)(3x-1)=8x$．つまり $9x^2-8x-1=(x-1)(9x+1)=0$．ゆえに $x=1,\ -\dfrac{1}{9}$．
ここで真数条件は $x>\dfrac{1}{3}$ なので $-\dfrac{1}{9}$ は不適．ゆえに解は $\boldsymbol{x=1}$．

(3) $\log(x+3)x < \log 10$．ゆえに真数を比較して $(x+3)x < 10$．
つまり $x^2+3x-10 = (x-2)(x+5) < 0$．ゆえに $-5 < x < 2$．
ここで真数条件より $x > 0$ なので，解は $\boldsymbol{0 < x < 2}$．

(4) $(\log_2 x)^2 - 3\log_2 x + 2 \leqq 0$．ここで $X = \log_2 x$ とおくと
$X^2 - 3X + 2 = (X-1)(X-2) \leqq 0$．ゆえに $1 \leqq X \leqq 2$．
したがって $\log_2 2^1 \leqq \log_2 x \leqq \log_2 2^2$．ゆえに真数を比較して $2 \leqq x \leqq 4$．
ここで真数条件は $x > 0$ なので，解は $\boldsymbol{2 \leqq x \leqq 4}$．

4.16 (1) 6^{100} の常用対数をとって，$\log 6^{100} = 100\log 6 = 100(\log 2 + \log 3)$
$= 100 \times (0.3010 + 0.4771) = 100 \times 0.7781 = 77.81$．
ゆえに $77 < \log 6^{100} < 78$．つまり $\log 10^{77} < \log 6^{100} < \log 10^{78}$．
真数を比較して $10^{77} < 6^{100} < 10^{78}$．
ここで 10^{78} で初めて 79 けたになるので，6^{100} は **78 けた**である．

(2) 6^{-30} の常用対数をとって，$\log 6^{-30} = -30\log 6 = -30(\log 2 + \log 3)$
$= -30 \times (0.3010 + 0.4771) = -30 \times 0.7781 = -23.343$．
ゆえに $-24 < \log 6^{-30} < -23$．つまり $\log 10^{-24} < \log 6^{-30} < \log 10^{-23}$．
真数を比較して $10^{-24} < 6^{-30} < 10^{-23}$．
ここで 10^{-24} で初めて小数第 24 位に 0 でない数字がくるので，6^{-30} は**小数第 23 位**で初めて 0 でない数字がくる．

(3) 辺々の常用対数をとると $\log 2000 < \log\left(\dfrac{3}{2}\right)^n < \log 6000$．
$\log(2\times 10^3) < n\log\dfrac{3}{2} < \log(6\times 10^3)$．
$3+\log 2 < n(\log 3 - \log 2) < 3 + \log 6$．$3+0.3010 < n\times(0.4771-0.3010) < 3+0.7781$．
ゆえに $3.3010 < 0.1761n < 3.7781$．
全辺を 0.1761 で割って $18.7... < n < 21.4...$ なので $19 \leqq n \leqq 21$．
ゆえに $\boldsymbol{n = 19,\ 20,\ 21}$ である．

4.17 $4^x = 27^y = 6^z$ の辺々の常用対数をとって $\log 4^x = \log 27^y = \log 6^z = k$ とおく．
ゆえに $x\log 4 = y\log 27 = z\log 6 = k$．つまり $x = \dfrac{k}{\log 4}$，$y = \dfrac{k}{27}$，$z = \dfrac{k}{\log 6}$．
これを左辺に代入して

$$左辺 = \frac{3}{x} + \frac{2}{y} = \frac{3}{\dfrac{k}{\log 4}} + \frac{2}{\dfrac{k}{\log 27}} = \frac{3\log 4}{k} + \frac{2\log 27}{k} = \frac{\log 4^3 + \log 27^2}{k}$$

$$= \frac{\log 2^6\cdot 3^6}{k} = \frac{\log 6^6}{k} = \frac{6\log 6}{k} = \frac{6}{\dfrac{k}{\log 6}} = \frac{6}{z} = 右辺$$

となり，等式が成り立つ．

4.18 $\log_3 x + \log_3 y = \log_3 xy = k$ とおくと $xy = 3^k$．
ここで $x + 3y = 6$ より $x = -3y + 6$ を代入すると $(-3y+6)y = 3^k$．
つまり $-3y^2 + 6y = 3^k$．
そこで $Y = 3^k = -3y^2 + 6y$ とおいて $y > 0$ の範囲で Y の最大値を求めると $y = 1$ のとき

最大値 $Y=3$. ゆえに $3^k=3^1$ より指数を比較して $k=1$. またそのとき $x=3$ なので，
$\boldsymbol{x=3}$，$\boldsymbol{y=1}$ **のとき** $\boldsymbol{\log_3 x+\log_3 y}$ **の最大値は 1** である．

4.19　1 枚ごとのアクリル板に光を通過させたとき，光の強さは k 倍になるとする．
n 枚のアクリル板を重ねて光を通過させたとき，光の強さは k^n 倍となるので，
条件より $n=10$ として $k^{10}=\dfrac{2}{3}$ が成り立つ．両辺の常用対数をとって $\log k^{10}=\log\dfrac{2}{3}$.
つまり $10\log k=\log 2-\log 3=0.3010-0.4771=-0.1761$. ゆえに $\log k=-0.01761$.
もし n 枚以上重ねれば光の強さが $\dfrac{1}{6}$ 倍以下になるとすると $k^n\leqq\dfrac{1}{6}$ が成り立つ．
両辺の常用対数をとって $\log k^n\leqq\log\dfrac{1}{6}$.
つまり $n\log k=-0.01761\,n\leqq-\log 6=-(\log 2+\log 3)=-0.7781$.
ゆえに両辺を -0.01761 で割って $n\geqq\dfrac{-0.7781}{-0.01761}=44.1...$ なので，条件を満たすためには
アクリル板を **45 枚以上**重ねればよい．

総合演習 5 ……………………………………………(128p)

5.1　(1) $315\times\dfrac{\pi}{180}=\dfrac{315}{180}\pi=\boldsymbol{\dfrac{7}{4}\pi}$.　(2) $-480\times\dfrac{\pi}{180}=-\dfrac{480}{180}\pi=\boldsymbol{-\dfrac{8}{3}\pi}$.

(3) $\dfrac{3}{5}\times180^\circ=\dfrac{540^\circ}{5}=\boldsymbol{108^\circ}$.　(4) $-\dfrac{25}{6}\times180^\circ=-\dfrac{4500^\circ}{6}=\boldsymbol{-750^\circ}$.

5.2　側面の展開図の扇形の弧の長さ l は底面の円周の長さに等しいので，$l=6\pi$.
ゆえに母線の長さは 12 cm なので，側面の扇形の面積 S は $S=\dfrac{1}{2}\times12\times6\pi=36\pi$.

5.3　(1) $\cos^2\theta=1-\sin^2\theta=1-\left(\dfrac{2}{5}\right)^2=\dfrac{21}{25}$.

θ は第 2 象限の角より $\cos\theta<0$ なので，$\cos\theta=-\sqrt{\dfrac{21}{25}}=\boldsymbol{-\dfrac{\sqrt{21}}{5}}$.

また $\tan\theta=\dfrac{\sin\theta}{\cos\theta}=\dfrac{\frac{2}{5}}{-\frac{\sqrt{21}}{5}}=-\dfrac{2}{\sqrt{21}}=\boldsymbol{-\dfrac{2\sqrt{21}}{21}}$.

(2) $\sin^2\theta=1-\cos^2\theta=1-\left(\dfrac{1}{3}\right)^2=\dfrac{8}{9}$.

θ は第 4 象限の角より $\sin\theta<0$ なので，$\sin\theta=-\sqrt{\dfrac{8}{9}}=\boldsymbol{-\dfrac{2\sqrt{2}}{3}}$.

また $\tan\theta=\dfrac{\sin\theta}{\cos\theta}=\dfrac{-\frac{2\sqrt{2}}{3}}{\frac{1}{3}}=\boldsymbol{-2\sqrt{2}}$.

(3) $\dfrac{1}{\cos^2\theta}=1+\tan^2\theta=1+\left(\dfrac{3}{4}\right)^2=\dfrac{25}{16}$. 逆数をとって $\cos^2\theta=\dfrac{16}{25}$.

θ は第 3 象限の角より $\cos\theta<0$ なので，$\cos\theta=-\sqrt{\dfrac{16}{25}}=\boldsymbol{-\dfrac{4}{5}}$.

また $\sin\theta = \tan\theta\cos\theta = \dfrac{3}{4} \times \left(-\dfrac{4}{5}\right) = -\mathbf{\dfrac{3}{5}}$.

5.4 (1) 右辺 $= \dfrac{1-\tan\theta}{1+\tan\theta} = \dfrac{1-\dfrac{\sin\theta}{\cos\theta}}{1+\dfrac{\sin\theta}{\cos\theta}} = \dfrac{\dfrac{\cos\theta-\sin\theta}{\cos\theta}}{\dfrac{\cos\theta+\sin\theta}{\cos\theta}} = \dfrac{\cos\theta-\sin\theta}{\cos\theta+\sin\theta} =$ 左辺.

(2) 左辺 $= \tan\theta + \dfrac{1}{\cos\theta} = \dfrac{\sin\theta}{\cos\theta} + \dfrac{1}{\cos\theta} = \dfrac{\sin\theta+1}{\cos\theta} = \dfrac{(1+\sin\theta)(1-\sin\theta)}{\cos\theta(1-\sin\theta)}$

$= \dfrac{1-\sin^2\theta}{\cos\theta(1-\sin\theta)} = \dfrac{\cos^2\theta}{\cos\theta(1-\sin\theta)} = \dfrac{\cos\theta}{1-\sin\theta} =$ 右辺.

(3) 左辺 $= \cos^4\theta - \sin^4\theta = (\cos^2\theta)^2 - (\sin^2\theta)^2$

$= (\cos^2\theta + \sin^2\theta)(\cos^2\theta - \sin^2\theta) = \cos^2\theta - \sin^2\theta = \cos 2\theta =$ 右辺.

(4) 左辺 $= \dfrac{1-\cos 2\theta}{\sin 2\theta} = \dfrac{1-(1-2\sin^2\theta)}{2\sin\theta\cos\theta} = \dfrac{2\sin^2\theta}{2\sin\theta\cos\theta} = \dfrac{\sin\theta}{\cos\theta} = \tan\theta =$ 右辺.

5.5 (1)

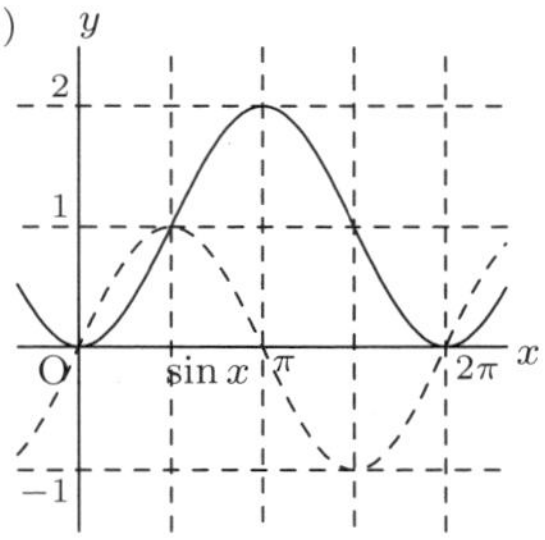

(2)

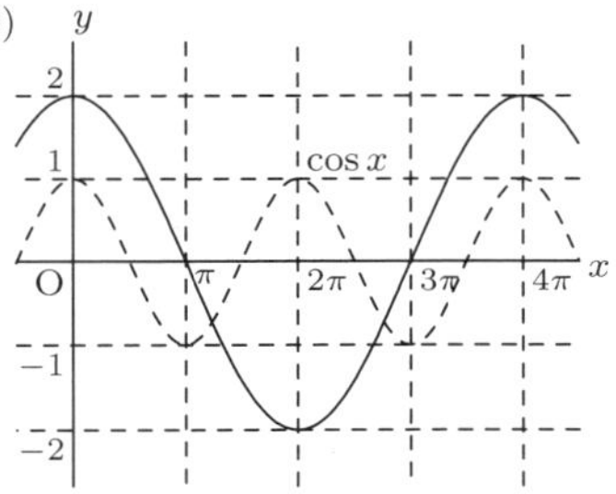

(3)

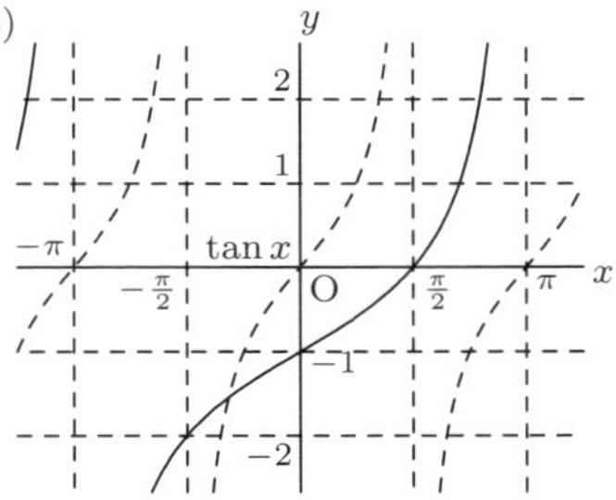

5.6 (1) $3x = X$ とおくと $0 \leqq X < 6\pi$ なので,

$\cos X = -\dfrac{\sqrt{3}}{2}$ より $3x = X = \dfrac{5}{6}\pi,\ \dfrac{7}{6}\pi,\ \dfrac{17}{6}\pi,\ \dfrac{19}{6}\pi,\ \dfrac{29}{6}\pi,\ \dfrac{31}{6}\pi$.

ゆえに $\boldsymbol{x = \dfrac{5}{18}\pi,\ \dfrac{7}{18}\pi,\ \dfrac{17}{18}\pi,\ \dfrac{19}{18}\pi,\ \dfrac{29}{18}\pi,\ \dfrac{31}{18}\pi}$.

(2) $X = \sin x$ とおくと $2X^2 - 7X + 3 = (2X-1)(X-3) = 0$.

つまり $\sin x = X = \dfrac{1}{2},\ 3$. $-1 \leqq \sin x \leqq 1$ なので 3 は不適.

ゆえに $\sin x = \dfrac{1}{2}$. したがって $\boldsymbol{x = \dfrac{\pi}{6},\ \dfrac{5}{6}\pi}$.

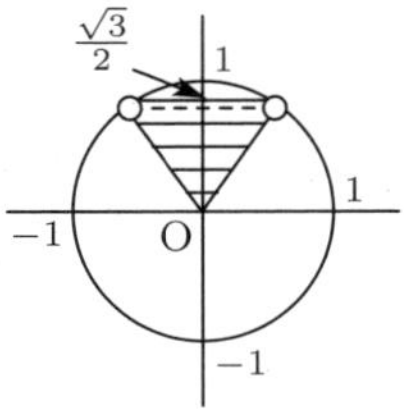

(3) $2x = X$ とおくと $0 \leqq X < 4\pi$ なので，

$\sin X > \dfrac{\sqrt{3}}{2}$ より $\dfrac{\pi}{3} < X < \dfrac{2}{3}\pi$，$\dfrac{7}{3}\pi < X < \dfrac{8}{3}\pi$.

ゆえに $\boldsymbol{\dfrac{\pi}{6} < x < \dfrac{\pi}{3}}$，$\boldsymbol{\dfrac{7}{6}\pi < x < \dfrac{4}{3}\pi}$.

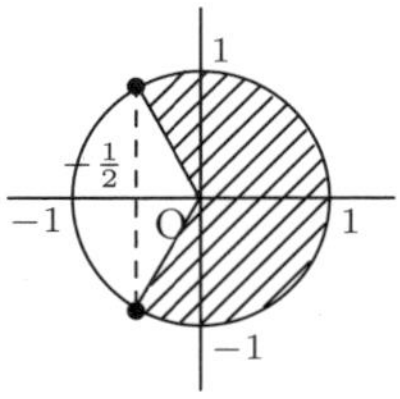

(4) $X = \cos x$ とおくと

$2X^2 - 3X - 2 = (2X+1)(X-2) \leqq 0$.

つまり $-\dfrac{1}{2} \leqq X = \cos x \leqq 2$.

$-1 \leqq \cos x \leqq 1$ なので，$-\dfrac{1}{2} \leqq \cos x \leqq 1$.

ゆえに $\boldsymbol{0 \leqq x \leqq \dfrac{2}{3}\pi}$，$\boldsymbol{\dfrac{4}{3}\pi \leqq x < 2\pi}$.

5.7　$\cos\alpha = \sqrt{1-\sin^2\alpha} = \sqrt{1-\left(\dfrac{3}{5}\right)^2} = \dfrac{4}{5}$．$\sin\beta = \sqrt{1-\cos^2\beta} = \sqrt{1-\left(\dfrac{4}{5}\right)^2} = \dfrac{3}{5}$.

(1) $\sin(\alpha+\beta) = \sin\alpha\cos\beta + \cos\alpha\sin\beta = \dfrac{3}{5}\times\dfrac{4}{5} + \dfrac{4}{5}\times\dfrac{3}{5} = \boldsymbol{\dfrac{24}{25}}$.

(2) $\cos(\beta-\alpha) = \cos\beta\cos\alpha + \sin\beta\sin\alpha = \dfrac{4}{5}\times\dfrac{4}{5} + \dfrac{3}{5}\times\dfrac{3}{5} = \boldsymbol{1}$.

(3) $\sin\left(\alpha - \dfrac{\pi}{4}\right) = \sin\alpha\cos\dfrac{\pi}{4} - \cos\alpha\sin\dfrac{\pi}{4} = \dfrac{3}{5}\times\dfrac{\sqrt{2}}{2} - \dfrac{4}{5}\times\dfrac{\sqrt{2}}{2} = \boldsymbol{-\dfrac{\sqrt{2}}{10}}$.

(4) $\tan\beta = \dfrac{\sin\beta}{\cos\beta} = \dfrac{\frac{3}{5}}{\frac{4}{5}} = \dfrac{3}{4}$ より，$\tan\left(\beta + \dfrac{2}{3}\pi\right) = \dfrac{\tan\beta + \tan\frac{2}{3}\pi}{1 - \tan\beta\tan\frac{2}{3}\pi}$

$= \dfrac{\frac{3}{4} + (-\sqrt{3})}{1 - \frac{3}{4}\times(-\sqrt{3})} = \boldsymbol{\dfrac{25\sqrt{3}-48}{11}}$.

(5) $\sin 2\beta = 2\sin\beta\cos\beta = 2\times\dfrac{3}{5}\times\dfrac{4}{5} = \boldsymbol{\dfrac{24}{25}}$.

(6) $\cos^2\dfrac{\alpha}{2} = \dfrac{1+\cos\alpha}{2} = \dfrac{1+\frac{4}{5}}{2} = \dfrac{9}{10}$．ここで $0 < \alpha < \dfrac{\pi}{2}$ より $\cos\dfrac{\alpha}{2} = \sqrt{\dfrac{9}{10}} = \boldsymbol{\dfrac{3\sqrt{10}}{10}}$.

5.8　(1) $\sin\dfrac{x}{8} + \sin\dfrac{3}{8}x = 2\sin\dfrac{\frac{x}{8}+\frac{3}{8}x}{2}\cos\dfrac{\frac{x}{8}-\frac{3}{8}x}{2} = 2\sin\dfrac{x}{4}\cos\left(-\dfrac{x}{8}\right) = 2\sin\dfrac{x}{4}\cos\dfrac{x}{8}$.

(2) $\cos 6x - \cos 2x = -2\sin\dfrac{6x+2x}{2}\sin\dfrac{6x-2x}{2} = \boldsymbol{-2\sin 4x\sin 2x}$.

(3) $\sin\dfrac{3}{4}x\sin\dfrac{x}{4} = -\dfrac{1}{2}\left\{\cos\left(\dfrac{3}{4}x + \dfrac{x}{4}\right) - \cos\left(\dfrac{3}{4}x - \dfrac{x}{4}\right)\right\}$

$= -\dfrac{1}{2}\left(\cos x - \cos\dfrac{x}{2}\right) = \boldsymbol{\dfrac{1}{2}\cos\dfrac{x}{2} - \dfrac{1}{2}\cos x}$.

(4) $\sin 5x\cos 7x = \dfrac{1}{2}\{\sin(5x+7x)+\sin(5x-7x)\} = \dfrac{1}{2}\{\sin 12x + \sin(-2x)\}$

$= \dfrac{1}{2}(\sin 12x - \sin 2x) = \boldsymbol{\dfrac{1}{2}\sin 12x - \dfrac{1}{2}\sin 2x}.$

5.9 (1) $r=\sqrt{(-1)^2+1^2}=\sqrt{2}$. ゆえに $\cos\alpha = \dfrac{-1}{\sqrt{2}}$, $\sin\dfrac{1}{\sqrt{2}}$ とおくと $\alpha = \dfrac{3}{4}\pi$.

左辺 $=\sqrt{2}\sin\left(x+\dfrac{3}{4}\pi\right)=1$. ゆえに $\sin\left(x+\dfrac{3}{4}\pi\right)=\dfrac{1}{\sqrt{2}}$.

ここで $0 \leqq x < 2\pi$ なので $\dfrac{3}{4}\pi \leqq x+\dfrac{3}{4}\pi < \dfrac{11}{4}\pi$.

ゆえに $x+\dfrac{3}{4}\pi = \dfrac{3}{4}\pi,\ \dfrac{9}{4}\pi$, つまり $\boldsymbol{x=0,\ \dfrac{3}{2}\pi}$.

(2) $r=\sqrt{(\sqrt{3})^2+1^2}=2$. ゆえに $\cos\alpha=\dfrac{\sqrt{3}}{2}$, $\sin\alpha=\dfrac{1}{2}$ とおくと $\alpha=\dfrac{\pi}{6}$.

左辺 $=2\sin\left(x+\dfrac{\pi}{6}\right)=\sqrt{3}$. ゆえに $\sin\left(x+\dfrac{\pi}{6}\right)=\dfrac{\sqrt{3}}{2}$.

ここで $0 \leqq x < 2\pi$ なので $\dfrac{\pi}{6} \leqq x+\dfrac{\pi}{6} < \dfrac{13}{6}\pi$.

ゆえに $x+\dfrac{\pi}{6}=\dfrac{\pi}{3},\ \dfrac{2}{3}\pi$, つまり $\boldsymbol{x=\dfrac{\pi}{6},\ \dfrac{\pi}{2}}$.

(3) $r=\sqrt{1^2+(-1)^2}=\sqrt{2}$.

ゆえに $\cos\alpha=\dfrac{1}{\sqrt{2}}$, $\sin\alpha=\dfrac{-1}{\sqrt{2}}$ とおくと $\alpha=\dfrac{7}{4}\pi$.

左辺 $=\sqrt{2}\sin\left(x+\dfrac{7}{4}\pi\right)\geqq 1$. ゆえに $\sin\left(x+\dfrac{7}{4}\pi\right)\geqq\dfrac{1}{\sqrt{2}}$.

ここで $0 \leqq x < 2\pi$ なので $\dfrac{7}{4}\pi \leqq x+\dfrac{7}{4}\pi < \dfrac{15}{4}\pi$ に注意すると,

$\dfrac{9}{4}\pi \leqq x+\dfrac{7}{4}\pi \leqq \dfrac{11}{4}\pi$, つまり $\boldsymbol{\dfrac{\pi}{2} \leqq x \leqq \pi}$.

(4) $r=\sqrt{(-1)^2+(\sqrt{3})^2}=2$. ゆえに $\cos\alpha=\dfrac{-1}{2}$, $\sin\alpha=\dfrac{\sqrt{3}}{2}$ とおくと $\alpha=\dfrac{2}{3}\pi$.

左辺 $=2\sin\left(x+\dfrac{2}{3}\pi\right)<1$. ゆえに $\sin\left(x+\dfrac{2}{3}\pi\right)<\dfrac{1}{2}$.

ここで $0 \leqq x < 2\pi$ より $\dfrac{2}{3}\pi \leqq x+\dfrac{2}{3}\pi < \dfrac{8}{3}\pi$ に注意すると,

ゆえに $\dfrac{5}{6}\pi < x+\dfrac{2}{3}\pi < \dfrac{13}{6}\pi$, つまり $\boldsymbol{\dfrac{\pi}{6} < x < \dfrac{3}{2}\pi}$.

5.10 (1) $r=\sqrt{1^2+(\sqrt{3})^2}=2$. ゆえに $\cos\alpha=\dfrac{1}{2}$, $\sin\alpha=\dfrac{\sqrt{3}}{2}$ とおくと $\alpha=\dfrac{\pi}{3}$.

したがって $\sin x+\sqrt{3}\cos x = 2\sin\left(x+\dfrac{\pi}{3}\right)$.

ここで $-1 \leqq \sin\left(x+\dfrac{\pi}{3}\right) \leqq 1$ なので $\sin\left(x+\dfrac{\pi}{3}\right)=1$ のとき最大値をもつ.

$0 \leqq x < 2\pi$ より $\dfrac{\pi}{3} \leqq x + \dfrac{\pi}{3} < \dfrac{7}{3}\pi$ なので，この範囲で $\sin\left(x + \dfrac{\pi}{3}\right) = 1$ となるのは $x + \dfrac{\pi}{3} = \dfrac{\pi}{2}$．ゆえに $\boldsymbol{x = \dfrac{\pi}{6}}$ **のとき最大値 2.**

また $\sin\left(x + \dfrac{\pi}{3}\right) = -1$ のとき最小値をもつ．

同様にこの範囲で $\sin\left(x + \dfrac{\pi}{3}\right) = -1$ となるのは $x + \dfrac{\pi}{3} = \dfrac{3}{2}\pi$.

ゆえに $\boldsymbol{x = \dfrac{7}{6}\pi}$ **のとき最小値 −2.**

(2) $\sin x - \cos\left(x - \dfrac{\pi}{6}\right) = \sin x - \left(\cos x \cos\dfrac{\pi}{6} + \sin x \sin\dfrac{\pi}{6}\right)$

$= \sin x - \left(\dfrac{\sqrt{3}}{2}\cos x + \dfrac{1}{2}\sin x\right) = \dfrac{1}{2}\sin x - \dfrac{\sqrt{3}}{2}\cos x \cdots ①$.

$r = \sqrt{\left(\dfrac{1}{2}\right)^2 + \left(-\dfrac{\sqrt{3}}{2}\right)^2} = 1$．ゆえに $\cos\alpha = \dfrac{1}{2}$，$\sin\alpha = -\dfrac{\sqrt{3}}{2}$ とおくと $\alpha = \dfrac{5}{3}\pi$.

したがって①より $\dfrac{1}{2}\sin x - \dfrac{\sqrt{3}}{2}\cos x = \sin\left(x + \dfrac{5}{3}\pi\right)$

ここで $-1 \leqq \sin\left(x + \dfrac{5}{3}\pi\right) \leqq 1$ なので，$\sin\left(x + \dfrac{5}{3}\pi\right) = 1$ が最大値.

$0 \leqq x < 2\pi$ より $\dfrac{5}{3}\pi \leqq x + \dfrac{5}{3}\pi < \dfrac{11}{3}\pi$ なので，この範囲で $\sin\left(x + \dfrac{5}{3}\pi\right) = 1$ となるのは $x + \dfrac{5}{3}\pi = \dfrac{5}{2}\pi$．ゆえに $\boldsymbol{x = \dfrac{5}{6}\pi}$ **のとき最大値 1.**

また $\sin\left(x + \dfrac{5}{3}\pi\right) = -1$ が最小値.

同様にこの範囲で $\sin\left(x + \dfrac{5}{3}\pi\right) = -1$ となるのは $x + \dfrac{5}{3}\pi = \dfrac{7}{2}\pi$.

ゆえに $\boldsymbol{x = \dfrac{11}{6}\pi}$ **のとき最小値 −1.**

(3) $\cos^2 x + \cos 2x = \cos^2 x + 2\cos^2 x - 1 = 3\cos^2 x - 1$.

$0 \leqq \cos^2 x \leqq 1$ なので $\cos^2 x = 1$，つまり $\cos x = \pm 1$ のとき最大値をもつ.

ゆえに $\boldsymbol{x = 0,\ \pi}$ **のとき最大値 2.**

また同様に $\cos^2 x = 0$，つまり $\cos x = 0$ のとき最小値をもつ.

ゆえに $\boldsymbol{x = \dfrac{\pi}{2},\ \dfrac{3}{2}\pi}$ **のとき最小値 −1.**

(4) $2\cos^2 x + 2\sin x \cos x = 2 \times \dfrac{1 + \cos 2x}{2} + \sin 2x = 1 + \cos 2x + \sin 2x \cdots ①$.

$r = \sqrt{1^2 + 1^2} = \sqrt{2}$．$\cos\alpha = \dfrac{1}{\sqrt{2}}$，$\sin\alpha = \dfrac{1}{\sqrt{2}}$ とおくと $\alpha = \dfrac{\pi}{4}$.

ゆえに $\cos 2x + \sin 2x = \sqrt{2}\sin\left(2x + \dfrac{\pi}{4}\right)$ なので，①に代入して

$1 + \cos 2x + \sin 2x = 1 + \sqrt{2}\sin\left(2x + \dfrac{\pi}{4}\right)$.

$-1 \leqq \sin\left(2x + \dfrac{\pi}{4}\right) \leqq 1$ なので $\sin\left(2x + \dfrac{\pi}{4}\right) = 1$ のとき最大値をもつ.

$0 \leqq x < 2\pi$ より $\dfrac{\pi}{4} \leqq 2x + \dfrac{\pi}{4} < \dfrac{17}{4}\pi$ なので，この範囲で $\sin\left(2x + \dfrac{\pi}{4}\right) = 1$

となるのは，$2x + \dfrac{\pi}{4} = \dfrac{\pi}{2}$，$\dfrac{5}{2}\pi$．ゆえに $\boldsymbol{x = \dfrac{\pi}{8}}$，$\boldsymbol{\dfrac{9}{8}\pi}$ **のとき最大値** $\boldsymbol{1 + \sqrt{2}}$.

また $\sin\left(2x + \dfrac{\pi}{4}\right) = -1$ のとき最小値をもつ．

同様にこの範囲で $\sin\left(2x + \dfrac{\pi}{4}\right) = -1$ となるのは，$2x + \dfrac{\pi}{4} = \dfrac{3}{2}\pi$，$\dfrac{7}{2}\pi$.

ゆえに $\boldsymbol{x = \dfrac{5}{8}\pi}$，$\boldsymbol{\dfrac{13}{8}\pi}$ **のとき最小値** $\boldsymbol{1 - \sqrt{2}}$.

5.11 $x + y = \dfrac{2}{3}\pi$ より $y = \dfrac{2}{3}\pi - x$ に注意して，

(1) $\sin x + \cos y = \sin x + \cos\left(\dfrac{2}{3}\pi - x\right) = \sin x + \cos\dfrac{2}{3}\pi\cos x + \sin\dfrac{2}{3}\pi\sin x$

$= \sin x - \dfrac{1}{2}\cos x + \dfrac{\sqrt{3}}{2}\sin x = \sin x - \dfrac{1}{2}(\cos x - \sqrt{3}\sin x) \cdots$ ①.

$r = \sqrt{(-\sqrt{3})^2 + 1^2} = 2$．$\cos\alpha = \dfrac{-\sqrt{3}}{2}$，$\sin\alpha = \dfrac{1}{2}$ とおくと $\alpha = \dfrac{5}{6}\pi$.

ゆえに $\cos x - \sqrt{3}\sin x = 2\sin\left(x + \dfrac{5}{6}\right)$．①に代入して

① $= \sin x - \dfrac{1}{2} \times 2\sin\left(x + \dfrac{5}{6}\pi\right) = \sin x - \sin\left(x + \dfrac{5}{6}\pi\right)$

$= 2\cos\dfrac{x + x + \dfrac{5}{6}\pi}{2}\sin\dfrac{x - x - \dfrac{5}{6}\pi}{2} = -2\sin\dfrac{5}{12}\pi\cos\left(x + \dfrac{5}{12}\pi\right)$

$= -2 \times \dfrac{\sqrt{2} + \sqrt{6}}{4}\cos\left(x + \dfrac{5}{12}\pi\right) = -\dfrac{\sqrt{2} + \sqrt{6}}{2}\cos\left(x + \dfrac{5}{12}\pi\right)$.

ここで $-1 \leqq \cos\left(x + \dfrac{5}{12}\pi\right) \leqq 1$ なので，$\cos\left(x + \dfrac{5}{12}\pi\right) = 1$ のとき最小値をもつ．

$0 \leqq x < 2\pi$ より $\dfrac{5}{12}\pi \leqq x + \dfrac{5}{12}\pi < \dfrac{29}{12}\pi$ なので，この範囲で $\cos\left(x + \dfrac{5}{12}\pi\right) = 1$

となるのは $x + \dfrac{5}{12}\pi = 2\pi$.

ゆえに $\boldsymbol{x = \dfrac{19}{12}\pi}$ **のとき最小値** $\boldsymbol{-\dfrac{\sqrt{2} + \sqrt{6}}{2}}$.

また $\cos\left(x + \dfrac{5}{12}\pi\right) = -1$ のとき最大値をもつ．

同様にこの範囲で $\cos\left(x + \dfrac{5}{12}\pi\right) = -1$ となるのは，$x + \dfrac{5}{12}\pi = \pi$.

ゆえに $\boldsymbol{x = \dfrac{7}{12}\pi}$ **のとき最大値** $\boldsymbol{\dfrac{\sqrt{2} + \sqrt{6}}{2}}$.

(2) $\sin x\cos y = \dfrac{1}{2}\{\sin(x + y) + \sin(x - y)\}$

$= \dfrac{1}{2}\left\{\sin\left(x + \dfrac{2}{3}\pi - x\right) + \sin\left(x - \dfrac{2}{3}\pi + x\right)\right\}$

$$= \frac{1}{2}\left\{\sin\frac{2}{3}\pi + \sin\left(2x - \frac{2}{3}\pi\right)\right\} = \frac{1}{2}\left\{\frac{\sqrt{3}}{2} + \sin\left(2x - \frac{2}{3}\pi\right)\right\}$$

$$= \frac{\sqrt{3}}{4} + \frac{1}{2}\sin\left(2x - \frac{2}{3}\pi\right).$$

ここで $-1 \leqq \sin\left(2x - \frac{2}{3}\pi\right) \leqq 1$ なので $\sin\left(2x - \frac{2}{3}\pi\right) = 1$ のとき最大値をもつ.

$0 \leqq x < 2\pi$ より $-\frac{2}{3}\pi \leqq 2x - \frac{2}{3}\pi < \frac{10}{3}\pi$ なので，この範囲で $\sin\left(2x - \frac{2}{3}\pi\right) = 1$

となるのは，$2x - \frac{2}{3}\pi = \frac{\pi}{2},\ \frac{5}{2}\pi$. ゆえに $\boldsymbol{x = \frac{7}{12}\pi,\ \frac{19}{12}\pi}$ **のとき最大値** $\boldsymbol{\frac{2+\sqrt{3}}{4}}$.

また $\sin\left(2x - \frac{2}{3}\pi\right) = -1$ のとき最小値をもつ.

同様にこの範囲で $\sin\left(2x - \frac{2}{3}\pi\right) = -1$ となるのは，$2x - \frac{2}{3}\pi = -\frac{\pi}{2},\ \frac{3}{2}\pi$.

ゆえに $\boldsymbol{x = \frac{\pi}{12},\ \frac{13}{12}\pi}$ **のとき最小値** $\boldsymbol{\frac{\sqrt{3}-2}{4}}$.

(3) $\sin^2 x + \cos^2 y = \frac{1-\cos 2x}{2} + \frac{1+\cos 2y}{2} = \frac{2-\cos 2x+\cos 2y}{2}$

$$= 1 - \frac{1}{2}(\cos 2x - \cos 2y) = 1 - \frac{1}{2} \times \left(-2\sin\frac{2x+2y}{2}\sin\frac{2x-2y}{2}\right)$$

$$= 1 + \sin(x+y)\sin(x-y) = 1 + \sin\left(x + \frac{2}{3}\pi - x\right)\sin\left(x - \frac{2}{3}\pi + x\right)$$

$$= 1 + \sin\frac{2}{3}\pi\sin\left(2x - \frac{2}{3}\pi\right) = 1 + \frac{\sqrt{3}}{2}\sin\left(2x - \frac{2}{3}\pi\right).$$

ここで $-1 \leqq \sin\left(2x - \frac{2}{3}\pi\right) \leqq 1$ なので $\sin\left(2x - \frac{2}{3}\pi\right) = 1$ のとき最大値をもつ.

$0 \leqq x < 2\pi$ より $-\frac{2}{3}\pi \leqq 2x - \frac{2}{3}\pi < \frac{10}{3}\pi$ なので，この範囲で $\sin\left(2x - \frac{2}{3}\pi\right) = 1$

となるのは，$2x - \frac{2}{3}\pi = \frac{\pi}{2},\ \frac{5}{2}\pi$. ゆえに $\boldsymbol{x = \frac{7}{12}\pi,\ \frac{19}{12}\pi}$ **のとき最大値** $\boldsymbol{\frac{2+\sqrt{3}}{2}}$.

また $\sin\left(2x - \frac{2}{3}\pi\right) = -1$ のとき最小値をもつ.

同様にこの範囲で $\sin\left(2x - \frac{2}{3}\pi\right) = -1$ となるのは，$2x - \frac{2}{3}\pi = -\frac{\pi}{2},\ \frac{3}{2}\pi$.

ゆえに $\boldsymbol{x = \frac{\pi}{12},\ \frac{13}{12}\pi}$ **のとき最小値** $\boldsymbol{\frac{2-\sqrt{3}}{2}}$.

5.12 (1) 面積 $= \frac{1}{2} \times 4 \times 5 \times \sin 60^\circ = 10 \times \frac{\sqrt{3}}{2} = \boldsymbol{5\sqrt{3}}$.

(2) $s = \frac{21+13+20}{2} = 27$ とおくと，ヘロンの公式より

面積 $= \sqrt{27(27-21)(27-13)(27-20)} = \sqrt{27 \times 6 \times 14 \times 7} = \sqrt{3^4 2^2 7^2} = \boldsymbol{126}$.

5.13 (1) 余弦定理より $a^2 = 4^2 + 3^2 - 2 \times 4 \times 3 \times \cos 60^\circ = 16 + 9 - 24 \times \frac{1}{2} = 13$.

ゆえに $a > 0$ より $\boldsymbol{a = \sqrt{13}}$.

(2) $B = 180^\circ - (45^\circ + 60^\circ) = 75^\circ$．正弦定理より $\dfrac{b}{\sin 75^\circ} = \dfrac{10}{\sin 60^\circ}$．

ゆえに $b = \dfrac{10}{\frac{\sqrt{3}}{2}} \times \dfrac{\sqrt{2}+\sqrt{6}}{4} = \boldsymbol{\dfrac{5\sqrt{3}(\sqrt{2}+\sqrt{6})}{3}}$．

(3) 余弦定理より $\cos B = \dfrac{(3+\sqrt{3})^2 + (2\sqrt{3})^2 - (\sqrt{6})^2}{2 \times (3+\sqrt{3}) \times 2\sqrt{3}} = \dfrac{18+6\sqrt{3}}{4\sqrt{3}(3+\sqrt{3})} = \dfrac{\sqrt{3}}{2}$

なので，$\boldsymbol{B = 30^\circ}$．

5.14 (1) △ABC の外接円の半径を R とすると，正弦定理より $\dfrac{a}{\sin A} = \dfrac{b}{\sin B} = 2R$.

ゆえに $\sin A = \dfrac{a}{2R}$．$\sin B = \dfrac{b}{2R}$．これらを関係式に代入すると $\dfrac{a^2}{2R} = \dfrac{b^2}{2R}$.

ゆえに $a^2 = b^2$．$a > 0$，$b > 0$ なので $a = b$ となり，△ABC は BC = CA の**二等辺三角形**である．

(2) 余弦定理より $a \times \dfrac{b^2+c^2-a^2}{2bc} + b \times \dfrac{c^2+a^2-b^2}{2ca} = c \times \dfrac{a^2+b^2-c^2}{2ab}$.

$$\frac{a^2(b^2+c^2-a^2)+b^2(c^2+a^2-b^2)}{2abc} = \frac{c^2(a^2+b^2-c^2)}{2abc}.$$

$a^2(b^2+c^2-a^2)+b^2(c^2+a^2-b^2) = c^2(a^2+b^2-c^2)$.

ゆえに $2a^2b^2 - a^4 - b^4 = -c^4$．つまり $a^4 + b^4 - 2a^2b^2 = c^4$．$(a^2-b^2)^2 = c^4$.

ゆえに $a^2 - b^2 = \pm c^2$．ゆえに $a^2 + c^2 = b^2$ または $a^2 = b^2 + c^2$.

いずれにしても三平方の定理が成り立つので，△ABC は ∠A または ∠B が直角の**直角三角形**である．

5.15 (1) 右図を参考にして，△APE の外接円を考えると，∠PEA = 90° より AP はこの外接円の直径である．ゆえにこの外接円の半径を R とすると AP= $2R$. また ∠PDA = 90° なので，この外接円は点 D を通る．つまり △AED の外接円でもある．ゆえに正弦定理より $\dfrac{\mathrm{DE}}{\sin A} = 2R = \mathrm{AP}$．つまり $\boldsymbol{\mathrm{DE} = \mathrm{AP}\sin A}$.

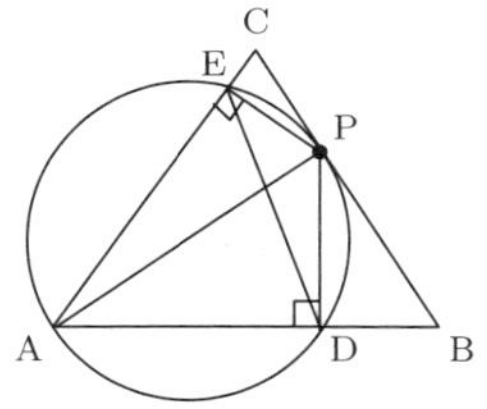

(2) (1) より DE = AP $\sin A$ で，$\sin A$ は定数なので DE の長さが最小になるのは AP の長さが最小になるときである．

ゆえに AP の長さが最小になるのは点 P が点 A から BC に引いた垂線の足に一致するときなので，**AP ⊥ BC** となるときである．

5.16 (1) 右図を参考にして，△AOB，△BOC，△COA においてそれぞれに含まれる △ABC の辺を底辺とし，内接円 O の半径を高さと考えれば，それぞれの三角形の面積は，

$$\triangle\mathrm{AOB} = \frac{1}{2}cr, \triangle\mathrm{BOC} = \frac{1}{2}ar, \triangle\mathrm{COA} = \frac{1}{2}br$$

である．ゆえに △ABC の面積 S は，

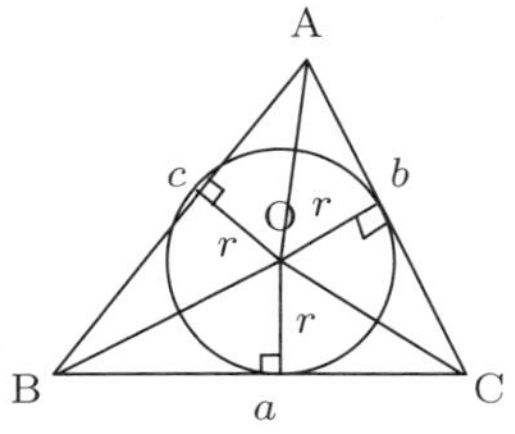

$S = \triangle\mathrm{AOB} + \triangle\mathrm{BOC} + \triangle\mathrm{COA} = \dfrac{1}{2}cr + \dfrac{1}{2}ar + \dfrac{1}{2}br = r \times \dfrac{a+b+c}{2} = rs.$

(2) 正弦定理より $\dfrac{c}{\sin C} = 2R$ なので $\sin C = \dfrac{c}{2R}$.

そこで面積の公式より $S = \dfrac{1}{2}ab\sin C = \dfrac{1}{2}ab \times \dfrac{c}{2R} = \dfrac{abc}{4R}$. ゆえに $4RS = abc$.

(3) 左辺 $= \dfrac{1}{ab} + \dfrac{1}{bc} + \dfrac{1}{ca} = \dfrac{a+b+c}{abc} = \dfrac{a+b+c}{4RS} = \dfrac{a+b+c}{2} \times \dfrac{1}{2Rrs}$

$= s \times \dfrac{1}{2rRs} = \dfrac{1}{2rR} =$ 右辺.

5.17 (1) $|z| = \sqrt{2^2 + (2\sqrt{3})^2} = \sqrt{16} = 4$. ゆえに $\cos\theta = \dfrac{2}{4} = \dfrac{1}{2}$, $\sin\theta = \dfrac{2\sqrt{3}}{4} = \dfrac{\sqrt{3}}{2}$

より $\theta = \dfrac{\pi}{3}$. したがって $\boldsymbol{z = 4\left(\cos\dfrac{\pi}{3} + i\sin\dfrac{\pi}{3}\right)}$.

(2) $|z| = \sqrt{(\sqrt{3})^2 + (-1)^2} = \sqrt{4} = 2$. ゆえに $\cos\theta = \dfrac{\sqrt{3}}{2}$, $\sin\theta = \dfrac{-1}{2}$ より $\theta = \dfrac{11}{6}\pi$.

したがって $\boldsymbol{z = 2\left(\cos\dfrac{11}{6}\pi + i\sin\dfrac{11}{6}\pi\right)}$.

(3) $z = 3\left(\cos\dfrac{5}{6}\pi - i\sin\dfrac{5}{6}\pi\right) = 3\left(-\dfrac{\sqrt{3}}{2} - i \times \dfrac{1}{2}\right) = \boldsymbol{-\dfrac{3\sqrt{3}}{2} - \dfrac{3}{2}i}$.

5.18 (1) $zw = 2 \times 1\left\{\cos\left(\dfrac{\pi}{3} + \dfrac{\pi}{6}\right) + i\sin\left(\dfrac{\pi}{3} + \dfrac{\pi}{6}\right)\right\} = 2\left(\cos\dfrac{\pi}{2} + i\sin\dfrac{\pi}{2}\right)$

$= 2(0 + i \times 1) = \boldsymbol{2i}$.

(2) $\dfrac{z}{w} = \dfrac{2}{1}\left\{\cos\left(\dfrac{\pi}{3} - \dfrac{\pi}{6}\right) + i\sin\left(\dfrac{\pi}{3} - \dfrac{\pi}{6}\right)\right\} = 2\left(\cos\dfrac{\pi}{6} + i\sin\dfrac{\pi}{6}\right) = 2\left(\dfrac{\sqrt{3}}{2} + i \times \dfrac{1}{2}\right)$

$= \boldsymbol{\sqrt{3} + i}$.

(3) $z^6 = \left\{2\left(\cos\dfrac{\pi}{3} + i\sin\dfrac{\pi}{3}\right)\right\}^6 = 2^6\left\{\cos\left(\dfrac{\pi}{3} \times 6\right) + i\sin\left(\dfrac{\pi}{3} \times 6\right)\right\}$

$= 729 \times (\cos 2\pi + i\sin 2\pi) = 729 \times (1 + i \times 0) = \boldsymbol{729}$.

総合演習 6 .... *(162p)*

6.1 (1) 中点 $\left(\dfrac{4+(-4)}{2}, \dfrac{6+(-2)}{2}\right) = \boldsymbol{(0, 2)}$.

(2) 内分点 $\left(\dfrac{2\times(-4)+3\times4}{2+3}, \dfrac{2\times(-2)+3\times6}{2+3}\right) = \boldsymbol{\left(\dfrac{4}{5}, \dfrac{14}{5}\right)}$.

(3) 外分点 $\left(\dfrac{2\times(-4)-3\times4}{2+3}, \dfrac{2\times(-2)-3\times6}{2+3}\right) = \boldsymbol{(20, 22)}$.

6.2 (1) $y = -2x + b$ とおくと $4 = -2 \times 3 + b$ より $b = 10$.

ゆえに $y = -2x + 10$, つまり $\boldsymbol{2x + y - 10 = 0}$.

(2) $y - 1 = \dfrac{-2-3}{5-1}(x-3)$. ゆえに $y = -\dfrac{5}{4}x + \dfrac{19}{4}$, つまり $\boldsymbol{5x + 4y - 19 = 0}$.

(3) $2x + y + 3 = 0$ より $y = -2x - 3$ なので, 平行条件より求める直線の傾きは -2.

ゆえに $y=-2x+b$ とおくと $3=-2\times 2+b$ より $b=7$.

ゆえに $y=-2x+7$，つまり $\mathbf{2x+y-7=0}$.

(4) $x+2y+3=0$ より $y=-\frac{1}{2}x-\frac{3}{2}$ なので，垂直条件より求める直線の傾きは 2.

ゆえに $y=2x+b$ とおくと $-2=2\times 1+b$ より $b=-4$.

ゆえに $y=2x-4$，つまり $\mathbf{2x-y-4=0}$.

(5) 連立方程式 $2x+3y+7=0$，$3x-4y-15=0$ を解いて，交点は $(1,-3)$.

$y=mx+3$ とおくと $-3=m\times 1+3$ より $m=-6$.

ゆえに $y=-6x+3$，つまり $\mathbf{6x+y-3=0}$.

6.3 (1) $(x-4)^2+(y+2)^2=r^2$ とおくと，$r^2=(2-4)^2+(3+2)^2=29$.

ゆえに $\boldsymbol{(x-4)^2+(y+2)^2=29}$.

(2) 直径の中点が円の中心となるので，中心 $\left(\frac{2-3}{2},\ \frac{5-2}{2}\right)=\left(-\frac{1}{2},\ \frac{3}{2}\right)$.

また半径の長さは直径の長さの半分なので，

$$半径^2=\left\{\frac{1}{2}\sqrt{(-3-2)^2+(-2-5)^2}\right\}^2=\frac{37}{2}.$$

ゆえに $\boldsymbol{\left(x+\frac{1}{2}\right)^2+\left(y-\frac{3}{2}\right)^2=\frac{37}{2}}$.

(3) $x^2+y^2+lx+my+n=0$ とおくと，

$4^2+0^2+4l+0+n=4l+n+16=0$ より $4l+n=-16\cdots$①.

$0^2+8^2+0+8m+n=8m+n+64=0$ より $8m+n=-64\cdots$②.

また $(-5)^2+(-7)^2-5l-7m+n=-5l-7m+n+74=0$ より

$5l+7m-n=74\cdots$③.

ゆえに①，②，③の連立方程式を解いて $l=7$，$m=-\frac{5}{2}$，$n=-44$.

ゆえに $x^2+y^2+7x-\frac{5}{2}y-44=0$. つまり $\mathbf{2x^2+2y^2+14x-5y-88=0}$.

(4) $x^2+y^2-4x+6y-3=(x-2)^2+(y+3)^2-16=0$ より，この円の中心は $(2,\ -3)$.

ゆえに求める円を $(x-2)^2+(y+3)^2=r^2$ とおく．

$4x+3y-12=0$ より $y=-\frac{4}{3}x+4$ なので代入して，

$$r^2=(x-2)^2+\left(-\frac{4}{3}x+4+3\right)^2=\frac{25}{9}x^2-\frac{68}{3}x+53.$$

ゆえに $25x^2-204x-9r^2+477=0$.

求める円が直線と接するためにはこの方程式が 2 重解をもてばよいので，判別式

$D=(-204)^2-4\times 25\times(477-9r^2)=900r^2-6084=0$ とおくと $r^2=\frac{169}{25}$.

ゆえに $\boldsymbol{(x-2)^2+(y+3)^2=\frac{169}{25}}$.

6.4 (1) 焦点の x 座標の値より $c=4$. 条件 $\mathrm{FP}+\mathrm{F'P}=12=2a$ より $a=6$.

$b=\sqrt{6^2-4^2}=\sqrt{20}$. ゆえに $\frac{x^2}{6^2}+\frac{y^2}{(\sqrt{20})^2}=\boldsymbol{\frac{x^2}{36}+\frac{y^2}{20}=1}$.

(2) 焦点の x 座標の値より $c=4$．条件 $|\mathrm{FP}-\mathrm{F'P}|=4=2a$ より $a=2$．

$b=\sqrt{4^2-2^2}=\sqrt{12}$．ゆえに $\dfrac{x^2}{2^2}-\dfrac{y^2}{(\sqrt{12})^2}=\boldsymbol{\dfrac{x^2}{4}-\dfrac{y^2}{12}=1}$.

(3) 焦点の x 座標の値より $c=3$．求める双曲線の方程式を $\dfrac{x^2}{a^2}-\dfrac{y^2}{b^2}=1$ とおくと，

点 $(-5,4)$ を通るので代入して $\dfrac{(-5)^2}{a^2}-\dfrac{4^2}{b^2}=\dfrac{25}{a^2}-\dfrac{16}{b^2}=1$,

つまり $25b^2-16a^2=a^2b^2$．ここで $b^2=c^2-a^2=3^2-a^2=9-a^2$ なので，代入して

$25(9-a^2)-16a^2=a^2(9-a^2)$.

ゆえに $a^4-50a^2+225=(a^2-45)(a^2-5)=0$ なので $a^2=45,\ 5$.

もし $a^2=45$ とすると $b^2=9-45=-36<0$ となるので不適．

そこで $a^2=5$ であり $b^2=9-5=4$．ゆえに $\boldsymbol{\dfrac{x^2}{5}-\dfrac{y^2}{4}=1}$.

(4) 焦点の x 座標の値より $p=5$．ゆえに $y^2=4\times 5x=20x$.

つまり $\boldsymbol{y^2=20x}$.

6.5 (1) $(x-1)^2+(y+2)^2=5$　(2) $\dfrac{x^2}{5}+\dfrac{y^2}{1}=1$　(3) $\dfrac{x^2}{3}+\dfrac{y^2}{2}=1$

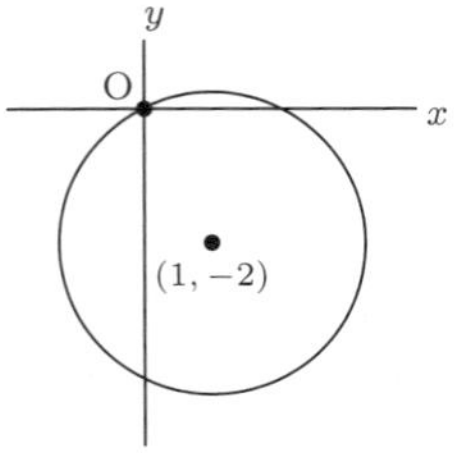

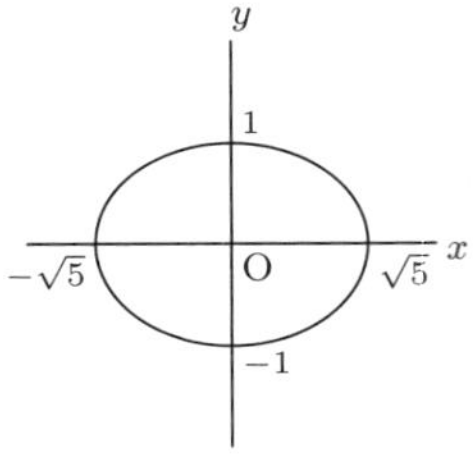

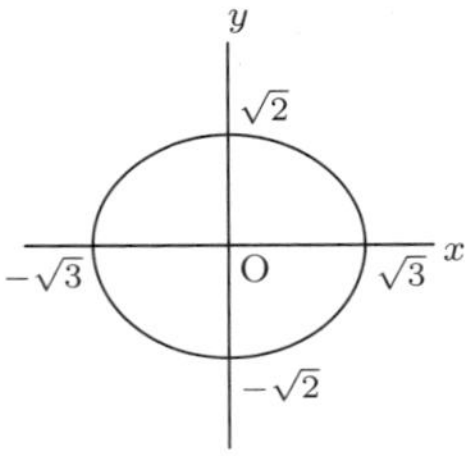

(4) $\dfrac{x^2}{1}-\dfrac{y^2}{\frac{1}{4}}=1$　(5) $\dfrac{x^2}{1}-\dfrac{y^2}{\frac{1}{2}}=-1$　(6) $y^2=4\cdot 3x,\ p=3$

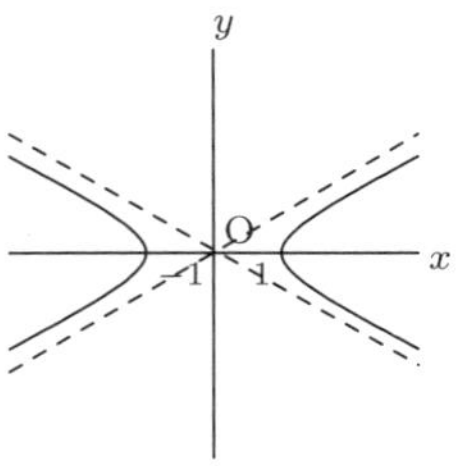

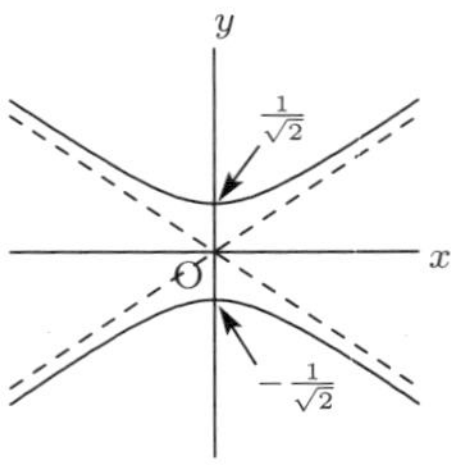

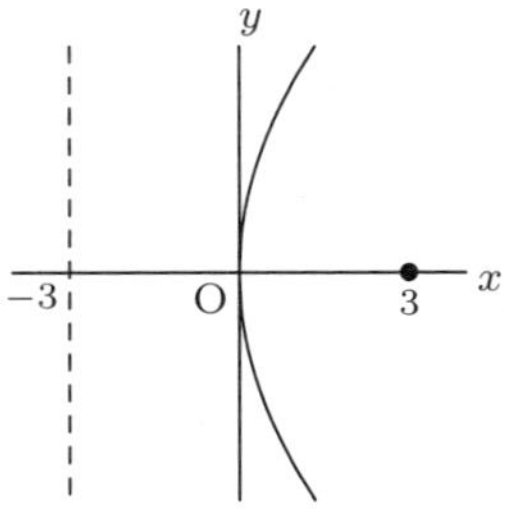

6.6 (1) $(2-1)(x-1)+(2+\sqrt{3}-2)(y-2)=x+\sqrt{3}y-1-2\sqrt{3}=4$ なので，

$\boldsymbol{x+\sqrt{3}y-5-2\sqrt{3}=0}$.

(2) $\dfrac{\sqrt{2}x}{4}+\dfrac{1\times y}{2}=\dfrac{\sqrt{2}x}{4}+\dfrac{y}{2}=1$ なので，$\boldsymbol{\sqrt{2}x+2y-4=0}$.

(3) $\dfrac{3x}{4}-\dfrac{\frac{\sqrt{10}}{2}y}{2}=\dfrac{3x}{4}-\dfrac{\sqrt{10}y}{4}=1$ なので，$\boldsymbol{3x-\sqrt{10}y-4=0}$.

(4) $2\sqrt{3}y=6(x+1)$ なので，$\boldsymbol{\sqrt{3}x-y+\sqrt{3}=0}$.

6.7　動点 P の軌跡はアポロニウスの円である．条件より $\mathrm{AP}:\mathrm{BP}=3:2$ なので，
$2\mathrm{AP}=3\mathrm{BP}$．$4\mathrm{AP}^2=9\mathrm{BP}^2$．ゆえに点 $\mathrm{P}(x,y)$ とおくと，

$$4\mathrm{AP}^2-9\mathrm{BP}^2=4\{(x-2)^2+(y-1)^2\}-9\{(x-4)^2+(y-6)^2\}$$
$$=-5x^2-5y^2+56x+100y-160=0.$$

ゆえにアポロニウスの円の方程式は $\boldsymbol{5x^2+5y^2-56x-100y+160=0}$.

6.8　2 直線の交点の座標を求め，その座標をもう 1 つの直線の方程式に代入する．
連立方程式 $x+y-5=0$，$x-2y+2a=0$ を解いて $x=\dfrac{10}{3}-\dfrac{2}{3}a$，$y=\dfrac{5}{3}+\dfrac{2}{3}a$.
これらを $ax-3y+5=0$ に代入すると，

$$a\left(\frac{10}{3}-\frac{2}{3}a\right)-3\left(\frac{5}{3}+\frac{2}{3}a\right)+5=-\frac{1}{3}a^2+\frac{4}{3}a=-\frac{2}{3}a(a-2)=0.$$

ゆえに $\boldsymbol{a=0,\ 2}$.

6.9　(1) 連立方程式を解く．
$2x+y-2=0$ より $y=-2x+2$ なので，これを円の方程式に代入して
$x^2+(-2x+2)^2-x-4(-2x+2)+1=5x^2-x-3=0$.
ゆえに解の公式より $x=\dfrac{1\pm\sqrt{61}}{10}$．$y=-2x+2$ に代入して $y=\dfrac{9\mp\sqrt{61}}{5}$.
ゆえに共有点は $\boldsymbol{\left(\dfrac{1\pm\sqrt{61}}{10},\ \dfrac{9\mp\sqrt{61}}{5}\right)}$　**(複号同順)**.

(2) 2 つの円の 2 つの共有点を通る直線を決定し，その直線とどちらかの円との共有点を求める．$(x^2+y^2-2x-2y)-(x^2+y^2-4x+2y)=2x-4y=0$.
ゆえに $x=2y$ なので，これを円の方程式に代入して，

$$x^2+y^2-2x-2y=(2y)^2+y^2-2\times 2y-2y=5y^2-6y=y(5y-6)=0.$$

ゆえに $y=0,\ \dfrac{6}{5}$．$x=2y$ に代入して $x=0,\ \dfrac{12}{5}$．ゆえに共有点は $\boldsymbol{(0,\ 0),\ \left(\dfrac{12}{5},\ \dfrac{6}{5}\right)}$.

6.10　(1) $y=x+2$ より $x-y+2=0$ なので，$(x^2+y^2-4)+k(x-y+2)=0$ とおくと，$\left(x-\dfrac{k}{2}\right)^2+\left(y-\dfrac{k}{2}\right)^2-\dfrac{k^2}{2}+2k-4=0$.

ゆえに $\left(x-\dfrac{k}{2}\right)^2+\left(y-\dfrac{k}{2}\right)^2=\dfrac{k^2}{2}-2k+4\cdots$①.

この式の右辺は半径の 2 乗に等しいので，$\dfrac{k^2}{2}-2k+4=4^2$.

ゆえに $k^2-4k-24=0$．これを解いて $k=2\pm2\sqrt{7}$.

①に代入して，$\boldsymbol{(x-1\pm\sqrt{7})^2+(y-1\pm\sqrt{7})^2=16}$　**(複号同順)**.

(2) $(x^2+y^2-9)+k(x^2+y^2-8x)=0\cdots$① とおくと，点 $(4,6)$ を通るので
$x=4$，$y=6$ を代入して，$(4^2+6^2-9)+k(4^2+6^2-8\times4)=43+20k=0$.
ゆえに $k=-\dfrac{43}{20}$．これを①に代入して

$$(x^2+y^2-9)-\frac{43}{20}(x^2+y^2-8x)=-\frac{23}{20}x^2-\frac{23}{20}y^2+\frac{86}{5}x-9=0.$$

ゆえに $\boldsymbol{23x^2+23y^2-344x+180=0}$.

6.11 点 $(3,4)$ を通る直線を $y=mx+b$ とおくと，$4=3m+b$ より $b=4-3m$ なので $y=mx+4-3m$．この直線と放物線との交点の座標を求める．放物線の方程式に代入して $(mx+4-3m)^2=4x$．ゆえに $m^2x^2+(8m-6m^2-4)x+9m^2-24m+16=0\cdots$①．この 2 次方程式の 2 つの解を $x=\alpha,\ \beta$ とおくと，2 つの交点は $\mathrm{A}(\alpha,\ \alpha m+4-3m)$，$\mathrm{B}(\beta,\ \beta m+4-3m)$ とおける．そこで線分 AB の中点 P の座標を $(X,\ Y)$ と表すと，

$$(X,\ Y)=\left(\frac{\alpha+\beta}{2},\ \frac{(\alpha+\beta)m+8-6m}{2}\right).$$

ここで解と係数の関係より $\alpha+\beta=-\dfrac{8m-6m^2-4}{m^2}=\dfrac{2(3m^2-4m+2)}{m^2}$ なので，

$$X=\frac{\alpha+\beta}{2}=\frac{3m^2-4m+2}{m^2},\quad Y=\frac{(\alpha+\beta)m+8-6m}{2}=\frac{2}{m}.$$

ゆえに $m=\dfrac{2}{Y}$．$X=\dfrac{3\times\left(\dfrac{2}{Y}\right)^2-4\times\dfrac{2}{Y}+2}{\left(\dfrac{2}{Y}\right)^2}=\dfrac{6-4Y+Y^2}{2}$．

ゆえに $Y^2-4Y-2X+6=0$．

さらにこの式が成り立つのは直線が放物線と 2 つの交点をもつときなので，①の 2 次方程式が 2 つの実数解をもてばよい，つまり判別式 $D>0$ であればよい．そこで

$$D=(8m-6m^2-4)^2-4m^2(9m^2-24m+16)=48m^2-64m+16$$
$$=16(3m^2-4m+1)=16(m-1)(3m-1)>0$$

とおくと，$m<\dfrac{1}{3}$, $1<m$．$m=\dfrac{2}{Y}$ より Y で置き換えると $Y<2$, $6<Y$．

以上より軌跡は $\boldsymbol{y^2-4y-2x+6=0}$．ただし $\boldsymbol{y<2,\ 6<y}$ とする．

6.12 (1) $x+2y=3$ より $x+2y-3=0$ なので，原点 O とこの直線との距離 h は

公式より $h=\dfrac{|0+2\times 0-3|}{\sqrt{1^2+2^2}}=\boldsymbol{\dfrac{3\sqrt{5}}{5}}$．

(2) 次ページ上の図を参考にして，原点 O から直線への垂線の足を点 M で表すことにすると，(1) の結果より $\mathrm{OM}=\dfrac{3\sqrt{5}}{5}$．

OA，OB は円の半径なので $\mathrm{OA}=\mathrm{OB}=\sqrt{5}$．

また △OMA と △OMB は合同な直角三角形なので

$\mathrm{AM}=\mathrm{BM}$．ゆえに

$$\mathrm{AB}=2\mathrm{AM}=2\sqrt{\mathrm{OA}^2-\mathrm{OM}^2}$$
$$=2\sqrt{(\sqrt{5})^2-\left(\frac{3\sqrt{5}}{5}\right)^2}=\boldsymbol{\frac{8\sqrt{5}}{5}}.$$

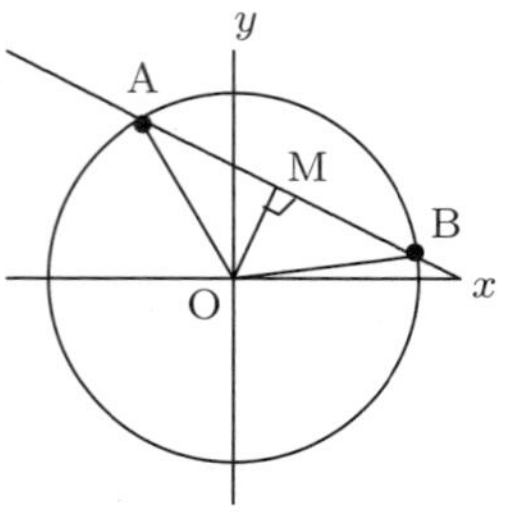

6.13 (1)

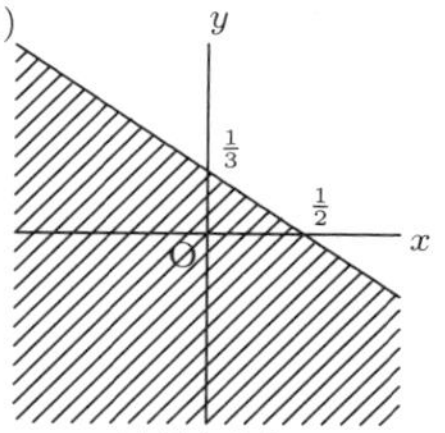

境界を含む

(2)

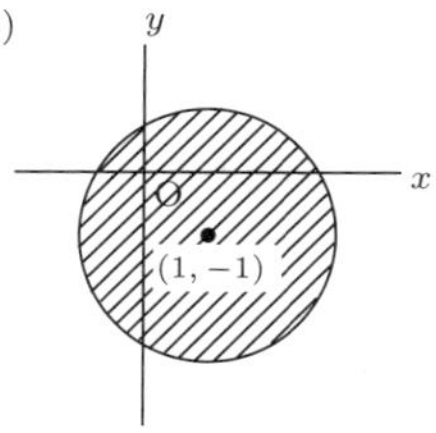

境界を含む

(3)

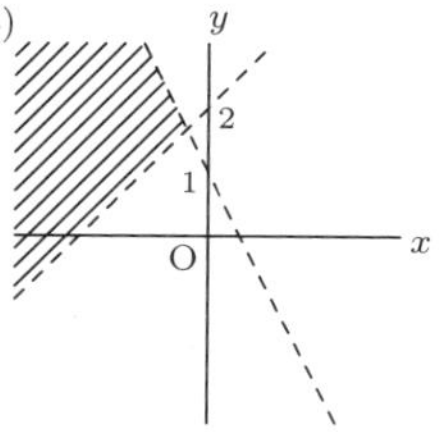

境界は含まない

(4)

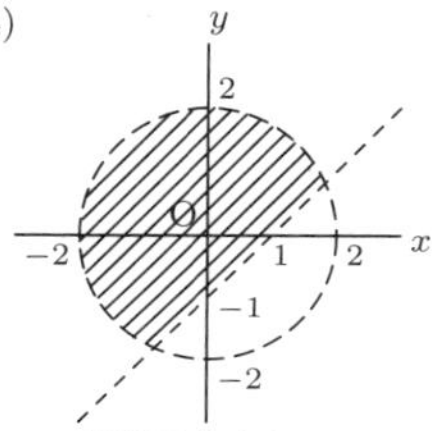

境界は含まない

6.14 $x+2y=k$ とおくと $y=-\dfrac{1}{2}x+\dfrac{k}{2}\cdots$①.

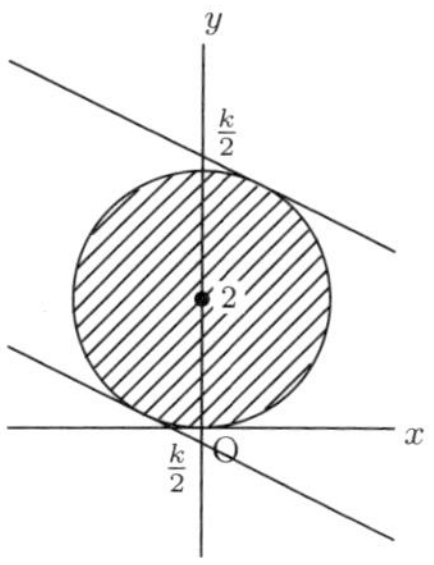

これを直線の方程式と考えて y 切片 $\dfrac{k}{2}$ が最大，最小になるときを考える．

右図より直線①が領域 $x^2+(y-2)^2 \leqq 4$ と交わる範囲で y 切片が最大，最小になるのは，ちょうど領域の境界の円と接する場合である．そこで①を円の方程式に代入して，

$$x^2+\left(-\frac{1}{2}x+\frac{k}{2}\right)^2=4.$$

ゆえに $5x^2+(-2k+8)x+k^2-8k=0$．接するためには判別式 $D=0$ であればよいので，

$D=(-2k+8)^2-4\times5\times(k^2-8k)=-16(k^2-8k-4)=0$.

この方程式を解いて $k=4\pm2\sqrt{5}$．ゆえに**最大値** $\mathbf{4+2\sqrt{5}}$，**最小値** $\mathbf{4-2\sqrt{5}}$**.**

6.15 食品 A，B をそれぞれ 1 日 x kg，y kg ずつ作るとするとき，1 日当たりの利益を $7x+12y=k\cdots$④ とおく．領域を定める条件をそれぞれ不等式で表すと，

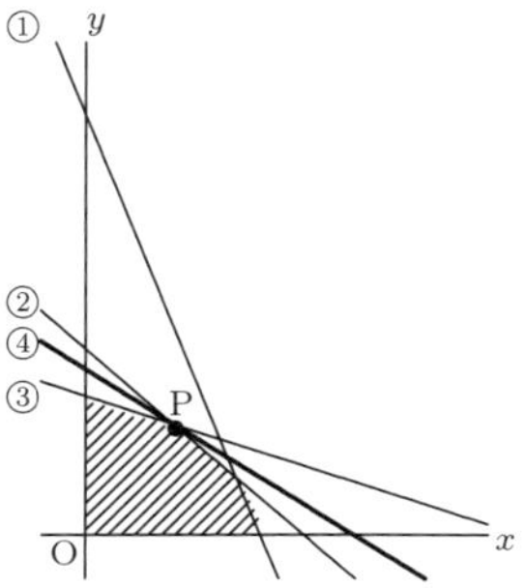

$9x+4y \leqq 360\cdots$①，$4x+5y \leqq 200\cdots$②.

$3x+10y \leqq 300\cdots$③

である．領域を図示すると右図の斜線部分である．

④より $y=\dfrac{k}{12}-\dfrac{7}{12}x$ なので，利益を最大にするには y 切片 $\dfrac{k}{12}$ を最大にすればよい．そのためには右図より直線④が点 P を通る場合である．

点 $\mathrm{P}(x,y)$ とおくと，点 P は領域②と③の境界の直線の交点なので，それらの連立方程式 $4x+5y=200$，$3x+10y=300$ を解いて $x=20$，$y=24$ である．

ゆえに 1 日に A を **20 kg**，B を **24 kg** ずつ作るとき利益は最大になる．

そのとき期待される 1 日当たりの最大の利益は 428 万円である．

6.16 右図のように BD 上に点 E を $\angle BAE = \angle CAD$ となるようにとると，$\angle ABE$ と $\angle ACD$ は同じ弧 AD の円周角なので等しい．つまり $\angle ABE = \angle ACD$.
ゆえに対応する 2 つの角がそれぞれ等しいので $\triangle BAE$ と $\triangle CAD$ は相似である．ゆえに対応する辺の比は等しいので $AB : AC = BE : CD$．つまり $AB \cdot CD = AC \cdot BE \cdots$①.
また $\angle ACB$ と $\angle ADE$ は同じ弧 AB の円周角なので等しい．つまり $\angle ADE = \angle ACB$.

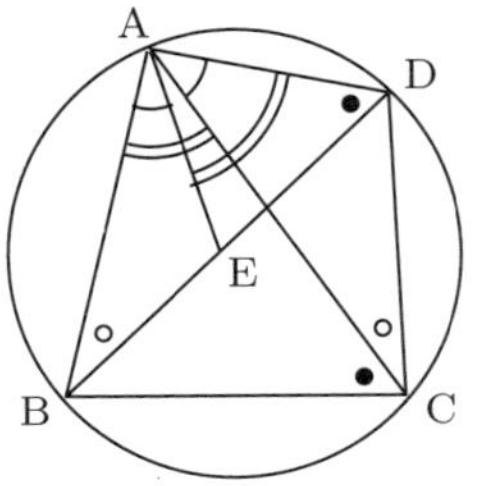

さらに $\angle EAD = \angle CAD + \angle CAE = \angle BAE + \angle CAE = \angle BAC$ なので，対応する 2 つの角がそれぞれ等しく $\triangle AED$ と $\triangle ABC$ は相似である．ゆえに対応する辺の比は等しいので $DA : CA = ED : BC$．つまり $BC \cdot DA = CA \cdot ED \cdots$②．そこで①と②の辺々を加えると

$$AB \cdot CD + BC \cdot DA = AC \cdot BE + CA \cdot ED = AC \cdot (BE + ED) = AC \cdot BD$$

となり等式が成り立つ．

総合演習 7 ....(*176p*)

7.1 (1) A 市から B 市へ 3 通り，B 市から C 市へ 2 通り選べるので，積の法則より $3 \times 2 =$ **6 通り**.

(2) 復路は C 市から B 市へ 2 通り，B 市から A 市へ 3 通り選べるので，積の法則より $2 \times 3 = 6$ 通り．(1) より往路も 6 通り．往路と復路で同じ道を通ってもよいので，積の法則より $6 \times 6 =$ **36 通り**.

(3) 往路は (1) より 6 通り．復路は往路のそれぞれ行き方に対して，C 市から B 市へ戻るのに往路で通った道は使えないので，1 通りある．さらに，B 市から A へ戻るのに往路で使った市道は使えないので 2 通りある．ゆえに積の法則より $6 \times 1 \times 2 =$ **12 通り**.

(4) A 市から C 市へ行くのに，B 市を通る方法と B 市を通らず C 市へ直接行く方法があるので，(1) の結果を利用して和の法則より $6 + 2 =$ **8 通り**.

(5) 復路は B 市を通る方法と B 市を通らずに直接戻る方法があるので，和の法則より $6 + 2 = 8$ 通り．(4) より往路も 8 通りあるので，積の法則より $8 \times 8 =$ **64 通り**.

(6) A 市と C 市の間を往復するには，次の 4 通りの違った方法に分けられる．
① 往路も復路も B 市を通る，
② 往路は B 市を通り復路は B 市を通らず A 市へ直接戻る，
③ 往路は B 市を通らず直接 C 市へ行き復路は B 市を通って A 市へ戻る，
④ 往路も復路も B 市を通らない．
それぞれの場合を考えると
①の場合 (3) の結果より 12 通り．
②の場合，往路も復路も道は重複しないので積の法則より $6 \times 2 = 12$ 通り．
③の場合も，往路も復路も道は重複しないので積の法則より $2 \times 6 = 12$ 通り．
④の場合，往路は 2 通り選べる．復路は往路で通った道以外の 1 本しか選べないので積の法則より $2 \times 1 = 2$ 通り．

以上より和の法則から $12+12+12+2=\mathbf{38}$ **通り**.

7.2 (1) 6 つの数字から 4 つの数字を選んで 1 列に並べる順列を考えればよいので, ${}_6P_4=6\times5\times4\times3=\mathbf{360}$ **通り**.

(2) 偶数となるためには一の位に 2, 4, 6 のどれかを選べばよいので, 一の位の選び方は 3 通り. 千, 百, 十の位の数字の選び方は残り 5 つの数字から 3 つ選んで 1 列に並べるを順列と考えればよいので, ${}_5P_3=5\times4\times3=60$ 通り.
ゆえに積の法則より $3\times60=\mathbf{180}$ **通り**.

(3) 4 けたの整数より千の位には 0 は選べないので, 千の位の数字の選び方は 5 通り.
百, 十, 一の位の数字は残り 5 つの数字から 3 つを選んで 1 列に並べる順列と考えればよいので, ${}_5P_3=5\times4\times3=60$ 通り. ゆえに積の法則より $5\times60=\mathbf{300}$ **通り**.

(4) 奇数となるためには一の位に 1, 3, 5 のどれかの数字を選べばよいので 3 通り. また千の位には 0 は選べないので, 残りの 5 つの数字から 0 以外の数字を選んで 4 通り. 百, 十の位の数字の選び方は, 4 つの数字から 2 つを選んで 1 列に並べる順列と考えればよいので, ${}_4P_2=4\times3=12$ 通り. ゆえに積の法則より $3\times4\times12=\mathbf{144}$ **通り**.

(5) 千, 百の位の数字の選び方を考えると, 4100 より大きくなるためには 41, 42, 43, 45, 50, 51, 52, 53, 54 の 9 通り. これらのそれぞれについて百, 十の位の数字の選び方は, 残りの 4 つの数字から 2 つを選んで 1 列に並べる順列と考えればよいので, ${}_4P_2=4\times3=12$ 通り. ゆえに積の法則より $9\times12=\mathbf{108}$ **通り**.

7.3 (1) カードは全部で $4\times4=16$ 枚ある. 16 枚から 4 枚を選んで 1 列に並べる順列を考えればよいので, ${}_{16}P_4=16\times15\times14\times13=\mathbf{43680}$ **通り**.

(2) 赤色のカードは全部で $4\times2=8$ 枚ある. 両端の赤色のカードの選び方は, これらの 8 枚の赤色のカードから左端と右端の 2 枚を選んで 1 列に並べる順列と考えればよいので, ${}_8P_2=8\times7=56$ 通り. 中央の 2 枚のカードの選び方は, 両端に選んだ 2 枚のカードを除いた $16-2=14$ 枚から 2 枚を選んで 1 列に並べる順列と考えればよいので, ${}_{14}P_2=14\times13=182$ 通り. ゆえに積の法則より $56\times182=\mathbf{10192}$ **通り**.

(3) 交互に赤色と黒色のカードを並べる場合, 左端にどちらの色のカードを選ぶかで残りのカードの色は交互に定まる. まず左端に赤色のカードを選んだ場合, カードの選び方は 8 通り. その右横は黒色のカードなので選び方は同じく 8 通り. その右横はまた赤色のカードだが, 1 枚左端でもう選んでいるのでその選び方は $8-1=7$ 通り. その右側のカードは黒色で, 赤色と同ように 1 枚 2 番目でもう選んでいるのでその選び方は $8-1=7$ 通り. ゆえに積の法則より $8\times8\times7\times7=3136$ 通り. 次に左端が黒色のカードの場合は左端が赤色のカードの並べ方で赤色と黒色をすべて入れ換えると, 左端が黒色のカードの並び方になるので同じく 3136 通り. 以上より和の法則から $3136+3136=\mathbf{6272}$ **通り**.

(4) 左端のカードから数字の並びを $klmn$ とすると, 条件を満たすためには $k<l<m<n$ であればよい. カードの数字は 1 から 4 までの 4 種類しかないので $k=1$, $l=2$, $m=3$, $n=4$, つまりカードの数字の並び方は左端から 1, 2, 3, 4 とならなければならない. 各数字のカードはそれぞれ 4 種類あるので, 積の法則より $4\times4\times4\times4=4^4=\mathbf{256}$ **通り**.

(5) 4 枚のカードの並びを中央で左右 2 枚ずつに分けて, 左側の 2 枚のカードの数字の並びを決めれば，左右対称なので右側の 2 枚のカードの数字の並びも決まる．左側の 2 枚のカード並びは，同じ数字を選んだ場合と違う数字を選んだ場合に分けて，まず同じ数字のカードを選んだ場合は，4 枚すべてが同じ数字になるので，同じ数字の 4 種類のカードを 1 列に並べる順列と考えればよいので $_4P_4 = 4! = 4 \times 3 \times 2 \times 1 = 24$ 通り．次に違う数字のカードを選んだ場合は，2 つの数字の選び方は 4 種類の数字から 2 種類を選んで 1 列に並べる順列と考えればよいので，$_4P_2 = 4 \times 3 = 12$ 通り．その選び方それぞれに対してカードの選び方が $4 \times 4 = 16$ 通りずつあるので，積の法則より全部で $12 \times 16 = 192$ 通り．右側の数字の並び方は左右対称なのでもう決まっているので，そのカードの選び方だけを考えればよい．それぞれの指定された数字のカードは左側で 1 枚ずつ使われているので，残り 3 枚ずつ，ゆえにその選び方は積の法則より $3 \times 3 = 9$ 通りある．左側と合わせて考えると積の法則により全部で $192 \times 9 = 1728$ 通り．

以上より求める並び方の総数は，和の法則より $24 + 1728 =$ **1752 通り**．

(6) 1 から 4 までの 4 種類の数字を 1 列に並べる順列の総数は，$_4P_4 = 4! = 4\times3\times2\times1 = 24$ 通り．また 1 つの数字のカードの選び方は 4 枚ずつあるので，4 種類の数字のカードの選び方は積の法則より $4\times4\times4\times4 = 4^4 = 256$ 通り．ゆえに積の法則より $24\times256 =$ **6144** 通り．

7.4　(1) 箱を 1 列に並べて置く場所を 9 カ所用意し，各色の箱を置く場所を順番に選ぶ．まず赤色の箱 2 個を置く場所を 9 カ所から選ぶ選び方は $_9C_2 = \dfrac{9 \times 8}{2 \times 1} = 36$ 通り．

次に残りの場所 7 カ所に黄色の箱 3 個を置く場所の選び方は $_7C_3 = \dfrac{7 \times 6 \times 5}{3 \times 2 \times 1} = 35$ 通り．最後に残り 4 カ所の場所には青色の箱 4 個がちょうど収まるので，置く場所の選び方は 1 通り．ゆえに積の法則より $36 \times 35 \times 1 =$ **1260 通り**．

別解　この問題は同じものを含む順列の問題なので，$_9H_{2,3,4} = \dfrac{9!}{2!3!4!} = 1260$ 通りと求めてもよい．

(2) 9 個の箱から 6 個の箱の選び方を考え，それぞれの選び方について同じものを含む順列を考え，最後に和の法則よりすべて加える．6 個の箱を選んだとき赤色の箱の個数を p，黄色の箱の個数を q，青色の箱の個数を r で表し，選び方を (p, q, r) で表すことにする．ここで $0 \leqq p \leqq 2$，$0 \leqq q \leqq 3$，$0 \leqq r \leqq 4$ である．

$p + q + r = 6$ に注意して，6 個の箱の選びそれぞれの選び方に対して同じものを含む順列の総数を考えると，

$(0, 2, 4)$ のとき $_6H_{0,2,4} = 15$ 通り，$(0, 3, 3)$ のとき $_6H_{0,3,3} = 20$ 通り，
$(1, 1, 4)$ のとき $_6H_{1,1,4} = 30$ 通り，$(1, 2, 3)$ のとき $_6H_{1,2,3} = 60$ 通り，
$(1, 3, 2)$ のとき $_6H_{1,3,2} = 60$ 通り，$(2, 0, 4)$ のとき $_6H_{2,0,4} = 15$ 通り，
$(2, 1, 3)$ のとき $_6H_{2,1,3} = 60$ 通り，$(2, 2, 2)$ のとき $_6H_{2,2,2} = 90$ 通り，
$(2, 3, 1)$ のとき $_6H_{2,3,1} = 60$ 通り．

和の法則から $15 + 20 + 30 + 60 + 60 + 15 + 60 + 90 + 60 =$ **410 通り**．

7.5　(1) 8 個のものの円順列と考えるので，
$(8 - 1)! = 7! = 7 \times 6 \times 5 \times 4 \times 3 \times 2 \times 1 =$ **5040 通り**．

(2) 青色の球を除いて 7 個の球で円順列を考え，それぞれの並び方の赤色の球の対面に青色の球を入れると考える．ゆえに 7 個のものの円順列と考えるので，
$(7 - 1)! = 6! = 6 \times 5 \times 4 \times 3 \times 2 \times 1 =$ **720 通り**．

(3) 条件は満たす順列はじゅず順列なので，8 個のもののじゅず順列の総数を考えると，
$\dfrac{(8-1)!}{2} = \dfrac{7!}{2} = \dfrac{1}{2} \times 7 \times 6 \times 5 \times 4 \times 3 \times 2 \times 1 = \mathbf{2520}$ **通り**.

(4) 8 個の球から 6 個を選ぶ選び方の総数は ${}_8C_6 = {}_8C_2 = \dfrac{8 \times 7}{2 \times 1} = 28$ 通り.

それぞれ 6 個の球の選び方に対して 6 個のものの円縦列を考えればよいので，積の法則より $28 \times (6-1)! = 28 \times 5! = 28 \times 5 \times 4 \times 3 \times 2 \times 1 = \mathbf{3360}$ **通り**.

7.6 (1) 硬貨を 1 回投げると表か裏のどちらかが出る．そこで 1 回投げるごとに順番に出た結果を 1 列に並べた順列を考える．結果は表または裏の 2 種類なので重複順列を考える．ゆえに $2^{12} = \mathbf{4096}$ **通り**.

(2) 表が出なければ裏なので 12 回連続して投げるとき，6 回表が出る回数を選ぶ組合せを考えると，${}_{12}C_6 = \dfrac{12 \times 11 \times 10 \times 9 \times 8 \times 7}{6 \times 5 \times 4 \times 3 \times 2 \times 1} = \mathbf{924}$ 通り.

(3) 少なくとも 8 枚が裏であるとは，言い換えれば裏が 8 枚以上でる場合ということである．ゆえに裏が 8 枚から 12 枚出る場合をそれぞれ求めて和の法則で加えればよい.

$${}_{12}C_8 + {}_{12}C_9 + {}_{12}C_{10} + {}_{12}C_{11} + {}_{12}C_{12} = {}_{12}C_4 + {}_{12}C_3 + {}_{12}C_2 + {}_{12}C_1 + {}_{12}C_0$$
$$= 495 + 220 + 66 + 12 + 1 = \mathbf{794}\ \textbf{通り}.$$

7.7 (1) 正八角形の 8 個の頂点から 3 個の頂点を選ぶ組合せの総数ができる異なる三角形の個数に等しいので，${}_8C_3 = \dfrac{8 \times 7 \times 6}{3 \times 2 \times 1} = \mathbf{56}$ **個.**

(2) 右図のように正八角形と共有する 1 辺を固定すると，その辺を共有する三角形が 4 個できる.
ゆえに辺は 8 本あるので積の法則より $8 \times 4 = \mathbf{32}$ **個.**

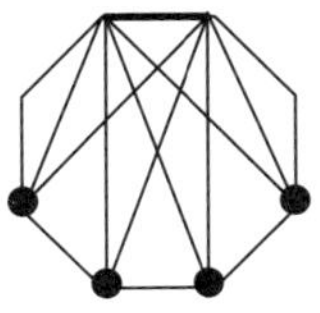

(3) 右図のように正八角形と 2 辺共有する三角形は，正八角形の隣り合う 2 辺を共有する．ゆえにその隣り合う 2 辺の中央の頂点の個数だけある.
ゆえに頂点の個数は 8 個なので，**8 個.**

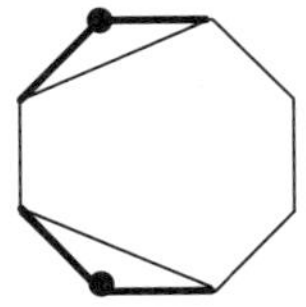

(4) 正八角形と辺を共有しない三角形の個数は，すべての三角形の個数から辺を 1 辺以上共有する三角形の個数を引けばよい．辺を 1 辺以上共有する三角形の個数は (2) と (3) より $32 + 8 = 40$ 個．すべての三角形の個数は (1) より 56 個なので，$56 - 40 = \mathbf{16}$ **個.**

7.8 (1) 3 個の箱に入れる球の個数をそれぞれ X，Y，Z で表し，その入れ方を (X,Y,Z) で表すことにする．箱は区別しないので $X \leqq Y \leqq Z$ の条件で，$X+Y+Z=5$ に注意して球の入れ方を数え上げる.
$(0,0,5)$，$(0,1,4)$，$(0,2,3)$，$(1,1,3)$，$(1,2,2)$ の **5 通り.**

(2) (1) の球の入れ方 (X,Y,Z) を流用して，具体的に球を入れる場合を考える.
$(0,0,5)$ のとき 5 個の球を 1 つの箱に全部入れてしまうので 1 通り.
$(0,1,4)$ のとき 5 個の球のうち 1 個を選び 1 個の箱に入れてしまえば残りの 4 個は 4 個の箱に入ると定まるので，5 個から 1 個を選ぶ組合せの総数 ${}_5C_1 = 5$ 通り.

$(0,2,3)$ のときも同様に考えて ${}_5\mathrm{C}_2 = 10$ 通り．

$(1,1,3)$ のとき最初の 2 つの箱に入る球を選べば残りの 3 個は 3 個の箱に入ると定まるので ${}_5\mathrm{C}_1 \times {}_4\mathrm{C}_1 = 20$ 通りであるが，最初の 2 つの箱に入る球の個数は 1 個で同じなので，この 2 つの箱を入れ換えても同じ入れ方になるので，入れ換えの数 ${}_2\mathrm{P}_2 = 2! = 2$ で割って $20 \div 2 = 10$ 通り．

同様に $(1,2,2)$ のとき ${}_5\mathrm{C}_1 \times {}_4\mathrm{C}_2 \div {}_2\mathrm{P}_2 = 15$ 通り．

ゆえに和の法則より $1 + 5 + 10 + 10 + 15 =$ **41 通り．**

(3) (1) の球の入れ方 (X, Y, Z) を流用して，球は色は区別しないが箱は区別するので箱に入れる球の個数 X，Y，Z の入れ換えを考える．

$(0,0,5)$ のとき X，Y，Z の入れ換えは ${}_3\mathrm{P}_3 = 3! = 6$ 通りあるが，0 個の箱 2 つを入れ換えても同じなので ${}_2\mathrm{P}_2 = 2! = 2$ で割って $6 \div 2 = 3$ 通り．

$(0.1.4)$ のとき ${}_3\mathrm{P}_3 = 3! = 6$ 通り．同様に $(0,2,3)$ のとき ${}_3\mathrm{P}_3 = 3! = 6$ 通り．

$(1,1,3)$ のとき ${}_3\mathrm{P}_3 \div {}_2\mathrm{P}_2 = 3! \div 2! = 6 \div 2 = 3$ 通り．

$(1,2,2)$ のとき ${}_3\mathrm{P}_3 \div {}_2\mathrm{P}_2 = 31 \div 21 = 6 \div 2 = 3$ 通り．

ゆえに和の法則より $3 + 6 + 6 + 3 + 3 =$ **21 通り．**

(4) (1) の球の入れ方 (X, Y, Z) を流用して，球の色も箱も区別するので球の入れ方と箱の入れ換えを両方行う．(2) と (3) の途中の結果を流用して，

$(0,0,5)$ のとき $1 \times 3 = 3$ 通り．$(0,1,4)$ のとき $5 \times 6 = 30$ 通り．

$(0,2,3)$ のとき $10 \times 6 = 60$ 通り．$(1,1,3)$ のとき $10 \times 3 = 30$ 通り．

$(1,2,2)$ のとき $15 \times 3 = 45$ 通り．

ゆえに和の法則により $3 + 30 + 60 + 30 + 45 =$ **168 通り．**

(5) (1) と同様に 3 個の箱に入れる球の個数をそれぞれ X，Y，Z で表し，その入れ方を (X, Y, Z) で表すことにする．箱は区別しないので $X \leqq Y \leqq Z$ の条件で，$X + Y + Z = 5$ に注意して，また今度は X，Y，Z はともに正に注意して，球の入れ方を数え上げる．

$(1,1,3)$，$(1,2,2)$ の **2 通り．**

(6) (5) の球の入れ方 (X, Y, Z) を流用して，(2) と同様に考えて

$(1,1,3)$ のとき ${}_5\mathrm{C}_1 \times {}_4\mathrm{C}_1 \div {}_2\mathrm{P}_2 = 5 \times 4 \div 2 = 10$ 通り．

$(1,2,2)$ のとき ${}_5\mathrm{C}_1 \times {}_4\mathrm{C}_2 \div {}_2\mathrm{P}_2 = 5 \times 6 \div 2 = 15$ 通り．

ゆえに和の法則より $10 + 15 =$ **25 通り．**

(7) (5) の球の入れ方 (X, Y, Z) を流用して，(3) と同様に考えて

$(1,1,3)$ のとき ${}_3\mathrm{P}_3 \div {}_2\mathrm{P}_2 = 31 \div 2! = 6 \div 2 = 3$ 通り．

$(1,2,2)$ のとき ${}_3\mathrm{P}_3 \div {}_2\mathrm{P}_2 = 31 \div 2! = 6 \div 2 = 3$ 通り．

ゆえに和の法則より $3 + 3 =$ **6 通り．**

(8) (5) の球の入れ方 (X, Y, Z) を流用して，(6) と (7) の途中結果を利用して，

$(1,1,3)$ のとき $10 \times 3 = 30$ 通り．$(1,2,2)$ のとき $15 \times 3 = 45$ 通り．

ゆえに和の法則より $30 + 45 =$ **75 通り．**

7.9 (1) 一般項は ${}_5\mathrm{C}_r x^{5-r} \left(-\dfrac{1}{x}\right)^r = (-1)^r {}_5\mathrm{C}_r x^{5-2r}$.

$5 - 2r = 3$ より $r = 1$ なので，係数は $(-1)^1 {}_5\mathrm{C}_1 = \mathbf{-5}$.

(2) 一般項は ${}_6\mathrm{C}_r (3x)^{6-r} \left(-\dfrac{1}{x^2}\right)^r = (-1)^r {}_6\mathrm{C}_r 3^{6-r} x^{6-3r}$.

$6 - 3r = 3$ より $r = 1$ なので，係数は $(-1)^1 {}_6\mathrm{C}_1 3^{6-1} = \mathbf{-1458}$.

(3) 一般項は $\dfrac{5!}{p1q!r1}x^p(-y)^q z^r = (-1)^q \dfrac{5!}{p1q!r1}x^p y^q z^r$.

$p=2$, $q=2$, $r=1$ なので，係数は $(-1)^2 \dfrac{5!}{2!2!1!} = \mathbf{30}$.

(4) 一般項は $\dfrac{4!}{p!q!r!}(2x)^p(-y)^q(3z)^r = \dfrac{4!}{p!q!r!}2^p(-1)^q 3^r x^p y^q z^r$.

$p=1$, $q=2$, $r=1$ なので，係数は $\dfrac{4!}{1!2!1!} \times 2^1(-1)^2 3^1 = \mathbf{72}$.

7.10 (1) 左辺 $= {}_n\mathrm{C}_0 \cdot 1^n + {}_n\mathrm{C}_1 \cdot 1^{n-1}(-1)^1 + {}_n\mathrm{C}_2 \cdot 1^{n-2}(-1)^2 + \cdots + {}_n\mathrm{C}_n \cdot (-1)^n$
$= (1-1)^n = 0^n = 0 =$ 右辺.

(2) 左辺 $= {}_n\mathrm{C}_0 \cdot 1^n + {}_n\mathrm{C}_1 \cdot 1^{n-1}2^1 + {}_n\mathrm{C}_2 \cdot 1^{n-2}2^2 + \cdots + {}_n\mathrm{C}_n \cdot 2^n$
$= (1+2)^n = 3^n =$ 右辺.

7.11 (1) $(3x+1)^9 = (1+3x)^9$ の展開式の一般項は ${}_9\mathrm{C}_r 1^{9-r}(3x)^r = 3^r \cdot {}_9\mathrm{C}_r x^r$ なので，

$a_r = 3^r \cdot {}_9\mathrm{C}_r = \boldsymbol{\dfrac{3^r \cdot 9!}{r!(9-r)!}}$.

(2) (1) より $a_{r+1} = \dfrac{3^{r+1} \cdot 9!}{(r+1)!(9-(r+1))!} = \dfrac{3(9-r)}{r+1} \cdot \dfrac{3^r \cdot 9!}{r!(9-r)!} = \dfrac{3(9-r)}{r+1} a_r$ なので，

$a_r < a_{r+1}$ とおくと $a_r < \dfrac{3(9-r)}{r+1} a_r$.

ゆえに $a_r > 0$ より $1 < \dfrac{3(9-r)}{r+1}$，$r+1 < 27-3r$.

ゆえに $r < \dfrac{13}{2} = 6....$ となり $\mathbf{0 \leqq \boldsymbol{r} \leqq 6}$.

(3) (2) の結果より $a_r < a_{r+1}$ が成り立つ r で一番大きいのは $r=6$ なので，その次の項の係数 a_7 が最大となる．ゆえに具体的には $a_7 = 3^7 \cdot {}_9\mathrm{C}_7 = 3^7 \cdot {}_9\mathrm{C}_2 = 3^7 \cdot 36 = \mathbf{78732}$.

付録 A-1 常用対数表 (1)

数	0	1	2	3	4	5	6	7	8	9
1.0	**.0000**	**.0043**	**.0086**	**.0128**	**.0170**	**.0212**	**.0253**	**.0294**	**.0334**	**.0374**
1.1	.0414	.0453	.0492	.0531	.0569	.0607	.0645	.0682	.0719	.0755
1.2	.0792	.0828	.0864	.0899	.0934	.0969	.1004	.1038	.1072	.1106
1.3	.1139	.1173	.1206	.1239	.1271	.1303	.1335	.1367	.1399	.1430
1.4	.1461	.1492	.1523	.1553	.1584	.1614	.1644	.1673	.1703	.1732
1.5	.1761	.1790	.1818	.1847	.1875	.1903	.1931	.1959	.1987	.2014
1.6	.2041	.2068	.2095	.2122	.2148	.2175	.2201	.2227	.2253	.2279
1.7	.2304	.2330	.2355	.2380	.2405	.2430	.2455	.2480	.2504	.2529
1.8	.2553	.2577	.2601	.2625	.2648	.2672	.2695	.2718	.2742	.2765
1.9	.2788	.2810	.2833	.2856	.2878	.2900	.2923	.2945	.2967	.2989
2.0	**.3010**	**.3032**	**.3054**	**.3075**	**.3096**	**.3118**	**.3139**	**.3160**	**.3181**	**.3201**
2.1	.3222	.3243	.3263	.3284	.3304	.3324	.3345	.3365	.3385	.3404
2.2	.3424	.3444	.3464	.3483	.3502	.3522	.3541	.3560	.3579	.3598
2.3	.3617	.3636	.3655	.3674	.3692	.3711	.3729	.3747	.3766	.3784
2.4	.3802	.3820	.3838	.3856	.3874	.3892	.3909	.3927	.3945	.3962
2.5	.3979	.3997	.4014	.4031	.4048	.4065	.4082	.4099	.4116	.4133
2.6	.4150	.4166	.4183	.4200	.4216	.4232	.4249	.4265	.4281	.4298
2.7	.4314	.4330	.4346	.4362	.4378	.4393	.4409	.4425	.4440	.4456
2.8	.4472	.4487	.4502	.4518	.4533	.4548	.4564	.4579	.4594	.4609
2.9	.4624	.4639	.4654	.4669	.4683	.4698	.4713	.4728	.4742	.4757
3.0	**.4771**	**.4786**	**.4800**	**.4814**	**.4829**	**.4843**	**.4857**	**.4871**	**.4886**	**.4900**
3.1	.4914	.4928	.4942	.4955	.4969	.4983	.4997	.5011	.5024	.5038
3.2	.5051	.5065	.5079	.5092	.5105	.5119	.5132	.5145	.5159	.5172
3.3	.5185	.5198	.5211	.5224	.5237	.5250	.5263	.5276	.5289	.5302
3.4	.5315	.5328	.5340	.5353	.5366	.5378	.5391	.5403	.5416	.5428
3.5	.5441	.5453	.5465	.5478	.5490	.5502	.5514	.5527	.5539	.5551
3.6	.5563	.5575	.5587	.5599	.5611	.5623	.5635	.5647	.5658	.5670
3.7	.5682	.5694	.5705	.5717	.5729	.5740	.5752	.5763	.5775	.5786
3.8	.5798	.5809	.5821	.5832	.5843	.5855	.5866	.5877	.5888	.5899
3.9	.5911	.5922	.5933	.5944	.5955	.5966	.5977	.5988	.5999	.6010
4.0	**.6021**	**.6031**	**.6042**	**.6053**	**.6064**	**.6075**	**.6085**	**.6096**	**.6107**	**.6117**
4.1	.6128	.6138	.6149	.6160	.6170	.6180	.6191	.6201	.6212	.6222
4.2	.6232	.6243	.6253	.6263	.6274	.6284	.6294	.6304	.6314	.6325
4.3	.6335	.6345	.6355	.6365	.6375	.6385	.6395	.6405	.6415	.6425
4.4	.6435	.6444	.6454	.6464	.6474	.6484	.6493	.6503	.6513	.6522
4.5	.6532	.6542	.6551	.6561	.6571	.6580	.6590	.6599	.6609	.6618
4.6	.6628	.6637	.6646	.6656	.6665	.6675	.6684	.6693	.6702	.6712
4.7	.6721	.6730	.6739	.6749	.6758	.6767	.6776	.6785	.6794	.6803
4.8	.6812	.6821	.6830	.6839	.6848	.6857	.6866	.6875	.6884	.6893
4.9	.6902	.6911	.6920	.6928	.6937	.6946	.6955	.6964	.6972	.6981
5.0	**.6990**	**.6998**	**.7007**	**.7016**	**.7024**	**.7033**	**.7042**	**.7050**	**.7059**	**.7067**
5.1	.7076	.7084	.7093	.7101	.7110	.7118	.7126	.7135	.7143	.7152
5.2	.7160	.7168	.7177	.7185	.7193	.7202	.7210	.7218	.7226	.7235
5.3	.7243	.7251	.7259	.7267	.7275	.7284	.7292	.7300	.7308	.7316
5.4	.7324	.7332	.7340	.7348	.7356	.7364	.7372	.7380	.7388	.7396

付録 A-2　常用対数表 (2)

数	0	1	2	3	4	5	6	7	8	9
5.5	.7404	.7412	.7419	.7427	.7435	.7443	.7451	.7459	.7466	.7474
5.6	.7482	.7490	.7497	.7505	.7513	.7520	.7528	.7536	.7543	.7551
5.7	.7559	.7566	.7574	.7582	.7589	.7597	.7604	.7612	.7619	.7627
5.8	.7634	.7642	.7649	.7657	.7664	.7672	.7679	.7686	.7694	.7701
5.9	.7709	.7716	.7723	.7731	.7738	.7745	.7752	.7760	.7767	.7774
6.0	**.7782**	**.7789**	**.7796**	**.7803**	**.7810**	**.7818**	**.7825**	**.7832**	**.7839**	**.7846**
6.1	.7853	.7860	.7868	.7875	.7882	.7889	.7896	.7903	.7910	.7917
6.2	.7924	.7931	.7938	.7945	.7952	.7959	.7966	.7973	.7980	.7987
6.3	.7993	.8000	.8007	.8014	.8021	.8028	.8035	.8041	.8048	.8055
6.4	.8062	.8069	.8075	.8082	.8089	.8096	.8102	.8109	.8116	.8122
6.5	.8129	.8136	.8142	.8149	.8156	.8162	.8169	.8176	.8182	.8189
6.6	.8195	.8202	.8209	.8215	.8222	.8228	.8235	.8241	.8248	.8254
6.7	.8261	.8267	.8274	.8280	.8287	.8293	.8299	.8306	.8312	.8319
6.8	.8325	.8331	.8338	.8344	.8351	.8357	.8363	.8370	.8376	.8382
6.9	.8388	.8395	.8401	.8407	.8414	.8420	.8426	.8432	.8439	.8445
7.0	**.8451**	**.8457**	**.8463**	**.8470**	**.8476**	**.8482**	**.8488**	**.8494**	**.8500**	**.8506**
7.1	.8513	.8519	.8525	.8531	.8537	.8543	.8549	.8555	.8561	.8567
7.2	.8573	.8579	.8585	.8591	.8597	.8603	.8609	.8615	.8621	.8627
7.3	.8633	.8639	.8645	.8651	.8657	.8663	.8669	.8675	.8661	.8686
7.4	.8692	.8698	.8704	.8710	.8716	.8722	.8727	.8733	.8739	.8745
7.5	.8751	.8756	.8762	.8768	.8774	.8779	.8785	.8791	.8797	.8802
7.6	.8808	.8814	.8820	.8825	.8831	.8837	.8842	.8848	.8854	.8859
7.7	.8865	.8871	.8876	.8882	.8887	.8893	.8899	.8904	.8910	.8915
7.8	.8921	.8927	.8932	.8938	.8943	.8949	.8954	.8960	.8965	.8971
7.9	.8976	.8982	.8987	.8993	.8998	.9004	.9009	.9015	.9020	.9025
8.0	**.9031**	**.9036**	**.9042**	**.9047**	**.9053**	**.9058**	**.9063**	**.9069**	**.9074**	**.9079**
8.1	.9085	.9090	.9096	.9101	.9106	.9112	.9117	.9122	.9128	.9133
8.2	.9138	.9143	.9149	.9154	.9159	.9165	.9170	.9175	.9180	.9186
8.3	.9191	.9196	.9201	.9206	.9212	.9217	.9222	.9227	.9232	.9238
8.4	.9243	.9248	.9253	.9258	.9263	.9269	.9274	.9279	.9284	.9289
8.5	.9294	.9299	.9304	.9309	.9315	.9320	.9325	.9330	.9335	.9340
8.6	.9345	.9350	.9355	.9360	.9365	.9370	.9375	.9380	.9385	.9390
8.7	.9395	.9400	.9405	.9410	.9415	.9420	.9425	.9430	.9435	.9440
8.8	.9445	.9450	.9455	.9460	.9465	.9469	.9474	.9479	.9484	.9489
8.9	.9494	.9499	.9504	.9509	.9513	.9518	.9523	.9528	.9533	.9538
9.0	**.9542**	**.9547**	**.9552**	**.9557**	**.9562**	**.9566**	**.9571**	**.9576**	**.9581**	**.9586**
9.1	.9590	.9595	.9600	.9605	.9609	.9614	.9619	.9624	.9628	.9633
9.2	.9638	.9643	.9647	.9652	.9657	.9661	.9666	.9671	.9675	.9680
9.3	.9685	.9689	.9694	.9699	.9703	.9708	.9713	.9717	.9722	.9727
9.4	.9731	.9736	.9741	.9745	.9750	.9754	.9759	.9763	.9768	.9773
9.5	.9777	.9782	.9786	.9791	.9795	.9800	.9805	.9809	.9814	.9818
9.6	.9823	.9827	.9832	.9836	.9841	.9845	.9850	.9854	.9859	.9863
9.7	.9868	.9872	.9877	.9881	.9886	.9890	.9894	.9899	.9903	.9908
9.8	.9912	.9917	.9921	.9926	.9930	.9934	.9939	.9943	.9948	.9952
9.9	.9956	.9961	.9965	.9969	.9974	.9978	.9983	.9987	.9991	.9996

付録 B　三角関数表

度数	sin	cos	tan	度数	sin	cos	tan
0	0.0000	1.0000	0.0000	45	0.7071	0.7071	1.0000
1	0.0175	0.9998	0.0175	46	0.7193	0.6947	1.0355
2	0.0349	0.9994	0.0349	47	0.7314	0.6820	1.0724
3	0.0523	0.9986	0.0524	48	0.7431	0.6691	1.1106
4	0.0698	0.9976	0.0699	49	0.7547	0.6561	1.1504
5	0.0872	0.9962	0.0875	50	0.7660	0.6428	1.1918
6	0.1045	0.9945	0.1051	51	0.7771	0.6293	1.2349
7	0.1219	0.9925	0.1228	52	0.7880	0.6157	1.2799
8	0.1392	0.9903	0.1405	53	0.7986	0.6018	1.3270
9	0.1564	0.9877	0.1584	54	0.8090	0.5878	1.3764
10	0.1736	0.9848	0.1763	55	0.8192	0.5736	1.4281
11	0.1908	0.9816	0.1944	56	0.8290	0.5592	1.4826
12	0.2079	0.9781	0.2126	57	0.8387	0.5446	1.5399
13	0.2250	0.9744	0.2309	58	0.8480	0.5299	1.6003
14	0.2419	0.9703	0.2493	59	0.8572	0.5150	1.6643
15	0.2588	0.9659	0.2679	60	0.8660	0.5000	1.7321
16	0.2756	0.9613	0.2867	61	0.8746	0.4848	1.8040
17	0.2924	0.9563	0.3057	62	0.8829	0.4695	1.8807
18	0.3090	0.9511	0.3249	63	0.8910	0.4540	1.9626
19	0.3256	0.9455	0.3443	64	0.8988	0.4384	2.0503
20	0.3420	0.9397	0.3640	65	0.9063	0.4226	2.1445
21	0.3584	0.9336	0.3839	66	0.9135	0.4067	2.2460
22	0.3746	0.9272	0.4040	67	0.9205	0.3907	2.3559
23	0.3907	0.9205	0.4245	68	0.9272	0.3746	2.4751
24	0.4067	0.9135	0.4452	69	0.9336	0.3584	2.6051
25	0.4226	0.9063	0.4663	70	0.9397	0.3420	2.7475
26	0.4384	0.8988	0.4877	71	0.9455	0.3256	2.9042
27	0.4540	0.8910	0.5095	72	0.9511	0.3090	3.0777
28	0.4695	0.8829	0.5317	73	0.9563	0.2924	3.2709
29	0.4848	0.8746	0.5543	74	0.9613	0.2756	3.4874
30	0.5000	0.8660	0.5774	75	0.9659	0.2588	3.7321
31	0.5150	0.8572	0.6009	76	0.9703	0.2419	4.0108
32	0.5299	0.8480	0.6249	77	0.9744	0.2250	4.3315
33	0.5446	0.8387	0.6494	78	0.9781	0.2079	4.7046
34	0.5592	0.8290	0.6745	79	0.9816	0.1908	5.1446
35	0.5736	0.8192	0.7002	80	0.9848	0.1736	5.6713
36	0.5878	0.8090	0.7265	81	0.9877	0.1564	6.3138
37	0.6018	0.7986	0.7536	82	0.9903	0.1392	7.1154
38	0.6157	0.7880	0.7813	83	0.9925	0.1219	8.1443
39	0.6293	0.7771	0.8098	84	0.9945	0.1045	9.5144
40	0.6428	0.7660	0.8391	85	0.9962	0.0872	11.4301
41	0.6561	0.7547	0.8693	86	0.9976	0.0698	14.3007
42	0.6691	0.7431	0.9004	87	0.9986	0.0523	19.0811
43	0.6820	0.7314	0.9325	88	0.9994	0.0349	28.6363
44	0.6947	0.7193	0.9657	89	0.9998	0.0175	57.2900
45	0.7071	0.7071	1.0000	90	1.0000	0.0000	——

【本書の参考文献】

[1]　田代嘉宏著,「新編　高専の数学 1,2,3 問題集　(第 2 版)」, 森北出版

[2]　チャート研究所編著,「新課程チャート式　基礎からの数学 I + A」, 数研出版

索　引

あ 行

か 行

さ 行

著 者 略 歴

三ッ廣 孝 (みつひろ・たかし)
1994 年 佐賀大学理工学研究科博士後期課程情報システム学専攻修了
1999 年 国立佐世保工業高等専門学校助教授 (2007 年より准教授)
現在に至る．博士 (理学)

大学・高専生のための
解法演習 基礎数学

2007 年 4 月 25 日 第 1 版第 1 刷発行
2010 年 2 月 10 日 第 1 版第 3 刷発行

著　　者 三ッ廣孝
発 行 者 森北博巳
発 行 所 **森北出版株式会社**
東京都千代田区富士見 1–4–11(〒102–0071)
電話 03–3265–8341 ／ FAX 03–3264–8709
日本書籍出版協会・自然科学書協会・工学書協会 会員
http://www.morikita.co.jp/
JCOPY ＜（社）出版者著作権管理機構 委託出版物＞

落丁・乱丁本はお取替えいたします　　印刷/モリモト印刷・製本/ブックアート

Printed in Japan /ISBN978–4–627–04731–0